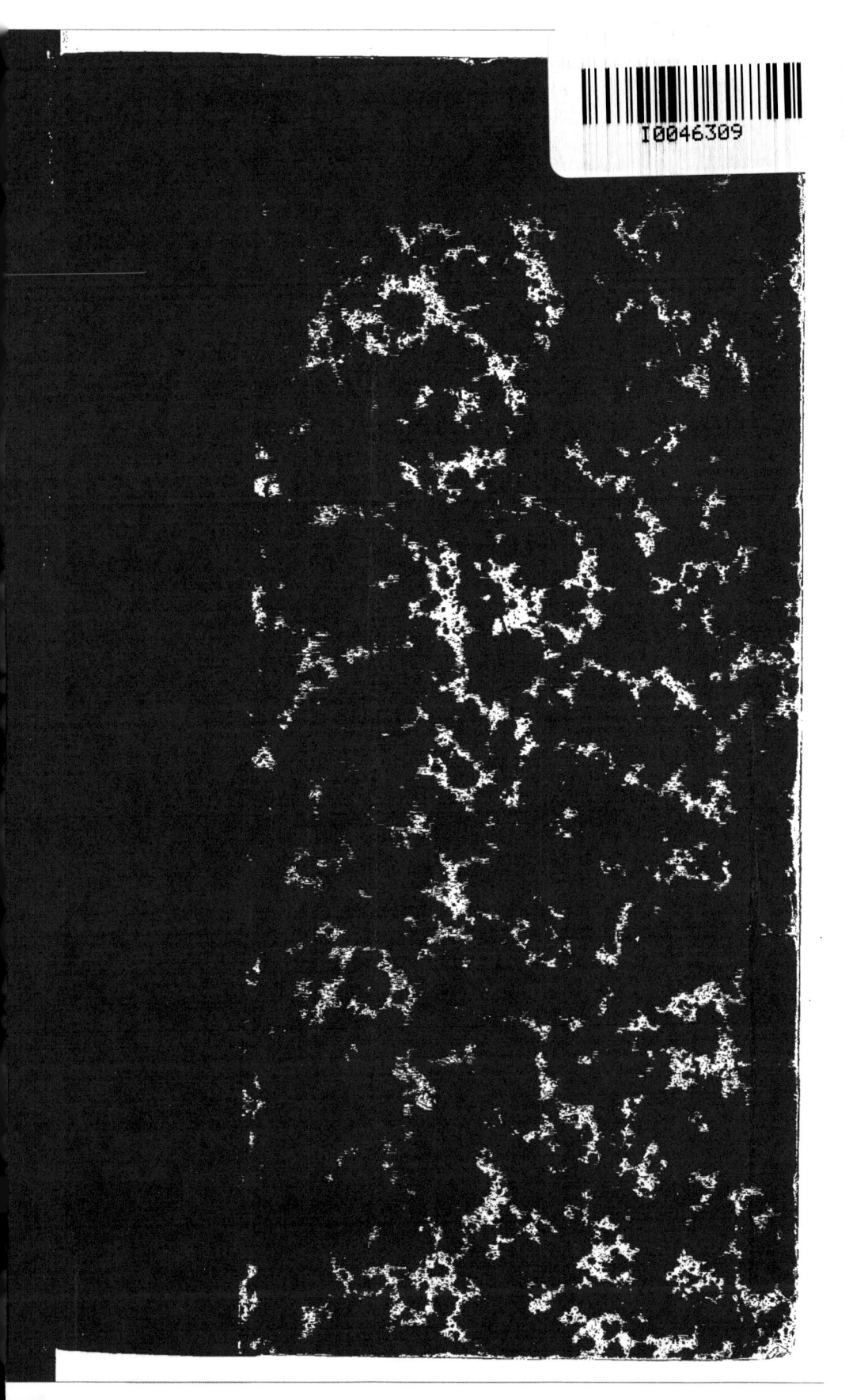

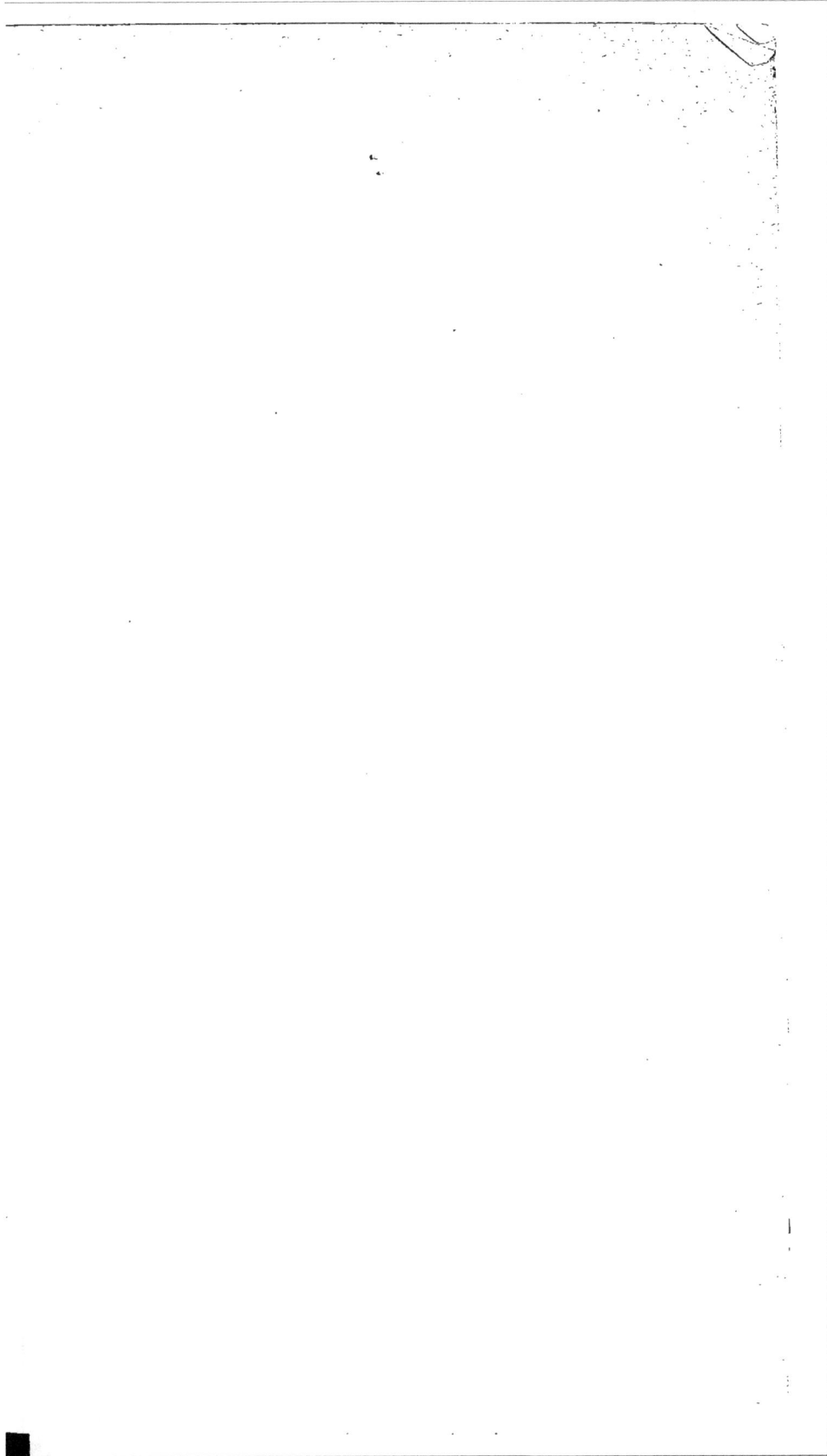

TRAITE ÉLÉMENTAIRE

DE

GEOLOGIE AGRONOMIQUE

LYON

IMPRIMERIE DE ALF. LOUIS PERRIN ET MARINET.

TRAITÉ ÉLÉMENTAIRE

DE

GÉOLOGIE AGRONOMIQUE

avec des applications

A DIVERSES CONTRÉES ET PARTICULIÈREMENT AU DÉPARTEMENT DE L'ISÈRE

PAR

M. SCIPION GRAS

Auteur de la Carte géologique et agronomique du département de l'Isère
couronnée par la Société impériale et centrale d'agriculture.

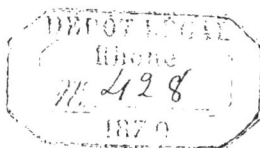

PARIS

F. SAVY, LIBRAIRE DE LA SOCIÉTÉ GÉOLOGIQUE DE FRANCE

24, rue Hautefeuille.

1870

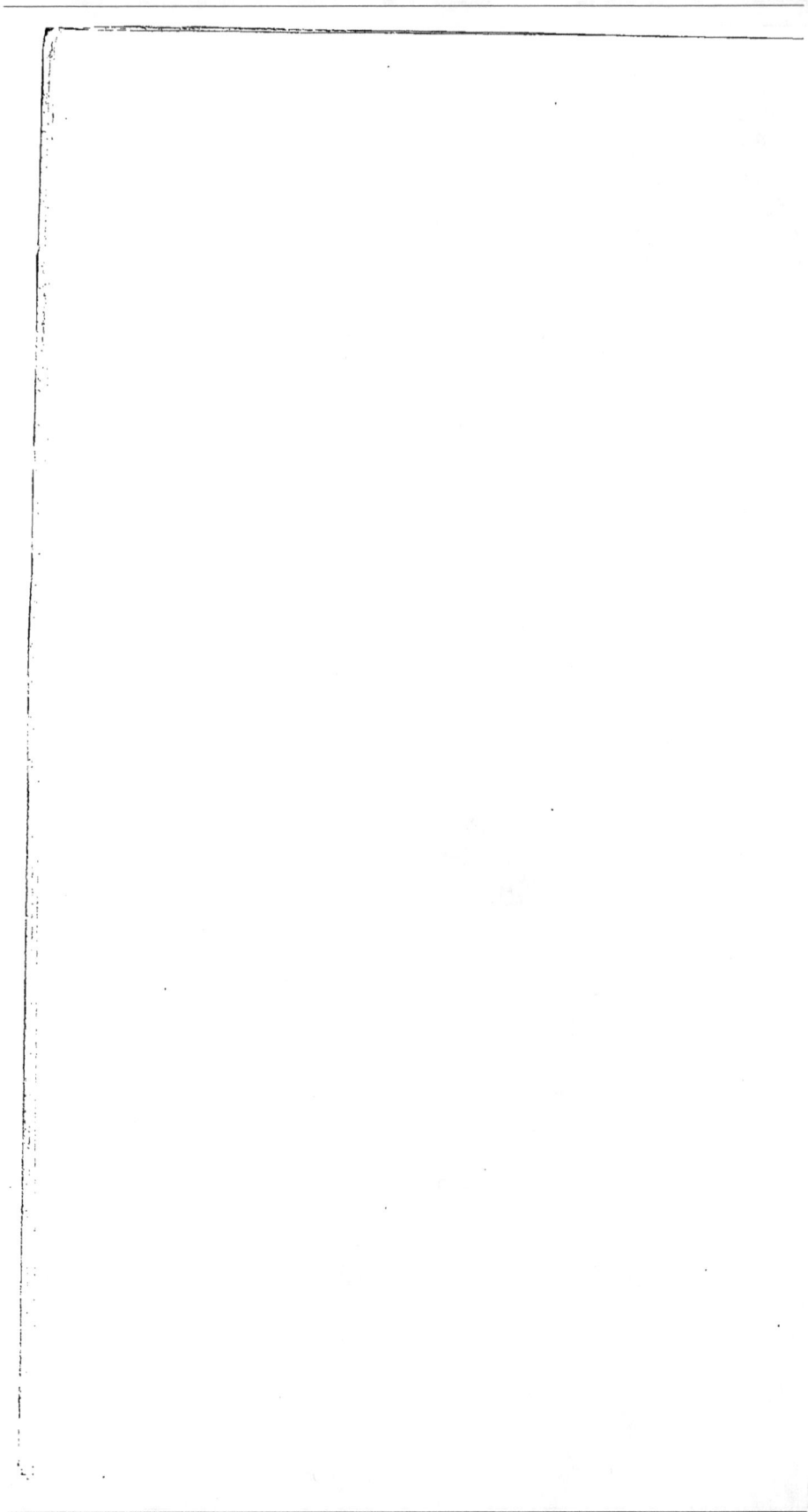

AVERTISSEMENT

Cet ouvrage devait, dans le principe, porter le titre suivant : Essai de géologie agronomique appliquée au département de l'Isère ; *il a été composé, en effet, pour servir de complément à la carte géologique et agronomique de l'Isère, que nous avons publiée en 1863. Il nous a semblé plus tard, qu'en prenant dans toute la France nos exemples de terrains agricoles, et en donnant plus de développement aux principes généraux de l'agrologie, nous élargirions l'intérêt de notre travail, sans nuire à sa destination spéciale. En conséquence, nous nous sommes décidé à le refondre complètement et à le publier sous sa forme et son titre actuels.*

La géologie agronomique, telle que nous l'avons comprise et exposée dans ce traité, a pour but utile : l'art de choisir pour chaque parcelle de terre, les cultures qui lui conviennent le mieux, *en ayant égard à la fois à la nature minéralogique et géologique du sol, à sa position topographique, au climat, et en général à toutes les con-*

ditions physiques dans lesquelles les lieux sont placés. Il est remarquable que, parmi les nombreux ouvrages sur l'agriculture parus jusqu'à présent en France, aucun ne soit spécialement destiné à enseigner cet art important, en l'embrassant dans toute son étendue. Nous n'espérons pas que notre livre puisse combler cette lacune; mais, quand il n'aurait d'autre mérite que celui d'attirer l'attention des agronomes sur ce sujet fondamental, et de fournir des matériaux pour un traité plus complet et meilleur que le nôtre, nous croirions avoir rendu un grand service à la science agricole.

Les généralités sur l'agrologie abondent dans les livres, et, sous ce rapport, nous n'avons pas été embarrassé pour faire des emprunts à nos meilleurs auteurs. Quant aux faits particuliers de géologie agronomique, ils sont extrèmement rares. Pour suppléer à leur pénurie, nous avons visité les régions de la France qui pouvaient nous en offrir d'intéressants, notamment la Bresse, la Champagne, la Beauce, la Sologne, la Bretagne, le Bordelais et les Landes. Les observations que nous avons recueillies, jointes aux documents que nous possédions déjà sur d'autres contrées, nous ont permis de donner quelque étendue à nos descriptions locales de terrains agricoles.

La seconde partie de cet ouvrage a pour objet l'application de la géologie agronomique aux plantes cultivées, c'est-à-dire l'indication des conditions agrologiques et climatériques qui leur conviennent le mieux. C'est un essai très-incomplet; nous espérons cependant qu'il mettra en évidence l'importance de cette branche de l'agronomie, pour l'avancement de laquelle il reste encore beaucoup à faire.

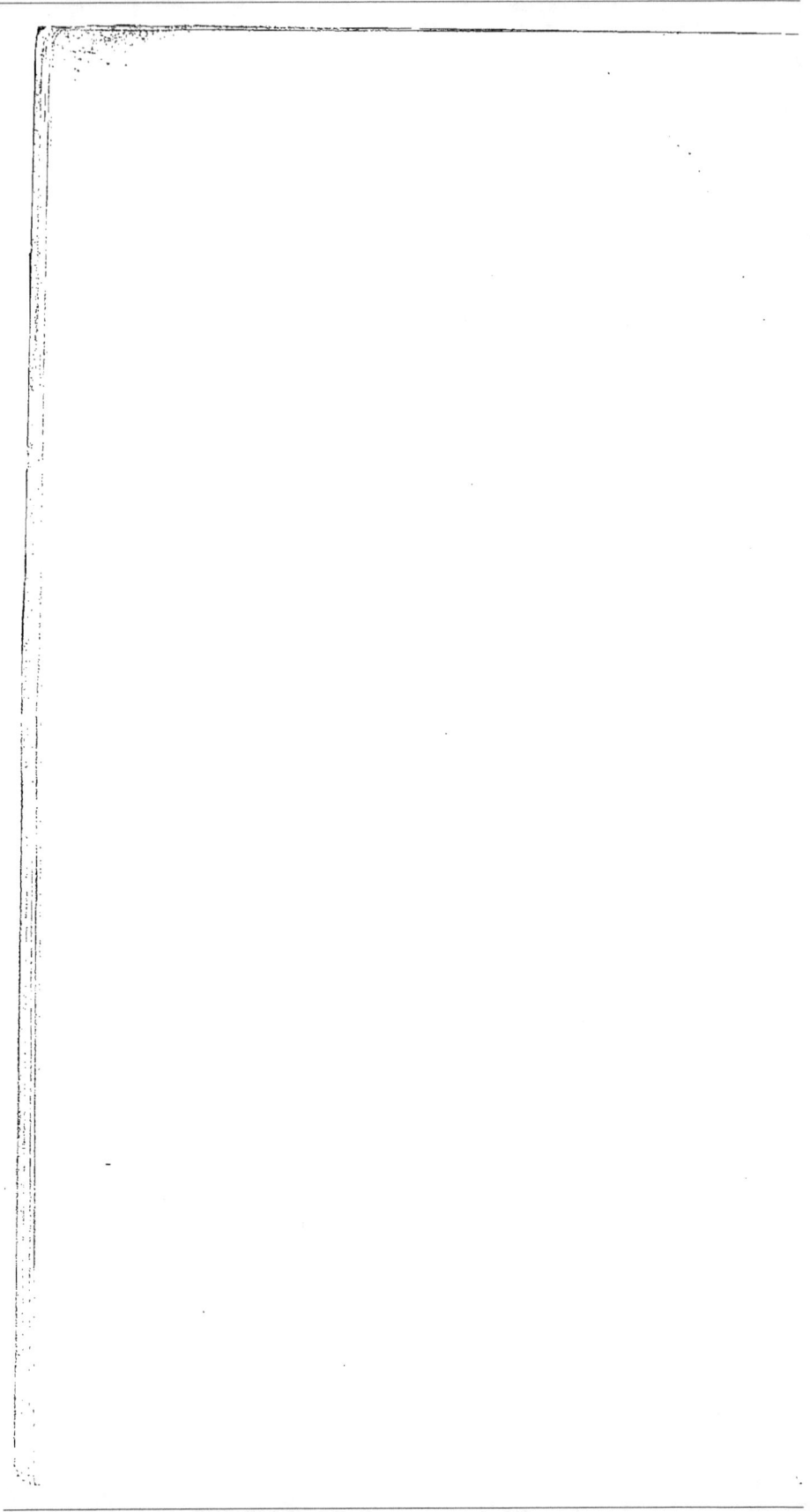

TRAITÉ ÉLÉMENTAIRE

DE

GÉOLOGIE AGRONOMIQUE

INTRODUCTION

—

DÉFINITIONS ET GÉNÉRALITÉS

La *géologie agronomique,* dont nous donnerons bientôt une définition courte et précise, a pour objet d'appliquer à l'agriculture une partie des sciences géologiques. Dans cette application, on considère la surface solide du globe et l'on cherche à déterminer les rapports d'influence qui existent entre sa constitution géologique et minéralogique et les cultures. Mais les qualités de la terre ne sont pas seulement les conséquences de sa nature minérale; elles dépendent aussi de certaines conditions physiques extérieures, comme par exemple du climat, de la situation et de la configuration des lieux. On doit en conclure que, pour embrasser tous les éléments de l'influence d'un sol sur la végétation, il faut joindre à l'étude de ses parties constituantes celle des conditions extérieures auxquelles

1

il est soumis. Cette seconde partie de la géologie agronomique n'est pas moins importante que la première.

Pour compléter et éclaircir ces notions générales, nous allons établir quelques principes et définir plusieurs expressions qui seront fréquemment employées dans la suite.

On appelle *terre végétale* une couche meuble, superficielle, propre à la germination des plantes et à l'entretien de leur vie. Au-dèssous de cette couche superficielle, il existe toujours des masses minérales, qui, par suite de leur compacité, de leur composition chimique ou de leur trop grand éloignement de la surface, sont inaccessibles aux racines ; elle constituent le *sous-sol*. Il arrive quelquefois que des roches compactes, impropres à la végétation, sont traversées par des fissures remplies de terre, où les racines pénètrent plus ou moins profondément; dans ce cas il n'y a pas de séparation nette entre le sol et le sous-sol.

Une terre végétale et un sous-sol, caractérisés chacun par une certaine nature minérale, forment un ensemble nommé *terrain agricole*. Les terres végétales sont extrêmement variées; il en est de même des sous-sols. Par conséquent leur combinaison, quoique renfermée dans la nature entre certaines limites, donne naissance à un très-grand nombre de terrains agricoles distincts par l'ensemble de leurs qualités. Cette multiplicité est un fait prouvé par l'observation, qu'il faut accepter. Il en résulte que, pour simplifier l'étude des terrains agricoles, il est nécessaire de les classer méthodiquement, c'est-à-dire de réunir par groupes ceux dont les caractères offrent le plus de ressemblance. Cette classification, l'une des parties les plus importantes de l'agrologie (1), sera traitée plus tard avec beaucoup de détails.

L'analyse chimique a appris depuis longtemps que les végétaux sont presque entièrement formés de carbone, d'oxygène et d'hydrogène ; que l'azote s'y trouve aussi constamment, mais en plus faible proportion ; enfin, que plusieurs substances minérales entrent également dans leur composition et en sont même une partie essentielle, quoique leurs quantités soient très-petites. L'absorption de ces divers corps constitue le phénomène de la nutrition végétale. Celle-ci s'opère sous l'empire de conditions physiques qui sont très-variables d'un lieu à un autre, et qui ont une grande influence sur le prompt accroissement, la vigueur et la taille des plantes, et même sur la possibilité, pour telle ou telle espèce, de vivre et de se propager. Ces conditions physiques modificatrices de la végétation sont de deux sortes : les unes dépendent de la constitution minérale du sol ; les autres agissent en général sur les plantes par l'intermédiaire de la terre, mais elles sont complètement indépendantes de ses parties constituantes. Cette distinction étant fondamentale, nous entrerons à ce sujet dans quelques développements.

(1) Le mot *agrologie* a été proposé par M. de Gasparin, qui l'a défini de la manière suivante : *La science qui a pour objet la connaissance des terrains dans leurs rapports avec l'agriculture.* (Cours d'agriculture, tome I, page 30.)

Les causes modificatrices de la végétation, inhérentes à la constitution minéralogique du sol, résident à la fois dans la terre végétale et dans le sous-sol. Les substances qui entrent dans la composition de la terre végétale peuvent influer sur les plantes de deux manières : 1° chimiquement, en servant à leur nutrition ; 2° physiquement, d'après leur nature et leur volume, en augmentant ou en diminuant la proportion d'eau, d'air et de chaleur que renferme tout sol végétal. Comme la vie des plantes dépend essentiellement de ces trois agents, le second mode d'influence n'est pas moins digne de considération que le premier. En ayant égard à l'un et à l'autre, on est conduit à partager les divers éléments de la terre en deux groupes, suivant que leur influence est chimique ou physique. Quelques substances, qui jouissent de la propriété d'agir des deux manières, figurent à la fois dans ces deux groupes. Le sous-sol, étant situé au-dessous de la couche où s'accomplit le phénomène de la nutrition, ne peut avoir sur les plantes qu'une action indirecte; il l'exerce par l'intermédiaire de la terre végétale dont il augmente ou diminue le degré d'humidité, suivant qu'il est plus ou moins perméable. Ce mode d'action, quoique purement physique, est d'une grande importance. D'un autre côté, lorsque la terre végétale est peu épaisse, il s'y mêle ordinairement des fragments détachés du sous-sol, et, par suite, sa nature minéralogique se trouve modifiée. Il peut arriver aussi qu'elle soit abreuvée de sources qui, en traversant les roches sous-jacentes, se chargent de leurs matières solubles. Dans ces deux cas, indépendamment de son action physique, le sous-sol a une influence chimique.

Les causes modificatrices de la végétation, qui sont indépendantes de la constitution minérale du sol et que nous nommerons aussi *extérieures*, sont au nombre de quatre, savoir : le *climat*, l'*irrigation naturelle*, l'*épaisseur de la terre végétale*, et la *pente du sol* (1).

On entend par *climat* l'ensemble des conditions météorologiques propres à chaque pays. Les principales sont les suivantes : les températures moyennes de l'année et des saisons, les températures *maxima* et *minima*; le nombre des jours couverts ou sereins; la quantité moyenne des pluies et leur répartition dans le courant de l'année ; l'éclat et la durée de la lumière ; la transparence plus ou moins grande de l'atmosphère; enfin la direction et la durée des vents, ainsi que leur degré d'impétuosité. Ces diverses conditions météo-

(1) L'*épaisseur* de la terre végétale et la *pente* de sa surface sont des conditions physiques liées au sol, mais néanmoins tout à fait indépendantes de sa nature minérale ; par conséquent elles doivent être rangées dans la seconde classe des causes modificatrices de la végétation.

Il semble d'abord que l'on devrait placer en première ligne, au nombre de ces dernières causes, la *position topographique*, qui a en effet une grande influence sur la fertilité ; mais en y réfléchissant, on voit que cette influence est complexe. La hauteur plus ou moins grande d'un champ, au-dessus du fond d'une vallée, fait varier son *climat*. Plus ce champ est bas et plus est grande son *irrigation naturelle*, puisqu'il reçoit toutes les eaux venant des lieux supérieurs. En général, c'est au pied des montagnes que se trouve la plus grande *épaisseur de la terre végétale*, et c'est là aussi que la *pente du sol* devient plus douce. En définitive, l'influence de la position topographique se décompose en quatre autres influences élémentaires, qui sont précisément celles que nous avons distinguées

rologiques sont les éléments des climats et doivent être distinguées avec soin des causes qui les produisent. Celles-ci sont nombreuses; nous citerons comme étant les plus influentes : la latitude, l'altitude, l'exposition, les abris naturels, le voisinage de la mer et des chaînes des montagnes.

L'*irrigation naturelle* est le résultat de l'infiltration des eaux courantes ou stagnantes à travers les terres. Lorsqu'on parcourt des contrées qu'une constitution trop sablonneuse condamne à l'aridité, on est quelquefois surpris de rencontrer dans un espace très-limité une végétation abondante et vigoureuse. En examinant les lieux, on reconnaît le plus souvent que la nature du terrain n'a pas changé et que sa verdure n'est due qu'à la présence d'un filet d'eau intarissable. Ce fait n'étonnera pas si l'on songe que l'eau en quantité modérée est en quelque sorte l'âme de la végétation. Des filtrations trop abondantes sont au contraire nuisibles et rendent le sol marécageux.

L'*épaisseur de la terre végétale* décide souvent de la nature des plantes qui peuvent y vivre; elle a dans tous les cas une grande influence sur leur taille et leur vigueur. En outre, plus une terre est profonde et moins ses qualités dépendent du sous-sol.

La *pente du sol* ou, pour parler plus exactement, la pesanteur dont les effets sont subordonnés à la pente, influe sur la végétation de plusieurs manières : d'abord en déterminant un écoulement plus ou moins rapide des eaux pluviales; puis, lorsqu'elle est trop forte, en rendant impossible l'ameublissement du sol.

Les conditions physiques extérieures affectent quelquefois directement les organes des végétaux : telles sont surtout la lumière et la température de l'air ; le plus souvent, elles modifient les qualités de la terre végétale. Il est certain, par exemple, que la proportion moyenne d'eau que doit renfermer un sol d'après ses propriétés hygroscopiques, augmentera ou diminuera, si le climat devient plus humide ou plus sec, plus froid ou plus chaud, ou bien encore si l'on fait arriver à sa surface des eaux courantes ou si on les détourne.

En résumé, les qualités d'un terrain agricole, telles qu'on les observe réellement dans la nature, dépendent à la fois de la constitution minérale du sol, de celle du sous-sol, de l'épaisseur de la terre végétale, de l'inclinaison de sa surface, des eaux courantes ou stagnantes, enfin des conditions climatériques de la localité, c'est-à-dire de causes très-nombreuses et très-variées Par suite de cette complication, une bonne classification des sols au point de vue de l'agriculture, paraît, au premier abord, extrêmement difficile ; beaucoup d'agronomes ont même cru qu'elle était impossible : cette opinion n'est point la nôtre. Les propriétés physiques et chimiques des terrains agricoles, inhérentes à leur constitution minérale, offrent en effet une base solide sur laquelle on peut asseoir leur classification. Ces propriétés sont permanentes, invariables; on les retrouve partout où la nature de la terre végétale et celle du sous-sol restent les mêmes. Il est vrai que partout aussi leurs effets sont plus ou moins modifiés, et même quelquefois semblent complètement

changés par l'influence des conditions physiques extérieures; mais rien n'empêche, dans chaque cas particulier, de tenir compte de ces conditions. Leur considération forme en réalité une branche à part de la
science agronomique, que l'on pourrait appeler la
physique générale agricole. A l'aide de cette division,
le problème qui a pour but de préciser les rapports
qui existent entre le sol et la végétation, se trouve
considérablement simplifié (1).

Les considérations qui précèdent nous permettent
de donner maintenant une idée claire et précise de la
géologie agronomique. Cette science, prise dans sa plus
grande généralité, a pour objet *l'étude des diverses conditions physiques qui influent sur les cultures, soit qu'elles
dépendent de la constitution minérale du sol ou qu'elles
en soient indépendantes.*

La géologie agronomique n'est pas une science
purement spéculative; elle a un but pratique qu'il
suffit d'énoncer pour en faire ressortir l'utilité. Elle se
propose :

1° De diviser toute la surface des sols cultivés, en
terrains agricoles assez nettement définis pour qu'il
soit facile de les reconnaître, si l'on a des notions élémentaires de géologie et de minéralogie;

2° De préciser les propriétés physiques et chimi-

---

(1) Pour considérer les qualités inhérentes à la constitution minérale
d'un sol séparément de celles qui dérivent des causes extérieures, il faut
que dans la nature on soit parvenu à démêler les unes des autres. Cela
est en effet possible, ainsi qu'on le verra plus tard au commencement du
chapitre IV.

ques d'un sol qui dérivent de sa constitution minérale, ainsi que les modifications apportées à ces propriétés par les conditions extérieures, et d'arriver ainsi à réunir toutes les données nécessaires pour placer dans chaque lieu les cultures qui lui conviennent le mieux;

3° De conclure de la nature minérale des divers terrains, les moyens de les améliorer, en employant les procédés chimiques, physiques ou mécaniques, usités en agriculture;

4° Enfin, de fournir les éléments nécessaires pour juger *à priori* de la fertilité plus ou moins grande des terres, ce qui permet d'apprécier leur valeur relative.

En ce qui concerne ce dernier but utile, nous ferons remarquer que l'appréciation *à priori* de la valeur relative des terres est un problème très-difficile et très-délicat, à cause de la multiplicité des éléments qu'il faut prendre en considération et de leur grande variabilité suivant les lieux. Il est presque impossible de tracer des règles précises à cet égard, et, dans la plupart des cas, c'est la sagacité de l'expert qui doit jouer le principal rôle dans ces sortes d'évaluations. Cependant il est évident qu'elles doivent reposer sur certaines bases; or, l'étude de ces bases, au moins des plus importantes, est précisément l'objet de la géologie agronomique.

Nous diviserons cet ouvrage en deux parties.

La première sera le développement des faits et des principes qui viennent d'être établis. Nous considérerons d'abord les causes modificatrices de la végétation qui sont inhérentes à la nature minéralogique des sols, en distinguant les éléments dont l'action sur les plantes est chimique de ceux qui n'agissent que physiquement. Nous traiterons à part de l'influence du sous-sol. Un chapitre spécial sera consacré à la physique générale agricole, c'est-à-dire à l'étude des causes modificatrices que nous avons appelées *extérieures*. L'exposé de ces principes fondamentaux sera suivi d'une classification des terrains agricoles, basée sur la nature minérale des deux parties dont ils sont essentiellement composés, savoir de la terre végétale et du sous-sol. Nous décrirons ensuite ceux de ces terrains qui sont les plus répandus, en prenant nos exemples dans diverses contrées, notamment dans le département de l'Isère que nous avons étudié d'une manière spéciale.

La seconde partie de ce traité comprendra l'application de la géologie agronomique à plusieurs plantes cultivées en France. Nous ferons connaître, pour chacune d'elles, la nature du terrain, le climat, l'exposition et en général les conditions, soit agrologiques, soit extérieures, qui lui conviennent le mieux.

PREMIÈRE PARTIE

AGROLOGIE ET PHYSIQUE GÉNÉRALE AGRICOLE

CHAPITRE PREMIER

CAUSES MODIFICATRICES DE LA VÉGÉTATION

Qui sont inhérentes à la constitution minérale du sol.

I. — ÉLÉMENTS DE LA TERRE VÉGÉTALE DONT L'INFLUENCE
EST CHIMIQUE.

Pendant longtemps on a contesté l'importance de l'influence chimique du sol; on a même prétendu qu'elle était absolument nulle. Cette erreur, comme la plupart de celles qui s'introduisent dans les sciences, était le résultat de fausses conséquences tirées de l'observation. On avait remarqué que la même plante pouvait en général prospérer sur des terrains de nature très-opposée, sous la seule condition que leurs qualités physiques fussent les mêmes. On en avait conclu que ces dernières étaient les seules que l'on dût prendre en considération. Cette conclusion n'est exacte qu'en apparence. En effet, pour qu'un sol convienne chimiquement à une plante, il n'est nullement nécessaire que les matières salines qu'elle doit absorber s'y trouvent en quantités notables. Tout au contraire, s'il en était ainsi, leur présence serait nuisible. Il suffit ordinairement que leur proportion atteigne quelques millièmes. Or, lorsqu'on soumet les terres végétales à une analyse exacte et très-complète, on trouve qu'elles renferment en général toutes les substances indispensables à la nutrition des végétaux. Elles y sont même le plus souvent en quantité suffisante, pourvu que l'homme ne les ait pas soustraites par un grand nombre de récoltes successives. C'est pour cette raison qu'un sol vierge, dont les qualités physiques sont d'ailleurs bonnes, est toujours fertile, à moins que des circonstances extérieures n'y mettent obstacle. L'importance du rôle que joue sous le rapport chimique une partie des éléments du sol, est prouvée par l'analyse des cendres provenant de l'incinération des plantes. On y trouve en effet constamment, et en proportions souvent comprises dans d'étroites limites, certaines substances minérales que l'on doit dès lors considérer comme étant des principes constituants essentiels. On est arrivé à la même conclusion d'une autre manière encore plus directe. Lorsqu'un sol est épuisé par un grand nombre de récoltes obtenues sans engrais, l'expérience démontre que, pour lui rendre sa fertilité, il faut y ajouter des matières renfermant, non-seulement de l'azote et du carbone, mais aussi les substances minérales qui constituent ordinairement les cendres des végétaux. La distinction que nous avons établie entre les éléments à influence chimique et ceux dont l'action est exclusivement physique, doit donc être maintenue; elle indique deux sortes de propriétés des terres, également utiles à étudier.

Nous devons faire ici une remarque importante. Pour qu'une substance minérale puisse servir à la nutrition d'un végétal, il ne suffit pas qu'elle existe dans le sol; il faut encore qu'elle y soit dans un état qui la rende *assimilable,* c'est-à-dire susceptible d'être absorbée. Elle ne le serait pas si elle était insoluble. L'eau est en effet un véhicule indispensable pour faire pénétrer les matières minérales dans les plantes. Il y a des corps insolubles qui cessent de l'être en se combinant entre eux, et réciproquement des composés insolubles peuvent se diviser en éléments solubles. Ces compositions et décompositions chimiques ont souvent lieu dans le sein de la terre, et favorisent le phénomène de la nutrition des végétaux.

On sait, par l'analyse des cendres et l'étude de la physiologie des plantes, que les corps renfermés dans le sol, qui ont sur la végétation une influence chimique, sont en première ligne l'*air* et l'*eau ;* après, viennent un certain nombre de substances salines ayant pour base l'*ammoniaque,* la *potasse,* la *soude,* la *chaux,* la *magnésie,* l'*alumine,* l'*oxyde de manganèse* et l'*oxyde de fer.* Ces substances contribuent à la nutrition végétale, aussi bien par leurs bases que par leurs principes électro-négatifs, qui sont la *silice* ou *acide silicique,* l'*acide carbonique,* l'*acide phosphorique,* l'*acide sulfurique,* l'*acide azotique* et le *chlore* (1). On ignore en général dans quel état

---

(1) Si l'on voulait descendre jusqu'aux dernières traces des matières qui passent du sol dans le sein des plantes, il faudrait nommer aussi l'*iode,* le *brome* et le *fluor.* Comme ces corps ne s'y rencontrent que rarement et en très-petite quantité, nous en faisons abstraction.

de combinaison se trouvent ces bases et ces acides, lorsqu'ils ont été absorbés; les sels qu'ils forment dans les cendres se produisent, au moins en partie, pendant la combustion.

Nous allons passer en revue les divers éléments que nous venons d'indiquer, en les étudiant au point de vue de leur origine dans les terres et de leur proportion plus ou moins grande dans les organes des végétaux.

Air.—L'air n'est pas ordinairement compté au nombre des éléments des terres végétales; cependant sa présence dans leur sein est non-seulement constante, mais absolument nécessaire pour l'entretien de la vie des plantes. M. Boussingault (1), qui a publié un mémoire d'un haut intérêt sur cet air qu'il appelle *confiné*, a trouvé que sa composition différait notablement de celle de l'air extérieur, malgré la communication qui existe entre l'un et l'autre, par suite de la diffusion naturelle des gaz. On sait que l'air atmosphérique est composé, en nombres ronds, de 21 parties d'oxygène, 79 d'azote et environ 4 dix-millièmes d'acide carbonique. L'air confiné renferme toujours une proportion plus considérable de ce dernier gaz. Cette proportion est en moyenne 22 à 23 fois plus forte lorsque le sol n'a pas été fumé depuis une année; elle peut l'être dans le rapport de 245 à 1 dans le cas d'une fumure récente.

L'air des terres agit sur les plantes à la fois par son acide carbonique et par son oxygène. Le rôle de l'acide

(1) *Mémoires de chimie agricole et de physiologie*. Paris, 1851, page 325.

carbonique devant être mentionné plus tard, nous ne
parlerons ici que de l'oxygène. Des expériences précises ont prouvé que la présence de ce corps était
indispensable pour que les plantes pussent germer. Si
l'on place en effet des graines sur un bain de mercure
et sous une cloche remplie d'azote, d'hydrogène ou
d'acide carbonique, la germination n'a pas lieu, quelque favorables que soient d'ailleurs les conditions
d'humidité et de température. Si aux gaz que nous
venons de nommer, ou substitue l'air atmosphérique
ou de l'oxygène, les signes du phénomène ne tardent
pas à se manifester. Les graines en germant absorbent
une certaine quantité d'oxygène, qui est remplacé par
un volume correspondant d'acide carbonique. On
observe que ce volume est proportionnel à la masse
des graines, qu'il varie suivant leur espèce, et qu'il est
d'ailleurs tout à fait indépendant de leur nombre.
Lorsqu'une plante a germé, l'absorption de l'oxygène
par ses racines est encore nécessaire pour son développement. On s'en est assuré en la disposant de
manière à ce que, la tige et les feuilles étant en contact avec l'air extérieur, les racines fussent plongées
dans une atmosphère limitée, composée exclusivement
d'acide carbonique, d'hydrogène ou d'azote. La vie
végétale ne tarde pas alors à s'éteindre.

La nécessité de l'existence d'une proportion suffisante d'oxygène dans le sol, explique pourquoi les
plantes à racines longues et très-divisées, ne peuvent
prospérer que dans une terre meuble où l'air pénètre
facilement. Elle fait comprendre aussi pourquoi la plu-

part des végétaux périssent, lorsque leurs racines sont accidentellement submergées pendant un certain temps; ils éprouvent alors une véritable asphyxie. Cet effet est moins prompt si l'eau, au lieu d'être stagnante, se renouvelle rapidement, parce qu'alors elle est plus aérée.

Eau. — L'eau n'est pas moins nécessaire que l'air à l'entretien de la végétation. Aussi tous les sols propres à la vie des plantes en renferment une certaine proportion, variable suivant les circonstances. Si elle descend au-dessous d'une certaine limite, évaluée ordinairement à un dixième du poids de la terre, les lieux sont complètement stériles. L'eau du sol est pompée par les racines à l'aide des fibres déliées, nommées *chevelu*, qui en forment les dernières ramifications (1). Une fois absorbée, elle circule dans les tiges et les feuilles où elle prend le nom de *sève*. Une partie s'y fixe, et c'est d'elle que proviennent presque en totalité l'hydrogène et l'oxygène des végétaux; une autre partie s'exhale, principalement à la surface des feuilles. Ce dernier phénomène est tout à fait analogue à celui de la transpiration animale. L'eau, en passant de la terre dans une plante, y apporte toujours une certaine quantité de substances salines en dissolution, et les y laisse en s'évaporant. Son rôle

---

(1) On sait que, par l'effet d'un mécanisme admirable, les fibres chevelues des racines, lorsqu'elles ne trouvent pas dans le sol avec lequel elles sont immédiatement en contact, l'humidité qu'elles sont chargées d'absorber, vont la chercher quelquefois très-loin, en se dirigeant vers une source ou à la rencontre de filtrations souterraines.

est par conséquent double. D'un côté, elle contribue à la nutrition des végétaux en s'y incorporant; de l'autre, elle sert de véhicule aux substances minérales que l'on trouve dans leurs cendres, lesquelles, ainsi que nous l'avons déjà dit, sont une partie essentielle de plusieurs de leurs organes.

La quantité d'eau nécessaire aux plantes est extrêmement variable et dépend de leur nature. Certaines d'entre elles se plaisent dans les lieux très-secs. D'autres veulent un terrain humide. Quelques-unes même, dites aquatiques, ne peuvent vivre qu'au sein de l'eau. Ce n'est pas cependant qu'elles absorbent une très-grande quantité de ce liquide; mais, par suite de leur organisation, il est nécessaire qu'elles y soient plongées. Ces plantes sont dans le règne végétal ce que sont les poissons dans le règne animal; l'air qu'elles respirent et qui entretient leur vie, doit être dissous dans l'eau.

L'humidité des terres végétales provient soit de la pluie, soit des filtrations qu'alimentent les glaciers, les sources intarissables, les rivières et les lacs. Les amas d'eau courante ou stagnante n'existent pas partout, et l'influence de leurs filtrations ne dépasse pas en général des limites assez étroites. Pour cette raison, l'eau dont le sol est imprégné, dans le plus grand nombre des cas, lui est apportée directement par l'atmosphère. Comme les pluies n'arrivent qu'à des intervalles irréguliers et qu'elles sont quelquefois très-rares, on comprend que l'aptitude plus ou moins grande des terres à absorber et à retenir l'eau pluviale, doit influer beaucoup sur leur fertilité. Nous verrons plus tard que cette aptitude, nommée *hygroscopicité*, dépend presque entièrement de leur constitution physique.

La quantité d'eau que renferment les plantes, varie de l'une de leurs parties à l'autre et suivant la nature des espèces; elle peut aller jusqu'à 90 pour 100 et même au-delà. On estime que les bois verts, immédiatement après leur abattage, en renferment moyennement 40 parties, et qu'ils en perdent 25 par la dessiccation à l'air libre, prolongée pendant huit à dix mois. C'est généralement dans cet état qu'ils sont employés comme combustible.

Ainsi que nous l'avons dit plus haut, c'est de l'eau que les plantes tirent la plus grande partie de l'oxygène et de l'hydrogène dont elles sont composées. M. Boussingault (1), ayant recherché les proportions de ces deux éléments dans plusieurs substances végétales, est parvenu aux résultats suivants:

Quantités d'oxygène et d'hydrogène dans 100 *parties de diverses matières végétales desséchées à* 110°, *cendres comprises* (2).

	Oxyg.	Hydr.		Oxyg.	Hydr.
Froment	43,40	5,80	Navets	42,30	5,50
Seigle	44,20	5,60	Topinambours. . .	43,30	5,80
Avoine	36,70	6,40	Pois jaunes	40,00	6,20
Paille de froment .	38,90	5,30	Paille de pois . . .	35,60	5,00
Paille de seigle . .	40,60	5,60	Trèfle rouge (foin).	37,80	5,00
Paille d'avoine. . .	39,00	5,40	Tiges de topinam-		
Pommes de terre .	44,70	5,80	bour	45,70	5,40
Betterave champêtr.	43,40	5,80			

(1) *Économie rurale considérée dans ses rapports avec la chimie, la physique et la météorologie*, tome II, page 176.

(2) Nous donnerons plus bas la teneur en azote et en carbone des mêmes substances.

On sait que l'eau est composée en poids de 8 parties d'oxygène pour 1 d'hydrogène ; or ce rapport n'existe pas dans le tableau ci-dessus ; presque partout l'hydrogène est en excès. On doit en conclure qu'en général une certaine portion de cet élément, dans les plantes, y arrive par une autre voie que la fixation de l'eau.

Ammoniaque. — L'ammoniaque existe dans le sol à l'état de chlorure, de sulfate, de phosphate et surtout de carbonate. La plus grande partie de ces sels est le résultat de la réaction des principes constituants des matières organiques azotées que renferment les terres. Une autre partie provient de la pluie et des eaux courantes.

L'eau de pluie renferme toujours de l'ammoniaque, unie principalement à de l'acide carbonique. La proportion en est extrêmement variable. Elle est plus forte au commencement d'une ondée qu'à la fin, après une grande sécheresse qu'après un temps pluvieux ; elle augmente dans le voisinage des villes. On peut admettre qu'en rase campagne, elle est moyennement d'environ un demi-milligramme par litre. La neige paraît renfermer encore plus d'ammoniaque que la pluie. Une eau provenant de la neige tombée à Paris, en mars 1853, a donné à M. Boussingault 7 milligrammes de cet alcali, par litre. Dans une autre circonstance, la proportion s'est élevée jusqu'à 10 milligrammes. Ce fait justifie ce dicton très-connu des cultivateurs, que *la neige engraisse le sol.*

Les eaux de source et de rivière renferment toujours une certaine quantité d'ammoniaque ; par conséquent, elles en imprègnent les terres. Cette quantité varie beaucoup suivant les cours d'eau, et même suivant les époques de l'année où les analyses sont faites. D'après les résultats obtenus jusqu'à ce jour, elle peut être évaluée moyennement à 17 milligrammes par hectolitre (1).

L'ammoniaque qui se forme naturellement dans le sol, ou qui y est introduite, se partage le plus souvent en trois parties : l'une est absorbée par les racines ; une autre se dissipe dans l'atmosphère, d'où elle retombe ensuite en dissolution dans la pluie ; la troisième se combine avec certains éléments de la terre, particulièrement avec l'argile. Dans ce dernier état, elle est sans action immédiate sur les plantes et forme comme une réserve. Ce n'est que peu à peu, et par suite des réactions chimiques incessantes qui s'opèrent dans le sol, qu'elle est mise en liberté.

Les sels d'ammoniaque jouent un rôle extrêmement important dans la nutrition des végétaux. Il paraît en effet démontré que l'azote libre de l'air est pour ceux-ci un corps absolument inerte, et qu'ils ne peuvent se procurer cet élément, qui leur est indispensable, que par l'intermédiaire des combinaisons azotées solubles, principalement de celles qui sont ammoniacales. On s'est assuré de ce fait capital en faisant germer des graines dans un sol artificiel calciné, exempt par conséquent de toute matière organique, et dans une atmos-

(1) Nous renvoyons, pour les détails sur la présence de l'ammoniaque dans les eaux courantes, la pluie, la rosée et les brouillards, aux recherches de M. Boussingault, *Mémoires de chimie agricole*, etc., pag. 371 et 407.

phère limitée où il n'existait pas d'ammoniaque en quantité appréciable. On avait eu soin d'imbiber le sol calciné d'eau distillée, et d'entretenir dans l'atmosphère limitée une proportion convenable d'acide carbonique pur. Des plantes ont pu parfaitement germer et croître dans de pareilles conditions, mais elles n'ont point atteint un développement complet. L'analyse chimique a prouvé qu'elles n'avaient pas puisé la moindre trace d'azote dans l'atmosphère qui les entourait (1).

Quantités d'azote dans 100 *parties de diverses matières végétales desséchées à* 110°, *cendres comprises.*

Froment.	2,30	Betterave champêtre.	1,70
Seigle	1,70	Navets	1,70
Avoine	2,20	Topinambours.	1,60
Paille de froment.	0,40	Pois jaunes	4,20
Paille de seigle.	0,30	Paille de pois	2,30
Paille d'avoine.	0,40	Trèfle rouge (foin).	2,10
Pommes de terre.	1,50	Tiges de topinambour.	0,40

On voit par ce tableau que la proportion d'azote varie d'une espèce végétale à l'autre et suivant les par-

(1) Boussingault, *Mémoires de chimie agricole*, etc., page 435.

Sans contester l'exactitude des observations que renferment ces mémoires, on a prétendu qu'elles n'étaient pas concluantes, parce qu'elles avaient été faites sur des plantes languissantes, dont la vie était entretenue artificiellement. Une condition, dit-on, pour que des végétaux puissent absorber de l'azote non combiné, est qu'ils soient vigoureux comme ceux qui croissent sur des sols renfermant des matières azotées. En supposant cette hypothèse fondée, ce qui est loin d'être admis, il n'en résulterait pas moins que le rôle des sels ammoniacaux dans les terres serait extrêmement important, puisque, en donnant de la vigueur aux plantes, ils les rendraient aptes à s'emparer de l'azote libre de l'atmosphère.

ties analysées. La graine des céréales en renferme beaucoup plus que la paille. On a reconnu qu'elle était plus
considérable dans les fleurs et les feuilles des plantes
fourragères que dans les tiges. En général, elle diminue dans l'ensemble d'un végétal, à mesure que son
âge augmente. Ces faits ont une grande importance,
parce que c'est la matière azotée des végétaux qui
fournit à l'homme et aux animaux celle qui entre dans
leur propre composition.

Potasse. — La potasse, unie à diverses bases et par-
ticlièrement à la silice, est très-répandue dans la
nature. Elle existe en proportion notable dans les minéraux appartenant à la famille des feldspaths et à
celle des micas. La plupart des autres roches en renferment des quantités appréciables. Il n'est donc pas
étonnant qu'on en ait découvert des traces dans toutes
les terres arables. Elle se dégage lentement de ses
combinaisons silicatées en passant à l'état de carbonate.

Les eaux courantes et même l'eau de pluie, renferment aussi, en petite proportion, de l'azotate et du
sulfate de potasse, qui s'accumulent peu à peu dans le
sol par l'irrigation naturelle. La quantité de ces sels
réunis a été trouvée, sur 100 litres : de 0,50 grammes
dans la Seine, à Bercy; de 0,76 dans la Garonne, à
Toulouse; de 0,78 dans le Rhin, à Strasbourg; de
0,40, dans le Rhône, à Genève; de 0,41 dans le
Doubs, au port de Rivotte; de 2,01 dans l'eau d'Ar-
cueil, amenée à Paris. L'eau du puits artésien de Gre-
nelle contient, d'après une analyse de M. Payen, sur

100 litres : bicarbonate de potasse, 2,96 grammes ; sulfate de potasse, 1,20 ; chlorure de potassium, 1,09.

Les cendres de tous les végétaux renferment de la potasse. Le tableau suivant en fait connaître la proportion pour un certain nombre de substances.

Quantités de potasse dans 100 parties de cendres de diverses substances végétales (1).

Froment (grain)	29,50	Pois (paille).	8,20
Froment (paille)	9,20	Haricots (graine).	49,10
Orge (grain).	13,30	Fèves (graine)	20,80
Orge (paille)	3,40	Betteraves	39,00
Avoine (grain)	12,90	Navets.	33,70
Avoine (paille)	24,50	Pommes de terre.	51,50
Maïs (grain)	30,80	Trèfle rouge	12,20
Maïs (paille)	14,50	Trèfle ordinaire	26,60
Pois (graine)	35,30	Sainfoin	5,40

On voit que la potasse est un des éléments minéraux les plus importants des plantes ; elle est particulièrement abondante dans la pomme de terre, la betterave et les légumes secs. Parmi les végétaux ligneux qui en contiennent le plus, on doit citer la vigne. Les cendres de la tige et du sarment en donnent depuis 20 jusqu'à 35 pour 100. M. Boussingault (2) en a trouvé 37 dans les cendres du marc de raisin et environ 45 dans celles du résidu obtenu de l'évaporation du vin.

Soude. — La soude paraît remplir le même rôle que la potasse à l'égard des végétaux ; elle lui est souvent associée dans les cendres, mais ordinairement en pro-

(1) Boussingault, *Economie rurale*, etc., I, page 94, et II, page 213.
(2) *Mémoires de chimie agricole*, etc., page 315.

portion beaucoup moindre. Il n'y a guères d'exceptions que pour les plantes qui croissent sur les bords de la mer, où le sol est riche en chlorure de sodium. Quelquefois ce sel est transporté au loin dans l'intérieur des terres, par les vents impétueux qui soufflent de la mer. C'est peut-être par suite de cette diffusion, que la soude est plus abondante que la potasse dans les eaux de pluie, de source et de rivière. Elle existe aussi dans les feldspaths, les micas et d'autres roches, qui l'abandonnent peu à peu par l'effet des réactions chimiques. Dans certaines contrées sableuses, peu éloignées de la mer, où il y a encore des lacs d'eau salée, le sol est souvent imprégné d'une quantité notable de chlorure de sodium sur de vastes surfaces. Les plantes marines les plus riches en soude, appartiennent aux genres *salsola* et *salicornia*. Leurs cendres sont abondantes et donnent moyennement depuis 25 jusqu'à 40 pour 100 de carbonate sodique. Loin des côtes, les végétaux en fournissent beaucoup moins, si ce n'est dans quelques cas accidentels, par exemple dans le voisinage des mines de sel gemme.

Quantités de soude dans 100 parties de cendres de diverses substances végétales (1).

Froment (grain).	traces	Avoine (paille)	4,40
Froment (paille).	0,30	Maïs (grain)	»
Orge (grain).	6,50	Maïs (paille)	39,90
Orge (paille).	0,90	Pois (graine)	2,50
Avoine (grain)	»	Pois (paille)	12,50

(1) Ces substances sont les mêmes que celles dont la teneur en potasse a été donnée ci-dessus. Nous les choisirons également pour les autres éléments des cendres.

Haricots (graine).	*traces*	Pommes de terre.	*traces*
Fèves (graine)	19,00	Trèfle rouge	32,20
Betteraves	6,00	Trèfle ordinaire.	0,50
Navets.	4,10	Sainfoin	17,00

On a remarqué que certaines plantes des bords de la mer pouvaient vivre dans l'intérieur des terres ; leur soude est alors remplacée par de la potasse. Réciproquement, des plantes que la potasse caractérise, les céréales par exemple, étant cultivées dans un terrain qui ne renferme que de la soude, absorbent celle-ci. Cette substitution d'un alcali à l'autre et la possibilité de se procurer du chlorure de sodium à bas prix, ont fait étudier avec soin l'action de ce sel sur les cultures. Les résultats obtenus ont été quelquefois contradictoires, et ont laissé, par conséquent, de l'incertitude. Cependant les faits suivants sont généralement admis :

1° Une forte proportion de sel marin dans la terre (2 à 3 pour 100) est nuisible à la végétation et frappe le sol de stérilité ;

2° A petite dose, cette substance produit quelquefois de bons effets, surtout dans les terrains humides ;

3° La quantité de sel marin que renferme une récolte, est toujours de beaucoup inférieure à celle qui est contenue dans le sol ; elle s'accroît quand la salure du terrain augmente ;

4° Lorsque le sel donne de bons résultats, il paraît agir soit comme excitant, soit en fournissant aux végétaux une quantité de soude suffisante pour remplacer la potasse qui leur est nécessaire ;

5° Le chlore du sel marin est éliminé, au moins en partie, lorsque celui ci est absorbé par les plantes (1).

Chaux. — La chaux étant un des corps les plus abondamment répandus dans la nature, se trouve dans toutes les terres arables sous une forme ou sous une autre. Elle y est ordinairement à l'état de carbonate plus ou moins divisé, de silicate en société avec d'autres bases, de sulfate ou de phosphate. Ces deux derniers sels sont ordinairement en très-petites quantités. Le carbonate calcique, mis en contact avec de l'eau chargée d'acide carbonique qui abonde dans les sols, se change en bicarbonate, et peut alors être absorbé par les plantes. La chaux des silicates doit subir une transformation semblable pour devenir assimilable ; on sait que cela arrive par l'effet des décompositions lentes. Le sulfate de chaux étant un peu soluble, est susceptible de s'introduire directement dans les racines. On croit cependant que, dans beaucoup de cas, il est décomposé au contact des matières organiques et changé également en bicarbonate. Le phosphate de chaux se dissout en quantité sensible dans l'eau qui renferme de l'acide carbonique ou de l'ammoniaque, et probablement il est alors absorbé en nature.

(1) Dans une communication faite récemment à l'Académie des sciences (séance du 20 décembre 1869), M. Péligot a émis l'opinion que la présence de la soude dans le sein des végétaux était beaucoup moins fréquente qu'on ne l'avait cru jusqu'à présent, et que même, en général, cet alcali y manquait complètement. Cette assertion a été combattue par plusieurs savants et, notamment, par M. Payen. On est cependant d'accord sur ce point, que la potasse joue dans la nutrition des plantes un rôle prépondérant relativement à celui de la soude.

Le rôle que joue le carbonate de chaux comme élément à influence chimique, est certainement multiple. Outre qu'il sert à la nutrition des plantes, il modifie les qualités de la terre. Dans certains cas, lorsque des matières **végétales** très-humides sont en décomposition, il se forme un principe acide, nommé par quelques chimistes *acide ulmique*. La chaux carbonatée neutralise ce principe, le transforme en un sel que le carbonate d'ammoniaque rend soluble, et d'une substance nuisible elle fait un aliment utile aux végétaux. Le calcaire très-divisé, mis en contact avec les engrais ou, plus généralement, avec les substances organiques du sol, favorise leur décomposition et donne lieu à la production du carbonate d'ammoniaque, sel éminemment profitable aux plantes ; il agit également sur les gaz de l'atmosphère et provoque la formation de principes azotés. Ces propriétés précieuses du carbonate de chaux procurent en général aux terres qui le renferment, une fertilité et des aptitudes spéciales sur lesquelles nous insisterons plus tard (1).

La chaux existe dans toutes les cendres, unie principalement à l'acide carbonique ou à l'acide phosphorique.

Quantités de chaux dans 100 *parties de cendres de diverses substances végétales.*

Froment (grain).	2,90	Orge (paille)	10,56
Froment (paille)	8,50	Avoine (grain)	3,70
Orge (grain).	2,01	Avoine (paille)	8,30

(1) Voyez le chapitre III où il sera question de la *Classification des terrains agricoles*.

Maïs (grain)	1,30	Betteraves	7,00
Maïs (paille)	4,90	Navets	10,90
Pois (graine)	10,10	Pommes de terre.	1,80
Pois (paille).	30,50	Trèfle rouge	16,60
Haricots (graine)	5,80	Trèfle ordinaire.	24,60
Fèves (graine)	7,30	Sainfoin	24,80

La chaux entre presque pour moitié dans le poids des cendres que fournissent la plupart des bois, comme le chêne, le charme, le sapin, etc. Elle est abondante dans celles des fourrages, particulièrement du trèfle et du sainfoin. On sait que ces plantes se plaisent sur les sols calcaires.

Magnésie. — La magnésie se comporte comme la chaux à l'égard des plantes, et peut la remplacer dans une certaine mesure. Elle l'accompagne presque partout dans la nature, sans constituer cependant d'aussi grandes masses minérales. On la trouve comme celle-ci, dans les terres arables, à l'état de carbonate, de silicate, de sulfate et de phosphate. Quand elle s'introduit dans les racines, c'est principalement sous la forme de carbonate ou de phosphate, en dissolution dans de l'eau chargée de carbonate d'ammoniaque. Des observations incomplètes ont fait croire pendant longtemps que la présence du carbonate magnésien nuisait à la végétation. Cette opinion a été abandonnée depuis qu'il a été reconnu que certaines terres très-fertiles en renfermaient notablement. On ne doit pas confondre le carbonate de magnésie avec la magnésie caustique qui, mise sur les terres, est en effet très-active et très-épuisante.

La magnésie se rencontre dans toutes les cendres;

elle y est, comme la chaux, à l'état de carbonate ou de phosphate.

Quantités de magnésie dans 100 parties de cendres de diverses substances végétales.

Froment (grain)	15,90	Pois (paille).	6,90
Froment (paille)	5,00	Haricots (graine)	11,50
Orge (grain)	8,30	Fèves (graine)	8,80
Orge (paille)	1,40	Betteraves	4,40
Avoine (grain)	7,70	Navets	4,30
Avoine (paille)	2,80	Pommes de terre.	5,40
Maïs (grain)	17,00	Trèfle rouge.	6,30
Maïs (paille)	1,80	Trèfle ordinaire	6,30
Pois (graine)	11,90	Sainfoin	6,90

On remarquera la quantité considérable de magnésie que renferme la graine des céréales. Sa proportion y est constamment plus forte que celle de la chaux; c'est tout le contraire dans les pailles (1). Ce fait est général et confirme le principe que l'introduction des substances minérales dans les végétaux est soumise à certaines lois.

Alumine, fer et manganèse. — L'alumine est abondante dans la plupart des sols, puisqu'elle sert de base à l'argile. Avec elle, on observe presque constamment le fer, principalement à l'état de peroxyde et quelquefois de sulfate. Presque toutes les terres renferment aussi de l'oxyde de manganèse, ordinairement en petite quantité. Ces trois éléments, malgré leur contact habituel avec les racines et les réactions chimiques qui peuvent les rendre solubles, n'existent dans les végétaux qu'en proportions extrêmement faibles. Il est

(1) Voir le tableau précédent.

probable cependant que leur présence n'y est pas
accidentelle et qu'ils contribuent à neutraliser les
acides organiques. Outre cette fonction générale,
l'oxyde de fer en a de spéciales bien dignes d'attention.
L'expérience a prouvé qu'employé à l'état de sel soluble (sulfate, chlorure, pyrolignite), et à dose modérée,
il avait la propriété de favoriser la production de la
couleur verte dans les végétaux, et de la rétablir quand
elle avait disparu par suite d'un état morbide (1). C'est
un effet thérapeutique analogue à celui qu'exercent les
médicaments ferreux sur l'homme et les animaux, quand
ils sont atteints de chlorose. D'après M. de Gasparin (2), lorsqu'un sol ne renferme pas une quantité
suffisante de fer, on remarque que des plantes à fleurs
naturellement rouges se changent en variétés à fleurs
blanches. Ajoutons que, quelquefois, le fer se suroxyde
dans les terres par suite du renouvellement des surfaces;
il jouit alors de la faculté précieuse d'attirer et de fixer,
sous forme d'ammoniaque, l'azote de l'atmosphère.

Les oxydes de fer et de manganèse et l'alumine sont
ordinairement dosés ensemble dans les analyses de
cendres. Leur proportion totale ne dépasse pas, le-plus
souvent, quelques centièmes.

Quantités d'alumine, d'oxyde de fer et d'oxyde de manganèse dans
100 parties de cendres de diverses substances végétales.

Froment (grain)	»	Orge (grain)	1,00
Froment (paille)	1,00	Orge (paille)	3,00

(1) Voyez les observations de M. Gris, *Comptes rendus des séances de*
l'Académie des sciences, tome XXI, page 1386, et tome XXV, page 276.
(2) *Cours d'agriculture,* I, page 92.

Avoine (grain)	3,10	Fèves (graine)	1,00
Avoine (paille)	2,10	Betteraves	2,50
Maïs (grain)	traces	Navets.	1,20
Maïs (paille)	0,90	Pommes de terre.	0,50
Pois (graine)	traces	Trèfle rouge	0,20
Pois (paille)	traces	Trèfle ordinaire.	0,30
Haricots (graine)	traces	Sainfoin	1,10

Les oxydes de fer et de manganèse sont un peu solubles dans l'eau chargée d'acide carbonique. Il en est de même de l'alumine, quoique à un degré moindre. Il est probable que c'est à la faveur de cette solubilité que ces bases sont le plus souvent absorbées.

Silice ou acide silicique. — Tous les sols renferment de la silice à l'état soluble et, par conséquent, absorbable. Elle est le résultat de la décomposition lente des silicates terreux par l'acide carbonique. La plupart des bases sont entraînées peu à peu à l'état de bicarbonates, et une partie de l'acide silicique est mise en liberté. MM. Verdeil et Risler ont constaté sa présence constante dans des échantillons de terre arable, provenant du domaine affecté à l'ancien Institut agronomique de Versailles ; elle s'y trouvait dans la proportion de 5 à 26 pour 100 de la totalité des substances solubles de ces terres.

La silice en dissolution passe du sol dans les plantes, qui en renferment quelquefois beaucoup dans leurs cendres, ainsi que le montre le tableau suivant :

Quantités de silice dans 100 parties de cendres de diverses substances végétales.

Froment (grain)	1,30	Orge (paille)	75,50
Froment (paille).	67,60	Avoine (grain)	53,30
Orge (grain)	26,70	Avoine (paille)	40,00

Maïs (grain)	0,80	Betteraves	8,00
Maïs (paille)	18,90	Navets.	6,40
Pois (graine)	1,50	Pommes de terre.	5,60
Pois (paille) ·	0,60	Trèfle rouge.	2,00
Haricots (graine).	1,00	Trèfle ordinaire	5,30
Fèves (graine)	4,00	Sainfoin	0,90

On voit par ce tableau que la silice est particulièrement abondante dans les tiges des céréales. On croit
que c'est elle qui leur donne la rigidité nécessaire pour
supporter les épis.

Acide carbonique et humus. — Nous joignons l'humus
à l'acide carbonique; car, ainsi qu'on va le voir, la
production de cette dernière substance à l'intérieur du
sol, est intimement liée à la présence de la première.
Les végétaux contiennent environ la moitié de leur
poids de carbone. Cet élément, dont la proportion est,
comme on le voit, énorme, leur est fourni presque
exclusivement par l'acide carbonique soit extérieur,
soit souterrain. Ce n'est que de ce dernier dont nous
aurons à nous occuper ici. Les carbonates d'ammoniaque, de potasse, de soude et autres bases, que les
plantes absorbent, ne contribuent que d'une manière
insignifiante à la production de leur carbone. Une
partie notable de celui-ci est fourni, au contraire, par
l'acide carbonique libre ou en dissolution dans l'eau,
que renferme les terres. Cet acide provient lui-même,
à peu près en totalité, des matières organisées du sol,
qui, étant arrivées à un état de décomposition déjà
avancée, constituent ce qu'on appelle le *terreau* ou
l'*humus*. On a donné ce nom à une matière organique,
noire ou brune, intimement mêlée aux substances

terreuses et, principalement, à l'argile. Elle est le résidu de la fermentation qu'éprouvent à l'intérieur du sol les matières végétales placées dans des conditions convenables de chaleur et d'humidité. Sa décomposition continuant à faire des progrès, elle éprouve une combustion lente, qui est une source incessante d'acide carbonique. On observe en effet que, dans un air confiné, il y a moins d'oxygène que dans l'air libre, et que ce qui manque correspond à peu près à ce qu'a dû absorber, pour sa formation, le gaz acide dont on a constaté la présence.

On a dit plus haut, en parlant de l'air confiné, qu'un sol récemment fumé, et placé, par conséquent, dans les meilleures conditions pour produire une végétation vigoureuse, renfermait une énorme quantité d'acide carbonique. Son accumulation est donc favorable au développement des plantes. Un autre fait très-remarquable conduit à la même conclusion. Si l'on prend une petite quantité de terre riche en humus, 100 grammes par exemple, et que l'on y fasse germer des graines, elles ne paraissent pas végéter plus vigoureusement que dans un sol infertile par défaut de matières organiques. Il n'en est plus de même, si l'on fait l'expérience avec une masse considérable de terre fumée. Dans le premier cas, il se forme bien de l'acide carbonique, mais il se dissipe en grande partie dans l'atmosphère par suite de sa diffusion naturelle, la faible épaisseur de la terre étant insuffisante pour le retenir. Dans le second cas, l'intérieur de cette terre communique moins facilement avec l'air du dehors, à cause de sa profondeur, et l'acide carbonique peut s'y accumuler (1). La fertilité d'un sol est donc étroitement liée à la présence de l'acide carbonique dans son sein et, par suite, à celle de l'humus. Cette matière existe en effet dans toutes les bonnes terres. Celles qui conviennent au froment et aux autres récoltes épuisantes, en renferment de 4 à 8 pour 100. Il y en a 15 à 20 pour 100 dans certains fonds argileux et dans les terres de jardin.

Nous avons donné plus haut, d'après M. Boussingault, les teneurs en oxygène, en hydrogène et en azote de plusieurs substances végétales. C'est ici le lieu d'indiquer les quantités de carbone qu'elles renferment.

Quantités de carbone dans 100 *parties de diverses matières végétales desséchées à* 110°, *cendres comprises.*

Froment.	46,1	Betteraves champêtres.	42,8
Seigle	46,2	Navets	42,9
Avoine.	50,7	Topinambours.	43,3
Paille de froment.	48,4	Pois jaunes	46,5
Paille de seigle.	49,9	Paille de pois	45,8
Paille d'avoine	50,1	Trèfle rouge (foin).	47,4
Pommes de terre.	44,0	Tiges de topinambour.	45,7

Acide phosphorique. — L'acide phosphorique se trouve dans la nature, uni principalement à la chaux, à la magnésie et à l'oxyde de fer. Pendant longtemps, on a cru que les phosphates de ces diverses bases

(1) Boussingault, *Comptes rendus des séances de l'Académie des sciences,* tome XLVIII, page 345.

étaient rares relativement à beaucoup d'autres substances minérales; mais, depuis que les perfectionne-
ments de l'analyse chimique ont permis de constater
leur présence, même lorsqu'ils sont en quantités très-
petites, on a reconnu qu'il n'existait pas de roches qui
n'en renfermassent au moins quelques dix millièmes.
D'aussi faibles proportions sont insignifiantes au point
de vue de la minéralogie, mais elles ont une grande
importance pour l'agriculture; car l'acide phosphorique est un des éléments les plus essentiels des plantes.
Indépendamment de sa diffusion en quantités presque
insensibles, cet acide se trouve en proportion notable
dans certains minéraux qui existent en grand dans la
nature. La substance nommée *apatite* en contient
environ 41 pour 100, le reste étant de la chaux, du
fluorure et du chlorure de calcium. Ce minéral, en
masse compacte, constitue des collines entières près
de Truxillo, dans l'Estramadure. Plus communément,
il est à l'état terreux, et disséminé sous forme de petits
nodules, à divers niveaux géologiques. On rencontre
dans la craie chloritée beaucoup de ces nodules, qui
paraissent être des corps fossiles, nommés coprolithes;
ils sont compactes, d'un blanc grisâtre, et peuvent
contenir jusqu'à 15 pour 100 d'acide phosphorique.
Le phosphate de chaux terreux existe aussi en rognons
dans des argiles de divers âges, depuis le terrain
houiller jusqu'à l'étage tertiaire supérieur. On exploite
aujourd'hui, comme engrais, plusieurs de ces dépôts
de phosphates naturels.

Les phosphates de chaux et de magnésie, dont

aucune terre n'est complètement dépourvue, se dissolvent très-faiblement dans l'eau, à la faveur de
l'acide carbonique, et sont absorbés de cette manière par les végétaux. Les cendres de ceux-ci en
renferment des quantités très-variables, que l'on peut
estimer moyennement à 15 ou 20 pour 100 de leur
poids.

*Quantités d'acide phosphorique dans 100 parties de cendres
de diverses substances végétales.*

Froment (grain).	47,00	Pois (paille).	9,20
Froment (paille).	3,10	Haricots (graine).	26,80
Orge (grain)	38,50	Fèves (graine	37,90
Orge (paille)	1,10	Betteraves	6,00
Avoine (grain)	14,90	Navets.	6,10
Avoine (paille)	3,00	Pommes de terre.	11,30
Maïs (grain)	50,10	Trèfle rouge	3,30
Maïs (paille).	18,80	Trèfle ordinaire	6,30
Pois (graine)	30,00	Sainfoin	21,60

On remarquera sans peine que l'acide phosphorique
se trouve en quantité très-considérable dans la graine
des céréales; il y est uni à la chaux, et surtout à la
magnésie qui domine relativement à la première base.
Cette forte proportion de phosphate de magnésie est
constante; elle est indiquée par toutes les analyses. On
a conclu de là avec raison qu'elle était indispensable,
et que, si un sol ne pouvait la fournir, le grain ne se
formerait pas. Par suite, on a attaché une grande importance aux engrais qui introduisent du phosphate
de chaux dans les terres. Celui qui en donne le plus
est la matière des os; à l'état frais, elle en renferme à
peu près la moitié de son poids. Pour augmenter la

solubilité du phosphate des os, on a soin de le diviser par le broyage ou bien encore de le traiter par de l'acide sulfurique, qui lui enlève une certaine quantité de chaux et le transforme en surphosphate. Les phosphates de chaux naturels, dont nous avons indiqué plus haut les gisements, et qui sont aussi employés comme engrais, après avoir été pulvérisés, ont moins d'efficacité, parce qu'ils sont d'une dissolution plus difficile dans l'eau chargée d'acide carbonique ou d'acides organiques du sol.

Acide sulfurique. — De tous les sulfates naturels, celui de chaux est le plus abondamment répandu dans la nature. On le trouve dans la plupart des terres, disséminé en très-petite quantité à l'état de mélange intime. Il constitue aussi, dans divers terrains, des masses considérables, souvent exploitées pour les besoins de l'industrie et de l'agriculture. Ce sulfate, en contact avec des matières végétales à l'intérieur du sol, se décompose; il se produit du sulfure de calcium, puis souvent du carbonate de chaux et de l'acide sulfhydrique. Si les matières organiques sont susceptibles de devenir ammoniacales, on a du carbonate de chaux et du sulfate d'ammoniaque. Cette dernière réaction est très-utile; car le sulfate d'ammoniaque peut être absorbé par les plantes, qui en tirent probablement la plus grande partie de leur acide sulfurique. Outre que le sulfate se forme de la manière qui vient d'être indiquée, il existe naturellement dans les eaux de pluie et de source, qui en imprègnent les terres.

Le sulfate de fer n'est pas rare; il est le résultat de

la décomposition des pyrites exposées au contact de
l'air. Ce sel, s'il est abondant, est nuisible et rend le
sol stérile ; en quantité modérée, il peut être utile non-
seulement par son fer qui guérit les plantes de la chlorose, ainsi qu'on l'a déjà dit, mais encore par son
acide. Ce dernier, lorsqu'il est en contact avec des
matières charbonneuses, devient une source d'acide
carbonique et donne naissance à d'autres corps utiles
aux végétaux. Cela explique les bons résultats que
l'on a obtenus des tourbes et des charbons vitriolisés,
employés comme amendements.

Indépendamment des sulfates précédents, le sol
renferme, en très-petites quantités, ceux de potasse, de
soude et de magnésie. Le plus souvent, ils sont le résultat de réactions chimiques. Les eaux de source et de
pluie en contiennent également des traces.

La présence de l'acide sulfurique dans les cendres
est constante, mais en général sa proportion ne dépasse
pas quelques centièmes.

Quantités d'acide sulfurique dans 100 parties de cendres
de diverses substances végétales.

Froment (grain)	1,00	Pois (paille).	7,00
Froment (paille)	1,00	Haricots (graine).	1,30
Orge (grain)	0,20	Fèves (graine)	1,30
Orge (paille).	2,20	Betteraves	1,60
Avoine (grain)	1,00	Navets.	10,90
Avoine (paille)	4,10	Pommes de terre.	7,10
Maïs (grain)	*traces*	Trèfle rouge.	0,80
Maïs (paille)	1,00	Trèfle ordinaire.	2,50
Pois (graine)	4,70	Sainfoin	1,30

Il résulte de ce tableau que les cendres de la luzerne

et du trèfle, où l'on a vu qu'il y avait beaucoup de chaux, ne contiennent qu'une petite quantité d'acide sulfurique. On a reconnu, d'un autre côté, que cette quantité n'augmentait pas sous l'influence du plâtre employé comme engrais. Ce fait très-remarquable est en contradiction avec l'opinion longtemps en crédit, que le sulfate de chaux était absorbé en nature par les plantes dont il activait la végétation.

Acide azotique. — Les azotates n'existent dans le sol qu'en très-petites quantités. Les principaux sont ceux d'ammoniaque, de potasse, de chaux et de magnésie. On sait que les trois derniers se forment journellement dans beaucoup de lieux, par suite de la décomposition des matières azotées en contact avec des carbonates alcalins. On les trouve aussi avec de l'azotate de soude dans les eaux courantes. Leur proportion totale, sur 100 litres, est ordinairement comprise entre 1 et 2 grammes. Quant à l'azotate d'ammoniaque, l'atmosphère en renferme des quantités très-minimes, qui sont cependant appréciables; il est entraîné par les pluies dans l'intérieur du sol et dans les rivières. Nous devons ajouter que les matières terreuses pulvérulentes, telles que la marne et l'argile, ont la propriété de condenser les gaz de l'atmosphère et de les fixer en donnant lieu à la formation d'azotates.

M. Boussingault (1) a exécuté une série d'expériences très-intéressantes sur le développement d'une plante dans un sol artificiel, formé de sable quartzeux et d'ar-

(1) *Comptes rendus des séances de l'Académie des sciences*, tome XLIV, page 940.

gile cuite concassée. Ce sol était arrosé avec de l'eau
pure, chargée d'acide carbonique, et contenait, au lieu
d'engrais ordinaires, des cendres de végétaux mêlées
à des sels minéraux d'une grande pureté et à composition parfaitement définie, savoir l'azotate de potasse,
le phosphate de chaux basique et le bicarbonate de
potasse. En variant les mélanges, ces expériences ont
conduit aux résultats suivants :

1º Les vapeurs ammoniacales et nitreuses de l'atmosphère interviennent en trop minimes quantités pour
déterminer, en l'absence d'un engrais azoté, une abondante et rapide production végétale ;

2º Le phosphate de chaux, le bicarbonate de potasse et les cendres, séparés de l'azotate de potasse, ne
favorisent pas d'une manière sensible la végétation,
en sorte que le sol artificiel qui les renferme reste stérile ;

3º L'azotate de potasse, associé aux matières salines
nommées précédemment, forme un engrais complet
à l'aide duquel une plante peut végéter avec vigueur
et acquérir son développement normal, aussi bien
que si on l'avait fait croître dans une terre richement
fumée.

Outre que ces faits mettent en évidence l'absolue
nécessité des matières azotées pour fertiliser les terres,
ils prouvent que l'acide azotique partage avec l'ammoniaque l'importante propriété de produire, en se décomposant, de l'azote assimilable. Il a été, en effet, constaté
par l'expérience que tous les azotates employés en
doses convenables, étaient des stimulants énergiques de

la végétation. Quoiqu'ils aient l'inconvénient grave de
coûter très-cher, on les emploie aujourd'hui pour la
fabrication de certains engrais industriels, nommés
engrais chimiques.

Chlore. — Un seul chlorure est très-abondant dans
la nature, c'est celui de sodium. L'eau de la mer en
renferme moyennement 2,6 pour 100 de son poids.
Il existe aussi, en proportion notable, dans les sources
dites salées; enfin, il constitue, sous le nom de sel
gemme, des dépôts puissants dans divers terrains. Si,
des gites où ce sel se trouve en masses considérables,
on passe à ceux où il est très-disséminé, on peut dire
qu'il existe partout. Les eaux atmosphériques, les
rivières, les sources ordinaires, toutes les terres arables
en renferment des quantités appréciables. Ajoutons
que les chlorures de potassium, de calcium et de ma-
gnésium l'accompagnent ordinairement; en effet, on
en découvre presque partout des traces. Le chlore est
donc un des éléments que les plantes peuvent se procurer avec le plus de facilité, d'autant plus que les
besoins de la végétation en exigent peu. La proportion
de chlore dans les cendres, comme celle de l'acide
sulfurique, n'est moyennement que de quelques centièmes.

Quantités de chlore dans 100 *parties de cendres de diverses*
substances végétales.

Froment (grain).	traces	Avoine (grain) 0,50
Froment (paille)	0,60	Avoine (paille) 4,70
Orge (grain)	"	Maïs (grain) . . . . traces
Orge (paille).	1,40	Maïs (paille) 6,30

Pois (graine)	1,10	Navets	2,90
Pois (paille)	7,20	Pommes de terre	2,70
Haricots (graine)	0,10	Trèfle rouge	2,20
Fèves (graine)	1,50	Trèfle ordinaire	2,60
Betteraves	5,20	Sainfoin	1,00

Pour expliquer la petite quantité de chlore renfermée dans les plantes, même lorsqu'elles croissent sur les bords de la mer, on doit admettre que, sous l'influence des forces qui président à la végétation, le sel marin est décomposé, au moins partiellement, avant d'être absorbé. Le chlore est éliminé et il se forme probablement du carbonate de soude.

APPENDICE.

Dans chacun des articles que nous avons consacrés plus haut aux divers éléments minéraux à influence chimique, nous avons fait connaître, d'après M. Boussingault, dans quelle proportion ces éléments entraient dans les cendres d'un certain nombre de substances végétales. Il nous reste à indiquer la quantité totale des cendres de ces mêmes substances. On aura alors toutes les données nécessaires pour calculer combien un poids connu de chacune d'elles enlève de matières minérales au sol; ce qui est très-utile pour déterminer, en quantité et en qualité, les engrais à employer.

Le tableau suivant renferme, indépendamment des substances prises plus haut pour exemples, quelques autres végétaux dont la teneur en cendres, sur 100 parties, nous a paru intéressante à connaître.

Teneur en cendres de plusieurs substances végétales, incinérées après avoir été bien desséchées (1).

Sapin (bois).	0,83	Orge (paille)	4,20
Bouleau (bois)	1,00	Avoine (grain)	4,00
Noisetier (bois).	1,57	Avoine (paille)	5,10
Sainte-Lucie (bois)	1,60	Maïs (grain)	1,00
Sureau à grappes.	1,64	Maïs (paille)	4,00
Tilleul (bois)	5,00	Pois (graine)	3,10
Mûrier (bois sans l'aubier).	0,70	Pois (paille)	11,30
Aubier du précédent . . .	1,50	Haricots (graine).	3,10
Ecorce du précédent . . .	8,90	Fèves (graine)	3,00
Chêne (branches).	2,50	Betteraves	6,30
Chêne feuilles au 10 mai)	3,30	Navets	7,60
Chêne (feuilles au 27 sept.)	5,50	Pommes de terre.	4,00
Chêne (écorce).	6,00	Trèfle rouge	7,70
Froment (grain).	2,40	Trèfle ordinaire.	6,10
Froment (paille)	7,00	Sainfoin	5,70
Orge (grain)	1,80	Foin de prairies.	9,00

Ces résultats et d'autres analyses ont mis en évidence les faits suivants.

Le bois proprement dit donne moins de cendres que l'aubier, et l'aubier beaucoup moins que l'écorce.

Les feuilles renferment plus de cendres que les tiges. La différence est d'autant plus grande que les feuilles sont plus anciennes.

Il y a beaucoup moins de cendres dans les graines que dans les tiges. Par suite, une plante, prise dans son ensemble, en renferme plus étant jeune que lorsqu'elle est parvenue à sa complète maturité.

(1) Les éléments de ce tableau ont été empruntés à plusieurs observateurs, particulièrement à M. Boussingault (*Economie rurale*, etc., I, page 89), et à M. Berthier (*Annales des mines*, 2ᵉ série, I, page 241).

Quantités de matières minérales enlevées au sol par 100 kilo-grammes de diverses récoltes, pesées après avoir été complètement desséchées.

NATURE des RÉCOLTES	NOMBRE DE GRAMMES DE MATIÈRE ENLEVÉE.								
	Potasse.	Soude.	Chaux.	Magnésie.	Alumine, fer, manganèse.	Silice.	Acide phosphorique.	Acide sulfurique.	Chlore.
Froment (grain) .	708	»	70	382	»	31	1128	24	»
Froment (paille) .	644	27	595	350	70	4732	217	70	42
Orge (grain). . .	239	118	38	149	18	480	693	4	»
Orge (paille). . .	143	38	453	59	126	3171	46	92	59
Avoine (grain) . .	516	»	148	308	52	2132	596	40	20
Avoine (paille . .	1250	224	423	143	103	2040	153	209	240
Maïs (grain) . . .	308	»	13	170	»	8	501	»	»
Maïs (paille . . .	580	1597	196	72	36	756	752	40	252
Pois (graine). . .	1104	77	313	369	»	46	930	146	34
Pois (paille) . . .	926	1412	3446	780	»	68	1040	791	813
Haricots (graine).	1522	»	180	356	»	31	831	40	3
Fèves (graine) . .	624	570	219	264	30	120	1137	39	45
Betteraves. . . .	2457	378	441	277	157	504	378	101	327
Navets.	2561	312	827	327	91	486	463	827	220
Pommes de terre	2060	»	72	216	20	224	452	287	108
Trèfle rouge. . .	939	2479	1278	485	15	154	254	62	169
Trèfle ordinaire .	1622	30	1500	384	18	323	384	152	158
Sainfoin	307	969	1413	393	63	51	1231	74	57

Les résultats qu'offre ce tableau ne peuvent être qu'approximatifs ; car on sait que, dans les plantes, le poids absolu des cendres, ainsi que les proportions relatives des matières minérales qui entrent dans leur composition, varient suivant la nature du terrain, son degré d'humidité, le climat et les autres circonstances qui modifient la végétation.

II. — ÉLÉMENTS DE LA TERRE VÉGÉTALE DONT
L'INFLUENCE EST PHYSIQUE.

La plupart des matières qui constituent les terres
étant insolubles, ne servent pas à la nutrition des plantes;
mais, par leurs *propriétés physiques*, elles ont une grande
influence sur la manière dont s'opère cette nutrition,
et, par suite, sur l'état plus ou moins prospère de la
végétation. Ces propriétés, en ne tenant compte que
des principales, sont au nombre de cinq, savoir :

1° L'*hygroscopicité* ou la faculté d'absorber de l'eau.
On la mesure en pesant la quantité d'eau qu'il faut
ajouter à une matière terreuse, préalablement desséchée, pour qu'elle soit saturée.

2° L'*aptitude à la dessiccation*. C'est le rapport qui
existe entre la quantité d'eau perdue, dans un temps
donné, par une substance minérale et celle qu'elle renferme à l'état de saturation. Le retrait qu'éprouvent les
terres, en se desséchant, est d'autant moindre que leur
aptitude à la dessiccation est plus grande.

3° *La faculté de s'échauffer au soleil et de retenir la
chaleur*. L'aptitude à l'échauffement se conclut de la
température qu'acquièrent les diverses terres exposées
au soleil pendant le même intervalle de temps. Il est
important de remarquer que cet échauffement varie
pour la même matière, suivant sa couleur, son degré
d'humidité et l'inclinaison de sa surface. La faculté de
retenir la chaleur se mesure par la durée du refroidissement des corps, avant de parvenir à la même température.

4° La *ténacité*, c'est-à-dire la résistance plus ou moins grande qu'un assemblage de molécules terreuses oppose à la division ou à l'écrasement ; on peut l'évaluer par des procédés mécaniques. L'adhérence des terres aux instruments d'agriculture est ordinairement en raison directe de leur ténacité.

5° La *faculté d'absorber les gaz et les vapeurs atmosphériques*. Cette faculté a une grande influence sur la fertilité des terres ; elle est augmentée par leur préparation mécanique.

L'observation apprend que, parmi ces propriétés, la plus importante est l'hygroscopicité, autour de laquelle viennent se ranger beaucoup d'autres qualités qui paraissent en dépendre. Ainsi, lorsqu'une terre absorbe l'eau en quantité notable, elle la retient aussi pendant longtemps ; elle est plus ou moins tenace et peu perméable en grand ; elle a de l'affinité pour les gaz et les vapeurs de l'atmosphère ; son échauffement est difficile à cause de son humidité habituelle. Au contraire, les matières terreuses qui exigent très-peu d'eau pour leur saturation, la perdent facilement ; leur faculté d'absorber les gaz et les vapeurs est insensible ; elles sont essentiellement perméables, divisibles, faciles à échauffer et conservent longtemps leur température élevée. D'après ces faits, les éléments du sol à influence physique forment naturellement deux groupes : les uns, plus ou moins hygroscopiques, sont *absorbants;* les autres sont des matières essentiellement inertes, qui se laissent facilement traverser par l'eau et les gaz ; nous les nommerons *diviseurs*. Les principaux éléments absorbants sont *l'argile, l'humus, le calcaire pulvérulent, la marne* et *le sable très-fin*. Les éléments diviseurs sont au nombre de quatre, savoir : *le sable ordinaire, le gravier, les cailloux* et *les débris de végétaux non décomposés*. Outre ces deux classes de matières, on doit distinguer les corps colorants, tels que *le charbon, l'oxyde de fer* et *l'oxyde de manganèse*. Ils sont presque toujours en trop petite quantité pour avoir une influence sensible sur la puissance d'absorption ou la divisibilité du sol ; mais ils en ont une très-grande sur sa facilité à s'échauffer au soleil ; ce qui est, dans quelques cas, une qualité très-importante.

On a reconnu depuis longtemps qu'une terre composée exclusivement, ou presque en totalité, soit d'éléments absorbants, soit d'éléments diviseurs, était impropre à la végétation. Pour qu'elle soit fertile, il faut que les uns et les autres y soient mêlés convenablement. Par suite, on a cherché quel était le meilleur mélange ; mais en s'occupant de cette recherche, on a souvent oublié qu'il était impossible d'arriver à une règle absolue. Il faut toujours avoir égard aux conditions physiques extérieures. Ainsi, une forte proportion de sable, qui est nuisible sous un climat chaud, lorsque le sol est incliné ou lorsque l'irrigation naturelle est nulle, offre des avantages réels dans des circonstances opposées. L'expérience a prouvé plus d'une fois, que des terres également fertiles différaient beaucoup sous le rapport de leur composition.

La proportion plus ou moins grande des éléments diviseurs, dans une terre, détermine son degré de perméabilité, auquel on doit attacher une grande importance en agriculture.

Nous allons exposer les propriétés des divers éléments à influence physique, qui ont été énumérés plus haut, en commençant par ceux qui sont absorbants.

1° ÉLÉMENTS ABSORBANTS.

Argile. — L'argile pure est une combinaison de silice, d'alumine et d'eau ; fort souvent, elle renferme une petite proportion d'oxyde de fer, de chaux ou de magnésie. Délayée dans un très-grand volume d'eau, elle est susceptible d'une division presque indéfinie ; pétrie avec de l'eau en quantité convenable, elle forme une pâte liante, onctueuse, ductile, qui se durcit beaucoup par la dessiccation, en éprouvant du retrait. Son pouvoir hygroscopique est considérable ; par suite de son avidité pour l'eau, elle happe à la langue. Schübler a fait des expériences sur de l'argile pure, sur de l'argile grasse contenant 0,24 de sable, et sur de l'argile maigre où la proportion de sable était portée à 0,40. Il a trouvé que la première absorbait 0,70 d'eau, la seconde 0,50 et la troisième 0,40. Cette hygroscopicité est, comme on le voit, très-grande, même quand il y a un mélange de sable.

De tous les éléments du sol, l'argile est celui qui offre la plus grande ténacité. Il suffit qu'une terre en renferme 0,45 à 0,50, pour qu'elle soit dite *forte ;* les terres *légères* n'en contiennent souvent que 0,15 à 0,20, et quelquefois moins. Cette substance sèche et en poudre est très-hygrométrique; elle condense les gaz et les vapeurs de l'atmosphère; ce qui est une propriété importante. Mise en contact avec des matières organiques décomposées, elle les absorbe et se combine en quelque sorte avec elles, de manière à rendre leur présence latente. Tous les agriculteurs savent que, lorsqu'ils mettent des engrais dans un fonds argileux qui a été épuisé, ceux-ci ne produisent d'abord aucun effet. Il faut que la terre en soit presque saturée pour qu'elle redevienne fertile, mais alors c'est pour longtemps. Cela résulte de ce que l'argile s'empare des premières fumures et ne les cède que peu à peu. Sous le rapport de l'aptitude à l'échauffement, l'argile est inférieure à beaucoup d'autres substances terreuses, parce qu'elle est habituellement plus humide; elle se refroidit aussi plus vite, à cause de sa conductibilité plus grande.

La présence d'une certaine quantité d'argile dans un sol est une condition indispensable pour qu'il soit fertile. Cela paraît tenir à ce que cette substance est la seule qui possède la précieuse propriété de se combiner, soit avec l'humus, soit en général avec les engrais, et d'empêcher ainsi leur déperdition.

Humus. — On a dit précédemment que l'humus, nommé aussi *terreau*, était une matière organique, noire ou brune, déjà en grande partie décomposée, qui existe dans le sol mêlée intimement à ses éléments, principalement à l'argile. L'humus contribue puissamment à la fertilité d'une terre en lui fournissant de l'acide carbonique; il influe aussi d'une manière

4

favorable sur ses propriétés physiques. On a trouvé
que 100 parties de cette substance retenaient 190
d'eau; elle est donc éminemment hygroscopique. Pour
cette raison, unie, même en petite proportion, aux autres matières terreuses, elle augmente très-sensible-
ment leur pouvoir absorbant. Une terre de jardin contenant 54,2 pour 100 d'argile, 38,3 de sable, 2 de
calcaire et 7,3 d'humus, a retenu, d'après Schübler,
0,89 d'eau; plus, par conséquent, que si elle avait été
composée d'argile pure. Quoique l'humus soit beaucoup plus hygroscopique que l'argile, il joue relativement à celle-ci le rôle d'élément diviseur, parce que
sa ténacité est extrêmement faible. Mêlé au sol, il lui
communique toujours une couleur foncée et augmente,
par suite, d'une manière notable son aptitude à l'échauffement.

Calcaire pulvérulent. — Le carbonate de chaux en
poudre a des propriétés physiques remarquables, qu'il
communique au sol lorsqu'il y est en grande quantité.
Son pouvoir hygroscopique est, d'après Schübler, supérieur à celui de l'argile; il absorbe jusqu'à 0,85 d'eau
et ne la perd que lentement. La pâte qu'il forme avec
ce liquide n'est pas glutineuse, ni ductile; c'est une
bouillie, qui est presque sans ténacité et qui n'en
acquiert pas en se desséchant; elle n'éprouve pas non
plus du retrait. Cette matière étant avide d'humidité,
et ordinairement de couleur claire, a peu d'aptitude à
l'échauffement. Elle a la propriété d'absorber les engrais, mais elle ne les conserve pas; au contraire, elle
les fait disparaître, en favorisant la production du

carbonate d'ammoniaque, sel très-volatil. Mêlée à l'argile, elle en diminue la ténacité et l'imperméabilité. Si on ajoute au mélange une proportion convenable de sable, on a ordinairement un bon sol.

Quelquefois, le calcaire pulvérulent est mêlé de beaucoup de carbonate de magnésie. Comme cette substance est encore plus hygroscopique que le calcaire, elle contribue à rendre les terrains froids et humides ; elle leur donne un certain liant et fait qu'au toucher ils sont doux et onctueux.

Marne. — La marne pure est un composé d'argile et de carbonate de chaux en proportions variables. Ainsi que l'a reconnu M. de Gasparin, si l'on fait un mélange mécanique aussi complet et aussi intime que possible d'argile et de calcaire, amenés l'un et l'autre à l'état de poudre impalpable, on a un produit qui ne possède pas les propriétés de la marne. Dans celle-ci, l'union des deux éléments est telle, que leur séparation physique est impossible. La marne a la propriété caractéristique de se déliter, plus ou moins complètement, sous l'influence des agents atmosphériques. La meilleure, au point de vue agricole, est celle qui donne la poussière la plus ténue. Réduite à cet état, elle peut absorber les vapeurs ammoniacales de l'air et même en fixer l'azote, en provoquant la formation d'azotates. Quoique la marne délitée soit un élément absorbant, elle l'est cependant à un degré moindre que l'argile, parce que ses molécules sont plus grossières et qu'elle est moins hygroscopique. Pour cette raison, elle peut amender deux espèces de terre dont les qualités sont opposées, savoir les terres trop argileuses et celles qui sont sablonneuses. Elle rend les premières moins tenaces et plus perméables, et donne aux secondes plus de liant, en même temps qu'elle augmente leur pouvoir d'absorption.

Une marne est dite argileuse, lorsqu'elle renferme depuis 50 jusqu'à 75 pour 100 d'argile; elle est calcaire, lorsque la proportion du carbonate de chaux y est de beaucoup supérieure à celle de l'argile. Ces deux espèces de marne sont liées l'une à l'autre par des passages insensibles.

Sable très-fin. — On appelle *sable* un assemblage de petits grains de substances minérales, roulés ou anguleux. Le sable est siliceux, s'il est formé à peu près exclusivement de quartz et de roches silicatées; il est calcaire, lorsque le carbonate de chaux y entre en quantité notable. On lui donne l'épithète de *très-fin*, lorsque ses grains peuvent être séparés par la lévigation. M. Berthier a le premier signalé le pouvoir hygroscopique considérable du sable très-fin, et a insisté sur l'importance de ce fait en agriculture. D'après ses observations, le sable quartzeux de Nemours, tel qu'on l'emploie dans la verrerie de Bayeux, est saturé par 0,23 d'eau; celui d'Aumont, broyé sous des meules, à Sèvres, pour l'usage de la manufacture, en exige 0,30 (1). On voit que la quantité d'eau absorbée augmente d'une manière sensible avec la ténuité des molécules. A grain égal, le sable cal-

(1) *Annales des Mines*, 3ᵉ série, tome XIII, page 650.

caire est plus hygrométrique que celui qui est siliceux.

L'utilité du sable très-fin dans le sol, ressort de
l'analyse mécanique des terres du Châtelet et de Saint-
Pierre, près de Nemours (1). La première ne renferme
que 7,3 pour 100 d'argile. D'après tous les auteurs,
elle devrait être presque stérile. Cependant on y
cultive avec succès le méteil, le seigle et les racines,
ce qui ne peut être attribué qu'à la présence d'environ
0,26 de sable siliceux très-fin, dont une partie reste
en suspension. La terre de Saint-Pierre est encore plus
sableuse, car on n'y trouve que 2 à 3 pour 100 d'argile.
La proportion du sable extrêmement fin et des autres
matières ténues qu'elle renferme, est d'environ 0,17;
réunie à celle de l'argile, elle suffit pour que la culture
du seigle devienne possible, lorsque la saison n'est pas
trop sèche.

2° ÉLÉMENTS DIVISEURS.

Sable ordinaire. — Nous définissons le sable ordinaire celui qui passe à travers un tamis fin de crin, et
qui est retenu par le tamis de soie. Son pouvoir hygroscopique varie de 0,20 à 0,25. Ce sable est très-perméable; il s'échauffe promptement au soleil et garde
longtemps la chaleur acquise; sa ténacité est à peu

(1) Berthier, *Analyses comparatives des cendres d'un grand nombre de
végétaux, suivies de l'analyse de différentes terres végétales* (extrait des
Mémoires de la Société impériale et centrale d'agriculture), pages 97 à
98 du tirage à part.

près nulle. Quand il existe en quantité un peu notable dans le sol, celui-ci absorbe peu d'eau, se dessèche promptement, et n'a qu'une faible affinité pour les engrais. Ces qualités sont d'autant plus marquées que les grains siliceux sont plus abondants, relativement à ceux qui sont de nature calcaire.

D'après Thaër (1), les proportions suivantes de sable décident de la possibilité de certaines cultures : de 40 à 60 pour 100, la terre est propre au froment ; de 60 à 70, la récolte de cette dernière céréale n'est plus assurée, mais l'orge peut la remplacer avec succès ; de 70 à 80, l'avoine donne encore de bons produits ; de 80 à 90, il n'y a plus que le seigle et le sarrasin dont la culture soit possible ; au-dessus de 90, la terre est presque stérile, et ne sert de base qu'à de maigres pâturages. Ces résultats de l'observation sont sans doute vrais dans beaucoup de cas, mais on doit se garder de les généraliser. En effet, outre que des engrais et des amendements employés en quantité suffisante, renversent toutes les classifications agrologiques fondées sur les cultures, on doit toujours tenir compte de la position topographique et du climat (2). La ténuité, plus ou moins grande, du sable est aussi importante à considérer, ainsi qu'on l'a dit plus haut.

Gravier et cailloux. — Le gravier est fin, lorsqu'il passe à travers le tamis en fil de fer et ne s'arrête que sur celui en crin. Depuis le gravier fin jusqu'aux plus

(1) *Principes raisonnés d'agriculture* (traduction du baron Crud), tome II, pages 214 et suivantes.

(2) Le sable pur des dunes est cultivable sous un climat humide.

gros cailloux que l'on rencontre dans les terres, il y a des intermédiaires en nombre illimité. Il est bien rare qu'un sol, même fertile, ne renferme pas quelques cailloux ou du menu gravier; leur influence, bonne ou mauvaise, commence à devenir sensible lorsque leur proportion surpasse un dixième du poids total de la terre. Le gravier et les cailloux, encore plus que le sable ordinaire, divisent le sol végétal, le rendent perméable et diminuent son affinité pour l'eau et les engrais. Mêlés en quantité très-considérable, ils sont extrêmement nuisibles, parce qu'ils s'opposent à l'extension des racines et les privent d'alimentation. En quantité modérée, les cailloux sont quelquefois utiles : ainsi, ils diminuent l'imperméabilité d'un sol trop argileux; répandus à la surface d'un terrain sablonneux, ils l'abritent contre les ardeurs du soleil, y maintiennent une certaine humidité et le rendent moins mobile. Comme ils s'échauffent facilement et que, par suite, ils émettent beaucoup de calorique rayonnant, ils hâtent l'époque de la maturité de la vigne et d'autres plantes qui aiment un sol chaud. Les cailloux siliceux sont presque indestructibles. Ceux qui sont calcaires se décomposent plus ou moins avec le temps. Leur influence chimique n'est point par conséquent absolument nulle.

Un terrain très-caillouteux est impropre aux cultures herbacées; mais il peut nourrir les arbres dont les racines sont assez fortes pour le diviser, et aller chercher, au loin, l'humidité et les principes assimilables qui leur sont nécessaires

Débris de végétaux non décomposés. — Les matières non décomposées, telles que la paille, les feuilles, les tiges et les racines ligneuses, que la culture introduit en quantité plus ou moins grande dans le sol, ont toujours pour effet de le rendre plus meuble et d'y faciliter le passage de l'eau et de l'air. Ces substances sont naturellement hygrométriques. Cependant leur mélange avec la terre n'est jamais assez intime, pour qu'elles puissent en augmenter les propriétés hygroscopiques d'une manière sensible. Ce résultat n'est obtenu que, lorsqu'ayant éprouvé une décomposition suffisamment avancée, elles ont été transformées en terreau. On sait que la paille des céréales, celle du colza et du sarrasin, les fanes de pommes de terre, les plantes marécageuses, la bruyère et les feuilles d'arbres, servent de litière aux animaux. Mêlées à leurs déjections, elles constituent le fumier de ferme, qui offre, en général, deux parties distinctes, savoir : des matières animales solides ou liquides, d'une décomposition facile, et des débris de végétaux peu altérés. Ce fumier appliqué aux terres fortes a, par conséquent, le double avantage de les engraisser et de les ameublir.

3° MATIÈRES COLORANTES.

Les matières colorantes les plus répandues dans les terres, sont l'oxyde de fer, l'oxyde de manganèse et le charbon, ce dernier à l'état de terreau. Elles influent sur le sol, principalement en augmentant

beaucoup sa faculté d'échauffement. D'après les expériences de Schübler, la même substance minérale,
suivant qu'elle est blanche ou teinte en noir, tout
étant égal d'ailleurs, présente au soleil des différences
de température qui peuvent aller jusqu'à 7 ou 8 degrés.
Une inégalité aussi grande en détermine une, également très-considérable, dans la qualité des produits des
végétaux et dans l'époque de leur maturité. Tous les
cultivateurs savent par expérience que les récoltes sont
bien plus hâtives sur les terres brunes que sur celles de
couleur claire, en leur supposant un degré égal d'humidité. Les vins des terrains blonds sont moins spiritueux que ceux des terrains d'une nuance foncée.
Pour cette raison, les sols de couleur claire conviennent
mieux aux vignes à raisin blanc qu'à celles dont le
raisin est noir. M. Creuzé-Latouche a fait sur ce sujet
des observations curieuses. Les coteaux du Cher, de
la Creuse et de l'Indre, depuis Chatellerault jusqu'à
Tours et Saumur, ont pour base une pierre calcaire
blanche, tendre et poreuse, qui, dans certains cas,
disparaît sous une terre colorée, nuancée de rouge et
de jaune. Cette différence dans la teinte du sol sert
en général à distinguer les cantons à vins rouges, de
ceux à vins blancs. Quelquefois, comme aux environs
de Tours et sur les coteaux de la Vienne, les terres
blanches et celles qui sont rouges, alternent ensemble.
Dans ce cas, on voit également les vignobles à vins
blancs et les vignobles à vins rouges se succéder alternativement.

Ce n'est pas seulement sur la vigne que cet effet de

la coloration du sol se remarque. Quoique les blés et les fourrages, en couvrant la terre de bonne heure de leurs feuilles et de leurs tiges, la préservent en partie du contact des rayons solaires, ils ne l'ombragent pas tellement qu'un échauffement inégal du sol, dû aux matières colorantes, n'ait une influence sensible sur l'époque de la maturité.

D'après M. de Gasparin, lorsque l'oxyde de fer se trouve en abondance dans un terrain siliceux, sous un climat méridional, le sol est presque improductif. Dans le Nord, au contraire, l'oxyde de fer, en favorisant l'élévation de la température, permet de cultiver des végétaux qui, sans lui, ne pourraient mûrir.

COMPARAISON DES ÉLÉMENTS PRÉCÉDENTS SOUS LE RAPPORT DES PROPRIÉTÉS PHYSIQUES.

En passant en revue les divers éléments, soit absorbants, soit diviseurs, que renferment les terres, nous avons indiqué leurs principales propriétés physiques; il reste à apprécier ces propriétés d'une manière rigoureuse et à en présenter un tableau comparatif. Ce travail utile a été fait depuis longtemps et avec beaucoup de soin par Schübler. Comme il est très-connu et qu'il a été inséré dans presque tous les traités d'agriculture (1), nous nous contenterons d'en donner ici un résumé succinct.

(1) Voyez notamment le *Cours d'agriculture* de M. de Gasparin, et le *Traité élémentaire d'agriculture* par MM. Girardin et du Breuil.

Hygroscopicité. — Nous avons dit que l'hygroscopicité était la faculté d'absorber l'eau, en quantité plus ou moins grande. Pour la mesurer, on pèse un certain volume de terre, préalablement bien desséchée ; on la délaye dans de l'eau, de manière à ce qu'elle forme une bouillie ; puis on la jette sur un filtre. Lorsqu'elle est bien égouttée, on la pèse de nouveau. L'augmentation de poids indique combien d'eau a été absorbée. L'observation prouve que la proportion en est très-variable, suivant la nature des terres. La seconde colonne du tableau suivant, dressé par Schübler, indique combien 100 parties de matière desséchée retiennent d'eau.

Noms des terres.	Eau absorbée.	Noms des terres.	Eau absorbée.
Sable siliceux	25	Terre argileuse (5)	60
Gypse	27	Argile pure (6)	70
Sable calcaire	29	Terre calcaire fine	85
Glaise maigre (1)	40	Terre de jardin (7)	89
Terre arable du Jura (2)	48	Humus	190
Glaise grasse (3)	50	Carbonate de magnésie	456
Terre arable d'Hoffwill (4)	52		

On peut tirer de là les conclusions suivantes :
1° Les sables siliceux sont les terres qui ont le moins

(1) On peut en séparer moyennement 40 pour 100 de sable siliceux.

(2) Ainsi composée : 63 de sable siliceux fin ; 33,3 d'argile ; 1,2 de sable calcaire ; 1,2 de carbonate de chaux pulvérulent et 1,2 d'humus.

(3) Argile renfermant, en moyenne, 24 pour 100 de sable siliceux fin.

(4) Ainsi composée : 51,1 d'argile ; 42,7 de sable siliceux ; 0,4 de sable calcaire ; 2,3 de carbonate de chaux pulvérulent et 3,4 d'humus.

(5) Argile dont on peut séparer encore 10,75 pour 100 de sable siliceux.

(6) Privée de sable et contenant : 58 de silice ; 36,2 d'alumine, et 5,2 d'oxyde de fer.

(7) Ainsi composée : 52,4 d'argile ; 36,5 de sable siliceux ; 1,8 de sable calcaire ; 2,0 de carbonate de chaux pulvérulent et 7,2 d'humus.

d'affinité pour l'eau. On sait d'ailleurs que cette affinité est d'autant moindre qu'ils sont plus grossiers.

2° La quantité d'eau retenue par le calcaire est encore plus variable, suivant le degré de ténuité des molécules. En effet, le calcaire en poudre fine absorbe jusqu'à 85 pour 100 de son poids d'eau, et le sable seulement 29 pour 100.

3° De tous les éléments d'un sol, le carbonate de magnésie et l'humus sont ceux qui ont le plus d'affinité pour l'eau. Il en résulte que la présence de l'humus dans une terre, même en très-petite quantité, augmente sensiblement son pouvoir hygroscopique.

4° Les argiles absorbent moins d'eau, à mesure que leur teneur en sable devient plus considérable.

Aptitude à la dessication. — On estime cette aptitude en constatant la perte en poids qu'éprouve dans un temps donné, dans le même air et tout étant égal d'ailleurs, chaque sorte de terre supposée saturée d'eau. Pour la commodité de la comparaison, on ramène par le calcul à 100 parties la quantité d'eau contenue. En opérant ainsi, Schübler a trouvé que les terres suivantes perdaient en 4 heures 4 minutes, à la température de 18°,75, les quantités d'eau ci-dessous indiquées :

Sable siliceux	88,4	Terre arable d'Hoffwill.	32,0
Sable calcaire	75,9	Argile pure	31,9
Gypse	71,7	Terre calcaire fine.	28,0
Glaise maigre	52,0	Terre de jardin	24,3
Glaise grasse	45,7	Humus	20,5
Terre arable du Jura	40,1	Carbonate de magnésie	10,8
Terre argileuse	34,9		

En comparant ce tableau au précédent, on voit qu'à peu d'exceptions près, l'ordre de la plus grande aptitude des terres à la dessiccation, est le même que celui de leur moindre hygroscopicité.

Toutes les terres, en se desséchant, éprouvent un certain retrait. Schübler a constaté qu'il était à peu près nul pour le sable siliceux, le sable calcaire et le gypse. Parmi les autres éléments du sol, l'humus est celui dont le volume varie le plus, suivant son degré d'humidité ; l'argile vient après. Pour cette raison, les terres où cette dernière substance domine, se crevassent pendant les temps de sécheresse. Ce caractère s'efface presque complètement, quand on ajoute à l'argile du sable, du calcaire ou de la marne.

Faculté de s'échauffer au soleil et de retenir la chaleur. — L'aptitude à l'échauffement dépend à la fois de la composition minéralogique des terres, de leur couleur, de leur degré d'humidité, enfin des différents angles que forment les rayons du soleil en tombant sur leur surface. Pour isoler l'influence de la composition minéralogique, il faut prendre des échantillons colorés de la même manière et desséchés dans les mêmes conditions; les placer sous la même inclinaison relativement au soleil; puis constater leur degré d'échauffement au bout d'un certain temps. En opérant ainsi, on a trouvé que l'ordre des terres, rangées d'après leur aptitude à l'échauffement, était à peu près le même que lorsqu'on les classait d'après leur faculté de retenir la chaleur.

Pour mesurer cette dernière faculté, Schübler a comparé le temps que mettaient à se refroidir, jusqu'à

21°,2, des terres qui étaient chauffées à 61°,5, dans des vases de 594 centimètres cubes de capacité.

Voici les résultats auxquels il est parvenu, le pouvoir du sable calcaire pour retenir la chaleur étant représenté par 100 :

Sable calcaire	100	Terre argileuse	68,4
Sable siliceux	95,6	Argile pure	66,7
Glaise maigre	76,9	Terre de jardin	64,8
Terre arable du Jura	74,3	Terre calcaire fine	61,8
Gypse	73,2	Humus	49,0
Glaise grasse	71,1	Carbonate de magnésie	38,0
Terre arable d'Hoffwill	70,1		

Ce sont les sables, comme on le voit, qui possèdent au plus haut degré la faculté de retenir la chaleur; ce sont eux aussi qui s'échauffent le plus au soleil. En Afrique, la température des sables du bord de la mer dépasse quelquefois de 30 degrés celle de l'air.

A l'extrémité opposée de l'échelle, se trouvent l'humus et le carbonate de magnésie. On doit se rappeler que ces deux substances sont en même temps celles qui ont le plus d'affinité pour l'eau. En général, l'aptitude à s'échauffer et à retenir la chaleur, est en raison inverse de l'hygroscopicité.

Si la différence de nature minéralogique a une influence sensible sur l'échauffement des substances minérales, leur couleur plus ou moins claire, leur degré d'humidité et l'inclinaison de leur surface relativement aux rayons solaires, en ont une plus grande encore.

Nous avons déjà donné quelques détails sur la part d'influence de la couleur, en parlant des matières colorantes des sols.

L'obstacle que l'humidité oppose à l'échauffement, est une conséquence directe de la grande quantité de calorique que l'eau absorbe en se vaporisant. Tant que cette évaporation dure, la température des corps humides reste à peu près constante.

Quant à l'inclinaison des rayons sur la surface du sol, elle fait varier dans une proportion énorme la quantité de chaleur absorbée. Cette chaleur est en effet proportionnelle au sinus de l'angle d'incidence; presque nulle, quand cet angle est très-petit, elle est aussi forte que possible quand il atteint 90 degrés.

La faculté que possède une terre de s'échauffer plus ou moins au soleil, est d'une grande importance en agriculture. Cet échauffement influe sur les plantes soit directement, soit par le rayonnement. Il agit directement, en déterminant une prompte germination des graines et, plus tard, en transmettant de la chaleur aux tiges par voie de conductibilité. Il ne paraît pas que ce dernier mode d'influence ait des effets bien sensibles; mais il n'en est pas de même de l'action de la chaleur du sol pour faire germer les graines : elle est absolument nécessaire; plus elle est forte, plus la germination est rapide. Quant au rayonnement, il est d'une grande importance; un sol échauffé est comme un magasin de calorique, qui en envoie aux végétaux et à l'air ambiant, aussi bien la nuit que le jour. Pour cette raison, les plantes qui ont besoin pendant quelque temps d'une température élevée pour mûrir, la vigne, par exemple, se plaisent dans les terrains secs, caillouteux, d'une couleur foncée, qui ont la propriété d'absorber beaucoup de chaleur solaire et de la céder par voie de rayonnement.

Ténacité. — Pour apprécier la ténacité des terres ou la résistance qu'elles opposent à la division, Schübler les réduisait en pâte molle et, après les avoir pétries et corroyées, les enfermait dans des moules quadrangulaires, de forme allongée, où elles étaient chargées du poids de 1 kilogramme. Elles étaient ensuite retirées et séchées à l'étuve ; on obtenait ainsi des briquettes prismatiques, plus ou moins consistantes. On mesurait leur résistance en les faisant reposer sur deux supports éloignés de 0^m,40, et en y suspendant au milieu un petit vase dans lequel on versait du plomb de chasse, peu à peu et sans secousse, jusqu'à ce que la rupture du prisme s'ensuivît. On pesait alors le vase et le plomb ; on mesurait aussi la surface de rupture et on ramenait les résultats à une surface de comparaison de 15 millimètres de côté. Le poids correspondant était considéré comme la mesure de la ténacité de la terre. En opérant ainsi, Schübler a obtenu les chiffres suivants :

	Poids de rupture. kilog.		Poids de rupture. kilog.
Sable calcaire	0,00	Terre du Jura	4,01
Sable siliceux	0,00	Terre d'Hoffwill	6,01
Terre calcaire fine	1,00	Glaise maigre	10,44
Terre de jardin	1,28	Glaise grasse	12,53
Gypse	1,33	Terre argileuse	15,17
Terreau	1,58	Argile pure	18,22
Magnésie carbonatée	2,09		

Ce procédé étant peu rigoureux, d'autres observateurs sont parvenus à des résultats différents, exprimant en général une ténacité moins considérable.

Schübler a essayé aussi de déterminer l'adhérence relative des diverses sortes de terre aux instruments d'agriculture. Pour la mesurer, il prenait un disque en bois de hêtre, d'un décimètre carré, et le mettait en contact parfait avec une terre complètement humide. Ce disque était attaché à l'un des bassins d'une balance très-sensible, dont le bassin opposé était chargé de grains de plomb versés peu à peu. Quand l'équilibre était rompu, on pesait le plomb, dont le poids, diminué de celui du disque, représentait la force nécessaire pour vaincre l'adhérence.

En répétant l'expérience avec un disque en fer, on a trouvé que la force d'adhérence était moindre dans la proportion d'un dixième environ. Les instruments en fer doivent donc être préférés à ceux en bois, surtout dans les terrains très-humides.

L'ordre des terres rangées suivant le degré de force avec lequel elles adhèrent aux instruments, est exactement le même que celui de leur ténacité.

Faculté d'absorber de l'oxygène. — De Humboldt, Théodore de Saussure, puis Schübler, ont étudié successivement la propriété qu'ont les matières terreuses de s'emparer des gaz atmosphériques et notamment de l'oxygène. Pour mesurer cette absorption, Schübler mettait une certaine quantité de chaque sorte de terres, d'abord bien sèches, puis parfaitement humides, dans des flacons de verre bouchés à l'émeri et renversés sous l'eau. Au bout d'un certain temps, il analysait l'air des flacons. L'absorption, à l'état sec, était nulle pour toutes les terres; à l'état humide, elle était très-sensible

et a donné les résultats suivants, pour 100 de matière en contact avec l'air pendant 30 jours :

	Absorption de l'oxygène en poids, pour 100 de terre.		Absorption de l'oxygène en poids, pour 100 de terre.
Sable siliceux	1,6	Terre arable du Jura. . . .	15,2
Gypse.	2,7	Argile pure	15,3
Sable calcaire	5,6	Terre arable d'Hoffwill . .	16,2
Glaise maigre	9,3	Carbonate de magnésie . .	17,0
Terre calcaire fine	10,8	Terre de jardin	18,0
Glaise grasse.	11,0	Humus	20,3
Terre argileuse	13,6		

L'humus est de toutes les substances terreuses, celle
qui enlève le plus d'oxygène ; il se forme de l'acide
carbonique. Si l'humus est complètement recouvert
d'eau, il devient plus noir et se change en une matière
charbonneuse, insoluble, en général à propriétés acides, que l'on trouve en grande quantité dans les contrées marécageuses, et qui est ordinairement mélangée
avec la tourbe.

Quant aux autres terres, à moins qu'elles ne contiennent de l'oxyde de fer susceptible de passer à un
degré plus avancé d'oxydation, elles se bornent à
condenser l'oxygène, sans se combiner avec lui ; car,
si on les dessèche à une température un peu élevée,
elles redeviennent capables de prendre la même quantité de ce gaz. On a remarqué que la chaleur atmosphérique augmentait la puissance d'absorption ; elle
est à peu près nulle au-dessous de zéro.

Faculté d'absorber de la vapeur d'eau. — Le pouvoir
qu'ont les terres d'absorber l'humidité atmosphérique,
est évidemment favorable à la végétation, surtout en
temps de sécheresse, puisqu'il compense en partie,

pendant la nuit, l'énorme évaporation qui a lieu pendant le jour. Pour mesurer cette propriété, Schübler se servait de plaques en fer blanc, de $0^m,036$ de côté, sur lesquelles il étendait, en couches d'épaisseur uniforme, 5 grammes de différentes terres bien pulvérisées et fortement desséchées. Ces terres étaient placées sous une cloche fermée en bas par de l'eau, la température étant de 15 à 18 degrés. Après 12, 24, 48 et 72 heures, les terres étaient pesées avec les plaques. L'augmentation de poids indiquait la quantité d'eau absorbée par chacune d'elles.

Le tableau suivant offre les résultats obtenus de cette manière.

	QUANTITE D'EAU ABSORBÉE			
	après 12 heures.	après 24 heures.	après 48 heures.	après 72 heures.
	centig.	centig.	centig.	centig.
Sable siliceux	0,0	0,0	0,0	0,0
Gypse	0,5	0,5	0,5	0,5
Sable calcaire.	1,0	1,5	1,5	1,5
Terre arable du Jura . .	7,0	9,5	10,0	10,0
Terre arable d'Hoffwill .	8,0	11,0	11,5	11,5
Glaise maigre	10,5	13,0	14,0	14,0
Glaise grasse	12,5	15,0	17,0	17,5
Terre calcaire fine . . .	13,0	15,5	17,5	17,5
Terre argileuse	15,0	18,0	20,0	20,5
Terre de jardin	17,5	22,5	25,0	26,0
Argile pure.	18,5	21,0	24,0	24,5
Carbonate de magnésie .	34,5	38,0	40,0	41,0
Humus	40,0	48,5	55,0	60,0

On voit par ce tableau que l'absorption est plus forte pendant les premières heures que pendant les dernières; ordinairement, elle cesse au bout de quelques jours. On a remarqué qu'elle était plus considérable la nuit que le jour, probablement parce qu'alors la température est moins élevée.

De toutes les espèces de terre, c'est l'humus qui enlève le plus d'eau à l'atmosphère. Le carbonate de magnésie lui-même est sensiblement moins hygrométrique. Cette grande proportion d'eau que prend le terreau et la durée de son absorption rendent raison du gonflement des tourbes, lorsque l'atmosphère se maintient très-humide pendant quelques jours.

En terminant ce résumé des résultats obtenus par Schübler, nous ferons observer que leur application à l'agriculture ne saurait être d'une exactitude bien rigoureuse, car, en grand, les circonstances ne sont plus les mêmes ; on doit seulement les considérer comme des approximations utiles.

III. — INFLUENCE DU SOUS-SOL (1).

Le sous-sol n'étant pas en contact immédiat avec les plantes, n'a de l'influence sur elles que par l'intermédiaire de la terre végétale. Son action peut être chimique ou physique.

(1) Pour ne pas trop compliquer ce traité élémentaire, nous supposerons que les sous-sols sont homogènes jusqu'à une grande profondeur ; mais il n'en est pas toujours ainsi dans la nature. Ainsi, il peut arriver qu'une couche d'argile de 3 à 4 mètres de puissance, dont par conséquent une partie seulement forme le sol végétal, soit superposée à des cailloux roulés ou à un banc de calcaire compacte très-perméable ; ou bien qu'une terre végétale sablonneuse repose sur des lits alternatifs, peu épais, de sable et d'argile. Dans ces deux cas, et, dans beaucoup d'autres analogues qu'il serait facile d'imaginer, le sous-sol proprement dit est influencé dans ses propriétés par le voisinage des roches de nature

1° INFLUENCE CHIMIQUE.

Il existe une grande classe de terrains agricoles dans lesquels les terres sont formées des roches sous-jacentes, plus ou moins décomposées, ou simplement désagrégées. Il est évident qu'il y a dans ce cas, entre le sol végétal et le sous-sol, une liaison aussi intime que possible, qui est simplement chimique. Nous nous contenterons de la signaler ici, parce que plus tard nous en parlerons avec détails, lorsque nous traiterons de la classification des terrains agricoles.

Quelquefois, la terre végétale, quoique tout à fait indépendante du sol par son origine, en renferme cependant des fragments. Cela arrive lorsqu'elle est peu épaisse, parce qu'alors les labours et les autres opérations mécaniques qui ont pour objet le défonçage du sol, amènent accidentellement à la surface des débris des roches inférieures. Si ces débris renferment des substances solubles ou susceptibles de le devenir, elles ont nécessairement de l'influence sur la végé-

différente auxquelles il est associé. Il est certain, par exemple, que l'imperméabilité d'une mince épaisseur de terre argileuse, formant sous-sol et recouvrant un calcaire compacte, n'est pas la même que si cette terre avait une profondeur indéfinie ; elle est évidemment moindre. On doit conclure de là que, pour apprécier les propriétés agrologiques d'un sous-sol, il ne faut pas considérer seulement la roche immédiatement en contact avec la couche végétale, mais toute la masse minérale sur laquelle celle-ci repose. L'étude de l'influence des terrains sur la végétation, qui leur est superposée, en ayant égard à l'ensemble de leurs couches ou, en d'autres termes, à leur constitution géologique, nous paraît être une partie assez importante et, jusqu'à présent, peu avancée de l'agrologie.

tation. D'autres fois, le mélange de la terre et des
roches sous-jacentes a lieu en grand, et c'est la main
même de l'homme qui l'opère. Ce cas se réalise lorsque
le sous-sol vaut mieux, sous le rapport agrologique,
que la terre située au-dessus : comme, par exemple,
quand une bonne couche de limon se trouve au-dessous d'un gravier, ou qu'une marne de bonne qualité
est recouverte par du sable siliceux. L'agriculteur a
alors un grand intérêt à défoncer son terrain, afin d'en
mêler les diverses couches. Il peut en résulter pour le
sol une grande amélioration, à la fois chimique et
physique. Elle n'est ordinairement sensible qu'au bout
de quelques années, lorsque les roches du sous-sol se
sont délitées sous l'influence des agents atmosphériques
et qu'elles ont acquis de l'humus.

En général, les matières solubles des sous-sols, qui
arrivent jusqu'à la terre végétale, sont transportées par
les sources. Ces matières sont principalement : le carbonate de chaux, le sulfate de chaux, des sels de
potasse et de soude, et l'acide silicique. Nous allons
dire quelques mots sur leur origine.

Les eaux souterraines contenant toutes de l'acide
carbonique, quelquefois en quantité notable, attaquent
les roches calcaires et leur enlèvent du carbonate de
chaux. La proportion de ce sel qui s'y trouve en dissolution, varie ordinairement depuis 1 jusqu'à 25 centi-
grammes par litre. Elles peuvent en renfermer beaucoup
plus; mais, dans ce cas, elles en déposent une partie
en arrivant au jour, et elles sont dites incrustantes.

Le sulfate de chaux se produit souvent en petit dans

le sein des sous-sols, par l'effet de réactions chimiques;
d'autres fois, il y est tout formé, en masses plus ou
moins considérables. Comme ce sel est un peu soluble, les eaux qui le rencontrent en dissolvent une
certaine quantité, d'autant plus grande que leur
contact est plus prolongé. Dans les sources provenant des terrains gypseux, sa proportion, par litre,
est comprise, le plus souvent, entre quelques décigrammes et deux grammes; ailleurs, elle ne dépasse
pas quelques décigrammes, et même elle peut se réduire à des traces.

La potasse et la soude existent ordinairement en
quantités appréciables dans les argiles et la plupart des
autres roches, où elles sont unies à la silice, en société
avec d'autres bases. Des réactions moléculaires très-
lentes, sous l'influence de l'eau et de l'air, les dégagent
peu à peu et les transforment en carbonates, sulfates,
phosphates, azotates ou chlorures ; elles passent à cet
état dans les sources. L'analyse chimique les y découvre
presque constamment, à la dose de quelques cent
millièmes.

L'acide silicique des sources est aussi le résultat de
la décomposition lente des silicates; il y est libre ou
quelquefois uni à la potasse.

Nous ferons remarquer que l'influence des sources
sur les plantes, à raison des principes qu'elles tiennent
en dissolution, peut être bonne ou mauvaise. Les eaux
qui renferment une grande quantité de carbonate de
chaux, sont nuisibles, en donnant lieu à des incrus-
tations qui font périr les racines. Celles qui apportent

des sels alcalins, des phosphates et des azotates, sont au contraire très-favorables à la végétation.

Afin de donner une idée plus complète des substances salines que les eaux souterraines introduisent dans les terres, nous allons transcrire ici la composition chimique de plusieurs sources de la vallée de l'Isère. Leur analyse, due à M. Niepce (1), a été faite sur 1,000 grammes.

SUBSTANCES.	(1)	(2)	(3)	(4)	(5)	(6)	(7)
	gr.	gr.	gr.	gr.	gr.	gr.	gr.
Carbonate de chaux.	0,134	0,131	0,137	0,102	0,063	0,138	0,058
— de magnés.	»	0,003	»	»	»	0,001	»
— de fer . . .	»	»	»	traces	»	»	»
Sulfate de chaux. . . .	0,009	0,005	0,009	0,007	0,009	traces	0,011
— de magnésie. .	»	0,007	»	»	»	»	»
Acide silicique.	traces	»	»	»	»	»	»
Silicate d'alumine . . .	»	0,001	»	0,002	»	»	»
Oxyde de fer	traces	»	»	»	»	»	»
Chlorure desodium . .	»	0,010	0,007	0,003	0,011	traces	traces
— de calcium .	0,054	0,026	0,016	0,008	0,002	0,003	0,006
— de magnés.	»	»	»	»	»	0,002	»
Iodures	traces	»	fort. t.	»	traces	»	»
Bromures	»	»	»	»	traces	»	»
	0,197	0,183	0,169	0,122	0,085	0,144	0,075

(1) Fontaine de Tencin au-dessus de l'ancien bureau des douanes. — Terrain de schiste argilo-calcaire.

(2) Fontaine du Versoud. — Terrain de calcaire schisteux.

(1) *Traité du goître et du crétinisme.*

(3) Fontaine de Domène. — Terrain de calcaire schisteux

(4) Fontaine de Vaulnaveys. — Terrain de roches cristallines.

(5) Fontaine de Sassenage. — Calcaire de la craie.

(6) Fontaine de la Buisserate. —Calcaire de la craie.

(7) Fontaine de Vizille. — Terrain de calcaire schisteux.

Le n° (1) renferme des traces d'acide carbonique ; cet acide est abondant dans le n° (4).

2° INFLUENCE PHYSIQUE.

C'est surtout par leur perméabilité ou leur imperméabilité que les sous-sols ont une influence sensible sur la terre végétale et, par suite, sur les plantes. On dit que des masses minérales sont perméables, lorsqu'elles ont une constitution telle que l'eau peut les traverser facilement. Cette qualité existe chez elles à divers degrés. Il est à remarquer qu'un sous-sol, même très-perméable, est souvent composé de roches qui, en petit, ne se laissent pas pénétrer par l'eau, c'est-à-dire qui n'appartiennent pas à la classe des matières absorbantes. Dans ce cas, l'eau qui les traverse en grand, passe tout entière par les joints des couches ou par leurs fissures. Lorsque les roches d'un sous-sol perméable sont en même temps absorbantes, une partie de l'eau qui pénètre dans leur intérieur, y est retenue ; l'autre s'écoule par les fentes et les joints qu'elles présentent.

L'imperméabilité est une qualité directement opposée à la perméabilité, et produit des effets tout contraires. Les masses minérales qui la possèdent, peuvent également être composées de roches absorbantes ou non absorbantes.

Il résulte de ces faits, qu'au point de vue de l'influence physique, il y a quatre sortes de sous-sols présentant les qualités suivantes :

Perméables en grand. . . . { A roches non absorbantes.
                  { A roches absorbantes.
Imperméables en grand . . { A roches non absorbantes.
                  { A roches absorbantes.

Chacun de ces sous-sols agit sur la terre végétale d'une manière spéciale, ainsi qu'on va le voir.

1° *Sous-sols perméables en grand et à roches non absorbantes.* — On peut citer comme exemples ceux qui sont formés de calcaire compacte fissuré ou de cailloux roulés incohérents. Leurs éléments isolés sont impénétrables à l'eau, et réunis, ils la laissent passer avec une grande facilité. Les sous-sols ainsi constitués ont la propriété, dans la plupart des cas, de provoquer avec une grande énergie la sécheresse de la terre qu'ils supportent. Cela arrive toutes les fois qu'ils se trouvent dans une position élevée au-dessus du fond d'une vallée. Alors les eaux pluviales ont un écoulement très-facile, soit à la surface du sol, pour peu qu'il soit incliné, soit à son intérieur, à cause de sa perméabilité. Il est rare que la terre végétale d'un terrain placé dans de pareilles conditions, ne soit pas aride, à moins que son épaisseur ne soit très-considérable et qu'elle ne jouisse d'une forte hygroscopicité. Dans ce cas, son aptitude à retenir beaucoup d'eau, qui pourrait être nuisible dans d'autres circonstances, est corrigée par la perméabilité de la roche sous-jacente, et il peut en résulter une terre fertile.

2° *Sous-sols perméables en grand et à roches absorbantes.* — Ces sous-sols exercent sur les terres végétales la même action que ceux dont nous venons de parler, à cette différence près assez importante, qu'en temps de sécheresse l'humidité dont ils sont imprégnés peut remonter jusqu'à la surface et la rendre moins aride. Les sables fins, qui ont la propriété d'absorber et de retenir l'eau dans une certaine mesure, puis de la laisser passer avec facilité après leur saturation, sont un type des sous-sols de cette espèce. On doit y joindre les calcaires marneux et poreux, ainsi que les grès à texture lâche, où il existe des fentes et des cavités assez multipliées pour permettre l'écoulement des eaux.

3° *Sous-sols imperméables en grand et à roches non absorbantes.* — Tels sont ceux de granite, de gneiss, de schiste micacé, de grès compacte et non fissuré, etc. Ces diverses roches ont la propriété d'arrêter les eaux qui filtrent à travers les terres végétales et de créer au-dessous d'elles, dans les pays de plaine, des nappes aquifères qui exercent, en général, une action nuisible sur la végétation. Elles limitent l'extension des racines, qui périraient par asphyxie si elles y pénétraient. En temps de grande pluie, ces amas d'eau remontent jusqu'à la surface du sol et y forment des marécages. En temps ordinaire, elles entretiennent dans le sein des terres végétales une humidité presque constante. Pour cette raison, les terrains qui ont des sous-sols de cette nature conviennent aux plantes qui craignent la sécheresse, par exemple à celles qui composent les prairies naturelles.

4° *Sous-sols imperméables en grand et à roches absorbantes.* — Ils présentent les mêmes inconvénients que les précédents, et renferment même beaucoup plus d'eau à cause de leur perméabilité en petit; en temps de pluie, toute la masse du terrain en est pénétrée. La craie blanche, l'argile, la marne argileuse et le schiste argileux, sont les roches qui constituent ordinairement cette dernière classe de sous-sols.

Lorsque l'épaisseur de la terre végétale est considérable, l'influence des roches qui lui servent de base, quelle que soit d'ailleurs leur nature, est peu sensible. il n'en est pas de même lorsque cette épaisseur est petite. La considération du sous-sol est alors d'une extrême importance. L'observation prouve qu'en général, dans ce cas, un sous-sol perméable est de beaucoup préférable à celui qui est imperméable. En effet, entre un sous sol imperméable et la terre végétale, il se forme toujours une nappe d'eau qui, en hiver, entretient le terrain dans un état d'humidité constante, et, s'il y a alternative de gel et de dégel, il se produit ce que l'on appelle le phénomène du déchaussement, qui est désastreux pour la plupart des cultures herbacées. Voici en quoi il consiste. Par l'effet du gel, l'eau dont le terrain est imprégné augmente de volume; le sol se

soulève et exhausse avec lui les racines des petits végétaux. Lorsque survient le dégel, la terre se tasse et s'af-
faisse ; mais les racines étant moins mobiles, restent un
peu en saillie. Un nouveau gel suivi d'un dégel, produit
un effet entièrement semblable qui s'ajoute au précédent, en sorte que peu à peu les plantes, qui ne péné-
trent pas profondément dans le sol, sont entièrement
déracinées et périssent. Nous devons ajouter que sur de
pareils terrains, lorsqu'il survient en été des pluies
abondantes et continues, la nappe d'eau intérieure
peut remonter jusqu'au-dessus de la terre végétale, que
nous supposons peu épaisse ; il se forme alors des
marécages dans les lieux bas, et les végétaux souffrent
d'un excès d'humidité, même pendant la belle saison.

Pour faire comprendre l'utilité du drainage, on compare souvent les drains au trou dont est percé le fond
d'un vase à fleur, afin de permettre l'écoulement de
l'eau employée à l'arrosage. Nous croyons que l'on
ferait une comparaison encore plus juste, en assimilant
le fond du vase à un sous-sol perméable ou imperméable, suivant qu'il y a un trou ou qu'il n'y en a
pas. Dans ce dernier cas, la plante cultivée dans le
vase peut souffrir d'un excès d'humidité, exactement
de la même manière que les végétaux d'un terrain
agricole dont le sous-sol ne se laisse pas traverser par
l'eau.

La constitution physique la plus favorable à la
fertilité d'un sol, consiste en une terre végétale suffisamment épaisse et d'une hygroscopicité moyenne,
reposant sur un sous-sol perméable. La plupart des

terrains de cette nature donnent des produits abondants et de bonne qualité : tel est celui de la Beauce. Il y a, au contraire, des contrées très-étendues, dont l'infertilité tient en grande partie à l'existence d'un sous-sol imperméable. La Sologne et les Landes en sont des exemples remarquables.

Nous compléterons ces notions générales par la liste d'un certain nombre de roches, rangées suivant l'ordre de leur pouvoir absorbant, en commençant par celles où ce pouvoir est le plus faible. Nous y ajouterons le tableau des principales masses minérales composant les sous-sols, classées également d'après leur degré plus ou moins grand de perméabilité.

La liste ci-après a été extraite d'une autre plus étendue que l'on doit à M. Thurmann (1). Pour déterminer le pouvoir absorbant des roches qu'elle renferme, ce savant a pesé des échantillons, d'abord bien secs, puis mouillés par une immersion de cinq minutes dans l'eau. Les différences de poids obtenues, ramenées par le calcul à 100 grammes de matière pour chaque roche, ont fait connaître d'une manière suffisamment approchée leur hygroscopicité relative.

	Hygroscopicité.
Granite non altéré.	0,00
Calcaire compacte conchoïdal	0,00
Grauwacke presque compacte des Vosges	0,90
Calcaire marneux compacte	1,20
Autre calcaire marneux compacte. . . .	1,30
Schistes liasiques divers, *moyenne.* . . .	1,38
Calcaire oolithique sableux du Jura. . .	1,60
Calcaires d'eau douce, *moyenne*	2,20

(1) *Essai de phytostatique appliquée à la chaîne du Jura,* tome I, page 100.

	Hygroscopicité
Calcaire oolithique ferrugineux du Jura.	2,30
Granite un peu altéré	3,00
Gneiss un peu altéré	3,00
Granite plus altéré que le précédent	5,50
Mollasses diverses, *moyenne*	6,00
Calcaire crayeux à nérinée.	7,50
Limons divers de l'Alsace, *moyenne*.	7,50
Marne oxfordienne du Jura.	15,50
Craie blanche de Champagne.	20,00
Kaolin de Limoges (Saint-Yrieix)	30,00

La perméabilité des terrains en grand n'étant pas susceptible d'être mesurée avec précision comme le pouvoir absorbant des roches, nous nous bornerons à partager les sous-sols en *perméables* et en *imperméables*, en indiquant par une épithète jusqu'à quel point ils jouissent, en général, de l'une ou de l'autre de ces qualités.

SOUS-SOLS PERMÉA-
BLES . . . .
- Roches volcaniques. — *Très-perméables.*
- Calcaire compacte fissuré. — *Très-perméable.*
- Cailloux roulés incohérents.— *Très-perméables.*
- Sable et gravier mêlés. — *Très-perméables.*
- Sable pur. — *Perméable.*
- Sable argileux. — *Peu perméable.*
- Marne et calcaire marneux. — *Peu perméables.*

SOUS-SOLS IMPER-
MEABLES . . . . . .
- Schiste argilo-calcaire. — *Imperméable.*
- Poudingue solide en grande masse. — *Imperméable.*
- Mollasse Macigno. — *Imperméable.*
- Grès quartzeux sans fissures. — *Imperméable.*
- Schiste micacé. — *Imperméable*
- Granite et gneiss. — *Très-imperméables.*
- Schiste argileux en grande masse.— *Très-imperm.*
- Argile et marne argileuse. — *Très-imperméables.*

Nous ferons remarquer que les accidents de stratification, ou, plus généralement, la structure géologique d'un terrain, influent beaucoup sur son degré plus ou moins grand de perméabilité ou d'imperméabilité; en sorte que, sous ce rapport, deux sous-sols de même nature minéralogique peuvent présenter des différences notables.

Les terrains imperméables, comparés sous le rapport hydrologique à ceux qui sont perméables, donnent lieu aux observations suivantes, qui intéressent l'agriculture.

Dans les terrains imperméables, pour peu qu'ils soient accidentés, tous les cours d'eau ont un caractère torrentiel, c'est-à-dire que leurs crues sont violentes et de courte durée. Les ravins sont très-multipliés ; il y a un ruisseau au fond de chaque pli de terrain. Les sources, ordinairement nombreuses, sont superficielles ; on les voit sortir, de tous côtés, des joints des rochers ; elles ne résistent pas aux sécheresses un peu longues. Les principales vallées sont toujours occupées par un cours d'eau, plus ou moins considérable, que la moindre pluie fait grossir. En résumé, dans ces sortes de terrains, la plus grande partie des eaux pluviales s'écoule à la surface ou est enlevée par l'évaporation ; une petite quantité seulement pénètre dans l'intérieur du sol.

Les terrains perméables présentent des caractères tout opposés. La plupart des petits vallons y sont constamment à sec, sauf en temps des grandes pluies. On n'observe des rivières que dans l'intérieur des vallées principales. Ces cours d'eau ont un régime régulier et, à moins de circonstances exceptionnelles, ils sont à l'abri des grandes crues ; en effet, ils sont alimentés principalement par des sources volumineuses, intarissables, qui viennent au jour dans les parties les plus basses du sol ou sur le flanc des hauteurs. Ces sources proviennent de la réunion des filets qui circulent dans les profondeurs du sous-sol (1).

CHAPITRE DEUXIÈME

CAUSES MODIFICATRICES DE LA VÉGÉTATION,

Qui sont indépendantes de la constitution minérale du sol (2).

Il a été dit, dans l'Introduction, que les causes extérieures, modificatrices de la végétation, étaient *le climat*, *l'irrigation naturelle*, *l'épaisseur de la terre végétale* et *la pente du sol*. Nous avons défini chacune de ces causes

(1) On pourra consulter, sur ce sujet, les *Etudes hydrologiques* de M. Belgrand dans le bassin supérieur de la Seine. (*Bulletin de la Société géologique de France*, 2ᵉ série, tome IV, page 328.)

(2) Dans la plupart des traités d'agronomie, on ne parle que des qualités physiques et chimiques de la terre végétale, qui proviennent de sa composition minéralogique ; on ne dit pas un mot des modifications que ces qualités éprouvent *toujours* de la part des agents extérieurs. Un exposé aussi incomplet peut induire en erreur lorsque l'on passe des idées théoriques à la pratique. La remarque en a été faite par M. de Gasparin, qui, pour montrer combien il est important de tenir un compte exact des conditions physiques extérieures, s'exprime ainsi :

« Ainsi, supposons que nous connaissions bien l'hygroscopicité d'un teret nous en avons donné une idée sommaire. Il nous reste à les faire connaître avec beaucoup plus de détails.

I. — CLIMAT.

1° ÉLÉMENTS DES CLIMATS.

Les éléments des climats sont nombreux et variés. Ne pouvant parler de tous avec détails, sans dépasser les bornes que nous avons assignées à cet ouvrage, nous nous contenterons de mentionner en peu de mots ceux qui modifient le plus habituellement la végétation, et nous renverrons, pour de plus amples renseignements, aux traités spéciaux de météorologie agricole.

Températures moyennes. — Les températures moyennes de l'année et des saisons sont, de tous les éléments d'un climat, ceux qui ont l'influence la plus sensible sur les plantes. Si les productions végétales paraissent si variées, lorsqu'on parcourt la surface du globe, cela tient surtout à ce que la chaleur y est très-inégalement répartie. La flore terrestre, considérée géographiquement, présente trois grandes divisions qui correspondent aux pays appelés *chauds*, *tempérés* ou *froids*. Ces pays for-

---

« rain, comment remonter à sa fraîcheur, qui est la propriété qui importe
« surtout au cultivateur? N'avons-nous pas vu qu'un terrain peu hygros-
« copique, dont le sol aura peu d'épaisseur, qui aura un sous-sol imper-
« méable, une inclinaison nulle et qui constituera le fond d'un bassin,
« sera humide quoiqu'il retienne peu l'eau? Quant à la propriété de
« s'échauffer, le terrain aura beau être fortement coloré : s'il est incliné
« au nord, si un abri s'interpose entre lui et le soleil, s'il est habituelle-
« ment humide, il sera froid, nonobstant sa faculté énergique d'admettre
« la chaleur lumineuse. » (*Cours d'agriculture*, tome I, page 198.)

ment sur la sphère des zones, caractérisées chacune par un certain nombre de végétaux que l'on chercherait vainement à acclimater dans d'autres régions. Sans sortir des limites de leurs zones respectives, beaucoup de plantes se rencontrent cependant sous des latitudes diverses, et sont soumises à des températures moyennes qui sont loin d'être exactement les mêmes. On remarque alors que l'espace de temps compris entre le commencement de leur germination et leur maturité, est d'autant plus grand que la température des lieux où elles ont vécu a été moindre. En d'autres termes, si l'on multiplie le nombre des jours pendant lesquels une certaine plante a accompli toutes les phases de sa végétation, dans divers lieux, par le chiffre qui exprime la température moyenne pendant ces mêmes jours, on obtient des nombres à peu près constants. Ce résultat est remarquable en ce qu'il semble indiquer que partout où un végétal peut vivre, il reçoit, avant de mûrir, une quantité égale de chaleur. Un exemple rendra ceci plus clair.

A Paris, à partir du 1er mars, la culture du froment dure ordinairement 160 jours, la température moyenne étant de 13°,4. Le produit de ces deux nombres est 2,144. En Alsace, on peut fixer également au 1er mars le commencement de la culture ; elle dure 137 jours, avec une température moyenne de 15 degrés. Le premier nombre multiplié par le second donne 2,055, produit qui diffère peu du précédent (1).

(1) Boussingault, *Economie rurale*, etc., tome II, page 692.

Les nombres à peu près constants, que l'on obtient en multipliant la durée des phases de la végétation d'une plante par le chiffre de la température moyenne des lieux pendant cette durée, diffèrent sensiblement d'une espèce végétale à l'autre. Voici quelques résultats de l'observation :

	Produit de la durée de la végétation par la température moyenne.
Blé	environ 2067
Orge	— 1750
Maïs	— 2550
Pommes de terre . .	— 3000

La considération de la température moyenne des saisons est très-importante. C'est d'elle, en effet, que dépend la possibilité d'obtenir des graines mûres d'une plante et, par suite, de la propager. Ainsi, il faut qu'à l'époque où la graine doit mûrir, la température de l'air se soutienne, pendant quelque temps, au-dessus d'un certain minimum qui varie suivant les espèces. Pour la vigne, il est nécessaire qu'après l'apparition des grains, il y ait un mois dont la température moyenne ne descende pas au-dessous de 19 degrés (1). Une température moyenne trop forte, à la même époque, serait nuisible. Sa limite supérieure paraît être de 26 à 27 degrés.

Températures maxima. — A l'époque des grandes chaleurs, il y a pour chaque espèce de plantes une certaine température maximum qu'elle peut supporter, et, au-delà de laquelle, elle commence à souffrir. Il paraît que la plupart des végétaux aériens ne peuvent

---

(1. Humboldt, *Asie centrale*, tome III, page 159.

résister à une température égale à 50 degrés. Beaucoup se flétrissent avant ce degré de chaleur, par exemple aux environs de 40 degrés. Lorsque les ascensions extrêmes du thermomètre ne durent pas longtemps et ne sont pas souvent répétées, la végétation souffre sans être détruite.

Indépendamment des températures *maxima* nuisibles, il y en a d'autres qui sont utiles et même indispensables aux plantes. Chaque végétal exige, en effet, pour parvenir à tout son développement et à la maturité complète de ses fruits, une quantité de chaleur qui n'est pas uniquement exprimée par les moyennes journalières; il lui faut, en outre, des moyennes de *maxima* en rapport avec sa constitution. Ainsi, deux étés consécutifs pourront avoir la même moyenne générale, et cependant l'un ne faire mûrir qu'incomplètement les oliviers et les vignes, et l'autre leur procurer une maturité parfaite. Cela arrivera si le premier été est uniformément doux et humide, sans grandes chaleurs, et si le second présente plusieurs mois peu chauds, compensés par d'autres où la température sera très-élevée.

La considération des *maxima* de température et de leur continuité plus ou moins grande, dans chaque localité, est donc importante en agriculture.

Températures minima. — L'influence d'un excès de froid est, en général, plus nuisible à la végétation que celle d'une trop grande chaleur.

Le plus souvent, les plantes souffrent d'un abaissement de la température au-dessous de zéro, lorsque les

pousses sont jeunes et leurs bourgeons fraîchement
éclos; le mouvement de la sève est alors arrêté; les
canaux du végétal s'engorgent et son tissu est désorganisé. Le degré de froid nécessaire pour produire ces
fâcheux effets est variable suivant les espèces. Ainsi,
l'on voit les jeunes pousses du chêne résister à un gel
suffisant pour faire périr celles du figuier, du mûrier, etc.

Les végétaux peuvent aussi souffrir du froid en
hiver, lorsque l'abaissement de la température est
extraordinaire et longtemps prolongé. On est loin de
connaître le degré de cet abaissement que chaque arbre
peut supporter; il varie, d'ailleurs, suivant les circonstances. Un froid sec, suivi d'un dégel graduel, est peu
nuisible; il n'en est pas de même d'un froid humide,
qui se termine par un dégel subit.

On a remarqué aussi qu'un végétal souffre d'autant
plus d'un gel intense, qu'il est plus imprégné d'eau;
c'est pour cette raison que les stations humides sont
funestes à beaucoup d'arbres pendant l'hiver.

On doit conclure de là que les températures *minima*
d'un climat ne sont pas moins utiles à considérer en
agriculture que les *maxima*. Ce sont elles qui déterminent la limite nord de certaines plantes dont la végétation ne peut résister à un froid intense.

Les hivers rigoureux influent aussi sur les résultats
économiques de l'élevage des bestiaux; car on est
obligé de les enfermer, pendant la nuit, dans des constructions bien closes; leurs frais de garde et de nourriture deviennent plus considérables.

Nombre des jours sereins dans l'année. — On a dit plus haut que le produit de la durée de la végétation d'une plante par la température moyenne correspondante à cette durée, était à peu près invariable, quel que fût le lieu de la station du végétal. Cependant on observe quelquefois des écarts considérables. Cela tient ordinairement à ce que l'époque plus ou moins hâtive de la maturité ne dépend pas seulement de la température de l'air, mais aussi du nombre des jours sereins, pendant lesquels le soleil échauffe directement le sol. La chaleur que les plantes puisent à cette dernière source, n'est point partout la même ; elle n'est pas non plus proportionnelle à la température moyenne de l'air.

Le nombre relatif des jours sereins, pluvieux ou couverts, est important à considérer sous un autre rapport. De ce nombre dépend évidemment la quantité plus ou moins grande de lumière qui arrive directement du soleil ; or nous verrons bientôt que la lumière est un des agents les plus essentiels de la végétation.

Abondance des pluies ; leur répartition suivant les saisons. — Un climat pluvieux ne doit pas être confondu avec un climat humide. Celui-ci résulte de ce que, l'évaporation étant peu active, le sol est presque constamment imprégné d'une humidité qui se communique aux couches les plus voisines de l'air ambiant. Un climat pluvieux est caractérisé par l'abondance des pluies. Pour apprécier son influence sur l'agriculture, il faut avoir égard non-seulement à la quantité totale de l'eau tombée dans le courant de l'année, mais aussi à la fréquence des pluies, et surtout à leur distribution suivant les saisons. Dans la plupart des pays chauds, il tombe plus d'eau, et le nombre des jours pluvieux est même plus considérable que dans les zones tempérées ou froides. Néanmoins, comme les pluies ne s'observent que pendant quelques mois, et qu'elles sont rares pendant le reste de l'année, le climat est réputé sec relativement aux cultures. Ainsi que l'a fait remarquer M. de Gasparin, pour qu'un climat soit favorable à la végétation, il faut que les pluies soient abondantes et fréquentes pendant la croissance herbacée des plantes, qu'elles s'arrêtent à l'époque de la maturation, et qu'elles reparaissent après l'enlèvement des récoltes pour le succès des nouveaux semis.

La manière dont les pluies sont groupées a une grande importance. Trop souvent dans nos climats, après une longue série de beaux jours, il en vient une autre, non moins longue, de jours constamment pluvieux, en sorte qu'après avoir souffert de la sécheresse, la terre est imbibée d'une trop grande humidité. D'autres fois, la pluie semble revenir périodiquement après quelques jours d'intervalle de beau temps. Ce régime en été est celui qui est le plus favorable aux récoltes.

Il y a en général deux sortes de pluies : les unes courtes et violentes; les autres longues et modérées. Ces dernières sont les plus utiles. L'eau de la pluie pénètre alors profondément dans le sol qui en reste longtemps imprégné. Les fortes ondées, qui durent

peu, ne peuvent mettre fin à une sécheresse, parce
que presque toute l'eau s'écoule rapidement; elles ont,
en outre, l'inconvénient de tasser la terre, de coucher
les récoltes et de raviner le sol.

D'après M. de Gasparin, pour que la terre fût toujours dans un état d'humidité convenable, il faudrait
que, jusqu'à 30 centimètres de profondeur, il n'y eût
jamais moins de 0,10 d'eau pendant les chaleurs de
l'été, et jamais plus de 0,23 dans la saison des pluies.

Eclat et durée de la lumière. — On sait que l'impres-
sion de la lumière est nécessaire pour que le carbone
de l'atmosphère s'unisse aux organes d'un végétal, et
que plus elle est forte et continue, plus cette assimilation se fait d'une manière énergique. En comparant
des pois crus dans l'obscurité à d'autres qui avaient
été placés au grand jour, on a observé que les premiers, après 36 jours de végétation, étaient 2 à 3
fois moins développés que les seconds. Il y avait eu
chez eux transformation de matière organique sans
addition d'éléments nouveaux. Les plantes privées de
lumière sont molles, blanches, étiolées. Quelquefois,
les jardiniers s'efforcent de les obtenir telles, en liant
leurs feuilles, ainsi que cela se pratique habituellement
pour les chicorées et les laitues.

Afin de se rendre compte d'une manière rigoureuse,
de l'influence d'une lumière plus ou moins abondante
sur la quantité de matière assimilée par un végétal,
M. de Gasparin [1] a choisi trois mûriers de la même

[1] *Cours d'agriculture,* tome II, page 103.

variété, et les a placés de manière à ce que l'un fût exposé de toutes parts aux rayons du soleil ; qu'un autre ne les reçût que le matin et en fût privé dès une heure de l'après-midi ; enfin, que le troisième restât constamment à l'ombre. Leurs feuilles, dépouillées de leurs pétioles et desséchées, ont donné, pour 100 de matière fraîche :

Le premier. . . . . 45 de matière solide.
Le second 36   —
Le troisième 27   —

D'où l'on doit conclure que l'allongement d'un végétal qui croît à l'ombre, a lieu principalement par l'extension des membranes cellulaires, sans qu'il y ait assimilation de carbone.

La lumière est nécessaire à la fructification. Souvent même, celle qui est diffuse ne suffit pas ; il faut qu'elle émane directement du soleil. Pour cette raison, beaucoup de végétaux que l'on cultive dans les serres et qui ont suffisamment de chaleur, ne peuvent pas cependant se reproduire. Il leur manque la lumière éclatante des pays dont ils sont originaires.

Transparence de l'atmosphère. — La transparence plus ou moins grande de l'atmosphère est un élément important d'un climat, non-seulement parce qu'elle influe sur la quantité de chaleur et de lumière que reçoivent les plantes, mais surtout parce qu'elle est intimement liée à l'évaporation de l'eau que renferme le sol. Sous un ciel habituellement nébuleux, les terres sont comme si elles étaient à l'ombre ; elles ne se dessèchent pas. Le climat est alors humide. Un climat de cette nature est impropre à beaucoup de végétaux, quand même la température moyenne des lieux leur conviendrait ; il est au contraire favorable à certaines plantes, particulièrement aux graminées des prairies. On peut citer, comme ayant un climat humide, le nord de l'Angleterre, une partie des côtes de l'Océan, l'Allemagne septentrionale, etc.

Il y a beaucoup de contrées en Europe où la quantité de pluie tombée en décembre est sensiblement inférieure à la moyenne des mois d'été ; cependant le mois de décembre est partout humide. Cela résulte évidemment de ce qu'en décembre le ciel étant moins serein et la température moins élevée que pendant l'été, l'évaporation est moins active à la surface du sol.

Direction et durée des vents. — Chaque contrée a ses vents dominants, qui, suivant leur direction et leur durée, ont la plus grande influence sur la température moyenne de l'air, sur la quantité de pluie tombée annuellement, sur le nombre des jours pluvieux relativement à ceux qui sont sereins, et sur leur répartition dans le courant de l'année.

Indépendamment de ces modifications climatériques générales, les vents en exercent de particulières qui sont très-importantes. Lorsqu'ils sont secs et chauds, ils produisent un effet diamétralement opposé à celui de la nébulosité du ciel, en favorisant l'évaporation. D'un côté, ils tempèrent l'humidité des pays brumeux et froids ; de l'autre, ils augmentent beaucoup la sécheresse de ceux qui sont chauds et qui jouissent d'un ciel serein. Cette sécheresse peut être telle qu'il n'y ait pas de culture possible sans des irrigations naturelles ou artificielles. C'est ce que l'on observe dans beaucoup de contrées méridionales.

Les vents ont, en outre, une influence physique directe sur la végétation. Quand ils sont modérés, cette influence est bienfaisante. En agitant les tiges et les branches, ils les fortifient ; on croit aussi qu'ils tendent à développer les racines. Les vents violents impriment aux arbres une courbure nuisible et rendent impossible la culture des plantes à tiges molles, qui sont couchées à terre et ne peuvent pas quelquefois conserver leurs graines.

2° CAUSES DE LA VARIÉTÉ DES CLIMATS.

La variété des climats résulte de la diversité des conditions géographiques et topographiques, principalement de la latitude, de l'altitude plus ou moins grande des lieux, de l'exposition, des abris, du voisinage de la mer et de celui des grandes chaînes de montagnes. Nous allons passer, successivement, en revue chacune de ces causes modificatrices des climats.

Influence de la latitude. — A mesure que l'on s'éloigne de l'équateur, l'obliquité des rayons solaires, relativement au plan de l'horizon, augmente, et par conséquent la quantité de chaleur absorbée annuellement par l'air et le sol est moindre. La température moyenne des lieux doit donc diminuer. L'inégalité des jours et des nuits, d'autant plus grande que l'on est plus rapproché du pôle, entre aussi pour beaucoup dans cet affaiblissement de la température ; car cette inégalité, indépendamment de l'obliquité toujours croissante des rayons solaires lorsqu'on marche vers le nord, donne une prépondérance moyenne de plus en plus grande aux refroidissements nocturnes.

Si le globe, supposé complètement uni, était composé seulement de terre ferme, ou couvert uniformément d'une nappe d'eau, les lignes dites *isothermes*, c'est-à-dire passant par les points dont la température moyenne est la même, seraient toutes exactement parallèles à l'équateur ; mais il n'en est pas ainsi à beaucoup près. La surface du globe est composée de terres et de mers irrégulièrement réparties, qui n'ayant pas la même capacité pour la chaleur, s'échauffent inégalement à latitude égale. Les vents, qui soufflent à leur surface, sont eux-mêmes plus chauds ou plus froids qu'ils ne le seraient sans cette circonstance, et ils communiquent leur température aux pays environnants ; de là, une grande irrégularité dans la distribution de la chaleur et, par suite, dans la direction des lignes isothermes.

Dans les contrées tropicales, où, pendant toute l'année, il y a à peu près égalité entre les jours et les nuits, et où la hauteur du soleil à midi est toujours considérable, la différence de latitude a fort peu d'influence sur les températures moyennes. D'un autre côté, les courants d'air venant de la mer, qui règnent constamment, tendent encore à rendre le climat uniforme. Il n'en est pas de même dans les régions tempérées. Le

décroissement de la température, à mesure que l'on
s'avance vers le nord, devient ici très-sensible, surtout
entre les parallèles du 40ᵉ et du 45ᵉ degré. Nulle
part, ainsi que l'a fait remarquer M. de Humboldt (1),
les productions végétales et les cultures ne se succèdent
en offrant plus de variété que dans cette zone, qui
comprend toute la France méridionale, la Corse. et la
plus grande partie de l'Italie. Si l'on considère le système des lignes isothermes en Europe, depuis le 30ᵉ
jusqu'au 71ᵉ degré, on trouve que le décroissement
moyen de la température est d'un demi-degré centigrade pour un degré de latitude. Du 71ᵉ degré jusqu'au pôle, la loi du décroissement n'est pas exactement connue.

Indépendamment de la température moyenne, la
quantité de pluie tombée et le nombre des jours pluvieux varient avec la latitude. Les pluies sont, en général, d'autant plus abondantes que l'on se rapproche plus
de l'équateur. On peut citer celles de Tunis, de Rio-
Janeiro, des Antilles, et celles de l'Inde à Bombay et à
Calcutta, qui l'emportent de beaucoup sur les nôtres.
Entre les tropiques et dans d'autres pays chauds, les
pluies sont régulièrement périodiques, en sorte que
l'année se partage en plusieurs saisons, les unes sèches,
les autres humides. Le nombre des jours de pluie est,
comme la hauteur de l'eau tombée, plus considérable
dans le voisinage de l'équateur que dans les régions
du nord. Ces lois souffrent cependant de nombreuses

(1) *Asie centrale*, tome III, page 190.

exceptions, par suite des influences locales dont les
principales sont le pouvoir réfrigérant des montagnes
et la proximité de la mer (1).

Influence de l'altitude. — Tout le monde sait qu'en
général il fait plus froid sur les hauteurs que dans les
plaines. Cela est dû principalement à ce que l'atmosphère diminuant de densité à mesure que l'on s'élève,
l'air est moins échauffé par les rayons calorifiques qui
arrivent du soleil ou qui sont renvoyés par la terre.
Ce n'est pas seulement la température moyenne qui
varie avec l'altitude des lieux ; les températures extrêmes de l'année, la quantité d'eau tombée et la transparence de l'atmosphère ne sont plus les mêmes : de
là, des climats entièrement différents. Comme la vie
et la possibilité de se propager dépendent, pour
chaque espèce de plantes, de certaines conditions
climatériques, souvent comprises entre des limites
étroites, l'ensemble de la végétation doit nécessairement changer lorsqu'on gravit la pente d'une haute
montagne. C'est en effet ce que l'on observe partout.
Ainsi, la chaîne de près de 3,000 mètres d'élévation,
qui borde la rive gauche de l'Isère, en amont de Grenoble, présente à sa base une plaine et des coteaux
fertiles, où prospèrent toutes les cultures, particulièrement la vigne et le mûrier. Un peu plus haut, dans
une région moins chaude, ces deux arbres disparaissent, et le sol n'est occupé que par des prairies, des bois
taillis et des terres arables ; puis, parmi les céréales, le

(1) De Gasparin, *Cours d'agriculture*, tome II, pages 256 et 281.

froment n'est plus cultivé à une hauteur où le seigle
peut encore mûrir. Au-dessus des champs de seigle,
commencent des forêts d'arbres résineux formant une
bande noire, à peu près horizontale, très-apparente
sur les flancs supérieurs de la chaîne. En continuant
à monter, on atteint une région où les arbres cessent
de croître ; le sol n'est couvert que de gazons. Enfin,
ces gazons sont dominés par des rochers nus, blanchis
par la neige pendant neuf à dix mois de l'année. Cet
ordre de succession est partout le même dans les Alpes
du Dauphiné ; seulement, la hauteur absolue, au-dessus
de laquelle certains végétaux disparaissent, varie suivant les circonstances locales. Elle est plus grande sur
les plateaux et au-dessus des vallées élevées que sur les
versants d'une montagne isolée. Ce fait doit être
attribué à ce que les couches atmosphériques, prises
dans leur ensemble, sont plus rapprochées de la terre
dans le premier cas que dans le second, et reçoivent
par conséquent plus de chaleur. L'exposition et les
abris naturels ont aussi une grande influence sur la
hauteur absolue des cultures.

On a fait beaucoup d'observations dans diverses
contrées, dans le but de connaître le nombre de mètres
dont il fallait s'élever, pour que le thermomètre s'abais-
sât d'un degré centigrade. On a reconnu que ce
nombre variait dans la journée suivant l'heure de l'observation, et, dans le courant de l'année, suivant le
mois. C'est vers cinq heures du soir que le décroissement
de la température est le plus rapide et, un peu avant
le lever du soleil, qu'il est le plus lent. La différence

entre les décroissements est encore plus sensible, suivant qu'on les observe en hiver ou en été. On s'est aussi assuré que dans le même lieu, à partir d'un niveau très-élevé comme 2,000 à 3,000 mètres, la température s'abaissait moins rapidement, à ascension égale, que dans une région inférieure. En tenant compte de ces variations, et en combinant entre elles un grand nombre d'observations, on est parvenu à un résultat moyen qui diffère d'un pays à l'autre, à cause des influences locales. En prenant pour station supérieure le Grand-Saint-Bernard, haut de 2,493 mètres, et, pour stations inférieures, divers points situés au nord et au sud des Alpes, entre le 45e et le 50e degré de latitude, Kaemtz (1) est arrivé à 172^m,68 pour moyenne de la loi de décroissement. D'un autre côté, M. Charles Martins a trouvé pour le Mont-Ventoux, montagne isolée et escarpée de la Provence, 168 mètres en hiver, 129 en été, ou, pour l'année entière, 144 mètres. Les Alpes du Dauphiné étant intermédiaires entre les régions précédentes, nous pensons que l'on peut admettre pour ce groupe de montagnes, sans que l'on ait à craindre une erreur trop sensible, le nombre 158,34, qui est une moyenne entre les résultats obtenus par MM. Kaemtz et Charles Martins (2).

Nous avons dit plus haut que la quantité de pluie

(1) *Cours complet de Météorologie*, traduction de M. Charles Martins, page 213.

(2) M. Thurmann a fixé approximativement à 200 mètres, pour les contrées jurassiques, la différence d'altitude correspondante à l'abaissement de 1 degré centigrade dans la température. Le même savant a essayé

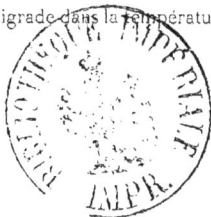

tombée variait avec l'altitude. Cela a été constaté depuis longtemps par des observations comparatives faites dans le même lieu. On recueille toujours moins d'eau à une certaine hauteur au-dessus du sol que dans son voisinage. Cela est vrai, même lorsque les niveaux diffèrent peu. Ainsi, à Paris, pour une différence de 28 mètres, les quantités de pluie tombée sont dans le rapport de 1 à 1,13. On doit conclure de là que les gouttes de pluie, dans leur trajet à travers les couches de l'atmosphère, condensent son humidité. En ce qui concerne les lieux inégalement élevés au-dessus de la mer et éloignés les uns des autres, l'influence de l'altitude est probablement la même ; mais comme, le plus souvent, elle est dominée par diverses causes locales, on a des résultats différents, tantôt dans un sens et tantôt dans un autre.

Il est certain que, lorsque le temps est beau, la transparence de l'atmosphère augmente à mesure que l'on s'élève. Cela tient à ce que l'air, dans les lieux bas, contenant plus de vapeur d'eau que sur les hauteurs, il suffit d'un léger abaissement de température pour produire de la brume. C'est peut-être à la lumière vive et pure dont jouissent les fleurs des hautes montagnes, que sont dus l'éclat et le parfum qui les distinguent.

de déterminer, également pour la chaîne du Jura, le retard qu'éprouve la végétation des récoltes, lorsqu'on s'élève de 100 mètres ; il est parvenu à une moyenne de 5 jours et demi. M. Heer avait trouvé 4 jours et 1 quart pour les Alpes de Glaris, en partant de Zurich. (Voyez *Essai de phytostatique*, etc., tome I, pages 48 à 51.)

Influence de l'exposition. — On entend par exposition l'orientation relativement au soleil, des lieux dont la surface est inclinée. La quantité de chaleur et de lumière qu'ils reçoivent annuellement en dépend en grande partie. Les agriculteurs se sont beaucoup occupés des avantages et des inconvénients des diverses expositions. Nous allons rapporter en peu de mots ce que l'observation a appris sur ce sujet.

L'exposition au nord, la plus froide et la plus humide de toutes, ne convient qu'à un petit nombre de plantes, lorsque le climat est tempéré et, à plus forte raison, lorsqu'il est froid. Dans les Alpes, le bouleau et les arbres résineux, tels que les pins, les sapins, les genevriers, etc., se plaisent au nord, pourvu que leur altitude ne soit pas très-grande. En général, les arbres fruitiers n'y réussissent pas. Dans tous les cas, les récoltes y sont tardives. Les terrains qui ont cette exposition, et dont le sol est bon, sont quelquefois plus productifs que les autres, parce qu'en hiver et au printemps ils ne sont point sujets aux alternatives de gel et de dégel, qui nuisent beaucoup aux plantes, notamment aux céréales d'automne.

L'exposition au levant est réputée favorable. Les terrains tournés de ce côté de l'horizon se réchauffent dès le matin. Le soleil qui les frappe directement élève les brouillards et dessèche le sol humide de rosée. Quand il les quitte, c'est vers le milieu de la journée, lorsque la température de l'air est à son maximum d'élévation ; par conséquent, il n'y a pas de transition brusque. Les plantes qui jouissent de cette

exposition n'ont qu'un seul accident à redouter, celui de la *brûlure* ou *grillé*, produit par l'action des
rayons solaires lorsqu'ils frappent les fleurs ou les
feuilles encore couvertes de blanc gel. Le tissu végétal est alors désorganisé (1). Il faut donc éviter de
placer au levant les végétaux délicats et ceux qui poussent de bonne heure au printemps.

L'exposition du midi est la meilleure de toutes, au
moins pour la plupart des plantes propres à nos climats; elle est nécessaire à beaucoup d'arbres fruitiers
pour qu'ils donnent de bons fruits, particulièrement
à la vigne, au figuier, à l'amandier, au pêcher, à
l'abricotier et à beaucoup d'espèces de poirier. Les
céréales s'en trouvent bien ; les bois y sont plus durs,
plus fermes et de meilleure qualité qu'ailleurs. Les
terrains ainsi tournés jouissent du soleil pendant toute
la journée; comme ils en sont frappés obliquement le
matin et le soir, la chaleur qu'ils reçoivent s'accroît et
diminue progressivement; il n'y a donc pas de variation
brusque de température. Cette exposition n'est pas
toujours la meilleure dans les pays méridionaux, parce
qu'elle produit une très-forte chaleur qui dessèche le
sol et les plantes. En hiver, elle donne lieu à des alternatives de gel et de dégel qui sont très-nuisibles, ainsi
que nous l'avons déjà fait remarquer.

(1) Cet effet désastreux est dû, à ce qu'il paraît, à la variation subite
de la température, qui de zéro s'élève bientôt à 10 ou 12 degrés. On sait
que, dans d'autres circonstances, lorsque les végétaux sont exposés à un
froid excessif, le mal est d'autant plus grand que le dégel est plus rapide.
Il se passe ici quelque chose d'analogue.

L'exposition au couchant présente plusieurs inconvénients qui rendent celle du levant préférable. Le sol
reste plongé le matin dans l'humidité atmosphérique ;
la rosée y séjourne et se dissipe lentement. Le soleil
fait défaut à l'époque la plus froide de la journée, et,
vers midi, lorsque la température de l'air est déjà
élevée, il l'augmente encore par l'action directe de ses
rayons; de là un climat diurne excessif, c'est-à-dire
très-inégal. Il est vrai que l'exposition au couchant,
comparée à celle du côté opposé, procure au sol pendant l'année une plus grande somme de chaleur, ce
qui est un avantage dans les pays de hautes montagnes, mais cette chaleur est tardive et non ménagée.
On peut ajouter que les plantes exposées au couchant
souffrent souvent des vents de l'ouest, qui sont ordinairement impétueux.

Les expositions sont extrêmement variées dans le
département de l'Isère, où elles offrent en général les
avantages et les inconvénients que nous venons de
signaler. La supériorité de l'exposition du levant sur
celle du couchant a sa confirmation dans la vallée du
Rhône, dont les meilleurs vignobles sont situés sur la
rive droite du fleuve, et, par conséquent, tournés
vers l'est. Dans la vallée de l'Isère, en amont de
Grenoble, le côté droit, exposé à l'est et au sud-est,
donne des produits agricoles plus estimés, sous le
rapport de la qualité, que ceux des terrains situés en
face.

Les coteaux tournés vers le plein nord, dans le
même département, ne nourrissent guères que des

bois taillis; les vignes, les arbres fruitiers et les cultures se trouvent toujours sur le versant opposé.

Influence des abris. — Les abris, lorsqu'ils sont bien orientés, élèvent la température moyenne de l'air et adoucissent, par conséquent, le climat. Ils produisent cet effet de deux manières : d'abord, en arrêtant les courants d'air froid, puis en donnant lieu à un rayonnement qui échauffe le sol. Dans certains cas, leur influence est assez grande pour l'emporter sur ceux de l'exposition. M. Charles Martins a observé ce fait en étudiant la topographie botanique du Mont-Ventoux, en Provence. Sur le versant septentrional de cette montagne, les lavandes commencent plus bas que sur le versant opposé. On voit aussi le chêne yeuse s'élever au nord jusqu'à 618 mètres, tandis qu'au midi, il s'arrête vers 538; c'est le contraire qui devrait avoir lieu. Cette anomalie s'explique par l'existence au nord, d'une chaîne parallèle au Ventoux, qui abrite sa partie inférieure et l'échauffe par la réverbération des rayons solaires (1).

Le climat relativement très-doux de l'Italie septentrionale, si on le compare à celui d'autres pays situés dans la même latitude, est attribué aux grands abris formés par les Alpes.

Dans le département de l'Isère, comme dans tous les pays de montagnes, l'influence des abris se manifeste en quelque sorte à chaque pas. Si, pendant l'été,

---

(1) Voyez les *Annales des Sciences naturelles* (partie botanique), tome X, 1838.

on éprouve souvent une chaleur étouffante au fond des vallées et une fraîcheur voisine du froid sur les hauteurs, cela ne tient pas seulement à ce que l'atmosphère, étant moins dense à mesure que l'on s'élève, est par là moins susceptible d'absorber le calorique. Le défaut d'abris dans les lieux élevés entre aussi pour beaucoup dans l'abaissement de leur température. Les courants d'air, qui les baignent sans cesse, refroidissent le sol, sans qu'eux-mêmes puissent s'échauffer, parce qu'ils se perdent immédiatement dans le sein des régions supérieures de l'atmosphère. Il n'en serait pas de même si l'air était en repos. Dans ce cas, la température de cet air et celle du sol s'élèveraient bientôt par l'effet de leur exposition au soleil; car la puissance calorifique de celui-ci n'est pas moindre sur les hauteurs que dans la plaine; elle y est même plus grande, parce que l'air est plus transparent.

Les principaux abris artificiels sont, pour la grande culture, les plantations d'arbres en forme de palissade et les haies. Les palissades composées d'arbres touffus, en rangs serrés, sont d'excellents abris, trop négligés dans la plupart de nos départements; on en fait un grand usage dans le midi contre le vent du nord. Les haies réalisent les avantages des palissades plantées, mais à un degré moindre, parce qu'elles sont moins élevées.

Influence du voisinage de la mer. — Les eaux de la mer ayant plus de capacité pour le calorique et moins de conductibilité que la terre ferme, s'échauffent moins au soleil et se refroidissent plus lentement à l'ombre;

leur température est donc presque uniforme. Il en résulte que les vents qui soufflent du large sur les terres du littoral, les réchauffent en hiver et les refroidissent en été; ils leur procurent un climat plus égal. Une autre circonstance tend aussi à produire cette égalité. Les vents marins sont toujours humides, et, en hiver, ils sont presque entièrement saturés de vapeur d'eau. Lorsqu'ils atteignent les terres, cette vapeur se condense. Il en résulte un ciel habituellement brumeux, qui s'oppose au refroidissement du sol par le rayonnement. En passant à l'état liquide, cette même vapeur dégage de la chaleur latente; ce qui contribue encore à élever la température de l'air. C'est au concours de ces diverses circonstances que les côtes occidentales de la Norvége doivent leur climat relativement très-doux; nulle part, à latitude égale, il n'en existe un pareil.

Dans l'intérieur des continents, au contraire, un ciel serein favorise le rayonnement de la terre en hiver, et, par suite, l'abaissement de sa température; en été, rien ne tempère l'ardeur des rayons solaires. Ces contrées ont pour cette raison un climat excessif. Ainsi, la Sibérie, qui présente une vaste étendue continentale, a des hivers exceptionnellement rigoureux. Dans l'intérieur de l'Afrique, les étés sont brûlants au point de rendre le pays presque inhabitable. En général, dans les hautes latitudes, l'élévation de la température moyenne est due au voisinage de la mer et son abaissement à celui du continent; dans les régions équatoriales, c'est tout le contraire.

Un climat est appelé continental ou marin, suivant qu'il est placé sous l'influence d'une vaste étendue de terre, ou sous celle du voisinage de la mer.

Influence des chaînes de montagnes. — M. de Gasparin a fait remarquer que, parmi les lieux où il tombe une grande quantité de pluie, beaucoup avait ce caractère topographique commun, d'être situés au pied d'une chaîne de montagnes opposée à la direction des vents qui amenaient les vapeurs : tels sont les Etats Vénitiens, placés dans un vaste golfe terrestre; Bergen qu'entoure le massif le plus considérable des Alpes scandinaves; la plaine de Chambéry, fermée par de hautes montagnes; Bourg et d'autres localités du département de l'Ain, qui sont adossées au Jura; Joyeuse (Ardèche), situé au pied méridional des Cévennes; Gênes et Pise, qui se trouvent dans la même position relativement aux Apennins; enfin, Brescia dominé au nord par les Alpes. De l'ensemble des tableaux indiquant la répartition des pluies en Europe, M. de Gasparin a conclu qu'elles sont surtout abondantes au sud-ouest et au sud des hautes chaînes de montagnes; qu'elles diminuent d'intensité dans les pays de grandes plaines, et, d'autant plus, que les lieux sont plus éloignés des réservoirs d'humidité. Les reliefs des montagnes indiquent donc réellement les points pluvieux sur une carte géographique; ils se trouvent sur leur face méridionale (1).

Quand les lieux sont situés dans l'intérieur même

(1) *Cours d'agriculture,* tome II, page 264.

des massifs des hautes montagnes, leur climat est ordinairement caractérisé par des variations brusques de température : dans le milieu de la journée, la chaleur est étouffante au fond des vallées, par suite de la réverbération des rayons solaires et des abris qui empêchent le renouvellement de l'air; le soir, la température s'abaisse beaucoup, parce que les hautes sommités font l'office de réfrigérants et qu'il en descend des courants d'air froid.

II. — IRRIGATION NATURELLE.

L'irrigation naturelle peut se produire de deux manières : de haut en bas, par les eaux qui coulent à la surface du sol; latéralement, ou même de bas en haut, par les filtrations souterraines et par les sources.

Le premier mode d'irrigation est le plus général; il a lieu en grand, lorsque la pluie tombe, ou lorsqu'il y a un déversement des eaux courantes à la surface de la terre. L'homme le réalise artificiellement en se servant de canaux d'arrosage. L'irrigation par filtrations latérales se produit toutes les fois qu'un sol perméable est traversé par des cours d'eau. Si la perméabilité de la terre est très-grande, les filtrations peuvent s'étendre très-loin, et, dans toute l'étendue de leur rayonnement, elles exercent sur les plantes une influence qui leur est en général favorable. En effet, une humidité modérée et régulière du sol, en fournissant sans cesse de l'eau aux racines, satisfait à l'une des conditions les plus impérieuses de la vie végétale. On parvient quelquefois à obtenir artificiellement les avantages de l'irrigation souterraine. Pour cela, on creuse dans le sein des terres des fossés profonds auxquels on donne un grand développement, et on les entretient constamment pleins d'eau à l'aide d'une source intarissable, que l'on doit avoir, dans ce cas, à sa disposition. A Corfou, on arrose les orangers par un procédé analogue, qui consiste à placer dans la terre des vases poreux, remplis d'eau, à l'endroit même où sont les racines : de cette manière, on n'a besoin que d'une petite quantité de liquide, et l'on en tire un effet utile aussi grand que possible (1). L'irrigation souterraine par les sources produit des effets merveilleux, lorsque la chaleur s'y ajoute. C'est à elle que sont dues la verdure et la fertilité étonnantes des oasis que l'on rencontre dans les déserts sableux de l'Afrique. M. de Lasteyrie (2) a observé dans les environs de San-Lucar de Boromeda, en Espagne, un terrain sablonneux qui serait d'une aridité extrême, si l'on ne profitait des filtrations souterraines du Guadalquivir. Pour y parvenir, on enlève le sable sec qui forme la partie la plus élevée du sol, et l'on trouve au-dessous une couche, également sableuse, qui réunit toutes les conditions de la fertilité sous un climat chaud ; elle est en effet meuble et constamment humide. A l'aide d'engrais, on y développe une végétation aussi rapide que vigoureuse.

(1) De Candolle, *Physiologie végétale*, tome III, page 1200.
(2) *Bulletin de la Société philomathique*, tome III, page 176.

Il existe dans la nature de nombreux végétaux, qui ne peuvent prospérer que lorsqu'ils jouissent de l'irrigation naturelle. Pour cette raison, on les rencontre presque toujours sur les bords des rivières et des ruisseaux, dans des sols de sable et de gravier, abreuvés de leurs infiltrations. Nous citerons, parmi les arbres, la plupart des saules, plusieurs peupliers, l'aune commun, l'argousier et, parmi les plantes herbacées ou les petits arbustes, les espèces suivantes : *Myricaria germanica*, *Cardamine amara*, *Epilobium Dodonæi*, *Calamagrostis littorea*, *Corrigiola littoralis*, *Tussilago petasites*, *Scrophularia aquatica*, *Typha minima*. Ces végétaux et d'autres, dont on pourrait donner une longue liste, ne recherchent pas le bord des eaux stagnantes; en effet, ils ne croissent pas ou ils croissent mal dans les marais; ce qu'il leur faut, ce sont des eaux courantes qui leur procurent une véritable irrigation.

Lorsque des eaux courantes sont très-multipliées à la surface du sol, ou qu'elles sont divisées en nombreux filets, en tombant par exemple en cascade, elles communiquent à l'air environnant et, par suite au sol, une humidité constante, qui a une influence sensible sur les végétaux. Alors les rochers nus se couvrent de mousses; les gazons se conservent sans peine et sont toujours verts; les prairies produisent beaucoup; les végétaux sont riches en feuilles. Les lieux à air sec présentent des caractères tout différents : on y voit le thym, la lavande, des plantes grasses; la végétation y est pâle et souffre en temps de sécheresse.

Des filtrations trop abondantes sont nuisibles. Lorsque l'excès d'humidité n'est pas très-considérable, les plantes peuvent vivre encore, mais elles ne donnent pas de bons produits. Leurs feuilles prennent un développement excessif aux dépens des fleurs, des fruits et des graines, qui constituent ordinairement les récoltes. Le tissu de leurs organes devient mou et, par conséquent, plus susceptible de geler ou de pourrir. Leurs saveurs sont plus fades et leurs odeurs plus faibles. Les végétaux qui souffrent le plus de l'abondance de l'eau sont les plantes grasses, les plantes bulbeuses et celles dont les racines sont charnues ou les feuilles sèches. Les prairies naturelles sont les espèces de culture qui s'accommodent le mieux de l'humidité; cependant, elle ne doit pas dépasser une certaine limite, ni être trop prolongée. Tous les agriculteurs savent que, dans ce cas, on ne récolte que du mauvais foin.

Lorsque l'eau est en grand excès par suite d'un défaut d'écoulement, la plupart des végétaux périssent par asphyxie; ils sont remplacés par les plantes qui croissent dans les marais.

Les lieux où l'irrigation naturelle et l'humidité qu'elle communique à l'air font sentir leurs effets sur la végétation, sont nombreux dans le département de l'Isère. Nous citerons particulièrement les flancs de la haute chaîne de montagnes, qui limite à l'est la vallée du Graisivaudan entre Pontcharra et Grenoble. Aussitôt que les premières chaleurs du printemps se font sentir, c'est-à-dire lorsque la terre a le plus besoin d'humidité, on voit découler des sommités neigeuses de la ligne de faîte une multitude de filets d'eau, qui réalisent un arrosage immense sur tout le versant de la chaîne ; il en résulte une verdure générale bien supérieure à celle du côté opposé de la vallée, où l'eau est comparativement rare.

Quand on est descendu dans la plaine, l'abondance de l'eau augmente encore, et même elle commence à être nuisible. Les ruisseaux qui descendent des hauteurs manquent ici d'écoulement, en sorte que la plaine est inondée à l'époque des pluies abondantes ; il y a aussi des filtrations de l'Isère. On a cherché à remédier à cet excès d'humidité, en creusant des canaux de dessèchement.

Une autre plaine beaucoup moins étendue que la précédente, celle où est situé le Bourg-d'Oisans, souffre également de l'abondance des eaux. Elle est arrosée par de nombreux torrents et des sources volumineuses ; en outre, le sol est pénétré par les eaux de la Romanche dont le lit est très-exhaussé.

La plupart des vallons du département de l'Isère, où coulent des cours d'eau intarissables, comme ceux de la Fure, de la Morge, etc., sont très-verts et très-riants dans leur partie profonde ; ce qui est dû principalement à l'humidité constante de l'air et du sol.

III. — ÉPAISSEUR DE LA TERRE VÉGÉTALE.

Considérons une plante placée dans des conditions très-favorables, tant sous le rapport de la nature du sol, que sous celui du climat et de l'irrigation naturelle : il faudra encore, pour qu'elle prospère, que le sol où elle végète soit suffisamment profond, ou, en d'autres termes, que ses racines puissent prendre toute l'extension dont elles sont susceptibles. La nutrition végétale paraît être en effet proportionnelle à cette extension (1). Supposons qu'une bonne terre présente une épaisseur illimitée, la plante qui y vivra se trouvera dans les mêmes conditions qu'un animal à qui on donnerait à discrétion une excellente nourriture ; elle parviendra donc à son maximum de croissance et se fera remarquer par la vigueur de sa végétation. Son état sera moins brillant et sa taille laissera à désirer, si les racines, gênées par quelque obstacle, ne lui apportent plus qu'une nourriture peu abondante, ne dépassant pas ce qui est strictement nécessaire pour l'entretien de sa vie. Enfin, cette plante sera languissante, ne s'accroîtra qu'imparfaitement et ne fructifiera pas si, les obstacles se multipliant, l'alimentation par les racines devenait insuffisante. Ces prévisions sont confirmées partout par l'expérience; on observe constamment que, tout paraissant égal d'ailleurs, un même végétal parvient ici à son entier développement et reste là rabougri, ou même meurt bientôt, sans que l'on puisse assigner d'autre cause à ces destinées diverses qu'une profondeur plus ou moins grande de la terre végétale.

(1) Lorsqu'on examine les zônes concentriques qui, dans la tige des dicotylédones, indiquent les accroissements annuels, on observe assez souvent qu'elles ne sont point partout égales. Leur plus grande largeur correspond toujours au côté de l'arbre où les racines avaient acquis le plus de développement.

L'épaisseur de la terre nécessaire aux plantes varie suivant leur nature. On estime que 15 à 20 centimètres suffisent aux céréales, et 30 à 40 à la plupart des autres cultures.

Les arbres demandent un sol plus ou moins profond suivant leur espèce. Cela tient à la structure de leurs racines, qui le plus souvent, au moins dans la grande division des dicotylédons, se composent d'une partie centrale, nommée le pivot, et de branches latérales plus ou moins ramifiées. Le pivot est destiné à s'enfoncer verticalement ; par conséquent, lorsqu'il constitue la partie principale d'une racine, le sol doit être profond. Si le pivot est peu développé, il suffit pour l'accroissement de l'arbre que les branches latérales puissent s'étendre horizontalement à de grandes distances. Parmi les arbres à racine plus ou moins pivotante, on peut citer les peupliers, la plupart des saules, le platane, le frêne, l'aune, le noyer, le chêne. Les principaux arbres à racines rameuses sont les pins, les sapins, le mélèze, le bouleau, le hêtre, l'érable des montagnes.

Duhamel du Monceau a essayé de préciser, pour quelques arbres, le minimum d'épaisseur de terre végétale nécessaire à leur croissance. Suivant lui (1), si un terrain de bonne qualité a 18 à 24 pouces ($0^{m},48$ à $0^{m},63$) d'épaisseur, on pourra y élever des ormes, plusieurs espèces d'érable, le charme, le noyer, le frêne, le faux-acacia, le mûrier, le cytise, le peuplier

---

(1) *Des semis et plantations des arbres*, pages 29 à 30.

blanc, le merisier, le mahaleb et presque tous les arbrisseaux.

Si la couche végétale n'était que de 10 à 12 pouces ($0^m,27$ à $0^m,32$), on ne pourrait guères y planter que des coudriers, des sureaux, des saules marsaults, des cornouillers, le sumac à feuille d'orme, et des néfliers de différentes espèces.

Dans les terrains très-peu profonds, où l'épaisseur de la terre ne serait que de 5 à 6 pouces ($0^m,14$ à $0^m,16$), on pourrait encore faire venir quelques espèces, telles que le bouleau, le marsault, le genevrier, mais ces arbres seraient rabougris et peu vigoureux (1).

Les épaisseurs ci-dessus sont des limites inférieures, et il est évident que, si elles ne sont pas atteintes, les arbres s'en trouveront d'autant mieux.

D'après Duhamel, pour établir des jardins fruitiers productifs, on doit choisir des fonds ayant trois pieds de profondeur de bonne terre.

Outre que l'épaisseur de la terre intéresse directement la nutrition des plantes, elle influe sur leur prospérité d'une autre manière, en rendant le sol végétal plus ou moins indépendant du sous-sol. Cela peut être avantageux ou désavantageux, suivant les circonstances. Ainsi, une terre très-argileuse, qui repose sur des roches perméables, ne gagne pas à être très-pro-

---

(1) Nous ne savons jusqu'à quel point l'expérience a confirmé les assertions de Duhamel du Monceau. Nous croyons que les circonstances locales, telles que l'humidité du sol, son inclinaison, l'existence des fissures dans le sous-sol, etc., doivent modifier, dans chaque lieu, les épaisseurs *minima* de terre végétale nécessaires aux plantes.

8

fonde, parce qu'alors le sous-sol est moins apte à corriger les mauvaises qualités de l'argile. Dans le même cas, une terre légère sera d'autant moins aride que son épaisseur sera plus forte.

Des agronomes distingués ont pensé que, dans l'estimation de la valeur d'un sol, l'examen de sa profondeur devait, sous le rapport de l'importance, suivre immédiatement celui de ses parties constituantes. Thaër (1) supposait qu'une épaisseur de 6 pouces est celle d'un terrain moyennement bon, et la prenant pour point de départ, il évaluait à 8 pour 100 la plus-value du sol pour chaque pouce ajouté à sa profondeur, jusqu'à ce qu'elle eût atteint 12 pouces; au-delà, l'accroissement de la plus-value n'était plus que 5 pour 100. Si la profondeur diminuait depuis 6 pouces jusqu'à zéro, la progression décroissante de la valeur était également de 8 pour 100 par pouce. M. de Gasparin a admis une loi un peu différente. Suivant lui (2), depuis 0^m,16 jusqu'à 0^m,27, la valeur d'une terre croît de 3 pour 100 par centimètre ajouté à sa profondeur; au-delà de 0^m,27 jusqu'à 0^m,50, l'augmentation n'est plus que de 2 pour 100. Lorsque l'épaisseur devient moindre que 0^m,16, chaque centimètre de diminution en entraîne une de 8 pour 100 dans la valeur du sol.

Il est douteux que ces échelles soient bien utiles dans la pratique, soit parce qu'elles paraissent arbi-

---

(1) *Principes raisonnés d'agriculture*, traduction française, 1831, tome II, page 233.

(2) *Cours d'agriculture*, tome I, page 404.

traires, soit à cause de la multiplicité des autres éléments dont on doit tenir compte dans la comparaison
de la valeur des terres.

IV. — PENTE DU SOL.

La pente du sol influe sur les plantes, tantôt en
bien, tantôt en mal, et toujours de cette dernière manière quand elle est très-forte.

Considérons d'abord une pente modérée. Dès
qu'elle est sensible, elle favorise l'écoulement des eaux
pluviales et empêche par conséquent qu'elles ne soient
absorbées en aussi grande quantité par le sol. C'est
un avantage si la terre a un sous-sol imperméable, si
elle est fortement hygroscopique ou si le climat est
très-pluvieux. L'excès d'humidité que ces circonstances
occasionnent ordinairement, est alors diminué par la
pente. Par contre, des terres légères, très-perméables,
et que leur nature dispose à la sécheresse, deviennent
presque stériles, lorsque l'inclinaison de leur surface
vient encore aggraver les effets fâcheux de leur constitution physique. La distinction que nous venons de
faire donne quelque importance à la règle suivante
pour les labours. Lorsqu'un terrain très-argileux est
incliné, on doit diriger la charrue de manière à ce que
les sillons soient parallèles à la ligne de plus grande
pente : l'écoulement des eaux est alors plus facile.
Ces sillons doivent être, au contraire, horizontaux,
lorsqu'on laboure un sol sablonneux ou caillouteux.

On a vu plus haut que l'existence d'un sous-sol im-

perméable était une circonstance désavantageuse à la
végétation, surtout lorsque la terre avait peu d'épaisseur, parce qu'il s'établissait alors entre elle et le sous-
sol, une nappe d'eau, qui entretenait un excès d'humidité et donnait lieu en hiver au phénomène du
déchaussement. L'inclinaison du terrain, lorsqu'elle est
sensible, fait disparaître cet inconvénient. Les eaux
souterraines ont alors de l'écoulement et ne s'accumulent jamais au point de remonter jusqu'à la surface.
C'est pour cette raison que beaucoup d'arbres fruitiers,
et, en général, les plantes qui craignent un sol humide,
se plaisent sur le flanc des coteaux.

Un terrain incliné, lorsqu'il est bien exposé, est
frappé moins obliquement par les rayons du soleil et,
par suite, il absorbe plus de calorique ; ce qui est un
avantage précieux pour certaines cultures, par exemple
pour la vigne, dont les produits sont alors bien meilleurs.

Une forte pente a pour effet de faire descendre peu
à peu la terre végétale de la partie la plus élevée d'un
champ, pour l'accumuler à sa base. Cette descente de
la terre a l'inconvénient grave d'être une source de
grandes dépenses, car on est obligé de la remonter de
temps en temps ; autrement, le sous-sol supérieur
serait mis à nu.

Une très-forte pente rend impossible la culture
d'un terrain. Si l'on essayait de le labourer, ce qui
présenterait en général de grandes difficultés, la terre
végétale ameublie serait bientôt entraînée en totalité
ou en grande partie, par les courants d'eau pluviale.

M. Elie de Beaumont a observé un champ cultivé en sarrasin, dont la pente était de 33 degrés ; il le cite comme un fait extraordinaire, et l'on doit croire que cette culture n'a pas subsisté longtemps. L'ameublissement des terrains très-inclinés étant impossible, il en résulte que, lorsqu'ils ne restent pas entièrement nus, ils ne peuvent nourrir que des bois taillis ou les plantes qui composent les gazons. Ces végétaux donnent de la stabilité au sol par l'entrelacement de leurs racines. Il n'est pas rare dans les Alpes, les Cévennes et les Pyrénées, de voir des prairies naturelles sur des pentes tellement abruptes que, lorsqu'il s'agit de les faucher, les ouvriers sont obligés de se soutenir par des cordes et que le foin est jeté sur les plateaux inférieurs. Lorsque la végétation protectrice d'un sol très-incliné vient à disparaître, par suite d'un défrichement imprudent ou par toute autre cause, les roches qui forment le sous-sol, sont bientôt mises à nu et n'offrent plus qu'une surface stérile.

D'après M. de Gasparin (1), le travail de la charrue, en montant et en descendant, s'arrête sur une pente qui est égale à 5 ou 6 degrés (10 à 12 centimètres par mètre). Au-delà, on ne laboure plus qu'en travers, à moins de se résigner à n'enfoncer le soc de la charrue qu'en descendant. On perd alors à peu près la moitié du temps employé au labour, et, plus tard, on est obligé à des transports de terre de bas en haut. Lorsque toute espèce de labour est devenue impossible, on

(1) *Cours d'agriculture*, tome I, page 195.

peut encore cultiver le sol avec avantage, en construisant des murs de soutènement pour créer des terrasses
horizontales. La construction de ces murs est avantageuse toutes les fois que les matériaux sont abondants
et se trouvent sur place. On les fait en pierres sèches
pour plus d'économie, et afin de procurer de l'écoulement aux eaux de filtration. Ces murs de soutènement
sont fréquents dans le midi de la France, où ils permettent de cultiver la vigne, l'olivier et le mûrier dans
des localités à peine accessibles. Il en existe beaucoup
aussi dans le Jura. A défaut de matériaux pour cons-
truire des murs, on peut avoir recours à des haies que
l'on doit tenir basses et épaisses ; c'est un moyen simple, peu coûteux et très-efficace pour empêcher que
les terres ne descendent.

Comme les tiges des végétaux ont une direction
constamment verticale, quelle que soit l'inclinaison du
sol qui les supporte, et que d'ailleurs leur degré de
rapprochement ne peut dépasser une certaine limite,
on a admis qu'un sol en pente, quoique présentant
une superficie plus considérable que celui qui lui correspond en projection horizontale, ne produisait pas
davantage et que, par conséquent, il n'avait pas plus
de valeur. Cette hypothèse n'est pas rigoureusement
exacte, parce que les racines, étant en partie parallèles
à la surface du sol, y trouvent d'autant plus de nourriture que cette surface est plus étendue.

APPENDICE

OPÉRATIONS POUR AMÉLIORER

les propriétés physiques et chimiques des terres.

Nous avons fait connaître dans les chapitres précédents les divers éléments constitutifs des sols et les conditions physiques et chimiques de toute nature, d'où dépendent les qualités de la terre. Cet exposé serait peu utile, s'il n'avait pas pour complément l'indication des moyens par lesquels l'art est parvenu à améliorer, dans certaines limites, ces qualités lorsqu'elles sont défectueuses. Comme ce sujet, extrêmement vaste, appartient essentiellement à l'agriculture pratique, nous ne le traiterons que succinctement, et seulement pour montrer sa liaison avec les principes théoriques qui ont été développés plus haut. Nous renverrons, pour plus de détails, aux ouvrages spéciaux publiés sur la matière.

L'amélioration des sols par les moyens artificiels consiste à y introduire de nouveaux éléments, à modifier les propriétés de ceux qui s'y trouvent déjà, ou, quelquefois, à enlever des matières nuisibles. On y parvient à l'aide de sept opérations principales, que l'on applique chacune suivant les circonstances, savoir:

1° *la préparation mécanique des terres*, 2° *l'addition des engrais*, 3° *l'addition des amendements*, 4° *l'écobuage*, 5° *le drainage*, 6° *l'irrigation*, 7° *le colmatage*. Nous allons passer successivement en revue ces sept opérations, en indiquant leur but, leur utilité et la manière de les effectuer.

I. — PRÉPARATION MÉCANIQUE DES TERRES.

Toutes les terres cultivées doivent subir une préparation mécanique, qui a pour objet principal de les rendre meubles. Cette qualité physique est très-importante et augmente leur fertilité de plusieurs manières, que nous allons faire connaître.

L'ameublissement du sol a d'abord pour effet de faciliter l'extension des racines. Celles-ci sont tantôt traçantes, tantôt pivotantes, ou même, le plus souvent, réunissent ces deux manières d'être. Dans tous les cas, elles doivent s'étendre au loin pour aller chercher les sucs nourriciers indispensables à la vie végétale. Elles sont toujours terminées par des fibres très-déliées, nommées *chevelu*, qui ont pour fonction spéciale d'absorber l'eau et les substances solubles assimilables en contact avec elles. Il est extrêmement utile que ce chevelu puisse se développer librement, puisque c'est uniquement par son intermédiaire, que la plante tire sa nourriture du sol.

Plus la terre est divisée et plus elle est accessible à l'air atmosphérique, dont la présence est nécessaire pour que le phénomène de la germination ait lieu et pour qu'une plante, après sa naissance, puisse continuer à vivre. Aussi, l'on remarque que rien ne peut venir dans les terrains à surface complètement imperméable. Pour cette raison, sur les boulevards situés à l'intérieur des villes, dont le sol ne peut être ameubli, on est souvent obligé de faire circuler artificiellement de l'air sous la terre, pour que l'établissement de la végétation y soit possible.

L'ameublissement d'un terrain permet aux eaux pluviales de pénétrer dans son sein et d'y laisser, avec de l'humidité, les principes fertilisants de l'atmosphère. L'engraissement de la terre par le seul fait de son extrême division, est une vérité peu connue des cultivateurs et, cependant, bien certaine. Les eaux de pluie et de neige renferment toujours, en petites quantités, des sels ammoniacaux, des azotates et des chlorures alcalins. Il en résulte que si, au lieu de se perdre à la surface d'un sol, elles en imbibent toutes les parties, elles l'enrichissent nécessairement, en s'évaporant, du dépôt des matières tenues en dissolution. Une terre parfaitement divisée a aussi la propriété, comme toutes les masses pulvérulentes, de condenser les gaz atmosphériques et de donner naissance, par l'effet de réactions, à des sels azotés, qui sont, comme on le sait, des engrais très-énergiques. Ces faits expliquent pourquoi la fertilité d'un champ est augmentée par une jachère. Vulgairement, on attribue cette augmentation au repos de la terre, comme si celle-ci était un être animé, qui se fatigue en travaillant ; en réalité, elle est due à ce que, pendant la jachère, le sol a reçu de l'atmosphère

des principes nutritifs, et n'en a point perdu puisqu'il
y a eu absence de récoltes.

On a vu, lorsque nous avons traité des qualités
physiques des terres, qu'un sol pulvérulent absorbait
une quantité notable d'oxygène, variable suivant les
circonstances. Cette propriété est d'une haute importance, car l'oxygène est pour les racines un stimulant
indispensable. Il est aussi l'agent, par excellence, des
compositions et des décompositions qui font de l'intérieur de la terre un vrai laboratoire, où se préparent
les substances que s'assimilent les végétaux.

Un autre fait non moins important, et qui est aussi
une conséquence de la pulvérisation de la terre, est sa
faculté de condenser, surtout pendant la nuit, les
vapeurs atmosphériques. Cette condensation est l'équivalent d'une pluie bienfaisante; elle entoure les racines
d'humidité et diminue, par conséquent, les effets de
la sécheresse.

Les nombreux éléments de fertilité que procure aux
terres leur ameublissement, quand il est poussé très-
loin, expliquent les bons effets d'un système de culture,
qui a fait grand bruit dans le courant du siècle dernier.
Un Anglais, nommé Jetro Tull, annonça que les
engrais étaient inutiles; que, pour obtenir de belles
récoltes, il suffisait de labourer fréquemment le sol,
de le pulvériser complètement et de le maintenir dans
cet état pendant tout le temps que durait la végétation. D'après les idées de cet agronome, les particules
extrêmement fines de la terre formaient la principale
nourriture des plantes. L'eau servait à les étendre,

l'air à leur donner de l'activité, et le fumier, quand on l'employait, à les subdiviser encore par la fermentation. Cette théorie de la nutrition végétale était une grosse erreur ; néanmoins, la nouvelle méthode soumise à des essais par des savants distingués, entre autres par Duhamel du Monceau, donna de bons résultats. Ce succès s'explique facilement aujourd'hui : en divisant et subdivisant sans cesse la terre, on l'engraissait *sans le savoir*. Cet engrais venait des agents météoriques, dont l'influence fertilisante est d'autant plus grande que le sol est plus ameubli (1).

A tous les avantages qui viennent d'être indiqués, on doit ajouter qu'en divisant la terre avant de l'ensemencer, on détruit les mauvaises herbes qui, étant déracinées, périssent. Ce résultat est également d'une grande importance.

Les bons effets de la préparation mécanique du sol étaient très-appréciés par les anciens. Columelle dit, dans son ouvrage sur l'agriculture, que *cultiver la terre n'est autre chose que l'ameublir et l'engraisser* (2). Malgré les immenses progrès réalisés, depuis cet auteur, par la science agronomique, sa maxime, qui date de dix-huit siècles, est encore, au moins dans la plupart des cas, de la plus exacte vérité.

Les instruments à l'aide desquels on ameublit le

---

(1) Le système de culture sans engrais de Tull n'est point tombé dans un oubli complet ; il a encore des adeptes en Angleterre, qui répondent aux critiques par des faits : ils montrent leurs belles récoltes.

(2) *Neque enim colere aliud quam resolvere et fermentare terram.....* DE RE RUSTICA, tome I, page 109, édition Panckoucke.

sol, sont extrêmement variés. On se sert quelquefois d'outils à la main, tels que la pelle carrée, la pioche, la bêche, la houe, etc. Avec leur secours, on peut défoncer le terrain à une grande profondeur et obtenir une division mécanique très-perfectionnée ; mais ce n'est qu'avec beaucoup de temps et de fatigue. Aussi, ce moyen est-il réservé pour les jardins et pour quelques cas de la grande culture, où il serait difficile d'opérer autrement. Les instruments aratoires mus par les animaux sont les plus employés. Au premier rang figure *la charrue*, qui est arrivée aujourd'hui à un haut degré de perfection ; elle sert à effectuer ce qu'on appelle le labourage. Par cette opération, lorsqu'elle est bien faite, on ne rompt pas seulement la terre latéralement, de manière à la désunir et à la rendre perméable à l'eau et à l'air, on la remue de telle manière que les parties inférieures du sol sont amenées à la surface et que celles de la surface sont placées au fond. La couche superficielle, qui est toujours la plus fertile, à raison de son exposition à l'air et des décompositions qu'elle a subies, se trouve ainsi mise en contact avec les racines, et la couche inférieure, qui était privée des engrais météoriques, vient réparer, par son contact avec les gaz de l'atmosphère, les pertes que lui avaient fait éprouver les végétaux précédemment récoltés.

Il existe aujourd'hui un très-grand nombre de charrues qui diffèrent par leur forme et leur usage ; il faudrait un volume pour toutes les décrire. On peut les partager en deux grandes classes : les charrues ordinaires, dont on se sert pour les travaux les plus usuels de l'agriculture, et les charrues spéciales, nommées *défonceuses, fouilleuses, charrues sous-sol, vigneronnes,* etc., qui sont employées à défoncer le sol et à d'autres opérations particulières.

Le travail de la charrue est ordinairement complété par le moyen de plusieurs autres instruments : avec la *herse,* on divise les mottes de terre qui ont été soulevées; on se sert ensuite du *rouleau* pour achever de les pulvériser. La herse est, comme on le sait, composée d'un châssis triangulaire, auquel sont fixées un certain nombre de dents en forme de coutre. Avec le secours d'un attelage, on la promène sur le terrain labouré, souvent dans divers sens, afin de le mieux diviser. On emploie le rouleau soit uni, soit à pointes. Ce dernier peut être très-pesant, sans avoir l'inconvénient de durcir la surface du sol.

Les bons effets du hersage et du roulage ne subsistent pas longtemps dans toute leur intégrité ; bientôt, avant même que les récoltes ne soient arrivées à leur maturité, la surface de la terre se durcit et devient moins perméable. On y remédie au moyen du *binage,* opération qui a pour but de rompre et d'ameublir la croûte superficielle de la terre jusqu'à une profondeur seulement de 7 à 8 centimètres, et d'enlever, en même temps, les plantes parasites. Ordinairement, on fait ce travail à la main, en se servant de la houe ou bien d'outils spéciaux, nommés *serfouette* et *binette.* Il est plus économique et plus prompt de l'effectuer à l'aide de *la houe à cheval,* qui est une espèce de petite charrue légère, à plusieurs socs, que l'on fait passer entre les lignes des végétaux cultivés.

Le binage s'applique aussi aux terrains nus auxquels un labour profond n'est pas nécessaire, et dont on veut seulement ameublir et nettoyer la surface, entre l'enlèvement d'une récolte et un nouvel ensemencement. Les instruments employés à cet effet sont *l'extirpateur* et *le scarificateur*. Ce sont des espèces de herse dont les dents, plus fortes et plus longues que celles des herses ordinaires, sont construites différemment. Dans l'extirpateur, ces dents sont larges et ont la forme d'un soc de charrue à deux tranchants; elles sont ordinairement au nombre de cinq ou sept, et disposées de telle sorte qu'elles agissent également sur tout le terrain. Le scarificateur ne diffère de l'extirpateur que parce que les socs sont remplacés par de longues et fortes dents, recourbées en avant et souvent terminées par une petite lame en fer de lance. Cet instrument convient spécialement pour purger un terrain couvert de plantes vivaces à longues racines, pour déchirer la surface d'une prairie artificielle, ou ameublir une jachère-pâture.

Toutes les terres n'ont pas un égal besoin de préparation mécanique. On peut se dispenser de remuer souvent et profondément celles dont le sable, les cailloux ou la marne calcaire sont les éléments dominants, et qui sont dites légères. Les labours profonds et fréquents, l'usage de la herse et du rouleau, sont au contraire indispensables dans les fonds argileux, naturellement compactes et imperméables.

II. — ADDITION DES ENGRAIS.

Les plantes qui croissent spontanément n'ont jamais besoin d'engrais; en effet, comme elles meurent sur les lieux mêmes où elles sont nées, elles restituent au sol les éléments que celui-ci leur a fournis; elles leur en rendent même beaucoup plus, car les plantes vivent en partie aux dépens de l'atmosphère. Aussi l'expérience a-t-elle prouvé que les terrains couverts de végétaux spontanés s'enrichissent chaque année de leurs détritus, et que, loin de s'appauvrir, ils finissent par acquérir un fond de fertilité presque inépuisable. Il n'en est plus de même d'un sol cultivé, dont les produits sont exportés régulièrement chaque année. Dans ce cas, on enlève incessamment à la terre les éléments nutritifs qu'elle renferme, sans jamais rien lui rendre. Son épuisement en est la conséquence inévitable, et l'addition d'engrais, c'est-à-dire de matières propres à réparer les pertes occasionnées par l'enlèvement des récoltes, devient une nécessité évidente.

Avant d'aller plus loin, nous devons expliquer nettement pourquoi, en général, on estime d'autant plus les engrais que leur teneur en azote est plus considérable.

Les végétaux sont essentiellement composés, comme on le sait, de carbone, d'oxygène, d'hydrogène, d'azote et d'éléments minéraux. Il est donc absolument nécessaire qu'une plante puisse se procurer ces différents corps. L'atmosphère est un réservoir inépuisable d'acide carbonique et, par conséquent, de carbone

assimilable. Il s'en forme aussi beaucoup dans le sol
par la décomposition lente des matières organiques.
L'oxygène et l'hydrogène sont les principes constituants
de l'eau, qui en général ne manque jamais aux plantes.
Les substances minérales qui leur sont nécessaires,
se trouvent aussi en quantités suffisantes dans la plupart des sols et dans presque tous les engrais. Il reste
l'azote ; or cet élément, malgré son abondance dans le
sein de l'atmosphère, est celui que les végétaux ont le
plus de peine à se procurer ; car il ne peut être absorbé
qu'autant qu'il fait partie d'une combinaison saline (1),
et les combinaisons de cette espèce n'existent dans la
nature qu'en quantités minimes. Si donc les engrais
azotés sont plus précieux que les autres, ce n'est point
parce que l'azote est un élément plus essentiel que le
carbone, l'oxygène ou l'hydrogène, le contraire serait
plutôt vrai ; mais uniquement, parce que ce principe,
à l'état assimilable, est beaucoup moins abondant que
les autres ; c'est sa rareté qui en fait le prix. Une comparaison achèvera de rendre ceci très-clair. Le corps
humain renferme les mêmes éléments simples que les
végétaux ; les proportions seulement sont différentes.
Il faut, par conséquent, que ces éléments soient contenus dans les substances qui servent à notre nourriture.
Parmi ces substances, les plus communes et les plus
faciles à se procurer, telles que les matières végétales,
sont composées, presque exclusivement, de carbone,
d'oxygène et d'hydrogène ; on y trouve aussi tous les

(1) Voyez ce qui a été dit précédemment, pages 20 et 21.

sels terreux qui entrent dans notre organisation. Quant à l'azote, il n'y a que la chair des animaux qui en renferme une quantité suffisante pour donner à nos organes de la vigueur et un développement complet. Pour cette raison, la viande est pour nous l'aliment qui a le plus de prix. Il en est de même des engrais azotés relativement aux végétaux : ils jouent, parmi les substances nutritives des plantes, exactement le même rôle que la chair parmi les aliments de l'homme (1).

Pour qu'une matière puisse servir d'engrais, il ne suffit pas qu'elle renferme de l'azote et d'autres principes élémentaires des plantes; il faut encore qu'elle soit susceptible d'éprouver dans le sein de la terre une décomposition spontanée, telle qu'il en résulte des combinaisons chimiques *assimilables*. Suivant que cette décomposition est très-prompte ou très-lente, les engrais portent le nom de *chauds* ou de *froids*. Les premiers sont très-actifs, mais n'ont qu'un effet de peu de durée ; les seconds ont une action fertilisante beaucoup moins énergique, qui, par compensation, est égale, continue et se prolonge longtemps. Les uns ou les autres doivent être employés de préférence, suivant

(1) Après l'azote, l'acide phosphorique est le corps auquel on attache le plus de valeur dans les engrais. Cette appréciation est basée sur le rôle important qu'il joue comme principe constitutif de la graine des céréales et de beaucoup d'autres semences. Il est vrai que l'acide phosphorique existe naturellement dans la plupart des sols, mais il s'y trouve ordinairement en quantité si petite, qu'il y a nécessité de l'entretenir par des engrais, si l'on veut que sa proportion soit toujours suffisante pour les besoins des récoltes.

les circonstances locales, ainsi que nous le dirons
bientôt, quand nous en serons au fumier de ferme.

La classification des substances fertilisantes, qui
nous paraît la plus commode et la plus pratique, est
leur division en engrais obtenus sur place, dans les
fermes, et en engrais tirés de l'extérieur. Les premiers
sont ceux que le cultivateur peut toujours se procurer
lui-même, et qui lui reviennent, par conséquent, à
un prix beaucoup plus bas que s'il était obligé de les
acheter. Les seconds ne peuvent s'acquérir que par la
voie du commerce.

Les engrais susceptibles d'être obtenus sur place,
sont la base de l'agriculture, car les neuf dixièmes des
cultivateurs n'en connaissent pas d'autres : ils comprennent *le fumier de ferme, l'engrais humain* et *l'engrais
composé,* dont font partie *les composts* et *les boues*
recueillies sur les voies publiques.

Les engrais tirés du dehors sont beaucoup plus
nombreux; on peut les grouper de la manière suivante : 1° *guanos;* 2° *débris d'animaux, frais ou anciens;*
3° *noirs de raffinerie;* 4° *phosphates naturels;* 5° *engrais
de nature végétale* et notamment *les tourteaux;* 6° *cendres et suies de diverses espèces;* 7° *engrais commerciaux*
dont font partie *les engrais salins* ou *chimiques.*

Dans l'impossibilité où nous sommes d'entrer dans
beaucoup de détails sur chacun de ces divers engrais,
ce qui nous conduirait à faire un traité complet sur la
matière, nous ne parlerons un peu longuement que
du fumier de ferme, dont l'importance est encore aujourd'hui hors ligne. Quant aux autres substances

fertilisantes, nous nous bornerons à en donner une idée succincte.

Fumier de ferme. — Ce fumier, considéré comme le premier de tous, est le plus complet et celui qui s'adapte le mieux à toutes les cultures; sa production est universelle. On l'obtient, comme tout le monde sait, avec les excréments des animaux domestiques, mêlés à une certaine quantité de matières végétales formant ce qu'on appelle *la litière*. Ces matières sont placées dans les étables et les écuries, sous les animaux. Au bout de quelque temps, lorsqu'elles sont imprégnées de leurs déjections, on les transporte sur une aire ou dans une fosse, où elles reçoivent divers soins qui ont pour but de les faire fermenter.

On divise communément le fumier de ferme en *fumier long* ou *pailleux* et en *fumier court*, que l'on nomme aussi *beurre noir* lorsque sa décomposition est très-avancée. Le fumier long est celui qui est fraîchement sorti de l'étable, et dont les parties pailleuses sont presque intactes. Employé dans cet état, il appartient à la classe des engrais *froids*. On l'applique particulièrement aux sols argileux, forts et compactes, qu'il ameublit à raison de son volume et de sa texture fibreuse. Le fumier court, lorsqu'il est très-consommé, est, relativement au premier, un engrais *chaud*, qui convient spécialement aux sols sableux et secs. Dans de pareils terrains, le fumier long resterait trop longtemps sans action sensible, et aurait l'inconvénient de rendre la terre encore plus légère.

Le fumier, en se convertissant en *beurre noir*, diminue beaucoup de volume, et éprouve une déperdition énorme de principes utiles, qui se volatilisent ou sont entraînés par les eaux pluviales. On doit donc éviter de l'employer ainsi réduit. Le mieux est de l'amener à un état moyen de décomposition.

Il serait très-important de connaître d'une manière suffisamment approchée, le poids d'un mètre cube de fumier. Malheureusement, ce poids peut varier du simple au double ; il dépend de la proportion d'eau et de paille que renferme la matière, de son tassement et de son état de décomposition plus ou moins avancée. Voici quelques données sur ce sujet.

D'après de Voght, le fumier de bêtes à cornes, dans un état moyen d'humidité, quand c'est la paille des céréales qui a servi de litière, peut peser jusqu'à 750 kilogrammes le mètre cube ; il contient alors moyennement 75 pour 100 d'eau. Suivant M. de Gasparin, le fumier d'auberge du Midi, produit par des chevaux nourris au foin et à l'avoine, étant bien tassé, ne pèse pas moins de 820 kilogrammes. Sa teneur en eau est de 66,6 pour 100.

D'autres fumiers ont donné les résultats suivants :

	kilog.
Fumier frais de bœuf	580
Fumier frais de cheval.	365

On admet communément que le mètre cube de bon fumier, prêt à être employé, pèse 800 kilogrammes.

La composition du fumier n'est pas moins variable

que son poids. En ne considérant que l'eau et les matières sèches dont il est formé, on peut admettre
qu'elles sont, en nombres ronds, dans les rapports
suivants :

Eau	800
Matières sèches.	200
TOTAL.	1,000

D'après les analyses de M. Boussingault, le bon
fumier, arrivé à l'état où il convient de l'employer,
offre moyennement la composition suivante :

	Humide.	Complètement sec.
Eau	793,00	*n*
Carbone	74,00	358,00
Hydrogène	9,00	42,00
Oxygène	53,00	258,00
Azote	4,00	20,00
Acide carbonique	1,34	6,44
— phosphorique	2,01	9,66
— sulfurique	1,27	6,12
Chlore	0,40	1,93
Silice, sable, argile.	44,49	213,81
Chaux	5,76	27,69
Magnésie	2,41	11,59
Oxyde de fer, alumine . . .	4,09	19,64
Potasse et soude.	5,23	25,12
	1,000,00	1,000,00

On voit que le fumier de ferme contient un très-
grand nombre de principes de nature différente ; c'est
précisément cette variété qui fait son mérite. Il apporte
au sol, en quantités plus ou moins grandes, tous les
éléments que renferment les plantes ; par conséquent,
il est très-propre à réparer les pertes que les récoltes
font éprouver aux terres.

Après ces notions générales sur le fumier de ferme, il nous reste à le considérer spécialement, sous plusieurs points de vue qui ont un grand intérêt. Il importe de savoir : 1° comment ses qualités varient suivant l'espèce des animaux domestiques qui concourent à sa formation; 2° quels sont la nature et le poids des diverses matières employées comme litière, qui entrent dans sa confection; 3° quelle est sur sa bonté l'influence du régime alimentaire et de la santé des animaux; 4° quelle quantité on peut en retirer par tête de bétail; 5° la valeur du purin qui l'accompagne; 6° la meilleure manière de le traiter; 7° enfin, comment on doit l'employer.

Le tableau suivant, dû à MM. de Boussingault et Payen, prouve que la richesse des excréments en azote et en acide phosphorique, est très-variable suivant la nature du bétail.

		Azote sur 100 parties.	Acide phosphorique sur 100 parties.
Vache . . {	Excréments solides. .	0,32	0,74
	— mixtes. .	0,41	0,55
Cheval . . {	Excréments solides. .	0,55	1,22
	— mixtes. .	0,74	1,12
Porc . . . {	Excréments solides. .	0,70	3,87
	— mixtes. .	0,37	3,44
Mouton . {	Excréments solides. .	0,72	1,52
	— mixtes. .	0,91	1,32

Chacun des fumiers provenant des animaux ci-dessus, en l'estimant seulement d'après les quantités d'azote et d'acide phosphorique qu'il renferme, a donc, à poids égal, une valeur très-différente.

Les excréments des bêtes à cornes sont, ainsi que le prouve l'observation, moins actifs, moins prompts à fermenter, plus spongieux et plus aptes à retenir l'humidité environnante que ceux des autres animaux; ils peuvent aussi, à cause de leur mollesse, supporter une addition de litière plus considérable ; enfin, leur production est aussi plus abondante. Pour ces raisons, ce sont eux qui rendent le plus de services aux exploitations rurales; on peut les appliquer à tous les terrains et à toutes les cultures.

Les chevaux, qui se nourrissent habituellement de fourrages secs et d'avoine, fournissent des excréments plus solides, moins aqueux, et plus riches en azote et en phosphates que les précédents. Etant enfouis en terre avant toute fermentation, ils sont un engrais très-chaud et très-énergique. Entassés au contraire à l'air libre, sans précautions, ils s'échauffent rapidement, se dessèchent et perdent une forte proportion de leurs principes utiles; ils demandent donc à être préparés et entretenus avec beaucoup de soin.

La fiente des porcs, malgré la proportion considérable d'azote et d'acide phosphorique trouvée dans sa partie solide, est généralement considérée comme un mauvais engrais, bien inférieur à celui de la vache et du cheval. Cela tient à la nourriture, habituellement mauvaise, de ces animaux qui influe d'une manière fâcheuse sur leurs déjections, à l'extrême fluidité de celles-ci, à la grande quantité de semences de mauvaises herbes qu'elles renferment, enfin aux propriétés corrosives du purin qui s'y trouve en forte proportion.

Le mieux est de mêler cette fiente aux autres fumiers, particulièrement à celui du cheval; ses mauvaises qualités disparaissent alors.

Les excréments des bêtes à laine ont plus de densité que ceux des autres bestiaux; ils sont moins chauds que ceux du cheval, et ont dans le sol une action plus durable. Comme, à raison de leur forme et de leur dureté, ils ne se mêlent que très-imparfaitement à la litière, et que celle-ci est par sa nature peu altérable, il est toujours utile, avant d'employer le fumier des bergeries d'en faire des tas que l'on arrose fréquemment, afin que toute la masse parvienne à un état convenable de décomposition.

On emploie ordinairement, pour litière, la paille des céréales, celle du colza, les feuilles de chêne après leur chute, la bruyère, ou, plus rarement, le sable quartzeux, la marne et la terre végétale séchée à l'air. Les pailles des céréales sont ordinairement préférées, non-seulement parce qu'elles sont riches en azote et en substances salines, et que, par conséquent, elles contribuent à la bonté du fumier, mais surtout parce qu'elles sont, à raison de leur structure tubulaire, très-propres à s'imprégner des liquides excrémentiels.

La première colonne numérique du tableau suivant fait connaître combien, après 24 heures d'imbibition, 100 kilogrammes de diverses matières, propres à servir de litière, retiennent d'eau. La seconde colonne, déduite de la première, indique les quantités de ces matières qui peuvent remplacer, comme litière absorbante, 100 kilogrammes de paille de blé.

	Pouvoir absorbant.	Equivalent de la paille de blé
Paille de blé	220	100
— d'orge	285	77
— d'avoine	228	96
— de colza	200	110
Feuilles de chêne tombées	162	136
Bruyère	100	220
Sable quartzeux	25	880
Marne	40	550
Terre végétale sèche	50	440

On voit que c'est la paille des céréales, et particulièrement celle d'orge, qui s'imprègne le mieux de
liquide, et qui est, par conséquent, la meilleure à
mettre sous les animaux.

La quantité de litière à fournir aux bestiaux doit
être proportionnée à la dose des aliments qui leur
sont administrés. En général, pour le cheval, elle doit
être à peu près égale, chaque jour, au poids du fourrage
consommé par 100 kilog. de l'animal vivant, c'est-
à-dire à 2 ou 3 kilogrammes. Les bêtes bovines, dont
les excréments sont plus aqueux, en exigent davantage, environ 3 à 5. Il en faut encore plus pour les
porcs, à raison de l'extrême fluidité de leurs déjections, et beaucoup moins pour les moutons, dont les
crottins sont presque secs.

Il n'est pas douteux que le régime alimentaire auquel on soumet les animaux, n'influe d'une manière
notable sur la qualité du fumier produit. Lorsque la
nourriture qu'on leur donne est substantielle et sèche,
leurs excréments ont beaucoup d'énergie comme matière fertilisante ; si, au contraire, elle est aqueuse, ils
sont peu actifs. Plus les aliments sont riches en azote

et plus les déjections, qui en dérivent, le sont elles-mêmes, et plus, par conséquent, le fumier a de la valeur.

L'état de santé des animaux apporte aussi sa part d'influence sur la qualité des résultats de leur digestion. Ainsi, les animaux sains, qui ont de l'embonpoint, donnent des fumiers bien meilleurs que ceux qui sont maigres ou malades.

Il est fort important de pouvoir calculer d'avance le rendement en fumier d'une tête de bétail. D'après les évaluations de plusieurs agronomes, on peut estimer approximativement la production du fumier dans une exploitation rurale, par le poids des fourrages secs et de leurs équivalents entrés dans l'étable, en y ajoutant celui de la paille de litière et en doublant la somme.

Ainsi, une vache du poids de 500 à 600 kilogrammes, a consommé à l'étable dans une année :

Fourrages de diverse nature équivalents à . . . 5,475 de foin sec.
Paille de litière. 740
                        TOTAL 6,215

En multipliant cette somme par 2, on a 12,430 kilog. de fumier, soit 15 mètres cubes environ.

Pour transformer en aliments secs les divers fourrages, on admet que 100 de pommes de terre correspondent à 28 de matières sèches, et 100 de racines ou de fourrages verts, à 22 des mêmes matières.

L'urine des animaux est en partie absorbée par la litière, et en partie reste libre. Cette dernière portion, nommée *le purin*, est un engrais extrêmement actif; ce qui est dû aux substances salines et aux matières organiques azotées qu'il renferme en dissolution. Celles-ci fournissent, par leur décomposition rapide, une forte proportion de carbonate d'ammoniaque immédiatement assimilable. Pendant longtemps, on a négligé de tirer parti de l'urine des animaux non absorbée par le fumier; aujourd'hui, dans beaucoup de localités, on recueille avec soin cet engrais précieux. Ainsi, dans presque toutes les fermes du département du Nord, le sol des étables et des écuries est pavé et en pente; l'urine libre se rend dans des réservoirs placés au-dessous, d'où elle est ensuite tirée et répandue sur les terres sous forme d'arrosage.

Le traitement du fumier a surtout une grande influence sur ses qualités. Dans la plupart des fermes, on l'entasse, sans aucune précaution, dans une cour ordinairement plus basse que le sol environnant. Ainsi abandonné à l'air, il est exposé à la sécheresse pendant l'été, et à un excès d'humidité pendant la mauvaise saison. Les eaux pluviales lui enlèvent ses parties solubles qui sont les meilleures. La fermentation nécessaire pour le ramollissement des pailles et la décomposition de l'ensemble des matières, ne peut s'établir. La surface exposée à l'air étant très-grande, il y a une déperdition considérable de principes gazeux ammoniacaux.

La marche à suivre et les précautions à prendre pour la bonne confection des fumiers, peuvent être résumées de la manière suivante :

1° Placer les matières sortant des étables sur une aire ou dans une fosse peu profonde, à côté de laquelle on aura creusé un réservoir pour recevoir, à l'aide d'une rigole, le purin ou suc découlant du fumier ;

2° Donner au réservoir une capacité suffisante pour qu'il ne se dessèche pas pendant les chaleurs de l'été, ou bien se ménager les moyens d'y introduire de l'eau, quand cela sera jugé nécessaire ;

3° A l'aide d'une pompe ou de toute autre manière, arroser de temps en temps le fumier avec le liquide du réservoir, afin de favoriser sa fermentation ; lorsque cela est possible, faire arriver dans le réservoir l'urine des étables ;

4° Ne permettre à aucune eau étrangère de venir laver le fumier, principalement à celles qui découlent des toits environnants ;

5° Garantir le fumier d'une évaporation trop prompte et, autant que possible, des pluies abondantes ; pour cela, le placer sous un simple appentis en paille, ou le couvrir, pendant sa confection, de bruyères, de feuilles, de gazon, ou mieux encore, d'une couche de terre mêlée à du plâtre cru, afin de retenir les vapeurs ammoniacales (1) ;

---

(1) Dans quelques exploitations agricoles, on fait un mélange intime du fumier avec le plâtre, afin d'empêcher la déperdition du carbonate d'ammoniaque, en le changeant en sulfate ; mais M. Boussingault a fait observer que, par ce procédé, l'on décomposait aussi le carbonate de potasse qui était transformé en uu sel moins actif. Cependant l'introduction du plâtre dans le sein du fumier a donné, en général, de bons résultats, parce que cette substance agit elle-même directement et d'une manière avantageuse sur les récoltes.

6° Bien tasser les matières à la surface, afin de s'opposer au dégagement des vapeurs ammoniacales, et ne les remuer, en aucune manière, quand elles sont en fermentation ;

7° Donner à l'emplacement choisi une largeur suffisante, pour qu'il ne soit pas nécessaire d'élever les tas à une trop grande hauteur ;

8° Faire sur cet emplacement assez de divisions pour que l'ancien fumier ne soit pas toujours enfoui sous le nouveau.

Lorsque le fumier a été confectionné avec les précautions qui viennent d'être indiquées, il reste à l'employer.

On ne doit pas le charrier trop longtemps d'avance sur les terres, et l'y laisser amoncelé soit en grandes masses, soit surtout en petits tas. Ainsi exposé à l'air, à la pluie et au soleil, il fait des pertes énormes en principes qui s'évaporent. Il convient de l'enterrer immédiatement ; à cet effet, on le répand sur les champs et on l'enfouit à l'aide d'un labour léger.

On emploie quelquefois les fumiers en couverture, c'est-à-dire en les étendant à la surface du sol. Cette pratique paraît bonne pour les grains d'hiver, lorsque le sol est léger, sablonneux ou très-calcaire, et, par conséquent, peu propre à la conservation des engrais; elle a l'inconvénient d'affaiblir la force de la fumure, dont les gaz sont entièrement perdus.

Ordinairement, on fume les terres pour plusieurs

années. Ce n'est pas sur les céréales, mais sur les plantes sarclées (pommes de terre, carotte, betterave, colza, fèves, etc.), qu'il faut appliquer d'abord le fumier, parce que ces récoltes étant binées, craignent peu les mauvaises herbes, et qu'elles ne sont pas sujettes à verser.

La profondeur à laquelle on enfouit le fumier, doit être plus grande pour les plantes à racine pivotante que pour celles dont les racines sont superficielles. Cette profondeur varie de 5 à 8 centimètres.

Quant à la quantité d'engrais qu'il convient de mettre sur les terres, elle est extrêmement variable et dépend des circonstances locales. Il faut avoir égard, à la fois, à la nature du sol et aux espèces de récoltes que l'on doit en retirer. Les terres légères ont besoin d'une fumure plus faible et plus fréquente que les terres fortes. Celles-ci exigent beaucoup d'engrais à la fois, parce qu'elles en dissimulent une partie. Si le sol est en pente, il faut en mettre plus dans les parties supérieures que dans les basses qui reçoivent les eaux venant d'en haut. Dans le département du Nord, on estime que 30,000 kilogrammes de bon fumier suffisent pour une rotation de trois ans, soit 10,000 kil. par an. Cette dose est une moyenne susceptible d'être adoptée dans beaucoup de localités, sauf cependant dans celles où le fumier est mal préparé, et où les récoltes sont très-épuisantes; dans ces localités, il en faut beaucoup plus.

Engrais humain. — Nous avons placé les déjections humaines au nombre des engrais susceptibles d'être obtenus dans une ferme, parce qu'en effet il n'est pas de cultivateur qui ne puisse s'en procurer une quantité plus ou moins considérable. Il lui suffirait pour cela d'avoir une fosse à vidange. En général, on n'en construit pas dans les campagnes, et cela est extrêmement regrettable (1).

L'engrais humain est employé sous trois formes, savoir : 1° à l'état vert ou en nature; 2° mêlé à d'autres matières; 3° à l'état de poudrette.

L'engrais humain naturel constitue ce qu'on appelle la *vidange*, nommée aussi *engrais flamand*, parce qu'on en fait un grand usage dans le département du Nord. Les matières solides et les liquides y sont mêlées à l'état de pureté, sauf que très-souvent elles sont étendues d'eaux étrangères qui peuvent en diminuer beaucoup la valeur. Aussi, les cultivateurs qui achètent cet engrais, doivent-ils toujours en connaître le titre; autrement, ils s'exposeraient à payer très-cher une matière dont le pouvoir fertilisant serait minime. On peut employer à cet effet l'aréomètre de Baumé. Il a été reconnu que les matières excrémentielles pures marquent 4°,5; ce qui correspond à une densité de 1,031.

D'après M. Girardin, un litre de vidange pure, pesant, comme nous venons de le dire, 1,031 grammes, offre la composition suivante :

(1) On estime que, moyennement, un homme produit chaque année 433 kilogrammes de déjections, savoir 57 de parties solides et 376 de liquides, dont la valeur agricole est de 10 à 15 francs.

Eau	980,37
Matières organiques	26,59
Ammoniaque	7,63
Potasse	2,14
Acide phosphorique	3,43
Acide azotique.	traces
Acide sulfurique . .	
Acide carbonique .	
Acide sulfhydrique.	
Alumine	5,77
Chaux	
Magnésie	
Soude	
Silice et oxyde de fer	5,07
	1,031,00

On voit par cette composition que la vidange pure
est un engrais très-complet et extrêmement puissant;
on a reconnu qu'elle était l'équivalent de plus de deux
fois son poids d'un fumier de ferme excellent.

En général, on s'y prend de la manière suivante
pour l'employer. La matière, soit qu'on l'ait tirée immédiatement de la fosse d'aisance, ou de citernes où
elle avait été préalablement emmagasinée, est mise dans
des tonneaux et transportée sur un charriot jusqu'à la
limite du champ que l'on veut fertiliser. Elle est ensuite
transvasée dans une cuve munie de deux oreillons,
dans lesquels on peut passer des brancards. Un ou-
vrier la puise, à l'aide d'une poche en bois fixée à l'extrémité d'une perche de 3 à 4 mètres, et la répand
autour de lui. L'aspersion terminée, la cuve est transportée sur un autre point et l'opération continue.

Pendant longtemps, l'engrais humain en nature
n'a été employé que dans un petit nombre de localités, particulièrement dans le nord de la France, dans

le département de l'Isère et aux environs de Nice. Aujourd'hui, son usage s'est répandu au moins dans trente départements. On l'applique à la plupart des cultures, notamment aux céréales, au chanvre, au lin, au colza, aux plantes maraîchères, enfin aux prairies naturelles ou artificielles.

Les matières que l'on mêle à la vidange, le plus souvent pour en rendre l'emploi moins repoussant, sont très-nombreuses. Nous citerons particulièrement la poussière de charbon, la chaux, le plâtre, l'argile, la terre, la paille, les touraillons de brasserie, la tourbe et, en général, les détritus de végétaux de toute espèce. Le mélange des matières fécales avec la poussière de charbon, substance désinfectante, a été opéré en grand par des spéculateurs, et vendu, comme engrais, sous le nom de *noir animalisé*, qu'il ne faut pas confondre avec le *noir animal* ou charbon d'os, employé dans les raffineries. La chaux alliée à la vidange a été appelée, de son côté, *chaux animalisée;* on la trouve également dans le commerce (1).

Les divers mélanges dont nous venons de parler,

(1) La chaux paraît être la substance dont le mélange avec les déjections humaines offre le plus d'avantages. D'après les analyses de M. Isidore Pierre, ce mélange, quand il est fait convenablement, renferme le 0,97 de la richesse fertilisante des matières animales employées à sa confection. Il y a, à la vérité, augmentation de prix, par suite de la chaux ajoutée et de la main-d'œuvre ; mais cet inconvénient est bien compensé par la commodité d'avoir un engrais non infect, facilement transportable et applicable à toutes les cultures. D'un autre côté, la valeur de la chaux, comme matière fertilisante, est elle-même considérable.

La chaux animalisée est aujourd'hui fabriquée en grand par M. Mosselman et vendue à raison de 3 fr. 50 c. l'hectolitre.

ont l'avantage de rendre l'engrais humain plus transportable et d'un emploi plus commode; mais ils diminuent toujours le pouvoir fertilisant de cette matière,
et ils en augmentent le prix en ajoutant des frais de
main-d'œuvre.

La *poudrette* n'est autre chose que de l'engrais
humain desséché. Cette dessiccation s'opère dans des
bassins peu profonds relativement à leur surface, et
disposés en étages, de manière à ce qu'ils puissent
s'écouler, les uns dans les autres, sans main-d'œuvre.
Les vidanges sont mises dans le bassin supérieur;
après le dépôt des matières solides, on ouvre les
communications avec le bassin immédiatement inférieur, et l'on fait écouler ce que l'on appelle les *eaux
vannes*. On opère ainsi plusieurs décantations successives, dont chacune donne lieu à un dépôt séparé. Les
dernières eaux se perdent dans un égoût ou dans une
rivière. Les matières sédimenteuses des bassins restent
à l'état pâteux. Pour hâter leur dessiccation, on les
étend sur un autre emplacement, et l'on renouvelle
leur surface. On obtient, en définitive, une substance
pulvérulente, brune, à odeur légèrement empyreumatique, qui est couverte de quelques efflorescences
salines blanches; elle pèse de 65 à 67 kilogrammes
l'hectolitre, et s'applique à toutes les cultures. On
l'emploie à la dose de 1,400 à 2,000 kilogrammes par
hectare.

Un échantillon de la poudrette de Bondy, soumis
à l'analyse, a donné les résultats suivants :

Matières organiques azotées . . .	32,81
Ammoniaque formée	0,59
Acide nitrique.	0,30
Acide phosphorique.	4,18
Acide sulfurique.	3,50
Acide carbonique	2,87
Chlore	0,36
Potasse et soude	2,15
Chaux	6,70
Magnésie et oxyde de fer	2,72
Silice, sable, argile.	13,62
Eau.	30,20
	100,00

L'azote, dosé à part, a été trouvé égal à   1,52

La poudrette non falsifiée est, comme on le voit par
l'analyse ci-dessus, un excellent engrais; néanmoins,
sa fabrication entraîne des inconvénients trop graves,
pour qu'il n'y ait pas lieu de l'abandonner. Outre que
l'évaporation des matières produit des exhalaisons
extrêmement fétides, qui rendent les environs inhabi-
tables, elle donne lieu à une déperdition énorme de
matières ammoniacales fertilisantes. Les dernières eaux
vannes que l'on rejette renferment elles-mêmes beaucoup de principes utiles.

La meilleure manière de tirer parti de l'engrais humain est de l'employer frais et sans addition de substances étrangères. Quoique son usage, sous cette
forme, commence à se répandre, il s'en faut de beaucoup qu'il soit aussi général qu'il pourrait l'être. C'est
à peine si, en France, on utilise un cinquième de cet
engrais précieux; c'est une perte incalculable pour
l'agriculture.

Engrais composé. — On appelle *engrais composé*
celui à l'aide duquel un cultivateur peut utiliser tous

les débris de nature végétale ou animale, qui se produisent dans une ferme et que, trop souvent, on
néglige de recueillir : tels sont les mauvaises herbes
provenant du sarclage, les bruyères, les gazons, les
fanes de pommes de terre, les roseaux, les restes de
légumes, les plumes, poils, chairs musculaires et
autres débris d'animaux morts. Toutes ces matières
doivent être entassées dans une fosse ou sur une aire,
et on les fait entrer en fermentation en les arrosant
avec une lessive qui contient en dissolution des matières animales ou alcalines.

L'engrais, auquel *Jauffret* a donné son nom, n'est
qu'un cas particulier de l'engrais composé. Cet indus-
trieux cultivateur opérait sur des matières ligneuses,
abondantes partout, mais difficiles à convertir en substances fertilisantes, comme les bruyères, les fougères,
les ajoncs, les genêts, les roseaux, les menues branches d'arbres, etc. Après avoir écrasé et coupé ces
matières, il les entassait sur un plan battu, légèrement incliné, et il en faisait une meule qu'il arro-
sait ensuite avec une lessive, nommée *levain d'engrais*,
dont voici la recette :

100,00	kilog.	de matière fécale et d'urine.
25,00	—	de suie de cheminée
200,00	—	de plâtre en poudre.
30,00	—	de chaux non éteinte.
10,00	—	de cendres de bois non lessivées.
0,50	—	de sel marin.
0,32	—	de salpêtre raffiné.
25,00	—	de levain d'engrais, ou suc de fumier provenant d'une opération précédente.

Le tout était délayé dans un bassin avec assez

d'eau pour composer 10 hectolitres de lessive, quantité suffisante pour faire entrer en fermentation 1,000 kilog. de matières ligneuses ou 500 kilog. de paille, et produire plus de 1,000 kilog. de fumier.

Il est évident que la recette ci-dessus ne doit être considérée que comme un exemple de lessive, et que toute dissolution contenant, en quantité suffisante, des matières putrescibles et des sels alcalins, peut lui être substituée.

On doit ranger les *composts* parmi les engrais composés : ils consistent en matières d'origine végétale ou animale, mêlées avec des substances purement minérales et le plus souvent terreuses.

Quand on fait un compost, on a presque toujours pour but de ralentir la décomposition d'un engrais; de rendre plus facile son emploi, sa conservation ou son transport; de diminuer l'énergie d'une matière fertilisante, ou d'éviter sa déperdition, quand elle est très-précieuse ; en un mot, de créer un mélange fertilisant, plus profitable que ne le serait séparément chacune des matières qui entrent dans sa composition.

Les matières minérales dont on se sert le plus souvent pour ces espèces d'engrais, sont l'argile, la terre végétale, la marne, les cendres et la chaux. Cette dernière substance, à raison de sa causticité, a pour effet d'accélérer, et non de retarder, la décomposition des corps putrescibles.

Le procédé habituellement suivi pour faire un compost, consiste à disposer successivement, par couches alternatives, les matières de nature diverse que l'on veut employer, en ayant soin de chercher à corriger les vices des unes par les qualités des autres. On les amoncelle sur une longueur et une largeur variables, mais on doit avoir soin que leur hauteur ne dépasse pas 1 mètre et demi à 2 mètres. Quand on veut hâter leur fermentation en les arrosant avec une lessive, on les place sur une aire légèrement inclinée, de telle sorte que le liquide puisse se réunir dans une fosse à portée du compost. Cette disposition permet de faire naître la fermentation de la masse et de la régler à volonté. L'opération est finie, lorsque toute la matière est arrivée à l'état de terreau; elle est alors bonne à être employée.

Lorsqu'un compost est destiné à fertiliser une terre argileuse compacte, les plâtras, le fumier de mouton ou de cheval, la marne sablonneuse, le limon des rivières, les mauvaises herbes, les débris de foin et de paille, doivent dominer dans la composition de l'engrais. S'il s'agit de fumer des terres légères, poreuses, il faudra employer des matériaux tout différents. Ici les terres glaises, les marnes grasses et argileuses, le limon des mares, seront unis au fumier des bêtes à cornes.

Les composts conviennent particulièrement aux prairies, aux champs de trèfle, aux luzernières et aux arbres fruitiers.

On doit mettre aussi au nombre des engrais composés, ceux que l'on appelle *boues* ou *fumiers de ville*, et qui sont recueillis sur la voie publique. Ils consistent, comme l'on sait, en immondices de nature très-

variée, comme balayures, débris de légumes, restes
d'animaux, vidanges de poissons et de volailles, coquilles d'huître, plumes, poils, chiffons de toute
espèce, etc. Les matières minérales associées à ces immondices sont la poussière des rues, le sable, les cendres, les résidus charbonneux; leur mélange constitue
un engrais extrêmement riche, surtout dans les grands
centres de population. Ordinairement, on laisse le
fumier de ville en tas volumineux, pendant plusieurs
mois, avant de l'employer. Il subit alors une fermentation pendant laquelle il se dégage beaucoup de gaz
sulfhydrique, dont l'odeur nauséabonde se répand au
loin. On le remue, à l'aide de fourches ou de pelles,
tous les mois ou tous les deux mois, et on enlève à la
main les débris de verre, les pierres et les autres substances inertes qui s'y trouvent mêlées; plus tard, on le
tamise à la claie, et c'est sous forme d'une matière
pulvérulente, noirâtre, spongieuse, nommée *gadoue*,
qu'on le livre à la grande et à la petite culture.

C'est principalement aux environs des villes que
l'on emploie cet engrais. On l'utilise pour la production des gros légumes, des pommes de terre, des carottes, des choux, des pois, etc.; il convient à tous les
terrains, aussi bien aux sols légers qu'aux terres argileuses; il est chaud, énergique, et son action se fait
sentir pendant deux à trois ans de suite.

Guano. — Cet engrais est composé entièrement
d'excréments d'oiseaux de mer, nommés *guanaes*, qui
habitent les régions équinoxiales et qui se nourrissent
de poissons. Ces excréments, en s'entassant, ont formé,

avec les siècles, des dépôts très-considérables, que l'on observe principalement sur tout le littoral du Pérou et dans les îles qui en dépendent; ils y forment des couches puissantes, qui ont jusqu'à 30 mètres d'épaisseur, et sont exploitées aujourd'hui à la manière des substances minérales.

Le guano est un des meilleurs engrais fournis par le commerce. Sa composition est presque identique avec celle des excréments provenant des oiseaux aquatiques et de basse-cour en Europe; il est même plus riche qu'eux en azote, en phosphates terreux et en sels alcalins. L'analyse de quinze échantillons de cette matière, pris dans les îles de Cincha au Pérou, a donné pour composition moyenne:

Sels ammoniacaux et matières organiques .	52,52
Phosphate de chaux tribasique.	19,52
Acide phosphorique . . . . . '	3,12
Sels alcalins.	7,56
Silice et sable.	1,46
Eau.	15,82
	100,00

La proportion d'azote répondant à l'ammoniaque est de 17,32.

Il y a des guanos, dits terreux, qui proviennent de gisements éloignés des côtes du Pérou; ils sont pauvres en azote, mais d'une grande richesse en acide phosphorique.

Le guano est très-soluble et doit être conservé dans des lieux parfaitement secs. On l'applique à tous les terrains et à toutes les cultures. La quantité à employer est moyennement de 300 kilogrammes, par hectare, pour les céréales; on en met un peu plus pour les plantes industrielles, comme le colza, le chanvre et le tabac. Sa consommation pour l'agriculture va toujours en croissant. Si la progression se soutient, on estime qu'en moins de soixante ans, les immenses dépôts que forme cet engrais seront totalement épuisés.

Débris d'animaux. — Nous réunissons, sous le titre de *débris d'animaux*, à peu près toutes les substances d'origine animale qui servent d'engrais, soit qu'on les emploie à l'état frais ou à l'état de matières anciennes. Ces substances sont principalement la chair musculaire, le sang, la peau, les os, la corne, les crins, les poils, les plumes, les résidus de graisses ou pains de creton, les chiffons de laine et les rognures de cuir. On les divise, au point de vue agricole, en deux classes, suivant que leur décomposition est prompte et facile, ou bien qu'elle exige un temps considérable. Les matières de la première classe, comme la chair musculaire, le sang, les poils et les plumes, sont des engrais énergiques, mais de courte durée; on les applique aux terres légères, et aux récoltes qui restent peu de temps en terre. Les autres matières, telles que les chiffons de laine et les râpures de corne, sont réservées pour les sols argileux et certains végétaux ligneux que l'on a l'habitude de fumer.

Il est rare que la chair musculaire, le sang et les autres débris d'animaux facilement décomposables, soient employés sans préparation préalable; le plus souvent, ils sont desséchés, broyés et livrés au commerce à l'état de poudre. Souvent aussi, on les mêle à d'autres substances pour la confection des engrais commerciaux azotés, dont il sera question plus tard.

Les os contiennent à peu près la moitié de leur poids de phosphate de chaux tribasique et, en outre, du carbonate de chaux, du phosphate de magnésie, des sels alcalins, des matières grasses et de la gélatine. La proportion de ce dernier élément est d'environ 33 pour 100. Les principes actifs des os employés comme engrais, sont l'azote de la matière organique et l'acide phosphorique. On ne doit pas douter que cet acide n'entre pour beaucoup dans l'efficacité de la matière, pour les raisons qui ont déjà été exposées.

Les os sont quelquefois à l'état frais, et c'est alors que leur pouvoir fertilisant est le plus considérable. Leur valeur est moindre, lorsqu'ils ont été desséchés et qu'ils ont subi l'influence du soleil et de la pluie. Il en est de même, lorsqu'ils ont été lavés, c'est-à-dire privés de leur gélatine par un traitement à l'eau bouillante. Si on les employait sans être divisés, leur action serait extrêmement lente et presque insensible. Pour cette raison, on a reconnu la nécessité de les broyer, puis de les réduire, à l'aide d'une meule, en une poudre fine, d'une valeur commerciale variable suivant sa qualité. Cette poudre est un peu soluble dans les eaux de l'intérieur du sol, souvent chargées d'acide carbonique et d'acides organiques; c'est de cette manière qu'elle peut être absorbée en partie par les plantes.

Au lieu de diviser les os par des procédés mécaniques pour les rendre plus solubles, on a essayé de leur faire subir une désagrégation chimique, et ce procédé, qui a pris naissance en Angleterre, a eu un plein succès. On traite la matière concassée par l'acide sulfurique qui s'empare d'une partie de la chaux; il se forme du gypse et un phosphate de chaux avec excès d'acide, qui porte dans le commerce le nom de *superphosphate*. Ce sel, plus soluble que le phosphate de chaux ordinaire, est ensuite desséché et amené à l'état pulvérulent; on le mêle avec de la terre, des cendres, du noir animal, etc., qui ont l'avantage de neutraliser l'excès d'acide sulfurique. L'expérience a prouvé que le superphosphate était un engrais très-énergique.

La poudre d'os est semée à la volée dans la proportion de 12 à 16 hectolitres par hectare; l'hectolitre pèse moyennement 50 kilogrammes. Employée seule, elle convient spécialement aux récoltes de la famille des crucifères, et surtout aux navets; mêlée à d'autres fumures, elle s'applique avec avantage à toutes les cultures, principalement sur les terres sèches et légères.

Les os sont aussi employés en agriculture, à l'état de *noir de raffinerie*. A cause de l'importance de ce produit, nous en parlerons à part.

Les râpures de corne et les chiffons de laine, préalablement divisés, sont d'excellents engrais. Leur durée est d'autant plus longue que le terrain, où ils ont été enfouis, est plus sec et plus léger. On peut les employer dans leur état naturel, ou après les avoir fait séjourner dans une fosse à purin; dans ce dernier cas, leur action est plus rapide.

Noir de raffinerie. — On donne le nom de *noir de raffinerie* au charbon d'os pulvérulent, nommé aussi *noir animal*, qui a servi à la décoloration et à la clarification des sirops dans les raffineries de sucre. Pour ces opérations, on ajoute ordinairement au sirop 1 pour 100, en poids, de sang de bœuf et 3 pour 100 de noir animal. Le sang de bœuf se coagule et entraîne avec lui le charbon d'os. Le dépôt, préalablement lavé pour être débarrassé d'une petite quantité de sucre susceptible de fermentation, puis desséché, est un engrais extrêmement puissant par l'azote et l'acide phosphorique qu'il contient.

Sur 100 parties de matières sèches, on y a trouvé :

Charbon et matières organiques tenant 3,6 d'azote. .	42,2
Phosphate de chaux	46,0
Carbonate de chaux.	3,3
Sels solubles	1,4
Sable	5,2
Argile, oxyde de fer, perte	1,9
	100,0

Cet engrais est employé dans la proportion de 3 à 6 hectolitres par hectare; il est avantageux de le répandre sur le sol, après l'avoir mêlé avec deux fois son volume de terre passée au crible. Il convient spécialement aux terrains argileux ou argilo-sableux à sous-sol imperméable, et, en général, à tous ceux qui sont naturellement humides, soit que cette humidité provienne de leur constitution minéralogique ou de l'influence du climat. Les céréales, le sarrasin, les navets, le lin et les plantes fourragères, sont les espèces de cultures auxquelles il est le plus souvent appliqué. Il convient de le faire alterner avec d'autres fumures; autrement le sol serait bientôt épuisé.

L'emploi du noir de raffinerie en agriculture ne date que de 1820. Aujourd'hui sa consommation est énorme, principalement dans l'ouest de la France; dans le seul département de la Loire-Inférieure, elle est de près de 200,000 quintaux métriques, que l'on applique surtout à la culture du sarrasin. La falsification de cet engrais est fréquente et l'on doit exiger des garanties.

Phosphates naturels. — On distingue dans le commerce des engrais deux espèces de phosphates naturels : 1° les minéraux proprement dits, qui renferment de l'acide phosphorique, par exemple *l'apatite* et quelques autres espèces minérales; 2° les phosphates fossiles, qui consistent en nodules plus ou moins riches en phosphate de chaux, que l'on trouve disséminés dans quelques terrains, particulièrement dans les couches inférieures du grès vert. Ces nodules, auxquels on attribue en général une origine animale (1), sont les matières minérales phosphatées les plus connues et les plus employées en agriculture.

Les bons effets obtenus des os employés comme engrais, ont fait naître l'idée de faire servir au même usage les phosphates naturels. Le premier essai en a été fait

_____

(1) On les considère comme des *coprolithes*, nom donné aux excréments fossiles des anciens animaux.

en Angleterre vers 1851, et a eu un plein succès. Cette nouvelle application de la chimie agricole s'est ensuite répandue sur le continent, et depuis une dixaine d'années, on a recherché avec ardeur, en France, tous les gîtes de phosphate de chaux qui auparavant étaient complètement négligés. En 1865, un seul fournisseur de cet engrais, M. Cochery, en a vendu 5,000 tonnes qu'il a expédiées dans presque tous les départements (1). Il en existe aujourd'hui de nombreuses exploitations, principalement dans les Ardennes et la Meuse.

Les nodules phosphatés sont noirâtres ou verdâtres; leur grosseur varie depuis le volume d'une noisette jusqu'à celui d'un œuf. On les recueille à la surface du sol et, quelquefois, on va les chercher jusqu'à une certaine profondeur en faisant des fouilles. Après leur récolte, on les lave afin de les débarrasser du sable et de l'argile qui peuvent y adhérer. On procède ensuite à leur pulvérisation, opération qui est encore plus nécessaire pour eux que pour les os, à cause de leur insolubilité presque complète, qui rend leur absorption par les plantes extrêmement difficile. On les calcine quelquefois, avant de les broyer, afin de rendre leur division plus parfaite. On a proposé aussi de les désagréger, comme les os, par l'acide sulfurique; ce procédé est même usité en Angleterre, mais il est très-dispendieux.

(1) *Enquête sur les engrais industriels*, tome I, page 710. — 1865, Imprimerie impériale.

La teneur des nodules en phosphate de chaux est extrêmement variable : quelquefois, elle s'élève jusqu'à 70 ou 80 pour 100; d'autres fois, elle n'est que de quelques centièmes; dans ce cas, leur exploitation n'est pas possible avec bénéfice. D'après les analyses assez nombreuses de M. Deherain, leur richesse moyenne serait d'environ 40 pour 100.

Les phosphates de chaux fossiles, étant bien pulvé-risés, sont faiblement solubles dans l'eau chargée d'acide carbonique; ils le sont peut-être aussi un peu, à la faveur de certains acides organiques qui se forment naturellement dans le sein de la terre. Probable-ment, ils agissent sur les plantes, à la fois, par leur acide phosphorique et par leur chaux. L'expérience a prouvé qu'ils produisaient particulièrement de bons effets sur les terres argileuses, argilo-sableuses, et gra-nitiques; ils peuvent remplacer avantageusement la chaux, la marne et le noir de raffinerie dans les sols de bruyère, riches en détritus de végétaux plus ou moins acides. On les emploie à la dose de 500 à 1,000 kilogrammes par hectare, en les semant à la volée. Souvent aussi, on les mêle aux fumiers ordinai-res, en les stratifiant par couches successives; ils aug-mentent alors la richesse de la fumure en chaux et en acide phosphorique. Un pareil mélange est extrê-mement utile, quand on applique les phosphates à des terrains naturellement peu fertiles; on met, dans ce cas, 10 à 15 kilog. de poudre phosphatée pour 1,000 d'engrais ordinaire.

Le prix du phosphate fossile, prêt à être employé,

varie suivant qu'il renferme plus ou moins d'acide phosphorique. On le paie ordinairement, en France, 5 à 6 fr. les 100 kilogrammes.

Engrais de nature végétale. — Les engrais de nature purement végétale, comprennent principalement *les tourteaux, le marc de raisin*, et diverses plantes herbacées aquatiques, comme le *roseau* et *le goëmon*. Quelques végétaux ligneux, notamment *le buis*, sont également employés comme matières fertilisantes.

C'est dans les graines que se trouve concentrée la plus grande partie de l'acide phosphorique et de l'azote que renferment les végétaux. De là, le pouvoir fertilisant considérable que possèdent *les tourteaux*. On donne ce nom aux résidus solides qui restent des semences oléagineuses, lorsqu'on en a extrait l'huile par la pression.

En comparant entre eux les différents tourteaux, sous le rapport de l'azote et de l'acide phosphorique renfermés dans 100 parties, on est parvenu aux résultats suivants :

	Azote.	Acide phosphorique.
Tourteau d'œillette. . .	7,00	4,30
— d'arachide . .	6,07	0,60
— de chenevis .	6,20	4,10
— de lin	6,00	2,30
— de cameline .	5,57	2,00
— de sésame . .	5,57	1,50
— de colza . . .	5,55	2,10
— de faîne . . .	4,50	1,00

L'usage des tourteaux en agriculture remonte à plus d'un siècle. Aujourd'hui, on en fait une consommation énorme par suite de l'extension donnée à la cul-

ture des graines oléagineuses et de leur importation
devenue très-considérable. Cet engrais est beaucoup
employé dans les départements du Midi, où il est
connu sous le nom de *trouille*.

Les tourteaux sont répandus sur le sol à deux états
bien distincts : 1° réduits en une poudre que l'on sème
à la volée ; 2° délayés dans de l'eau ordinaire ou dans
de l'eau de fumier. Ils conviennent aux terrains légers,
sablonneux, et à ceux qui sont argilo-calcaires, principalement pour la culture des céréales, du chanvre, du
lin, du colza, et aussi pour celle de la garance dans le
midi de la France. On en met ordinairement de 600
à 1,500 kilogrammes par hectare. La dose est d'autant
plus forte que les tourteaux sont moins azotés et que
les plantes sont plus exigeantes. Les terres diminuent
graduellement de fertilité, lorsqu'on les fume exclusivement avec cet engrais, parce qu'il est incomplet.

Le marc de raisin est très-employé dans les départements méridionaux pour fertiliser les vignes et les
oliviers ; on l'applique aussi aux jardins, aux céréales et
aux prairies. Desséché à l'air, il renferme de 1,71 à
1,83 d'azote. M. Berthier a trouvé dans le marc humide d'un raisin noir de Nemours, 0,046 de cendres
contenant, sur 100 parties : 55 de sels de potasse, 27 de
phosphate de chaux et 18 de carbonates de chaux et
de magnésie. La forte proportion d'alcali que renferment les cendres de cet engrais, fait qu'il convient
spécialement à la vigne.

Les roseaux et les autres plantes aquatiques, qui
croissent dans les eaux stagnantes peu profondes, sont

11

utilisées, comme matières fertilisantes, dans un grand nombre de localités. Nous citerons particulièrement le midi de la France, où les marais, qui avoisinent la mer, sont aménagés et exploités régulièrement pour cet usage. On coupe les plantes aquatiques vers le milieu de juillet, au moment de leur floraison, et lorsque les marais sont à peu près à sec. On les met ensuite en bottes; elles sont transportées dans cet état sur les terres, où elles sont enfouies à une petite profondeur. 100 kilogrammes de roseaux frais, valant à peu près 2 francs à Arles, contiennent 267 grammes d'azote; on estime qu'ils sont l'équivalent de 66 kilog. de fumier de ferme. Cet engrais, dont la durée est de dix ans, sert généralement à la fumure de la vigne dans toute la partie du département du Gard qui avoisine le Rhône; c'est à son emploi que l'on attribue la bonne qualité des vins que l'on récolte dans ce pays.

Les branches et les rameaux du *buis* sont un engrais estimé à cause de leur teneur considérable en azote; ils en renferment, à poids égal, plus que le fumier de ferme. Avant de les enfouir, il convient de les triturer en les plaçant sous les pieds des animaux, ou sur le parcours des charrettes; à défaut de trituration, on doit les faire séjourner dans le purin ou dans le jus de fumier. Sans cette précaution, leur fermentation dans le sein de la terre s'établirait difficilement.

On donne le nom de *goëmon* ou de *varech* à un mélange de diverses plantes marines de la famille des algues, qui croissent abondamment sur les bords de la mer, principalement sur les côtes de l'Océan, où depuis longtemps on les emploie comme engrais. Le goëmon est plus ou moins riche en azote, suivant les proportions relatives des diverses espèces végétales qui entrent dans sa composition ; à l'état frais, il en renferme depuis 0,20 jusqu'à 1,30, sur 100 parties. On y trouve aussi des chlorures de sodium et de potassium, du sulfate de potasse, des débris de coquilles, etc., qui augmentent son pouvoir fertilisant. Cet amas de matières végétales est, en outre, très-hygrométrique, et communique de la fraîcheur au sol. On se procure le goëmon, soit en recueillant les plantes que les vagues détachent et poussent ensuite sur le rivage, soit en grattant la surface des rochers baignés par la mer, avec de grands rateaux tranchants. Cette opération est souvent pénible et même dangereuse ; elle n'a lieu qu'à certaines époques de l'année fixées par des règlements locaux. Les plantes recueillies sont, quelquefois, enfouies à l'état frais ; elles se décomposent alors avec une grande facilité. Le plus souvent, on les laisse exposées à l'air en tas, afin de leur faire subir un commencement de putréfaction et de les dépouiller de leur excès de sel en les soumettant à un lavage par les eaux pluviales. Dans certains lieux, on les brûle incomplètement, en sorte que leur charbon et leurs cendres seulement sont répandus sur les terres. Dans ce cas, elles n'agissent sur le sol que par leurs sels alcalins, leur azote ayant presque entièrement disparu. Ce procédé rend leur transport moins coûteux.

L'expérience a prouvé que le goëmon était un excellent engrais; il a doublé et même triplé la production agricole des lieux où son usage s'est répandu. A cause de ses bons effets, on le transporte dans beaucoup de communes, même éloignées de la mer. On l'applique spécialement aux céréales, et souvent aussi à la culture du lin et des pommes de terre. Sur les côtes de Bretagne et de la Normandie, outre qu'il est employé en nature, il est souvent stratifié avec le fumier; d'autres fois, on en fait des composts en le mêlant à des coquillages et à la vase de mer; on s'en sert aussi comme litière. Quant à la quantité appliquée, elle est très-variable et dépend à la fois de la nature du sol et de l'état où se trouve l'engrais. On en met depuis 20 jusqu'à 60 mètres cubes par hectare. La dose est d'autant plus forte que les terres sont plus argileuses et que le goëmon est plus sec. A l'état frais, cette substance demande à être employée avec précaution, à cause de la grande quantité de sel marin qui s'y trouve contenue.

Cendres et suies. — Les *cendres* qui servent à fertiliser les terres sont de plusieurs espèces : les principales sont celles de bois, de tourbe et de houille.

On emploie ordinairement les cendres de bois après qu'elles ont été lessivées; on les appelle alors *charrées*. Quoique, à cet état, elles contiennent moins de sels alcalins que les cendres *neuves* ou non lavées, elles sont cependant un engrais presque aussi énergique et elles coûtent moins cher. Les charrées renferment, en proportions variables, des carbonates de chaux et de magnésie, des phosphates des mêmes bases, de la silice, des oxydes de fer et de manganèse, enfin des silicates de potasse et de soude qui ont résisté au lavage. Le carbonate de chaux est l'élément dominant et forme à lui seul plus de la moitié de la matière. C'est surtout par leur acide phosphorique et leurs sels alcalins que les cendres de bois agissent sur la végétation ; elles sont bonnes pour toutes les récoltes et conviennent à tous les sols, principalement aux terres argileuses. Elles sont excellentes pour les prés naturels non arrosés. La dose ordinaire est d'environ 25 hectolitres par hectare. La durée de leur action est alors de cinq à six ans. Les sols humides et compactes en demandent plus que ceux qui sont légers et secs. Les cendres neuves sont très-efficaces sur les terrains tourbeux ou nouvellement défrichés, sur les prairies marécageuses non inondées ; en un mot, partout où le sol peut être acide, et où il y a des débris organiques à décomposer.

La composition des cendres de tourbe est extrêmement variable, ce qui en rend leur effet plus douteux que celui des cendres de bois. Ordinairement, leurs éléments dominants sont le carbonate de chaux, le sulfate de chaux et l'argile calcinée. Les sels alcalins s'y trouvent en très-petites proportions. Dans le nord de la France, les cendres de cette nature sont très-recherchées pour les prairies artificielles, et les prés non arrosés, pour le lin et les récoltes de printemps. On en met moyennement 40 à 50 hectolitres par hectare.

Les cendres de houille sont particulièrement employées en Angleterre, et dans les pays où il existe des mines de charbon minéral. L'argile calcinée, la chaux, la magnésie, les oxydes de fer et de manganèse, en sont les éléments principaux. Elles conviennent parfaitement aux terres argileuses qu'elles ameublissent; elles les foncent en couleur et les rendent par conséquent plus aptes à s'échauffer au soleil. Comme les cendres précédentes, elles s'appliquent avec succès aux prairies naturelles ou artificielles et aux terrains marécageux non submergés. La dose la plus ordinaire est d'environ 40 hectolitres par hectare.

La suie est une matière charbonneuse extrêmement divisée, qui se dégage et se dépose dans les cheminées, lorsqu'on brûle du bois, de la houille ou un autre combustible.

D'après les analyses de M. Braconnot et d'autres chimistes, la suie du bois a une composition très-compliquée. On y trouve principalement de l'acide ulmique, une matière azotée soluble, des acétates, des carbonates, des sulfates et des phosphates de chaux, des sels de potasse et de soude, des sels ammoniacaux et du charbon. A raison de l'azote et des sels alcalins que renferme cette matière, elle est un engrais très-énergique, que l'on applique à tous les sols, et particulièrement à ceux qui sont de nature calcaire. Etant en grande partie soluble, il ne faut pas qu'avant son action elle reste longtemps exposée au lavage des eaux pluviales. Pour cette raison, on l'emploie au printemps, soit sur les céréales d'automne, soit sur les prairies naturelles ou artificielles. On doit choisir de préférence un temps disposé à la pluie ; on a remarqué, en effet, que, lorsqu'une longue sécheresse suivait son application, son action utile disparaissait. Elle convient non-seulement aux céréales, mais aussi au trèfle et au colza. Elle produit de bons effets sur les prés humides où elle fait disparaître les mousses, les roseaux et les autres mauvaises herbes. L'expérience a prouvé que, par son odeur forte et empyreumatique, elle préservait les jeunes plants de houblon, de colza, etc., de l'attaque des pucerons et d'autres insectes. Enfin, on l'emploie en horticulture pour ranimer les arbres fruitiers languissants. La dose habituelle par hectare, quand on s'en sert annuellement, est de 12 à 20 hectolitres. Son efficacité n'a pas une durée bien longue et cesse dès la fin de la deuxième année, quelquefois plus tôt.

La suie de houille, d'après M. Boussingault, est plus azotée que celle du bois ; elle jouit d'ailleurs des mêmes propriétés et convient aux mêmes usages. En Angleterre, on l'applique avec avantage aux turneps.

Engrais commerciaux. — On appelle *engrais commerciaux* des composés de matières plus ou moins fertilisantes, pour la fabrication desquels ceux qui en font une spéculation prennent ordinairement un brevet d'invention. Les composés de cette espèce sont devenus très-nombreux ; ils sont vendus, tantôt comme pouvant remplacer tous les autres engrais, tantôt comme convenant spécialement à certaines cultures. L'analyse chimique a prouvé que, souvent, leur prix de vente était de beaucoup supérieur à leur valeur réelle, basée sur la quantité d'azote, d'acide phosphorique et des autres principes utiles qu'ils renferment. Ce sont de véritables fraudes, pour la répression efficace desquelles on a été obligé de faire une loi sévère (1). Il est juste d'ajouter que, parmi les engrais livrés par le commerce, il en est qui ont un pouvoir fertilisant très-réel, en rapport avec leur prix, et qui ont rendu de grands services à l'agriculture.

Il nous suffira, pour donner une idée des engrais commerciaux, de faire connaître la composition de quelques-uns d'entre eux, choisis parmi les plus estimés.

M. Rohart a eu l'idée de fabriquer un engrais avec les résidus provenant de l'épuration des graisses. Ces résidus, formés de corps gras et de débris d'animaux en menus fragments, sont mêlés à des os pulvérisés, des chiffons déchiquetés, du sang desséché et du fraisil, agissant comme substance absorbante. En 1862, la formule adoptée pour la composition de 200 kilog. de cet engrais, était la suivante :

	kilog.
Matières animales, environ . . .	151
Poudre d'os	23
Chiffons effilés	6
Sang desséché	7
Fraisil	13
TOTAL . . .	200

On a trouvé, par l'analyse, que ce mélange renfer-

(1) Voyez, aux *Additions*, le texte de cette loi.

mait 3,65 d'azote et 8,70 de phosphate de chaux,
sur 100. Employé à la dose minimum de 1,000 kilog.
par hectare, il peut remplacer une fumure complète en
fumier de ferme.

M. Rohart fabrique actuellement avec des débris
de poisson, un engrais qui a donné des résultats très-
avantageux. La matière première est particulièrement
abondante sur les côtes de la Norvége, où l'on pêche
habituellement près de cent millions de kilogrammes
de morue; c'est là que les usines ont été établies. Les
débris de poisson, autrefois jetés à la mer, sont recueillis avec soin et soumis, sur des rochers, à l'action
desséchante des vents d'est. Ils sont ensuite cuits à la
vapeur dans des autoclaves, sous une pression de 6 à
8 atmosphères, puis complètement desséchés dans des
étuves; ils deviennent alors extrêmement friables. On
les vend à l'état pulvérulent, à raison de 25 fr. les
100 kilogrammes, rendus à Paris. Par sa composition,
cette matière se rapproche beaucoup du guano du
Pérou; on en met 300 à 400 kilog. sur les terres, suivant leur nature et l'exigence des cultures.

L'engrais, connu sous le nom de *Derrien*, est un mélange d'os pulvérisés, de matières animales d'équarris-
sage, de râpures de corne, de cendres de bois, etc.;
il contient à peu près 30 pour 100 de phosphate de
chaux et 7 à 8 d'azote. Cet engrais a de la réputation.

On fabrique beaucoup de matières fertilisantes qui
portent le nom de *guanos artificiels*. On les obtient
en général, en mêlant, en diverses proportions, des

chairs, du sang, des résidus de pêcherie, de la poudre d'os, etc. Ces diverses substances sont cuites
préalablement, puis séchées, divisées et réduites en
poudre. Les engrais de cette nature coûtent assez
cher, mais ils sont toujours très-énergiques. Les plus
connus sont les guanos de la Motte-Beuvron (Loir-et-
Cher), et d'Aubervilliers, près Paris.

Parmi les engrais commerciaux, il en est de purement salins, nommés *engrais chimiques*, qui méritent
une mention particulière. L'expérience a prouvé que
certains sels, comme les azotates de potasse, de soude
et de chaux, le sulfate d'ammoniaque, le phosphate
acide de chaux, les phosphates de potasse et de soude,
les silicates alcalins, etc., essayés isolément sur les
terres, avaient une influence très-heureuse sur la végétation. Ces bons effets s'expliquent facilement ; car
on sait que, parmi les éléments qu'un sol doit possé-
der pour donner de belles récoltes, il faut mettre en
première ligne l'azote, l'acide phosphorique, la potasse
et la chaux. De là, est née l'idée de composer de
toutes pièces, uniquement avec des sels, des engrais
renfermant sous un très-petit volume, et en quantité
suffisante, à peu près tous les principes que les plantes
s'assimilent. Cette idée a été réalisée par la fabrication
des engrais chimiques, appelés aussi *engrais complets*.
On a eu soin de choisir, parmi les diverses substances
salines, celles que le commerce peut livrer à des prix
suffisamment bas pour rivaliser, sous le rapport économique, avec les autres matières fertilisantes. Non-seulement, on a composé des engrais chimiques com-

plets, mais en se fondant sur l'analyse des cendres des végétaux, on en a fait de spéciaux, c'est-à-dire contenant particulièrement les substances minérales que l'on sait être en fortes proportions dans les cendres de certaines récoltes. Ainsi on a proposé, comme engrais convenant spécialement aux légumineuses (trèfle, luzerne, vesce, etc.), le mélange suivant (1):

Carbonate basique de chaux et de potasse . . . 12,00 parties.
Phosphate basique de chaux et de potasse. . . . 3,00 —
Sel marin . . . . 0,50 —
Silicate soluble de potasse . . . . 1,00 —
Plâtre cru . . . . 4,00 —
Sulfate d'ammoniaque . . . . 2,00 —

On remarquera que cet engrais renferme principalement de la chaux et de la potasse, qui abondent en effet dans les cendres de la plupart des légumineuses.

Les principes de chimie agronomique, sur lesquels on s'est fondé pour composer les engrais salins soit complets, soit spéciaux, sont certainement exacts, et leur théorie est séduisante; ce qui explique pourquoi ils ont été accueillis avec enthousiasme par beaucoup de personnes; mais il y a eu exagération. On a dit que les engrais chimiques étaient l'essence du fumier condensée sous la forme de substances salines, et l'on a prétendu qu'ils pouvaient remplacer indéfiniment le fumier de ferme et tous les autres engrais. Dans l'opinion de plusieurs agronomes éclairés, c'est là une grave erreur contre laquelle on doit se mettre en garde, car elle conduirait à de funestes conséquences.

(1) *Chimie agricole*, par M. Isidore Pierre, page 435.

Ce qui forme le fond de la fertilité d'un sol est *le ter-reau* ou *l'humus*, qui est, à l'intérieur de la terre, une source intarissable d'acide carbonique, sans lequel il ne peut y avoir de végétation vigoureuse (1). L'humus étant le résultat de la décomposition avancée des détritus végétaux, il est clair que les substances salines ne sauraient en produire un atome; par consé-quent, au bout d'un certain temps, il disparaîtrait complètement d'un sol, si l'on faisait un usage exclusif des engrais chimiques. D'un autre côté, ces engrais, comme les guanos et les matières fertilisantes analo-gues, doivent agir promptement pour produire leurs effets; autrement, étant très-solubles, ils seraient entraî-nés en grande partie, à la suite du lavage opéré par les eaux pluviales. Or, en général, il est avantageux en agri-culture d'employer des engrais se décomposant gra-duellement, et pouvant alimenter les racines pendant toute la durée de la végétation, et même servir à plu-sieurs récoltes successives. On peut ajouter que très-souvent le fumier de ferme améliore les terres, non-seulement sous le rapport chimique, mais aussi en modifiant d'une manière heureuse leurs qualités phy-siques. Les engrais industriels pulvérulents sont évi-demment privés de cet avantage. Concluons de là, que les matières purement salines peuvent être em-ployées avec succès, concurremment avec le fumier de ferme et les autres engrais végétaux-animaux, et

_____

(1) Comme substance très-hygrométrique, le terreau a aussi une influence énorme sur la fertilité des terres.

même les suppléer dans certaines limites, mais que l'emploi de ces derniers, si l'on embrasse un laps de temps un peu considérable, doit être considéré comme une nécessité (1).

Comparaison des engrais entre eux. — Les engrais étant très-nombreux, de nature variée, et leur action sur les cultures étant très-inégale, on a senti depuis longtemps l'utilité d'avoir une base pour servir à apprécier, au moins d'une manière approchée, leur valeur relative sous le rapport de la fertilisation. La base, qui a paru la meilleure, est l'azote que nous avons dit, en commençant, être l'élément que les plantes ont le plus de peine à se procurer, et qui, pour cette raison, est le plus précieux. La base étant trouvée, il fallait un engrais auquel on pût rapporter tous les autres. On a choisi le fumier de ferme, comme étant le plus complet et le plus employé. MM. Boussingault et Payen ayant analysé plusieurs fumiers prêts à être mis en terre, et confectionnés dans de bonnes conditions, ont trouvé qu'ils renfermaient moyenne-

(1) Dans ces derniers temps, les engrais chimiques ont été remis en vogue par M. Georges Ville. Les substances salines employées principalement par cet agronome sont au nombre de cinq : *le phosphate acide de chaux, l'azotate de potasse, l'azotate de soude, le sulfate d'ammoniaque* et *le sulfate de chaux.* En les combinant de diverses manières et en faisant varier leurs proportions relatives, il est parvenu à composer des engrais, les uns complets, les autres spéciaux, applicables à toutes les cultures. Un grand nombre d'essais ont déjà été entrepris et se font encore pour vérifier le mérite de ces mélanges. Ce n'est que lorsque ces expériences auront été longtemps continuées qu'on pourra les considérer comme concluantes.

ment, sur 100 parties, 0,60 d'azote. Ce fumier moyen, nommé *fumier normal*, a été pris pour terme de comparaison, et sa teneur en azote a servi de base au calcul des *équivalents*. On donne ce nom aux poids des divers engrais qui renferment la même quantité d'azote qu'un certain poids de fumier normal pris pour unité. Il est évident que ces poids doivent être en raison inverse de la proportion d'azote contenue dans la matière, puisque plus un corps est azoté et moins il en faut pour représenter, sous ce rapport, le fumier normal. En d'autres termes, on obtient les équivalents en divisant 0,60 par les teneurs en azote de 100 parties des autres engrais. Un exemple rendra ceci très-clair. On trouve par l'analyse que 100 d'engrais flamand ordinaire contiennent 0,20 d'azote. Si l'on divise 0,60 par 0,20, on obtient le chiffre 3, qui est l'équivalent pour l'engrais flamand. La table suivante renferme les équivalents pour un certain nombre d'engrais supposés à l'état où on les emploie ordinairement. On les a calculés de la manière qui vient d'être indiquée, sauf que, pour plus de commodité, on a pris le nombre 100 pour l'unité (1).

Fumier normal non desséché	100,0
Paille de froment (*moyenne*).	186,2
Paille de seigle (*moyenne*)	247,9
Paille d'avoine	214,2
Paille d'orge	260,9
Fanes de pommes de terre	109,1

(1) Cette table a été extraite d'une autre beaucoup plus étendue et plus détaillée, que l'on trouvera dans le tome II, page 116, de l'*Economie rurale*, etc., de M. Boussingault.

Feuilles de chêne 50,8
Feuilles de peuplier 111,1
Feuilles de hêtre 50,8
Buis 51,3
Racines de trèfle 37,3
Marc de raisin (*moyenne*) 73,2
Tourteau de colza 12,2
Tourteau de cameline 10,9
Tourteau de noix 11,4
Excréments de vache 187,5
Urine de vache (*moyenne*) 99,4
Excréments de cheval 109,1
Urine de cheval (*moyenne*) 31,7
Excréments de porc 85,7
Urine de porc 260,9
Excréments de mouton 83,3
Urine de mouton 45,8
Colombine 7,2
Excréments de l'homme 150,0
Urine de l'homme 41,4
Engrais humain (solide et liquide mêlés) . . . 45,1
Engrais flamand (le précédent étendu d'eau) . 300,0
Poudrette de Montfaucon (*moyenne*) 36,1
Noir animalisé (*moyenne*) 44,7
Sang sec 4,9
Sang liquide 20,3
Noir des raffineries 56,6
Guano du Pérou pur 4,3
Râpures de corne 4,2
Plumes 3,9
Chiffons de laine 3,3
Suie de bois 52,2
Suie de houille 44,4
Coquilles d'huître 187,5

Depuis les travaux de MM. Boussingault et Payen, la plupart des agronomes ont jugé plus convenable, au point de vue de la pratique, de prendre pour terme de comparaison le fumier de ferme qui contient 0,40 d'azote sur 100, au lieu de 0,60. Si l'on adopte cette base, tous les équivalents ci-dessus sont trop forts et doivent être réduits dans le rapport de 2 à 3. Il nous reste à faire observer qu'une table d'équivalents est toujours dans la pratique, plus ou moins approximative ; car elle suppose que toutes les matières comparées se décomposent au bout du même temps, et qu'elles cèdent leur azote avec une égale facilité, ce qui est loin d'être exact.

Importance des engrais. — Lorsqu'une rotation de cultures est régulièrement établie dans une ferme, et qu'on emploie assez d'engrais pour que le sol ne s'épuise pas, on peut calculer quelle est la part de fumier normal nécessaire pour faire croître une quantité déterminée de blé. En faisant ce calcul de plusieurs manières, et en se plaçant dans les conditions les plus ordinaires de fertilité et de climat, on a trouvé que, moyennement, un kilogramme de fumier normal (contenant 4 grammes d'azote), pouvait faire venir à peu près 100 grammes de blé, qui, étant réduits en farine et pétris, produisent 114 grammes de pain. L'engrais humain ayant pour équivalent 30 dans le système de comparaison adopté, si on l'employait à la place du fumier de ferme, 300 grammes suffiraient pour se procurer la quantité de pain ci-dessus indiquée. Ainsi, à l'aide d'un instrument que l'on nomme la terre végétale, de 1 kilogramme de fumier de ferme ou de 300 grammes de vidange, ou d'une quantité encore moindre de tout autre engrais plus puissant, on obtient plus d'un cinquième de livre de pain. Rien ne fait mieux comprendre l'importance des engrais et les pertes énormes en subsistances que fait éprouver la négligence générale que l'on apporte à les recueillir.

III. — ADDITION DES AMENDEMENTS.

On donne le nom d'*amendements* à certaines substances du règne minéral que l'on ajoute aux terres, soit pour modifier leurs propriétés physiques, soit même pour agir sur elles chimiquement. En réalité, il n'y a pas de séparation tranchée entre les amendements et les engrais proprement dits. Parmi ces derniers, il en est, en effet, qui sont de nature purement minérale, comme les cendres et les phosphates naturels. D'autre part, il y a des engrais d'origine végéto-animale qui influent sur les propriétés physiques des sols, en même temps qu'ils améliorent leurs qualités chimiques. Ce n'est donc que pour nous conformer à l'usage que nous décrirons à part les matières améliorantes des sols, qui portent le nom d'*amendements*. Les principales sont *la marne, la chaux, le plâtre, l'argile, le sable, le gravier*, et, dans certains cas, *les cailloux*.

Marne. — Cette substance, dont nous avons déjà indiqué la nature et les propriétés, en parlant des divers éléments de la terre végétale, n'est pas un simple mélange, mais une combinaison, en proportions non définies, d'argile et de carbonate de chaux. On lui donne l'épithète de calcaire, d'argileuse ou de sableuse, suivant les proportions de carbonate calque, d'argile ou de sable qu'elle renferme. Cette dernière substance s'y trouve toujours accidentellement et simplement mélangée.

12

La bonne marne agricole que l'on trouve dans beaucoup de lieux, en bancs plus ou moins épais, est caractérisée par la propriété physique de se déliter et de tomber en poussière sous l'influence des agents météoriques. Introduite dans le sol, elle en modifie la constitution physique, soit par son argile en donnant plus de consistance aux terres, soit par son élément calcaire et son sable, en rendant plus meubles celles qui sont fortes et compactes. On doit donc choisir pour chaque terrain la marne qui convient le mieux, d'après ses éléments dominants.

Outre que la marne modifie les qualités physiques d'un sol, elle y introduit divers principes qui ont une influence chimique. Le premier et le plus abondant de tous est la chaux, que l'on trouve, ainsi que nous l'avons déjà dit, dans les cendres de la plupart des végétaux. La marne contient souvent, en outre, mais en proportions beaucoup plus petites, de la magnésie, de la potasse et de l'ammoniaque. L'analyse complète de quatre échantillons a donné à M. Boussingault les résultats suivants :

	Nᵒ 1.	Nᵒ 2.	Nᵒ 3.	Nᵒ 4.
Carbonate de chaux. . .	12,30	18,30	25,20	36,10
Carbonate de magnésie .	1,00	1,20	2,20	1,10
Argile et sable	84,53	76,83	69,57	60,07
Potasse	0,09	0,09	0,10	0,16
Ammoniaque	0,005	0,010	0,074	0,058
Eau	2,04	2,11	1,03	1,55
	99,965	98,54	99,074	99,038

La marne renferme aussi des azotates. Voici leurs

proportions en sels équivalents à de l'azotate de potasse, dans 1 kilogramme de diverses marnes (1) :

	Grammes.
Marne blanche du Louzouer (Loiret) . .	0,004
— exposée à l'air pendant trois ans .	0,010
— de la butte Chaumont (Seine) . .	0,015
— de Meudon (Seine)	0,009

Pour expliquer les effets presque merveilleux de la
marne dans certains cas, il faut admettre d'une manière générale que cette substance a une action complexe, en sorte qu'elle communique aux sols privés de
carbonate de chaux, l'ensemble des propriétés qui font
que, presque toujours, les terrains calcaires sont supérieurs, sous le rapport de la fertilité, à ceux qui sont
purement siliceux. Nous exposerons plus tard avec
détails ces effets bienfaisants du calcaire, en parlant
de la classification des terrains agricoles. On peut dire,
d'après la théorie et les résultats de l'expérience, que
la marne convient à tous les terrains qui manquent de
carbonate de chaux, ou qui n'en renferment qu'une
très-petite quantité (moins de 3 pour 100 d'après
M. Puvis); mais les bons résultats obtenus sont plus ou
moins sensibles, suivant les circonstances locales.

La marne doit être répandue sur le sol en petits
tas, uniformément espacés, et rester pendant longtemps exposée aux influences atmosphériques; ensuite, après qu'elle a été étalée, on l'enterre au moyen

(1) *Encyclopédie pratique de l'agriculture*, article *engrais*, tome VI,
page 822.

d'un hersage suivi de labours profonds. La quantité
employée est très-variable et, en général, considérable. On en met un peu plus sur les terrains argileux
que sur ceux qui sont légers, et dans une proportion
d'autant plus forte que la matière est moins bonne et
moins riche en carbonate de chaux. La dose de 20 à
40 mètres cubes (30,000 à 60,000 kilogrammes) par
hectare, est considérée comme faible ; celle de 100 à
150 mètres cubes constitue, au contraire, un fort marnage. M. de Gasparin estime que, dans la plupart des
cas, il faut par hectare 20 mètres cubes d'une bonne
marne contenant 0,675 de calcaire. Si la proportion
de cet élément est moindre, celle de l'amendement
doit être augmentée dans le même rapport.

La durée d'un marnage est d'autant plus grande que
l'on a employé plus de matière ; elle peut être de 10,
15, 20 ou même 30 ans. Nous croyons que la meilleure règle est de recommencer l'opération, dès que
l'on s'aperçoit que ses bons effets ne sont plus sensibles.

Chaux. — La chaux est obtenue, comme l'on sait,
par la calcination de la pierre calcaire. 100 parties de
calcaire pur donnent 56,3 de chaux caustique. Cette
substance agit, sur les sols, en partie comme la marne,
et en partie d'une manière spéciale. En passant à l'état
de bicarbonate, elle fournit aux plantes le principe
calcaire qui leur est nécessaire ; elle sature les principes
acides renfermés dans le sein de la terre ; à raison de
sa causticité, elle réagit sur les détritus végétaux et
animaux et développe de l'ammoniaque ; elle exerce

aussi une action chimique sur les matières minérales de la terre arable, dont elle dégage dans certains cas la potasse qui s'y trouvait à l'état de combinaison ; enfin, elle diminue la plasticité des terres qui sont très-argileuses.

Le procédé le plus ordinairement employé, pour appliquer la chaux, consiste à la déposer, par un temps sec, en tas du volume de 20 à 30 litres, distants entre eux de 5 à 6 mètres. Par l'effet de la vapeur aqueuse que ces tas absorbent, ils augmentent de volume et tombent en poussière. On les étend alors à la pelle ; puis on les enterre par un labour peu profond, suivi d'un hersage.

Les quantités de chaux employées pour amender les terres varient beaucoup suivant les localités. En Angleterre, la dose la plus ordinaire est de 200 à 300 hectolitres par hectare, si le sol est argileux, et de 100 à 200, s'il est léger. En France, dans les départements de l'ouest où l'on en fait un grand usage, on en met de 60 à 80 hectolitres par hectare, tous les huit ou dix ans. Dans les landes défrichées, on chaule avec 200 ou 300 hectolitres. La dose est encore plus forte pour les terrains tourbeux, qui en éprouvent une amélioration très-considérable lorsqu'ils ont été bien assainis.

Il y a des localités où le chaulage se fait annuellement, à la faible dose de 8 à 10 hectolitres de chaux éteinte par hectare. C'est un simple saupoudrage qui ordinairement donne des résultats satisfaisants par le développement de l'ammoniaque qu'il occasionne.

Pratiqué sur un sol riche en détritus organiques, il peut équivaloir à une forte fumure de guano.

Nous devons faire remarquer ici que, si les chaulages ou les marnages accroissent dans beaucoup de circonstances la fertilité du sol, ils ne remplacent pas pour cela le fumier; de fortes doses d'engrais doivent les accompagner, à moins que la terre ne soit excessivement riche en humus. Dans ce cas, et tant que dure l'humus, la chaux suffit pour procurer au sol une grande fertilité.

Il existe toute une classe de terrains auxquels les chaulages sont spécialement favorables, ainsi que de nombreuses observations l'ont prouvé. Ces terrains sont ceux qui ont pour base le granite, le gneiss, le schiste micacé ou talqueux, le schiste argileux et la grauwacke. On chaule aussi avec avantage les terrains de calcaire, soit compacte, soit cristallin, dont les couches sont difficilement décomposables. La chaux n'est pas moins favorable aux terres pauvres en calcaire, qui sont argileuses, humides, froides, aigres, ou qui contiennent des principes acides. Cette substance joue aujourd'hui un grand rôle pour la fertilisation des sols. Son emploi se développe partout où l'agriculture fait des progrès.

Plâtre. — Cette matière est composée d'acide sulfurique et de chaux; dans la nature elle est ordinairement unie à 20,8 pour 100 d'eau. On appelle *plâtre cru* ou *gypse* le plâtre naturel, et *plâtre cuit* celui que l'on a privé à peu près de la moitié de son eau par la calcination. L'application du plâtre à l'agriculture remonte à une haute antiquité ; mais, pendant fort longtemps, elle n'a été en usage que dans un petit nombre de localités, en dehors desquelles elle était complètement inconnue. Ce n'est que vers le milieu du XVIIIe siècle que cette pratique s'est rapidement étendue. On lui fit d'abord une vive opposition, ainsi que cela arrive ordinairement pour toutes les découvertes utiles, et, lorsqu'elle fut parvenue à en triompher, on tomba dans un excès contraire. On considéra le plâtre comme un engrais universel, propre à toutes les cultures et à tous les sols. Aujourd'hui, on est complètement fixé sur son degré d'utilité. On sait qu'employé seul, il est insuffisant pour produire la fertilité, qu'il faut y joindre d'autres engrais à base de matières organisées, et que, d'ailleurs, il ne réussit pas également sur tous les terrains. Il a été prouvé aussi qu'il n'agissait que sur un nombre limité de plantes. Les prairies artificielles composées de trèfle, de luzerne, de sainfoin, ainsi que les vesces, les pois et les haricots sont les genres de culture auxquels il s'applique le mieux. Ses effets sur le trèfle sont surtout remarquables ; les racines et la tige de cette légumineuse deviennent sensiblement plus grosses. L'augmentation en poids de la récolte peut être dans le rapport de 2,50 ou de 2 à 1. Le plâtre a aussi une action sensible sur le tabac, les choux, le colza, la navette, le chanvre et le lin. Cette action est extrêmement faible sur les prairies naturelles, nulle ou douteuse sur les récoltes sarclées et les céréales.

Ordinairement, le plâtre est employé au printemps

en poudre fine ; on le répand sur les plantes lorsqu'elles commencent à se couvrir de feuilles. On choisit pour cette opération un temps calme, mais couvert et faisant présager la pluie. Il est essentiel, en effet, qu'il pleuve après le plâtrage et avant l'époque de la récolte. On croit communément que le plâtre agit à cause de son adhérence aux feuilles, mais c'est une erreur ; mis en contact avec le sol même, il produirait le même effet.

La quantité de plâtre répandue sur les terres n'est pas la même partout. Elle varie, suivant les localités, depuis 200 jusqu'à 600 kilogrammes (de 1,50 à 4,50 hectolitres). Le prix de revient de la matière influe nécessairement sur les doses adoptées ; trop souvent, on n'en fait pas usage à cause de sa cherté. D'après Chaptal, les effets de cet amendement peuvent se faire sentir pendant deux, trois et même quatre ans.

On a discuté pendant longtemps sur la convenance de se servir du plâtre cuit plutôt que de celui qui est cru. Il est prouvé aujourd'hui que ce dernier est aussi actif, et peut-être plus, que l'autre ; il a, en outre, l'avantage de coûter moins cher. Cependant le plâtre cuit est encore très-employé, parce qu'il est plus facile de le broyer et qu'il se réduit en poussière plus ténue. On doit se mettre en garde contre sa falsification, car on y mêle bien souvent de la craie, de la marne, de la poussière de chaux ou du sable fin.

Au lieu de répandre le plâtre à la surface des plantes, on peut l'incorporer au sol en le mêlant à la semence de la prairie artificielle. Mathieu de Dombasle a obtenu de bons résultats par cette méthode : il donnait un demi-plâtrage en semant, et le complétait ensuite au printemps suivant, lorsque cela paraissait nécessaire.

On a proposé depuis plusieurs années d'employer le plâtre mélangé au fumier ; il a alors des effets sensibles sur toutes les récoltes, même sur les céréales. Les prairies artificielles qui leur succèdent n'ont plus besoin d'être plâtrées ; leur rendement est même supérieur, dit-on, à celui que l'on aurait obtenu par la méthode ordinaire. On prépare le fumier plâtré en saupoudrant 2,500 kilogrammes de fumier frais avec 20 litres de plâtre cuit. Le mélange est étendu par couches successives et entre promptement en fermentation.

Le plâtrage donne surtout de bons résultats sur les sols siliceux, argileux ou sablonneux qui sont privés de carbonate de chaux ; il convient également à beaucoup de terrains calcaires ; il est sans effet sur les alluvions modernes et, en général, sur tous les sols qui renferment déjà une quantité sensible de sulfate de chaux. Son action passe aussi pour être nulle sur les terrains bas, constamment et fortement humides. Cette inégalité d'énergie dépend sans doute de la nature de l'influence que le plâtre exerce sur la végétation, question qui n'est pas encore complètement éclaircie.

Dans les commencements, on croyait que le plâtre cuit, étant avide d'humidité, attirait celle de l'atmosphère et la transmettait aux plantes ; mais les bons effets du plâtre cru détruisent cette explication.

On a supposé ensuite que le plâtre, étant un peu soluble, était absorbé en nature par les racines. L'analyse chimique a prouvé le contraire.

Liebig a cru que le rôle de cet amendement se bornait à absorber et à fixer au profit de la végétation, la très-petite quantité de carbonate d'ammoniaque que renferment les eaux pluviales : ce sel était transformé en sulfate et cessait d'être volatil. Mais la très-minime proportion de carbonate d'ammoniaque contenue dans la pluie est tout à fait insuffisante pour expliquer l'énorme accroissement de récolte que l'on obtient en plâtrant le trèfle. D'ailleurs, le sulfate d'ammoniaque est très-favorable aux plantes des prairies naturelles et aux céréales, et l'on sait que le plâtre n'a pas d'effets sensibles sur elles.

On a prétendu aussi que cette substance était purement excitante, que par son contact avec les feuilles elle produisait une sorte d'irritation, qui les rendait plus aptes à absorber les éléments nutritifs répandus dans l'atmosphère. Cette explication ne peut plus se soutenir, depuis que l'on sait que le plâtre en contact immédiat avec le sol, agit aussi bien que lorsqu'il est répandu sur les feuilles.

M. Boussingault a émis une autre opinion plus conforme à l'observation. Ce savant agronome ayant remarqué qu'en soumettant à l'action du plâtre les plantes qui y sont le plus sensibles, comme le trèfle, on ne voyait pas augmenter chez elles la proportion de soufre contenue dans leurs cendres, en a conclu que ce n'était point par son acide, mais plutôt par sa base, que cet amendement exerçait une influence favorable sur les végétaux; en un mot, que c'était de la chaux qu'il leur fournissait. Dans ce cas, l'emploi du plâtre équivaudrait à un chaulage (1). On peut objecter à cette théorie que si elle était parfaitement exacte, l'action favorable du plâtre sur les plantes serait toujours proportionnelle au besoin qu'elles ont de se procurer de la chaux; or, on observe quelquefois le contraire.

Argile. — L'argile est, comme nous l'avons dit dans le chapitre Ier, un des éléments du sol qui contribue le plus à sa fertilité; par conséquent, il serait extrêmement important de pouvoir l'ajouter, en cas d'insuffisance. Malheureusement, c'est là une opération presque toujours impraticable à cause des grandes dépenses qu'elle entraîne. Supposons que la terre végétale qu'il s'agit d'améliorer ait 0^m,30 d'épaisseur, et qu'on veuille y ajouter seulement un dixième de son volume d'argile, il faudrait pour cela transporter sur les lieux et incorporer au sol 300 mètres cubes de matière par hectare, pesant moyennement chacun 1,600 à 1,700 kilogrammes. Il est aisé de voir que, le plus souvent, les frais seraient énormes et surpasse-

(1) Pour expliquer la transformation du plâtre en chaux assimilable, on pourrait admettre, ainsi que l'a fait observer M. Boussingault, que le sulfate de chaux est décomposé par le carbonate de potasse qui fait partie des terres arables, ou bien qu'il passe à l'état de sulfure de calcium par son contact avec les matières organiques des engrais; puis, que ce sulfure, sous l'influence de l'acide carbonique du sol, est changé en carbonate. Il y aurait par suite dégagement d'acide sulfhydrique.

raient de beaucoup la plus-value que pourrait acquérir la propriété.

Dans le cas où l'opération est jugée praticable
sous le rapport économique, l'argile ne doit pas être
employée humide et compacte; car alors, il serait
impossible de la mêler intimement au sol. Il est nécessaire de l'amener, autant que possible, à l'état pulvérulent. Pour cela, on en fait des tas que l'on laisse exposés pendant plusieurs années à l'action du soleil et de
la pluie, du gel et du dégel ; on les remue de temps
en temps pour renouveler leur surface. Outre que l'exposition à l'air ameublit l'argile, elle diminue son
infertilité naturelle. On ne parvient ordinairement à
bien mêler cette matière à la terre végétale qu'à l'aide
de labours et de hersages énergiques; on se sert aussi
du rouleau pour pulvériser ses parties les plus dures.
Les argiles sableuses, étant plus divisibles que celles
qui sont pures ou presque pures, doivent être préférées
en général, quoique, à poids égal, leur effet utile soit
moindre.

Lorsqu'une terre végétale trop légère est peu épaisse,
et repose sur un sous-sol argileux, il est facile de l'améliorer par des labours profonds et répétés qui atteignent
le sous-sol. Dans ce cas, le mélange de l'argile avec
la terre est une opération peu coûteuse, et on doit l'entreprendre, malgré la diminution momentanée de
fertilité qui en est la conséquence.

Depuis longtemps en Angleterre, et aujourd'hui en
France, dans plusieurs localités, on emploie comme
amendement l'argile calcinée ; mais, par suite de l'ac-

tion du feu, cette matière ne possède plus les qualités caractéristiques de l'argile ; elle a perdu son liant et ne fait plus pâte avec l'eau. Son épandage sur les terres produit alors des effets analogues, en partie, à ceux de l'écobuage dont il sera question plus tard.

Sable et gravier. — Ces matières sont propres, comme éléments diviseurs, à ameublir les sols trop compactes et à les rendre perméables à l'eau et à l'air. Mais leur emploi est sujet aux mêmes difficultés que celui de l'argile ; il est rare que leur transport ne donne pas lieu à des frais considérables. D'un autre côté, ils ne produisent de bons effets qu'autant qu'ils sont mêlés intimement à la terre ; ce que l'on ne peut obtenir que difficilement et à l'aide de travaux mécaniques ordinairement pénibles. On a reconnu que le menu gravier et le sable grossier étaient préférables, comme amendement, au sable fin ; ils s'incorporent plus uniformément au sol et ne sont pas entraînés par les eaux pluviales.

Nous avons parlé précédemment du cas où une terre trop légère, sablonneuse par exemple, reposait en couche peu épaisse sur un sous-sol argileux. Quelquefois l'inverse a lieu, et alors l'amélioration de la terre végétale se fait de la même manière, sans beaucoup de frais, à l'aide de labours qui mélangent ensemble le sol et le sous-sol.

Cailloux. — Les cailloux jouent, comme le sable et le gravier, le rôle d'éléments diviseurs ; ils diminuent la compacité et l'imperméabilité d'une terre. Par conséquent, il peut être utile de les y introduire, à la con-

dition qu'ils ne soient ni trop nombreux, ni trop volumineux ; car alors, ils gêneraient l'extension des racines
et seraient une cause d'infertilité. Placés à la surface
du sol, ils offrent dans certains cas des avantages
réels : en pesant sur les sables mobiles, ils empêchent
qu'ils ne soient facilement emportés par le vent ; ils
procurent de la fraîcheur aux terres légères en les abri-
tant contre les ardeurs du soleil, et par là ils favorisent
la sortie des germes.

Les cailloux superficiels ont encore une autre manière d'agir, qui est quelquefois précieuse. Étant peu
conducteurs du calorique, ils sont susceptibles de
s'échauffer considérablement au soleil et, par suite,
d'émettre beaucoup de chaleur par rayonnement le
jour et la nuit. Il y a des plantes, comme la vigne,
qui ont besoin d'une température moyenne élevée
pour mûrir ; ce rayonnement leur est alors très-profi-
table. Il n'est donc pas utile d'enlever les cailloux qui
sont épars dans une vigne, et, s'ils sont rares, il serait
plutôt avantageux d'en apporter. C'est un des cas où
les cailloux peuvent être considérés comme un amendement.

Le plus souvent, on amende une terre, non point
en augmentant, mais bien plutôt en diminuant le
nombre de ses cailloux. Cette opération est ce qu'on
appelle l'épierrement. Son utilité est évidente toutes
les fois qu'un sol est trop caillouteux. Elle est faite
soit à la main, soit à l'aide de rateaux qu'on traîne
sur la terre pour amonceler les pierres ; on les transporte ensuite dans des paniers ou des tombereaux.

On ne sait quelquefois où les déposer : tantôt on en fait des tas sur la limite des propriétés; tantôt on creuse un trou très-profond pour les y enfouir. Lorsque ces cailloux sont suffisamment durs, le mieux est de les faire servir à l'entretien des routes.

IV. — ÉCOBUAGE.

L'*écobuage*, nommé quelquefois *brûlis*, consiste à enlever la partie la plus superficielle d'un terrain couvert de végétation, à la faire sécher; puis à la soumettre à l'action de feu, et à répandre à la surface du sol les produits de la combustion. Cette opération est connue depuis une époque reculée; car on la pratiquait du temps de Virgile, il y a dix-huit cents ans. Lorsque l'écobuage est fait dans de bonnes conditions, il réalise un ou plusieurs des effets suivants :

1° La terre est débarrassée des plantes parasites qui nuisaient à sa fertilité; les germes mêmes en sont détruits; on fait disparaître aussi les matières végétales non décomposées qui se trouvaient en excès dans son sein;

2° A des substances végétales, qui étaient nuisibles à cause de leur trop forte proportion, on substitue leurs cendres, c'est-à-dire des matières fertilisantes;

3° Le sol est modifié dans sa constitution physique d'une manière avantageuse : il devient moins compacte, plus poreux, plus apte à s'échauffer, et les gaz de l'atmosphère le pénètrent avec plus de facilité; l'argile surtout perd ses propriétés ordinaires pour en acquérir de nouvelles; elle devient perméable, sableuse et en partie soluble;

4° La terre éprouve aussi des modifications dans sa composition chimique; elle se pénètre des gaz produits pendant la combustion, ce qui lui donne une odeur particulière qui persiste longtemps;

5° Les larves des insectes sont anéanties et les insectes eux-mêmes sont chassés par la chaleur ou par l'odeur des matières brûlées.

L'expérience prouve que ces bons effets s'obtiennent plus ou moins complètement, suivant les circonstances locales. Ils sont en général remarquables, quand on applique l'écobuage aux terrains incultes couverts de bruyères et d'ajoncs, aux vieilles prairies naturelles ou artificielles, aux bois défrichés, aux pâtures, aux marais nouvellement desséchés et, surtout, aux tourbières. Il existe une autre classe de terrains où la même opération se pratique ordinairement avec un grand succès : ce sont les sols où l'argile domine et qui, pour cette raison, sont naturellement compactes, humides et froids; par l'effet de l'écobuage, ils deviennent jusqu'à un certain point, meubles, secs et chauds. En outre, il paraît que la chaleur fait éprouver à l'argile des changements dans sa constitution intime; une partie de sa silice et des bases combinées avec elle, deviennent solubles sous l'influence des agents atmosphériques et, par suite, sont aptes à être absorbées par la végétation. Cela explique comment, dans quelques cas, la fertilité d'un sol argileux a pu augmenter notablement, sans que cependant il y ait eu addition d'engrais. Certaines terres calcaires ou crayeuses ont été aussi écobuées avec un grand avantage; on en a cité des exemples remarquables. D'un autre côté, on admet généralement que cette opération est constamment nuisible aux sols légers et siliceux; on détruit alors, sans qu'il y ait aucune compensation, le peu d'humus qu'ils renferment. On doit ajouter qu'un brûlis trop souvent répété, sans addition de beaucoup d'engrais, épuise la terre qui ne reçoit rien et à laquelle on demande toujours. L'écobuage est rarement en usage sur les terrains fertiles et annuellement cultivés; cependant il y en a des exemples dans le département de l'Isère et ailleurs.

La pratique de l'écobuage se compose de trois parties distinctes : 1° la préparation des gazons à brûler; 2° la formation des fourneaux et leur mise à feu; 3° l'épandage des produits de la combustion.

Les gazons à brûler se détachent à la charrue ou avec des instruments à la main. Quel que soit le mode employé, il faut que l'épaisseur de la tranche n'excède pas 7 à 8 centimètres. En général, on doit se borner à enlever la couche de terre pénétrée de racines. Quand on se sert de la charrue, des hommes la suivent, afin de subdiviser la bande de terre détachée; ils la coupent en mottes de 30 à 40 centimètres de longueur, qu'ils dressent, en les adossant deux à deux, pour faciliter leur dessiccation. Lorsque tout le travail se fait à bras, les ouvriers tranchent la terre par petites plaques et la relèvent en même temps. Les plaques relevées sont laissées pendant quelque temps sur le sol,

afin qu'elles puissent sécher d'un côté; ensuite, on les
retourne pour que l'autre face sèche à son tour. Lorsque le temps est favorable, on peut obtenir en dix ou
quinze jours une dessiccation suffisante.

On construit alors les fourneaux avec les gazons
desséchés. Ils ont la forme d'un cône arrondi, ayant
habituellement $1^m,50$ à 2 mètres de diamètre à la
base et une hauteur un peu moindre. On les place à
5 mètres de distance les uns des autres. Si leur éloignement était plus considérable, l'épandage deviendrait
plus difficile et le terrain serait écobué moins uniformément. On a soin, en les construisant, de mettre à
leur intérieur les matières combustibles recueillies
sur les lieux, telles que de la tourbe, des ajoncs ou des
broussailles. Si ce combustible ne suffisait pas, il faudrait y joindre des souches et d'autres mauvais bois.
Les fourneaux doivent être pourvus de deux ouvertures, ménagées l'une à la base et l'autre au sommet du
cône. La première, située du côté où le vent souffle
habituellement, est destinée à l'introduction du feu
et au tirage; la seconde doit donner issue à la fumée
et à l'air qui a servi à la combustion. Ces ouvertures
sont bouchées plus tard, lorsque cela est jugé nécessaire.

Les fourneaux ayant été établis, on procède à leur
mise à feu. Cette partie de l'opération demande à
être surveillée avec soin. Si les fissures des gazons
amoncelés laissent passer la flamme ou seulement une
fumée trop abondante, il faut les boucher avec de la
terre. Il est essentiel, en effet, que la combustion ne

soit pas trop active; elle doit être lente et étouffée, de manière à ce que les matières végétales que l'on brûle soient seulement carbonisées. Il faut que la suie et tous les produits gazeux qui résultent de cette combustion, puissent se fixer, autant que possible, dans la masse terreuse. Sa température ne doit donc jamais s'élever jusqu'au rouge. On reconnaît qu'un écobuage a bien marché à la couleur des cendres, qui sont alors brunes-noirâtres, par suite de leur mélange avec une grande quantité de particules charbonneuses. Si elles étaient blanches ou rouges, ce serait la preuve que le feu a été trop ardent. Dans ce cas, la terre aurait été appauvrie sans aucun avantage.

On suit deux méthodes différentes pour répandre à la surface du sol les produits de la combustion. Quelquefois, on les enterre immédiatement par un labour peu profond; d'autres fois, on relève avec soin les débris des fourneaux affaissés, et on ne les incorpore au sol qu'au moment de la semaille. Ce dernier procédé est le plus usité. Dans tous les cas, on doit choisir pour l'épandage un temps calme et même pluvieux, afin que le vent n'emporte pas la cendre.

Les récoltes que l'on fait succéder à l'écobuage, dépendent de la nature du sol et de la saison où l'opération a eu lieu : sur un terrain tourbeux et au printemps, on peut cultiver de l'avoine ; sur un défrichement en été, on sème du sarrasin; si l'on est en automne, c'est du seigle ou du froment, suivant la qualité du sol. Outre les céréales, on peut faire venir aussi des raves ou des fourrages, afin de se procurer de l'engrais. Cela est d'autant plus convenable que le brûlis des terres hâtant leur épuisement, on doit le prévenir par des fumures abondantes.

V. — DRAINAGE.

Le *drainage*, ou plus généralement *l'assainissement du sol*, a pour but de faire disparaître soit les eaux stagnantes, soit seulement l'excès d'humidité d'un terrain après la pluie. Cette opération est d'une grande importance, car tous les cultivateurs savent combien l'eau surabondante est nuisible à la quantité et à la qualité des produits agricoles.

L'assainissement des terrains, en prenant ce mot dans son acception la plus large, est connu et pratiqué depuis un temps immémorial. La méthode généralement employée consiste à ouvrir des canaux de desséchement, les uns principaux, les autres secondaires. Les premiers, destinés à réunir et à conduire au dehors toutes les eaux en excès, sont creusés dans les parties les plus basses du sol, avec la plus grande pente possible et une section proportionnelle à la quantité de liquide qu'ils doivent évacuer. Les seconds, qui versent leurs eaux dans les premiers, se ramifient dans toute l'étendue du terrain marécageux et l'assainissent en détail.

Le drainage proprement dit, dont nous allons nous occuper, pourrait être défini : *un assainissement du sol par canaux souterrains*. Pour pratiquer cette opération, on ouvre dans le sein de la terre des tranchées très-

étroites, plus ou moins profondes suivant les circonstances, et l'on y place des tuyaux en poterie, nommés
drains, qui sont simplement mis bout à bout. Les
tuyaux ainsi posés laissent entre eux de petits interstices, qui les rendent perméables aux eaux de filtration; on les recouvre en jetant dans les tranchées la
terre qui en a été extraite. Les drains communiquent
entre eux et sont subordonnés les uns aux autres, de
manière à conduire au jour, par l'intermédiaire d'un
canal de décharge, les eaux souterraines qui auparavant étaient privées d'écoulement et entretenaient une
humidité nuisible (1).

Pour exécuter un drainage, il faut avant tout se
procurer un plan et un nivellement détaillés des lieux;
on fixe ensuite le nombre et la direction des drains
considérés dans leur ensemble, leur profondeur, leur
pente et leur écartement.

Voici quelques règles générales pour ce travail.

Un réseau de drainage se compose toujours de
tuyaux de divers calibres. On appelle petits drains ou
drains du dernier ordre, ceux qui ont les dimensions
les plus faibles et qui reçoivent sans intermédiaires
les eaux de filtration. Ces petits drains ont en général
$0^m,30$ à $0^m,40$ de longueur et $0^m,03$ de diamètre; ils

(1) Au lieu de drains, on met quelquefois dans les tranchées des
pierres perdues, ou bien on y construit de petits aqueducs en pierres
sèches. Dans l'un et l'autre cas, on évacue les filtrations souterraines et
les principes du drainage restent les mêmes. Seulement, lorsque l'on se
passe de drains, il est nécessaire de donner aux tranchées plus de largeur
et de profondeur; leur pente doit aussi être augmentée.

communiquent avec des tuyaux d'un calibre un peu plus fort; ces derniers s'embranchent eux-mêmes avec d'autres de dimensions encore plus considérables, et ainsi de suite.

Les drains doivent être posés avec le plus grand soin, de manière à ne pouvoir se déranger et à offrir une continuité rigoureuse. Lorsque le sol est à très-peu près horizontal, leur direction est en elle-même peu importante. Leur placement dépend alors de la situation des canaux de décharge et des moyens d'écoulement dont on dispose ; mais, lorsque le terrain est sensiblement incliné, les tuyaux doivent, autant que possible, être dirigés suivant les lignes de plus grande pente. Ainsi placés, ils facilitent mieux l'écoulement des eaux, et leur action sur le terrain environnant est plus uniforme.

Outre les drains du dernier ordre disposés par groupes, parallèlement aux lignes de plus grande pente, on établit souvent de petits drains isolés, tout à fait indépendants des autres sous le rapport de la direction : ce sont les *drains de ceinture*, qui suivent, en général, le périmètre des terrains que l'on veut assainir, et ont pour fonctions d'arrêter les eaux provenant des lieux extérieurs; ils peuvent quelquefois, même seuls, dessécher de grands espaces.

Les drains principaux sont placés à 4 ou 5 centimètres plus bas que les drains d'un ordre inférieur, dont ils reçoivent les eaux. Ceux-ci doivent se raccorder à angle aigu avec les premiers, dans le sens de l'écoulement. Pour raccorder deux lignes de drains, on introduit l'extrémité du tuyau le plus petit dans une ouverture circulaire que présente le tuyau le plus grand.

Il est nécessaire, dans le plus grand nombre des cas, d'établir un drain principal de 5 à 6 centimètres de diamètre, pour recevoir le produit d'un groupe de petits drains qui fonctionnent dans 3 à 4 hectares de terrain. On réunit ensuite plusieurs de ces drains principaux dans un maître-drain, qui fait fonction de conduit et mène les eaux dans le canal de décharge.

Il est convenable de placer des regards aux points d'intersection des drains principaux, et, en général, partout où il importe d'observer la manière dont se fait l'écoulement des eaux.

La facilité avec laquelle l'eau s'écoule dans les tuyaux en poterie, permet de leur donner au besoin une pente extrêmement faible : celle de deux millimètres ou même d'un millimètre peut suffire à la rigueur. La pente des drains doit être distribuée, autant que possible, de manière à ce qu'elle augmente d'une manière continue de l'amont à l'aval. Il importe en effet que la vitesse de l'eau s'accélère constamment, ou du moins qu'elle n'éprouve pas de ralentissement dans son cours, afin que les matières solides, entraînées accidentellement dans une partie des drains, ne puissent aller se déposer un peu plus loin.

Lorsque le terrain est horizontal ou qu'il n'a pas la pente nécessaire aux drains, ou même qu'il présente une pente inverse, on donne aux tranchées une profondeur variable, allant en croissant de l'amont à l'aval, c'est-à-dire dans le sens de l'écoulement de l'eau. Le même artifice peut être employé pour augmenter la pente des tuyaux principaux; mais on comprend que ces moyens exceptionnels sont assez limités dans la pratique, par suite des bornes étroites entre lesquelles sont renfermées les profondeurs admissibles.

La profondeur à laquelle on doit placer les drains, ainsi que leur écartement, sont des quantités liées entre elles et qui dépendent d'un grand nombre de considérations délicates.

Il faut que la profondeur soit assez grande pour que les racines soient à l'abri des eaux stagnantes et, en général, d'un excès d'humidité; le plus souvent, elle est comprise entre $0^m,90$ et $1^m,30$; on a adopté comme règle ordinaire, pour les petits drains, $1^m,20$. Mais cette profondeur n'est qu'une moyenne dont on est quelquefois obligé de s'écarter. Comme la pente des drains doit être uniforme, on comprend facilement qu'à cause des inégalités du terrain, leur distance à la surface est nécessairement variable.

Quand une terre perméable repose sur un sous-sol qui ne l'est pas, il faut, autant que possible, creuser assez les tranchées pour que les tuyaux soient placés sur la couche même qui est imperméable. Dans ce cas, l'action des drains s'étend jusqu'à une grande distance, et l'on peut en diminuer le nombre. Les drains doivent être assis sur un terrain solide; c'est encore une considération à laquelle il faut avoir égard pour régler leur position à l'intérieur du sol.

L'écartement des drains est lié, comme nous l'avons dit, à leur profondeur; l'une et l'autre quantité varient à peu près dans le même rapport. Quand le sol et le sous-sol sont un peu perméables, les tranchées peuvent être profondes et éloignées les unes des autres. C'est tout le contraire, si le terrain est très-imperméable; car alors le drainage doit être énergique. Le fendillement naturel du sol, en facilitant l'écoulement de l'eau, influe, comme sa perméabilité, sur la profondeur et l'écartement des drains. En général, on admet que des tranchées variables de profondeur doivent être distantes, suivant les circonstances, de 7 à 25 mètres. Ces limites sont extrêmes; peu de sols en effet résistent à un drainage dans lequel l'éloignement des tranchées est de 9 mètres. Si l'on est dans l'incertitude sur les résultats probables de l'opération, on doit donner aux drains l'écartement le plus grand que l'on puisse adopter, sauf à en intercaler d'autres plus tard, si le succès n'est pas aussi grand qu'on l'avait espéré.

L'expérience a prouvé que le drainage était particulièrement avantageux aux sols argileux, froids, très-hygroscopiques, et, en général, à tous ceux qui appartiennent à des terrains agricoles dont le sol et le sous-sol sont imperméables. Ces sortes de terrains sont malsains, humides et couverts de flaques d'eau, qui persistent plusieurs jours après les pluies. Les trous que l'on y creuse, même après une sécheresse, présentent des suintements. Le matin, on y observe souvent des vapeurs abondantes. La végétation y est

languissante ; les tiges des plantes jaunissent, à partir
du pied, longtemps avant la maturité. Après quelques
mois de jachère, la surface du sol se recouvre, plus
ou moins complètement, de petites mousses; on y
voit aussi des joncs, des carex, des prêles, le colchi-
que d'automne et d'autres plantes qui recherchent
l'humidité. Le foin y est dur, de mauvaise qualité, et
les bêtes, qui le mangent, ne peuvent s'engraisser.

Ces mêmes sols drainés éprouvent une augmentation énorme de fertilité, surtout parce qu'ils deviennent aptes à s'échauffer et à absorber les gaz atmosphériques. L'air qui circule dans les drains, après
l'écoulement de l'eau, et qui pénètre toute la terre,
est éminemment favorable à la végétation. Les plantes
acquièrent de la vigueur et prennent tout leur développement. La qualité de leurs grains et de leurs
fruits devient excellente. Les fumiers se décomposent
convenablement, n'étant plus noyés dans les eaux
souterraines. Enfin, la santé de l'homme et des bestiaux s'améliore avec rapidité.

VI. — IRRIGATION.

Nous venons de voir que le drainage avait pour
but de faire disparaître l'excès d'humidité des terres;
par l'irrigation, on se propose, au contraire, de leur
donner en temps de sécheresse l'eau qui leur manque.
Ce sont deux opérations d'une nature bien différente,
et qui ont cependant une importance égale. Si trop
d'eau nuit à la végétation, son insuffisance ne lui est
pas moins contraire et son défaut absolu la tue com-

plètement. C'est surtout dans les pays méridionaux que les bienfaits de l'irrigation sont le plus sensibles. La nature a prodigué à ces contrées la chaleur et la lumière. Quand on peut y joindre l'eau, la fécondité du sol n'a plus de bornes. Cependant on aurait tort de croire que les résultats de l'arrosage ne soient pas non plus très-précieux dans le centre et même dans le nord de la France. Parmi les plantes qui en profitent le mieux, on doit mettre en première ligne les graminées des prairies naturelles, dont le produit, lorsqu'elles sont périodiquement abreuvées d'eau en été, peut doubler et même tripler. Or c'est là, dans tous les pays, un très-grand avantage. Avec beaucoup de foin, on élève beaucoup de bestiaux et l'on résoud ainsi le problème de la viande à bon marché. On se procure surtout une grande masse d'engrais, et le rendement soit des céréales, soit des autres récoltes, s'accroît dans la même proportion. Les progrès de l'agriculture sont donc partout étroitement liés à l'extension des irrigations.

Les travaux à entreprendre pour parvenir à arroser les terres d'une contrée sont de deux sortes : les uns, ordinairement très-vastes et très-coûteux, ont pour objet d'amener de loin un certain volume d'eau et de le mettre à la disposition des propriétaires; les autres sont des opérations de détail, exécutées par les cultivateurs eux-mêmes; elles constituent ce qu'on appelle les *méthodes d'arrosage*, qui sont subordonnées, dans chaque lieu, à la nature des cultures et à la configuration de la surface du sol. Ces opérations ont aussi une grande importance, car la perfection de l'irrigation en dépend.

En général, c'est à des rivières d'un volume considérable que l'on emprunte l'eau dont on a besoin pour arroser une contrée; on construit à cet effet, sur l'une des deux rives, ce que l'on nomme une *prise d'eau*. Celle-ci n'est pas une simple dérivation, qui serait exposée à des ensablements et à tous les inconvénients des inondations; elle consiste en un aqueduc, ordinairement en partie couvert, qui traverse les digues de la rivière. A son origine, on place un appareil, appelé *martelière*, qui sert à régler l'entrée de l'eau dans le canal. Il se compose de vannes pouvant se mouvoir dans des cadres en charpente, formés d'un seuil horizontal et de plusieurs montants verticaux reliés entre eux par un chapeau. Sur cette dernière pièce, on fixe des crics destinés à soulever ou à abaisser les vannes. Fort souvent, indépendamment de l'appareil dont nous venons de parler, on construit en travers de la rivière, et un peu en aval de la prise d'eau, un barrage destiné à élever le niveau des eaux et à faire en sorte qu'elles ne manquent jamais à l'entrée de la dérivation.

La construction du canal principal, qui doit amener les eaux pour l'irrigation, est un travail très-important, qui sert de base à l'entreprise. Sa pente et sa section doivent être réglées, de manière à suffire au débit de l'eau jugée nécessaire. Une pente trop forte aurait l'inconvénient d'entraîner la dégradation du sol; d'ailleurs, elle diminuerait l'étendue du périmètre arrosable. Dans les grands canaux, cette pente est ordinairement comprise entre 1 dixième et 3 dixièmes de millimètre par mètre. Pour les petits canaux, elle est souvent plus forte et portée jusqu'à 1 ou 2 millimètres. La section a ordinairement la forme d'un trapèze, dont les côtés qui forment les berges ont, suivant la nature des terres, une inclinaison de 1 à 2 mètres de base pour 1 de hauteur.

Le tracé d'un canal offre souvent des difficultés sur lesquelles il serait hors de propos de nous étendre ici. Nous dirons seulement que, presque toujours, on est obligé de franchir des cours d'eau ou des vallées plus ou moins profondes. Lorsque la différence de niveau est considérable, on construit des ponts-aqueducs. Si elle est très-petite, on a recours à des aqueducs-siphons en maçonnerie ou en fonte. Quand le volume de l'eau que l'on conduit est minime, on la fait passer souvent dans de petits aqueducs en bois, supportés par des poteaux; on en voit de fréquents exemples dans les pays de montagnes.

Les canaux secondaires, qui s'embranchent avec le canal d'amenée principal, sont construits d'après les mêmes principes.

Il est essentiel d'ajouter qu'un réseau de canaux destinés à l'irrigation a toujours pour complément d'autres canaux, qui ont pour fonction d'évacuer les eaux superflues; on les nomme *colateurs*. Sans eux, les eaux d'arrosage, après avoir été utiles à une partie des terres, nuiraient aux autres en les inondant et en les transformant en marécages.

Nous avons parlé plus haut des prises d'eau faites

aux rivières. Lorsque celles-ci sont à un niveau inférieur à celui des terrains à arroser, ce moyen d'alimenter un canal est évidemment impossible. Dans ce cas,
on élève l'eau à une hauteur suffisante, à l'aide de
machines. Pour de petites irrigations, on se sert de
roues hydrauliques, telles que la noria, la roue à cha-
pelets ou le tympan. Quand on a besoin de masses
d'eau considérables, on a recours à des pompes mues
par des machines à vapeur. L'irrigation est un si
grand bienfait que, malgré la cherté de l'eau ainsi
obtenue, ce moyen est souvent employé.

A défaut de cours d'eau, on crée quelquefois dans
les pays de montagnes, quand les circonstances locales le permettent, des réservoirs plus ou moins vastes,
en barrant le fond des vallées ou des plis de terrain,
de manière à retenir toutes les eaux qui y affluent.
Ces barrages se font, suivant l'importance des réservoirs, en terre convenablement battue, en terre revê-
tue de maçonnerie ou tout en maçonnerie. Ce dernier mode de construction est réservé pour les grands
ouvrages. On a toujours soin de ménager, à la partie
supérieure de la digue de retenue, un déversoir pour
faire écouler le trop plein des eaux, qui peut être
considérable à l'époque des pluies abondantes. La
prise d'eau du réservoir consiste en un petit aqueduc
souterrain, qui traverse la digue dans sa partie inférieure et que l'on peut fermer, plus ou moins, à l'aide
d'une vanne munie d'une tige verticale pour la ma-
nœuvre. On se sert quelquefois aussi d'un système à
bonde; mais il est d'un usage moins commode à cause

de sa complication. Il ne sera pas inutile de faire observer que l'on doit éviter de barrer une vallée parcourue par des cours d'eau ayant un caractère torrentiel; car il pourrait arriver qu'au bout de peu de temps le réservoir fût comblé par les matières de transport que les eaux charrient.

Les réservoirs créés dans le but d'alimenter des canaux d'arrosage, ne sont pas nombreux en France. Un des plus remarquables est celui de Caromb (Vaucluse), qui retient les eaux d'un petit ruisseau voisin de ce village. Le barrage, construit en maçonnerie, a 78 mètres de longueur au couronnement sur 17 de hauteur; le volume de l'eau emmagasinée est de 250 mètres cubes.

Après avoir amené l'eau à la portée des cultivateurs, il faut la distribuer à chacun d'eux, de manière à ce que le volume qu'ils reçoivent soit exactement proportionnel à la redevance qu'ils payent. Ce problème est très-difficile à résoudre d'une manière rigoureuse. Le moyen le plus anciennement connu, et encore aujourd'hui généralement pratiqué, consiste à faire passer l'eau sur le sol des particuliers, à l'aide d'une ouverture plus ou moins grande, de forme rectangulaire et à mince paroi, ménagée dans la partie supérieure d'une pierre dure. L'eau s'écoule par l'effet de sa seule pression, et son débit est uniforme, pourvu que le niveau de l'eau dans le bassin soit lui-même invariable. A cet effet, un repère très-apparent indique la hauteur que l'eau doit atteindre et qu'elle ne doit pas dépasser. On rend cette hauteur constante en réglant, à l'aide d'une vanne, la quantité d'eau qui passe du canal principal dans le bassin d'alimentation des arrosages.

Une méthode plus sûre, mais qui n'est praticable que pour un petit canal ou une rigole secondaire, consiste à diviser le temps qui sépare deux arrosages consécutifs du même sol, en autant d'intervalles qu'il y a de propriétaires ayant droit aux eaux. Ces intervalles peuvent être de durée inégale; ils dépendent de l'étendue des terres que chacun désire arroser. Pendant les intervalles qui leur sont attribués, les propriétaires usent de la totalité des eaux. La durée de la jouissance étant proportionnelle à la redevance payée, la répartition est faite suivant les règles d'une stricte équité.

Nous allons passer maintenant aux opérations de détail des irrigations. Elles varient beaucoup suivant le climat, la nature du sol et les habitudes locales. On peut cependant les rapporter à quatre méthodes principales, savoir les arrosages : 1° par *submersion;* 2° par *rigoles horizontales avec déversement;* 3° par *billonnages* ou *ados;* 4° enfin, par *infiltrations.* Quelle que soit la méthode suivie, on doit toujours se conformer au principe suivant qui est la base d'une bonne irrigation : *l'eau doit arriver partout et ne séjourner nulle part.* En outre, de même que dans un système de canaux pour l'arrosage, il y en a toujours qui sont destinés à évacuer les eaux superflues, il est nécessaire, dans les opérations de détail, de ménager une issue aux eaux que les terres n'ont pas entièrement absorbées.

L'arrosage *par submersion* est le plus simple de tous; il convient particulièrement aux prairies à sol très-perméable, dont la surface est à peu près horizontale. Pour l'exécuter, on forme, à l'aide d'un simple bourrelet en terre ou en gazon, une espèce de digue de retenue autour de la pièce à arroser. On y introduit du côté le plus élevé la quantité d'eau dont on dispose, et on l'y laisse séjourner pendant un temps convenable; ensuite, on la fait écouler par des ouvertures qui sont ménagées sur les points les plus bas et que l'on ouvre à la fin de l'opération. Quand le champ est très-étendu, on le divise en plusieurs compartiments distincts et échelonnés, qui reçoivent l'eau successivement. La hauteur des bourrelets formant les encaissements est ordinairement de o^m,3o à o^m,4o. Pour que l'opération soit bonne, il faut que le sol n'offre pas de dépressions où l'eau, en séjournant, produirait des marécages.

La méthode d'arrosage par *rigoles horizontales avec déversement*, est celle qui est la plus généralement usitée; elle s'applique à la plupart des cultures, quels que soient les accidents du terrain. Pour la pratiquer, on creuse à la surface du sol, que l'on suppose avoir une pente très-sensible, une série de rigoles horizontales dont la section va en diminuant; ensuite, on y fait arriver un excès d'eau, de manière à produire un déversement en nappe très-mince, qui couvre la terre sur une certaine étendue. Ordinairement, il y a un petit canal spécial, nommé canal de distribution, qui est tracé de manière à pouvoir alimenter toutes

14

les autres rigoles. Il est à remarquer que ce mode d'ir-rigation s'applique aussi bien aux terrains fortement inclinés qu'à ceux qui le sont très-peu. En outre, il n'est nullement nécessaire que la pente soit uniforme; il faut seulement avoir soin, à mesure que l'inclinaison diminue, d'augmenter le nombre des rigoles, afin de mieux assurer l'assainissement du terrain. Il est essen-tiel dans cette méthode, comme dans la précédente, que le sol ne présente pas de bas-fonds. Sa surface devra, en conséquence, être dressée préalablement, ou, ce qui est moins coûteux, être traversée par de petits canaux de desséchement, partout où l'écoulement de l'eau ne sera pas facile.

L'arrosage par *billons* ou *ados* est la méthode qui donne en général les meilleurs résultats; mais elle est coûteuse, à cause de la préparation que le sol doit subir. On appelle billons ou doubles ados des relève-ments de terre présentant une ligne de faîte et des versants inclinés de chaque côté. On ouvre des rigoles de distribution des eaux sur les lignes de faîte et d'autres rigoles au fond des sillons. Celles-ci sont destinées à l'écoulement des eaux superflues, et jouent par conséquent le rôle de colateurs. Les rigoles des lignes de faîte sont dirigées dans le sens général de la pente du terrain et, à peu près, perpendiculairement à la direction du canal secondaire d'amenée. Elles ont une largeur qui va en diminuant de leur origine à leur extrémité inférieure; ce qui doit être, puisque le liquide qu'elles contiennent s'épuise par des déversements successifs. Les rigoles qui jouent le rôle de colateurs, offrent une disposition toute contraire, par une raison opposée. On doit veiller à ce que ces dernières ne soient pas engorgées, par suite de l'entraînement des terres. On voit que, dans ce système, tout est combiné pour le prompt écoulement des eaux non absorbées. Les planches, c'est-à-dire les espaces compris entre les rigoles supérieures et les inférieures, sont arrosées par des déversements, qui résultent de ce que l'eau est en excès.

La section des rigoles varie avec la longueur et la largeur des billons. La longueur peut être d'autant plus grande que l'inclinaison du terrain est moindre. Cependant l'expérience a prouvé que, dans tous les cas, elle devait être au-dessous de 100 mètres; autrement, la distribution de l'eau tendrait à devenir inégale et exigerait plus de surveillance et de main-d'œuvre. Dans les départements des Vosges, de la Haute-Saône et du Jura, où les rigoles sur billons sont très-usitées, on ne leur donne guères que 12 à 15 mètres de longueur, lors même que les pentes du sol deviennent faibles. La largeur des versants, lorsque l'inclinaison est assez prononcée, est de 2 mètres à $2^m,50$. Dans ces conditions, les rigoles de faîte n'ont souvent que $0^m,15$ de largeur moyenne, et celles des colatures $0^m,20$ à $0^m,25$.

La méthode par *infiltrations* s'applique surtout aux terres arables, soit qu'on y cultive des céréales ou des plantes sarclées. Elle consiste à introduire de l'eau, en petite quantité, dans des rigoles horizontales, convenablement espacées, dans le but d'humecter le terrain environnant dans un certain rayon. L'opération se fait bien, lorsque le sol est moyennement perméable et un peu incliné. Alors l'eau s'infiltre peu à peu, à la faveur de la pente, et imbibe tout l'espace compris entre deux rigoles consécutives. Lorsque le terrain est compacte et à surface horizontale, cette méthode ne donne que des résultats très-imparfaits; et, même lorsqu'elle réussit, il est bien difficile d'obtenir par son emploi une irrigation uniforme. Mais elle a l'avantage de dépenser peu d'eau et de ne pas entraîner les terres, quel que soit leur ameublissement. Pour cette raison, elle est la seule qui puisse être employée lorsqu'il s'agit de cultures maraîchères ou de plantes occupant de vastes espaces labourés, telles que les céréales, les racines, les haricots, les pommes de terre, les betteraves, etc. Dans ces cas, tout autre procédé serait d'une application difficile.

Nous allons compléter ces notions générales, en indiquant quelle quantité d'eau on consomme, le plus usuellement, dans les irrigations et quelles qualités cette eau doit avoir.

Il y a deux moyens d'exprimer la quantité d'eau employée à une irrigation : on prend pour unité de surface l'hectare, et l'on fait connaître le nombre de litres consommés par seconde, en supposant un débit constant et uniforme, prolongé pendant toute la durée de la saison consacrée aux arrosages; ou bien, l'on indique quelle aurait été la hauteur de la couche liquide sur le sol, si toute l'eau fournie y avait été répandue à la fois. Il est facile de passer de l'une de ces évaluations à l'autre et de calculer, dans les deux cas, le volume de l'eau employée. Supposons, par exemple, que l'eau dont on s'est servi pour une irrigation ait été égale, par hectare, à 80 centilitres par seconde, pendant six mois, durée ordinaire d'une saison d'arrosage. On calculera le volume total de cette eau en multipliant 80 centilitres par 15,552,000, nombre de secondes contenues dans six mois; en divisant ensuite le volume trouvé, ou 12,441,600 litres, par 10,000, nombre de mètres carrés dont se compose un hectare, on aura 1244,16 millimètres pour la hauteur de la couche qu'aurait formée l'eau employée à l'irrigation. Réciproquement, si cette hauteur était donnée en millimètres, en la multipliant par 10,000 et en la divisant par 15,552,000, on connaîtrait le débit en litres par seconde.

La quantité d'eau qu'il convient de dépenser pour les arrosages, est extrêmement variable; elle dépend de la constitution du sol, du climat et de la nature des cultures. D'après M. de Gasparin, il faut employer 0,77, 1,03, 1,92 ou 3,83 litres par seconde, suivant que la terre renferme 20, 40, 60 ou 80 pour 100 de sable.

Si l'on a égard aux cultures, l'observation apprend que, dans les contrées méridionales, on dépense 2 litres 50 centilitres, par seconde, pour les rizières; à peu près autant pour les cultures maraîchères ; environ 1 litre pour les prairies, les luzernes, les haricots; et seulement 60 centilitres pour les garances. Dans le nord, la quantité d'eau employée est moindre.

En moyenne, on admet généralement qu'en tenant compte de toutes les pertes, un litre d'eau par seconde suffit pour un bon arrosage, dans la plupart des cas. En adoptant ce chiffre, la hauteur totale de l'eau que l'on a répandue sur le sol, au bout de six mois, est de $1^m,555$.

Toutes les eaux ne conviennent pas également pour l'irrigation ; leurs qualités, sous ce rapport, dépendent des matières qu'elles tiennent en dissolution ou en suspension. Ainsi, les eaux tufeuses ou incrustantes, riches en carbonate de chaux, sont plutôt nuisibles qu'utiles, parce qu'elles obstruent les pores des jeunes végétaux. Celles qui ont traversé des lieux incultes, des landes, des forêts ou des marécages, étant ordinairement chargées de principes acides ou astringents, sont également défavorables aux plantes ; on dit qu'elles sont *crues*. On considère, au contraire, comme excellentes, les eaux qui découlent des terrains cristallisés, parce qu'elles renferment en dissolution des sels alcalins à base de potasse ou de soude, ou bien des matières terreuses où ces sels entrent comme éléments. On sait que les torrents, qui s'échappent des glaciers des montagnes granitiques, ont une couleur laiteuse que l'on attribue généralement à des particules de talc ou de mica, réduites à un grand degré de ténuité. Les eaux des grandes rivières où l'on trouve, en proportions sensibles, des matières organiques et des sels ammoniacaux, sont en général fertilisantes. Le limon qu'elles renferment toujours, même lorsqu'elles sont à l'étiage, doit être considéré comme un engrais, pourvu cependant qu'il ne soit pas trop fin; car alors il forme à la surface du sol et des plantes un enduit imperméable, qui s'oppose à l'introduction de l'air. La Durance et plusieurs autres cours d'eau torrentiels, qui traversent les terrains argilo-calcaires des Alpes, présentent cet inconvénient. On doit aussi avoir égard aux gaz contenus en dissolution dans les eaux. Celles qui sont peu aérées ne conviennent pas, parce qu'elles sont privées d'oxygène. On sait que ce gaz, introduit dans le sein de la terre, y joue un rôle important.

On peut juger assez bien, à priori, des qualités des eaux pour l'arrosage, d'après la nature des plantes qui croissent dans leur sein ou sur leur bord. Ainsi, celles où l'on voit le cresson de fontaine, des véroniques, la renoncule aquatique ou l'épis d'eau, doivent être réputées bonnes, tandis qu'elles sont mauvaises si elles favorisent la végétation des roseaux, des patiences, des ciguës, des carex et des mousses. En général, si les bonnes plantes des prairies viennent spontanément sur les bords d'un ruisseau, celui-ci pourra être employé utilement à l'irrigation. Si une eau est jugée mauvaise, l'expérience a prouvé qu'on pouvait l'améliorer en la retenant dans un réservoir et l'y laissant séjourner pendant quelque temps.

VII. — COLMATAGE.

Le *colmatage*, considéré comme opération agricole, consiste à dériver une partie des eaux d'une rivière à l'époque où elles sont chargées de beaucoup de limon ; à les conduire sur un terrain infertile ou complètement stérile, composé par exemple de gravier sans terre végétale ; à les y retenir jusqu'à ce qu'elles aient déposé les matières qu'elles tenaient en suspension ; enfin, à les évacuer après ce dépôt. Il est clair qu'en agissant ainsi, on couvre d'une couche de limon la surface du terrain improductif, et que, si cette couche est successivement augmentée par la répétition de l'opération, elle pourra acquérir assez d'épaisseur pour devenir cultivable. Le colmatage a donc pour résultat de substituer à un sol extrêmement pauvre, un dépôt d'alluvion limoneuse que l'on sait être très-fertile : on améliore le terrain en créant de toutes pièces une nouvelle terre végétale.

Pour qu'un terrain soit susceptible d'être colmaté, deux conditions doivent être remplies. Il faut d'abord que le terrain soit rapproché d'un cours d'eau limoneux, ou, s'il en est éloigné, que le canal par lequel on doit amener les eaux, ait une forte pente. S'il n'en était pas ainsi, le limon se déposerait au fond du canal ; c'est lui et non pas le terrain stérile qui serait colmaté. En second lieu, il est nécessaire que la rivière dont on doit emprunter les eaux, soit chargée de beaucoup de limon pendant plusieurs mois de l'année ; autrement, l'opération serait interminable et les frais de l'entreprise, en s'accumulant, finiraient par l'emporter sur les avantages. Nous indiquerons plus tard comment on peut calculer approximativement, d'après la richesse de l'eau en limon, quelle sera au bout d'un certain temps l'épaisseur du dépôt obtenu.

Le terrain destiné à être colmaté doit être préalablement encaissé. Il faut qu'il soit protégé du côté de la rivière par une forte digue; car s'il était exposé à être parcouru par les courants au moment des crues, il pourrait être couvert de gravier, et le succès de l'entreprise ne serait pas assuré. Ce terrain doit être également borné de tous les autres côtés, soit par des berges naturelles, soit par des chaussées; on ménage seulement, à son extrémité aval, une ouverture pour l'évacuation des eaux après leur clarification. Lorsque l'espace sur lequel on veut provoquer des dépôts est très-vaste, il est bon de le diviser, à l'aide d'encaissements partiels, en plusieurs autres moins étendus, dans lesquels on fait entrer l'eau successivement. Le colmatage marche alors plus régulièrement, et l'épaisseur de la couche limoneuse obtenue est plus uniforme. Voici quelques détails sur une opération de ce genre pratiquée en Savoie.

Pour le colmatage des vastes délaissés de l'Isère, placés en dehors du cours de cette rivière par suite de son endiguement entre Albertville et Montmeillan, on a divisé le terrain en bassins de 25 à 40 hectares; on a construit, à cet effet, des levées en terre, nommées *turcies*, dirigées perpendiculairement aux digues et ayant de $1^m,60$ à $2^m,20$ de hauteur. Ces levées avaient été munies de déversoirs, par le moyen desquels l'eau pouvait passer successivement d'un bassin à l'autre par une espèce de décantation. Lorsqu'après la sortie du deuxième ou tout au plus du troisième compartiment, elle était clarifiée, on la dirigeait dans la rivière où elle s'écoulait par des déchargeoirs. Les *tur-cies* ou digues transversales, dont nous venons de parler, ont été faites d'un mélange de terre, de sable et de gravier, pris sur les lieux et fortement pilonés. On avait remarqué que la terre seule n'offrait pas assez de résistance. Le même mode de construction a été adopté pour les bourrelets d'enceinte, qui ont formé les bassins du côté de la campagne. Ces bourrelets, plus épais et plus solides que les turcies, avaient en général un mètre de largeur au couronnement. Les déversoirs établis à l'intérieur des compartiments, pour la transmission des eaux, ont été construits économiquement en gravier, piquets, fascines et libages. On les a élevés successivement, à mesure que l'atterrissement faisait des progrès; de cette manière, on a conservé toujours dans les bassins à peu près la même profondeur, comprise entre 1 mètre et $1^m,20$. Par suite, les opérations ont marché avec une grande uniformité.

En général, les prises d'eau par lesquelles on alimente les colmatages, ne diffèrent pas de celles qui sont employées pour les irrigations. En Savoie, elles consistaient en martellières ou aqueducs munis de vannes servant à régler l'introduction de l'eau. Elles avaient été construites dans l'épaisseur de l'endiguement et placées assez en amont, pour que l'eau dérivée conservât toujours la vitesse nécessaire au transport du limon. Le canal d'amenée avait été dirigé de manière à ce que les troubles pussent se répartir dans toute l'étendue d'un bassin avant de passer dans le suivant; le seuil des vannes ayant été placé aussi bas que possible, on pouvait profiter des eaux de la rivière, même lorsqu'elles étaient peu élevées (1).

Il est fort important de pouvoir se rendre compte d'avance du temps qui sera nécessaire pour produire un dépôt limoneux d'une épaisseur déterminée. On y parvient à l'aide d'essais et de calculs qui n'offrent aucune difficulté. Il faut d'abord déterminer combien moyennement un mètre cube des eaux employées dépose de limon. Pour cela, on filtrera à divers intervalles de temps, égaux et aussi fréquents que possible, un certain volume de ces eaux prises à leur entrée dans le canal d'amenée. En pesant la matière recueillie sur le filtre, on en conclura facilement la quantité moyenne de limon contenue dans un mètre cube. En faisant une série d'opérations correspondantes à l'issue du bassin à colmater, on aura une autre quantité moindre qui, étant retranchée de la première, donnera le poids du limon abandonné. Si l'on multiplie ce poids par le nombre des mètres cubes qui auront traversé les bassins de colmatage pendant une année, on obtiendra évidemment le poids total du limon déposé pendant ce même laps de temps. Pour convertir ce poids en volume, nous admettrons que 1,000 kilogrammes de limon sec correspondent à 670 litres de cette matière, ainsi que l'indiquent diverses expériences. Connaissant le volume total du

(1) Voyez, pour plus de détails sur les colmatages de la Savoie, l'ouvrage de M. Nadault de Buffon, *Des submersions fertilisantes*, etc., p. 193.

limon, il suffira de le diviser par le nombre de mètres carrés qu'il recouvre, pour avoir l'épaisseur de la couche qu'il forme sur cette surface. Nous allons reprendre ces raisonnements, en nous servant de lettres, afin d'arriver à une formule générale.

Supposons qu'à l'aide de filtrations successives et de pesées, on ait trouvé qu'un mètre cube de l'eau employée renferme a grammes de limon à son entrée, et b grammes à sa sortie, $a-b$ exprimera le poids du dépôt formé; en le multipliant par $\frac{67}{100}$, on aura son volume en centimètres cubes. Appelons v ce volume; représentons par Q le nombre de mètres de cubes d'eau qui entrent par seconde dans les bassins de colmatage; enfin, désignons par T le nombre de secondes dont se compose la durée du colmatage dans le courant d'une année, il est évident que le volume total de la matière déposée pendant ce laps de temps, aura pour expression $T \times Q \times v$. Si maintenant nous appelons s l'étendue en mètres carrés de la surface qui reçoit les dépôts, et E l'épaisseur cherchée de la couche de limon, nous arrivons à l'équation $E = \frac{T \times Q \times V}{s}$. Pour en faire une application numérique, nous supposerons $T = 100$ jours, ce qui fait $8,640,000$ secondes; $Q = 1$; $v = 100$ centimètres cubes, ce qui correspond à peu près à 149 grammes de limon; enfin $s = 2$ hectares ou $20,000$ mètres carrés. En portant ces nombres dans la formule ci-dessus l'on a :

$$E = \frac{8640,000}{20,000} \times \frac{100 \text{ mèt.}}{1000,000} = 0^m,0342.$$

C'est l'épaisseur de la couche limoneuse obtenue chaque année. Ainsi, en se plaçant dans les condi-

tions que nous avons admises, on pourra créer en
dix ans une terre végétale d'excellente qualité, ayant
un peu plus de 40 centimètres de profondeur.

Pendant presque toute l'année, la plupart des rivières en France sont à l'étiage, et c'est à peine si, à cette
époque, elles contiennent quelques grammes de matière par mètre cube. Elles se troublent dès qu'il survient une crue; alors, suivant la hauteur de leurs eaux
et la partie de leur bassin où la pluie est principalement tombée, leur teneur en limon peut varier depuis 50 grammes jusqu'à 4 ou 5 kilogrammes, et
même plus.

L'eau de la Durance en a contenu, dit-on, jusqu'à
$4^{kil},179$. La moyenne serait seulement de 279 gr.

M. Surell, en faisant des expériences sur l'eau du
Rhône à Beaucaire, pendant six mois de l'année 1847,
a trouvé que le poids du limon renfermé dans un mètre cube avait été, au maximum, de 9,712 grammes;
au minimum, de 150, et, en moyenne, de 482. Le
limon pris à la surface n'était pas aussi abondant que
celui du fond; le premier était au second comme 23
est à 29.

A Lyon, d'après la commission hydrométrique de
cette ville, le Rhône a renfermé, en 1844, la proportion de 287 grammes de limon au maximum;
de 46,8 au minimum, et de 151,7 en moyenne. Pour
la Saône, le maximum a été de 184,1, le minimum de
19,4 et la moyenne de 95,6 (1).

(1) Boussingault, *Économie rurale*, etc., tome II, page 143.

Ces résultats de l'observation montrent combien est variable la quantité de matières limoneuses que roulent les grandes rivières.

Il existe un mode particulier de colmatage, nommé *terrement*, que l'on pratique quelquefois, lorsque la disposition des lieux le permet. Il consiste à délayer, dans un volume suffisant d'eau courante, des terres prises aux côteaux environnants; puis, à faire couler cette eau à la surface du sol que l'on veut bonifier. Pour favoriser le dépôt des matières, il convient de ralentir, autant que possible, la vitesse des eaux troubles, par le moyen de fascines retenues par des piquets. Le succès de l'opération suppose que le terrain n'offre pas une pente supérieure à quelques millimètres (1).

On sait que les eaux des grands fleuves, près de leur embouchure dans l'Océan, s'élèvent ou s'abaissent suivant que la marée est montante ou descendante. On peut profiter de ce double mouvement des eaux, à l'époque où elles sont troubles, pour effectuer des colmatages qui portent en Angleterre le nom de *warping*. Le procédé suivi est très-simple. Aussitôt que les eaux ont atteint une hauteur suffisante, on les conduit par un canal d'amenée, plus ou moins long, sur les terrains à colmater que l'on a divisés en compartiments. Les digues qui forment ces compartiments sont d'autant plus élevées que la hauteur à laquelle mon-

(1) Ces sortes de colmatages paraissent être très-usités dans certaines parties de l'Allemagne. Thaër leur a consacré un chapitre entier de ses *Principes d'agriculture*. Voyez, tome III, pages 346 à 378 de la traduction française.

tent les eaux est elle-même plus considérable. Ces
eaux sont retenues aussi longtemps que possible à
l'aide de vannes ou de portes d'écluse; puis, lorsque
la marée est basse, on les évacue par le même canal
qui a servi à leur introduction. Le colmatage des compartiments s'effectue par zones, en commençant par
les parties les plus éloignées de la rivière.

Certains colmatages ont lieu en grand, presque
sans qu'il soit nécessaire d'y apporter des soins. Cela
arrive lorsque des cours d'eau sont bordés de digues
submersibles. Au moment des fortes crues, les eaux se
déversent par-dessus les digues et déposent du limon
sur les terres situées au-delà. Ce dépôt se fait d'autant
mieux que la pente générale du sol est plus faible.
Si elle était trop forte, il faudrait garnir le terrain d'arbres qui croissent sur les graviers; par exemple, d'aunes, de saules, d'argousiers, etc., qui, par leur tronc
et leur feuillage, rompraient la vitesse des eaux.

Il y a des colmatages d'une grande importance,
mais qui n'intéressent l'agriculture que d'une manière
indirecte : ce sont ceux qui ont pour but de combler
des marais insalubres. On sait que ces marais ne donnent lieu à des émanations délétères que parce qu'ils
renferment des eaux stagnantes peu profondes, qui se
dessèchent pendant l'été. Il est clair qu'en nivelant les
dépressions du sol où ces eaux séjournent, on leur
procurera l'écoulement qui leur manque. Les marais
seront supprimés et, par suite, le mal sera coupé à
sa racine. Ce moyen d'assainissement a été employé
avec beaucoup de succès dans plusieurs localités,
notamment en Italie.

Nous ferons cependant observer que, même dans le cas où son emploi est exempt de difficultés, il n'est pas toujours très-avantageux d'y avoir recours. Il peut arriver, en effet, que le marais étant vaste et profond et le limon peu abondant, le nivellement complet du sol doive exiger beaucoup de temps. Alors, pendant une longue suite d'années, le marais, en diminuant peu à peu de profondeur, deviendra, par le fait, d'autant plus susceptible de se dessécher pendant l'été, et par conséquent d'autant plus dangereux; en sorte que l'on augmentera d'une manière certaine l'insalubrité des lieux, pendant un laps de temps fort long, en vue d'un assainissement qui ne se réalisera que dans un avenir lointain, et dont on ne connaîtra bien les avantages qu'à la fin de l'opération.

CHAPITRE TROISIÈME

CLASSIFICATION ET CARACTERES GÉNÉRAUX

des terrains agricoles.

---

1. — GÉNÉRALITÉS SUR LES SYSTÈMES DE CLASSIFICATION.

1° VARIÉTÉ DES CLASSIFICATIONS.

Depuis que l'on s'occupe d'agronomie, c'est-à-dire depuis les premiers âges du monde, on a remarqué qu'il existait plusieurs sortes de sols, convenant plutôt à tel genre de culture qu'à tel autre. On a compris en même temps combien il était important de les distinguer : de là sont nées les classifications des terres. On les trouve plus ou moins développées dans les plus anciens traités d'économie rurale parvenus jusqu'à nous, dans ceux de Varron, de Columelle et de Palladius. L'auteur de la compilation nommée les *Géoponiques,* qui s'est proposé de résumer les connaissances agronomiques des Grecs et des Romains, en fait souvent mention. Lorsque, après un long assoupissement, l'agriculture théorique, participant à l'impulsion générale imprimée aux arts et aux sciences, s'est réveillée vers la fin du XVe siècle, on a fait de nouveaux efforts pour perfectionner les classifications agrologiques. Olivier de Serres, auteur d'un ouvrage sur l'économie rurale encore estimé, quoique vieux de près de trois siècles, entre en matière en disant que *le fondement de l'agriculture est la connaissance du naturel des terroirs* (1). Il ajoute bientôt après, que la distinction des diverses sortes de terres est difficile, et que, pour éviter la confusion, il les divisera seulement en deux classes : les argileuses et les sablonneuses. La difficulté dont se plaignait Olivier de Serres était réellement insurmontable à l'époque où il écrivait, et l'a été encore longtemps après lui; il est, en effet, impossible d'arriver à une bonne classification des sols, sans s'appuyer sur deux sciences tout à fait modernes, la chimie et la géologie.

Les divisions systématiques que l'on a faites des terres sont si nombreuses et si variées qu'elles ont besoin d'être classées elles-mêmes. Rien ne prouve mieux, à la fois, l'importance attachée à la solution de cette question et l'imperfection des résultats obtenus. On n'aurait pas fait tant de classifications, si on en avait eu une bonne. M. de Gasparin a partagé toutes celles qui sont connues, en quatre groupes, d'après les principes qui leur ont servi de base. Les premières sont fondées sur la composition minérale du sol, les secondes sur ses propriétés physiques, les troisièmes sur les genres de cultures auxquels il convient; enfin, les quatrièmes, dites mixtes, sont une certaine combinaison des trois précédentes. Il serait beaucoup trop long et

(1) *Le Théâtre d'agriculture et Mesnage des champs*, édition de la Société d'agriculture de la Seine, tome I, page 2.

peu utile de discuter en détail ces quatre systèmes de classification. Nous nous bornerons à montrer en peu de mots que les trois derniers reposent sur des principes qui les rendent inacceptables, et que le premier, qui a pour base la composition minérale du sol, est le seul par lequel on puisse surmonter, sinon complètement, au moins de la manière la moins imparfaite, les difficultés qu'offre le sujet.

Les classifications fondées sur les propriétés physiques sont les plus faciles à établir, parce qu'elles reposent sur des faits dont l'observation est à la portée de tout le monde. Pour cette raison, elles ont été généralement adoptées par les anciens et, aujourd'hui encore, elles sont vulgaires. On dit tous les jours qu'une terre est *sèche* ou *humide*, *chaude* ou *froide*, *meuble* ou *compacte;* mais il est aisé de voir que ces épithètes ne peuvent pas constituer une classification scientifique. Les qualités physiques d'un sol existent, en effet, à des degrés très-variables et sont difficiles à comparer. Souvent, elles sont accidentelles : une terre humide en hiver ne l'est pas toujours en été. En outre, deux terres, auxquelles une certaine propriété physique est commune, peuvent, sous tous les autres rapports, être extrêmement dissemblables, en sorte qu'en les confondant dans une seule espèce, on s'éloigne beaucoup d'une classification naturelle. La grande division des terres, en *fortes* et *légères*, semble échapper en partie aux inconvénients que nous venons de signaler, mais nous ferons observer qu'au fond cette division est plutôt minéralogique que physique; car les terres fortes sont en général riches en argile, et les légères en sable plus ou moins grossier.

Les classifications, d'après les espèces de cultures, reposent sur ce principe que les sols sont ordinairement caractérisés par des aptitudes très-diverses à produire telle ou telle récolte ; elles ont été proposées par d'illustres agronomes. Thaër, dans son grand ouvrage sur l'agriculture, a classé les terres de la manière suivante : 1° *riches terres à froment ;* 2° *terres à froment ;* 3° *riches terres à orge ;* 4° *terres à orge ;* 5° *terres à avoine ;* 6° *terres à seigle* (1). En regard de ces diverses classes, il a placé les proportions d'argile, de sable, de chaux et d'humus, que renferment quelques terres prises comme exemples. Ce genre de classification paraît, au premier abord, éminemment pratique ; cependant il ne l'est pas en réalité. En effet, pour savoir si une terre que l'on veut classer est spécialement propre à la culture du froment, à celle du seigle ou de toute autre céréale, il n'y a que deux moyens à employer : l'expérience ou l'étude du sol. Si l'on se décide à avoir recours à l'expérience, il faudra plusieurs années de tâtonnement pour arriver à un résultat certain. Si l'on entreprend l'étude du sol, afin de déterminer ses qualités et en conclure, *à priori,* les céréales qui lui conviennent le mieux, il est clair qu'une pareille recherche suppose une classification préexistante des terres, d'après leurs propriétés physiques et chimiques.

(1) *Principes raisonnés d'agriculture,* § 554. Voyez aussi l'atlas, tableaux, n°ˢ 25 et 26.

Il n'est pas moins évident que celle-ci est la plus importante, et même la seule qu'il soit essentiel de connaître, puisque l'autre n'en est que la conséquence Une division des sols, d'après les espèces de cultures qui peuvent y réussir, est en réalité purement cadastrale; elle indique leur valeur relative, abstraction faite de leur nature et des qualités qui en dérivent. Nous ajouterons qu'une culture continue suppose l'emploi du fumier; or, à moins d'un climat très-défavorable, il n'est pas de sol dont on ne puisse tirer telle récolte que l'on voudra, à force d'engrais. La classe où une terre devra être rangée, dépendra donc, en fait, de la quantité plus ou moins grande de fumure que son propriétaire pourra y mettre habituellement.

Le système des classifications mixtes n'a pas été inconnu aux anciens; car en même temps qu'ils donnaient aux terres les noms de *sableuses*, de *caillouteuses*, ou de *crayeuses*, ils ajoutaient souvent les épithètes de *sèches*, d'*humides*, de *maigres*, etc. Ce même système a été également adopté par quelques agronomes modernes. Arthur Young, dans son *Guide du fermier*, divise les sols *graveleux* en *sains* et *chauds, humides* et *froids*. Plus tard, M. de Gasparin, dans une classification très-détaillée, insérée dans son *Cours d'agriculture* (1), a partagé les *craies* en *fraiches* et en *sèches*, et les terrains *glaiseux* en *tenaces, meubles* et *inconsistants*. Nous ferons observer que les inconvénients qui doivent faire rejeter les classifications fondées exclusi-

(1) Tome I, page 273.

vement sur les propriétés physiques des terres, subsistent également, quoique à un degré moindre, lorsqu'on en fait un emploi partiel. D'ailleurs, ce mélange de caractères d'un certain ordre avec d'autres d'une espèce entièrement différente, est très-disparate.

Il reste les classifications fondées uniquement sur la constitution minérale du sol. Elles ont sur les autres l'avantage décisif de reposer sur une base fixe, rigoureusement appréciable, de laquelle dépendent, ainsi qu'on l'a déjà vu, un ensemble de propriétés physiques et chimiques qui ont une grande influence sur la vie végétale. Ces propriétés sont permanentes, invariables, puisqu'elles sont inhérentes à la nature même du sol. On les retrouve partout où la terre et le sous-sol sont formés de masses minérales identiques ou à très-peu près semblables. Il est vrai que les conséquences de ces propriétés sont toujours plus ou moins modifiées par les conditions physiques extérieures, extrêmement variables d'un lieu à un autre. Mais nous ferons observer que l'influence de ces causes modificatrices extérieures peut être étudiée séparément. D'un autre côté, les propriétés d'un terrain, qui dérivent de sa constitution minérale, ne disparaissent jamais complètement, ni surtout toutes à la fois. Un sol sablonneux à sous-sol perméable, que sa constitution minéralogique rendrait habituellement sec, peut devenir constamment humide, par l'effet d'une irrigation naturelle; mais son humidité ne ressemblera pas à celle d'un terrain argileux hygroscopique : le sol sablonneux restera meuble, tandis que l'argileux

sera compacte. De même, si deux terrains de constitution minérale différente, l'un naturellement froid et
humide, l'autre sec et chaud, se trouvent placés, le
premier sous un climat brûlant, le second sous un climat tempéré, ils ne seront pas pour cela l'équivalent
l'un de l'autre : en admettant qu'en fait leur échauffement soit égal, d'autres propriétés les distingueront.
On doit conclure de là que la meilleure base à adopter pour une classification des sols, est leur nature minéralogique, sauf à tenir compte, dans la pratique, des
conditions extérieures pour l'appréciation de leurs
qualités.

2° HISTORIQUE DES CLASSIFICATIONS
basées sur la constitution minérale des sols.

Avant d'exposer la classification fondée sur la constitution minérale des sols qui nous a paru la meilleure,
nous ferons un court historique de celles qui ont été
proposées jusqu'à ce jour. Elles sont très-variées et
remontent jusqu'aux premiers âges de l'agriculture
théorique.

Varron, savant agronome romain, qui vivait vers la
fin du premier siècle avant l'ère chrétienne, dit que la
terre est composée d'un grand nombre d'éléments
ayant des propriétés différentes, savoir : la pierre
(*lapis*), le marbre (*marmor*), le caillou anguleux (*ru-
dus*), le sable fin (*arena*), le gros sable (*sabulo*), l'argile
(*argilla*), la terre rouge (*rubrica*), la poussière (*pulvis*),
la craie (*creta*), le gravier (*glarea*) et le charbon (*car-
bunculus*). Une terre tire son nom de l'élément princi-

pal qui la compose; elle est, suivant les cas, crayeuse, graveleuse, charbonneuse, etc. Chaque espèce présente elle-même trois subdivisions : ainsi, un sol peut être extrêmement pierreux, ou l'être médiocrement ou presque pas (1). Si cette classification laisse beaucoup à désirer sous le rapport de la minéralogie, elle est au moins claire et rationnelle comme arrangement systématique.

D'autres auteurs anciens ont également parlé de terres sablonneuses, crayeuses ou argileuses, mais vaguement et sans limiter le nombre des espèces. Les agronomes modernes, qui ont adopté, après eux, les classifications fondées sur la minéralogie, ont cherché à y introduire plus de précision.

On a vu plus haut qu'Olivier de Serres, qui écrivait vers la fin du XVIᵉ siècle, s'est contenté de la division générale des terres en argileuses et en sablonneuses, tout en reconnaissant qu'elle était insuffisante.

Plus de cent cinquante ans après, le célèbre Linné (2) a admis que les terres pulvérulentes étaient composées de cinq substances élémentaires, savoir : l'ocre, le *sable*, l'*argile*, la *chaux* et l'*humus*. Il pensait que l'ocre était un détritus de pierres préexistantes, mais que les quatre autres substances étaient primitives et d'origine organique. Les idées de Linné sur la transformation des corps organisés en d'autres de

(1) *Varron*, DE RE RUSTICA, édition Panckouke, page 55.
(2) *Systema Naturæ*, édition de 1768.

nature minérale, n'ont pas tardé à être abandonnées; mais, ce qui est bien remarquable, sa division de la terre en cinq matières élémentaires a servi de base, sauf quelques modifications, à presque toutes les classifications qui ont été faites jusqu'à ce jour.

En 1774, Monet n'admit que quatre terres primitives ou élémentaires, qui par leur mélange formaient toutes les autres. Il les nomma *quartzeuses, calcaires, argileuses* et *magnésiennes*.

En publiant, en 1806, sa *Chimie appliquée à l'agriculture*, Chaptal a divisé les terres en *glaise, calcaire, marne* et *sable*.

En 1818, M. Devèse de Chabriol (1) a proposé, pour le sol végétal du Cantal, une classification très-différente de celles qui étaient alors usuelles. On y trouve pour la première fois des divisions empruntées à la géologie, science qui à cette époque était encore très-récente. L'auteur partage les terres en cinq grandes classes, nommées *granitiques, schisteuses, alluviennes, volcaniques* et *tourbeuses*. Chacune de ces classes se subdivise en un grand nombre d'espèces, dont le total est de 44. Ces espèces sont établies, soit en ayant égard aux variétés minéralogiques des sous-sols et aux mélanges qui ont lieu sur leur ligne de contact, soit d'après la position topographique des terres, qui peuvent être situées au sommet des montagnes, sur leurs versants ou au fond des vallées. Cette classification a été un progrès sous quelques rapports.

(1) *Mémoires de la Société centrale d'agriculture*, 1819, page 760.

Nous croyons que c'est la première, en France, où l'on ait tenu compte du sous-sol.

M. Pontier, dans un ouvrage spécial sur les terres végétales, publié en 1829 (1), a admis en principe que l'argile, le calcaire et la silice à l'état de sable, étaient les éléments essentiels de toutes les terres. Il en a conclu que leur classification devait avoir pour base l'indication de ces éléments, combinés deux à deux et trois à trois, ce qui l'a conduit au tableau suivant :

I. — *Classe argileuse* . . $\left\{\begin{array}{l}\text{Argilo-calcaire.}\\\text{Argilo-siliceuse.}\\\text{Argilo-calcaire-siliceuse.}\end{array}\right.$

II. — *Classe calcaire* . . $\left\{\begin{array}{l}\text{Calcaire-argileuse.}\\\text{Calcaire-siliceuse.}\\\text{Calcaire-argilo-siliceuse.}\end{array}\right.$

III. — *Classe siliceuse*. . $\left\{\begin{array}{l}\text{Silico-argileuse.}\\\text{Silico-calcaire.}\\\text{Silico-calcaire-argileuse.}\end{array}\right.$

Dans ce système de noms composés, le premier mot indique toujours l'élément dominant. Cette classification, remarquable par sa simplicité, a été bien souvent reproduite avec de légères modifications.

On trouve dans la *Maison rustique du XIXᵉ siècle* (2) une division agrologique faite sur le même plan que la précédente, mais beaucoup plus compliquée, parce qu'on y a admis, comme éléments constituants du sol, *l'argile, le calcaire, le sable, la magnésie, l'oxyde de fer* et *les matières organiques*. En combinant

(1) *Mémoire sur la connaissance des terres en agriculture*. Paris.
(2) Tome I, page 24, 1838.

ces éléments de diverses manières, on est parvenu
à faire douze à quinze espèces de terre végétale, auxquelles on a encore ajouté la *terre granitique* et la
terre volcanique. Ces dernières sont sans liaison avec
les autres et semblent une exception, puisqu'elles sont
les seules qui soient fondées sur la considération des
roches sous-jacentes.

M. Thurmann a donné en 1849, principalement
au point de vue de la botanique, une classification des
sous-sols qui mérite d'être connue (1). Ce savant distingue trois classes de roches servant de base aux
terres. Les premières, qu'il nomme *pélogènes*, donnent
lieu par leur décomposition à des matières pulvérulentes terreuses, qui tendent sans cesse à se diviser jusqu'à ce qu'elles soient devenues impalpables : telles
sont, par exemple, les marnes argileuses. Les secondes,
dites *psammogènes*, produisent en se désagrégeant un
sable plus ou moins fin. La plupart des roches arénacées et certains granites sont dans ce cas. Enfin, les
troisièmes que l'auteur appelle *pélopsammogènes*, donnent naissance à des détritus formés d'un mélange
de sable et de matières terreuses. On peut citer, comme
exemple, les porphyres quartzifères et la plupart des
granites. Les roches appartenant à la première classe
ne jouissent pas toutes, au même degré, de la propriété
de produire des matières terreuses : suivant qu'elles la
possèdent à un haut degré, à un degré moyen ou à un
degré imparfait, elles sont dites *perpéliques, hémipéli-*

(1) *Essai de phytostatique, etc.,* tome I, page 95.

ques ou *oligopéliques*. Il en est de même des roches de
la seconde classe, qui peuvent être *perpsammiques*,
hémipsammiques ou *oligopsammiques*. Plus généralement,
tous les sous-sols forment deux groupes principaux :
les *eugéogènes* qui donnent lieu à beaucoup de détritus, et les *dysgéogènes* qui en fournissent peu. Ces
divisions de M. Thurmann, quoique fondées sur l'observation, ont été bientôt oubliées.

Les classifications de terres que l'on trouve aujour-
d'hui dans les livres, se ressemblent toutes, et ne sont
qu'une copie, plus ou moins modifiée, de celle qui a
été adoptée par la *Maison rustique*. Nous citerons,
comme exemple, le tableau suivant, extrait de l'un de
nos meilleurs traités d'agriculture (1) :

I. — SOLS ARGILEUX . . .

- Sols d'argile pure.
- — argilo-ferrugineux.
- — argilo-calcaires.
- — argilo-sableux.
  - Terres fortes.
  - Terres franches ou loams meubles.

II. — SABLONNEUX. . . .

- Sols de sable pur.
- — sablo-argileux ou loams inconsistants.
- — quartzeux, graveleux et granitiques.
- — volcaniques.
- — sablo-argilo-ferrugineux.
- — sablo-humifères ou terres de bruyère.

III. — SOLS CALCAIRES .

- Sols calcaires.
- — crayeux.
- — tufeux.
- — marneux.

IV. — SOLS MAGNÉSIENS.

V. — SOLS HUMIFÈRES . .

- Terrains tourbeux.
- — marécageux.

(1) *Traité élémentaire d'agriculture*, par MM. Girardin et du Breuil,
seconde édition, 1863, tome I, page 55.

Cette classification n'est au fond que celle de Linné très-développée, avec des additions dues aux progrès de la minéralogie; les idées qui en sont la base, ont, par conséquent, plus d'un siècle de date.

II. — ESSAI D'UNE CLASSIFICATION NATURELLE DES TERRAINS AGRICOLES.

Il résulte de l'exposé historique qui vient d'être fait que, parmi les nombreuses classifications des sols fondées sur leur constitution minérale, les unes (c'est le plus grand nombre) ont été établies d'après les caractères de la terre végétale, sans tenir compte en aucune manière du sous-sol; que, pour quelques autres, on a eu égard uniquement au sous-sol, sans se préoccuper des diverses espèces de terre qui correspondent quelquefois à la même roche sous-jacente. En un mot, on a pris pour base une des deux parties qui constituent un terrain agricole, sans les embrasser toutes les deux, quoiqu'il soit incontestable que l'une et l'autre aient leur part d'influence sur la végétation. Toutes les classifications connues présentent ce défaut essentiel. Nous allons voir que, pour le faire disparaître, il faut, en s'appuyant sur la géologie, agrandir beaucoup le cercle des considérations qui, jusqu'à présent, ont servi de fondement aux divisions agrologiques.

Puisqu'il est nécessaire de tenir compte à la fois du sol et du sous-sol, il faut d'abord avoir égard aux rapports généraux qui existent entre eux. Cette considération conduit à former deux grandes divisions dans

les terrains agricoles. Chez les uns, la terre est le produit de la décomposition ou de la désagrégation des
roches sous-jacentes : nous les nommons terrains *à
sol végétal autochthone* (1). Pour les autres, la terre est
une matière de transport, qui ne résulte ni de la
décomposition, ni de la désagrégation des masses minérales sur lesquelles elle repose : le terrain est alors à
sol végétal indépendant.

C'est un fait incontestable et d'une observation
vulgaire, qu'il existe des terres autochthones dont la
composition est déterminée par celle des roches sous-
jacentes. Ainsi, il y en a qui sont dites granitiques,
volcaniques ou marneuses, parce qu'elles sont nées de
la décomposition de granites, de laves ou de calcaires marneux sur lesquels elles reposent. Toutes les
fois que cela a lieu, les qualités du sol végétal dépendent du sous-sol chimiquement et physiquement :
elles en dépendent chimiquement, à cause de la com-
munauté d'un grand nombre d'éléments; et physiquement, puisque la perméabilité plus ou moins grande
des roches inférieures influe nécessairement sur celle
de l'ensemble du terrain.

Quant aux terrains agricoles à sol végétal indépendant ou de transport, leur existence n'est pas moins
certaine; ils ont même plus d'extension que les autres.
On doit distinguer pour ces terrains deux manières
d'être assez différentes. Dans la première, les matières
meubles transportées ayant une grande puissance, le

---

(1) C'est-à-dire *né sur les lieux mêmes.*

sol végétal a pour sous-sol un terrain qui lui ressemble exactement sous le rapport de l'origine et des principes constituants. Cependant, malgré cette similitude, le premier n'est pas le résultat de la décomposition ni de la désagrégation du second; il y a toujours entre eux une indépendance complète. Dans la seconde manière d'être, les matières de transport étant peu épaisses constituent en totalité le sol végétal. Alors celui-ci n'est pas seulement indépendant du sous-sol; il est souvent d'une nature minéralogique entièrement différente : un dépôt peu épais d'argile de transport peut être superposé, par exemple, à un calcaire compacte, ou bien une couche de sable calcaire à un granite.

La division générale que nous venons d'établir entre les terrains agricoles, suivant que leur terre végétale est dépendante ou indépendante du sous-sol, n'est pas seulement réelle, elle est aussi naturelle ; car elle coïncide avec des changements importants dans les autres caractères. Ainsi, les terres de transport indépendantes du sous-sol occupent principalement les pays non accidentés. Leur composition reste à peu près la même sur de grandes étendues, et décide de la fertilité ou de la stérilité de toute une contrée. On peut citer comme exemples : d'une part, d'immenses plaines d'alluvion limoneuse, couvertes partout d'une végétation luxuriante ; d'autre part, des sables purs ou des nappes de cailloux roulés qui constituent de vastes déserts. Les terrains à sol végétal autochthone diffèrent beaucoup des précédents : ils sont propres aux pays montagneux; leurs variations d'aspect et de composition sont fréquentes; leur fertilité, surtout, change en quelque sorte à chaque pas, car elle dépend à la fois de la nature minéralogique du sous-sol et de la configuration extérieure des lieux.

Nous allons maintenant faire connaître les divisions secondaires de ces deux sortes de terrains.

Pour subdiviser les terrains à *sol autocthone*, nous avons égard à la fois à la nature de la roche sous-jacente considérée minéralogiquement, et à la nature de la décomposition qu'elle a subie par l'effet des agents atmosphériques : l'une donne les *genres* et l'autre les *espèces*.

Les masses minérales qui constituent les sous-sols sont extrêmement variées, et, pour les faire connaître, ce n'est pas trop que de les indiquer par le nom scientifique qu'elles ont reçu, en ajoutant même une épithète pour les mieux préciser. Ainsi, on doit distinguer les sous-sols de granite, de calcaire compacte, de calcaire marneux, de calcaire magnésien, de schiste argileux, etc.; en un mot, il y a autant de genres pour les terrains agricoles autochthones qu'il y a de roches et de variétés de roches ayant reçu un nom particulier, et la nomenclature de ces roches est exactement la même qu'en géologie.

Les terres auxquelles les divers sous-sols donnent naissance, sont le résultat des altérations soit chimiques, soit mécaniques, qu'éprouvent toutes les roches, quand elles sont exposées à l'air et à l'action des eaux pluviales. Les altérations chimiques sont produites par l'oxygène et l'acide carbonique de l'air dis-

sous dans l'eau. L'oxygène se combine avec beaucoup de substances minérales renfermant du fer et
d'autres métaux, principalement avec les sulfures qui
sont disséminés en petites masses dans la plupart des
roches; il les convertit en oxydes, en carbonates et en
sulfates, qui sont facilement délayés et entraînés. L'eau
chargée d'acide carbonique dissout une foule de substances minérales insolubles dans l'eau pure, notamment les carbonates et les phosphates terreux ou
métalliques. Elle attaque aussi tous les silicates à
bases multiples, en se substituant à l'acide silicique et
en formant, avec la plupart des bases, des bicarbonates solubles; une partie de la silice est elle-même
entraînée. Ce qui importe le plus à un agronome,
c'est de connaître la nature du résidu que laisse une
roche quelconque, lorsqu'elle a été épuisée par toutes
les altérations chimiques dont elle est susceptible. On
le sait aujourd'hui : ce résidu, quand il existe, est toujours de l'alumine unie à de l'eau et à une certaine
quantité de silice, c'est-à-dire que c'est de l'*argile* (1).
Les destructions mécaniques des masses minérales résultent de l'action de l'eau, lorsqu'elle se congèle, qu'elle se
vaporise ou qu'elle tombe à la surface du sol; la roche
est alors désagrégée. Plus souvent encore, cette désagrégation est la conséquence d'une altération inégale de la masse minérale, lorsque celle-ci est formée,
ce qui arrive fréquemment, d'éléments d'une décom-

(1) Voyez, sur ce sujet, les observations importantes de M. Ebelmen,
Annales des mines, 4me série, tome VII, page 3.

16

position facile et d'autres qui sont inattaquables ou
presque inattaquables. Ces derniers sont alors désu-
nis par la destruction des premiers et donnent lieu
à un amas de fragments incohérents, de grosseurs
variées. On voit par ce qui précède qu'une terre autochthone, si l'on fait abstraction de sa composition
chimique pour ne considérer que ses éléments à
influence physique, offre une constitution d'une extrême simplicité. Elle est uniquement formée, soit
d'argile pure ou presque pure, ne renfermant qu'accidentellement des cailloux, soit de débris caillouteux,
incohérents, avec peu ou point d'argile, soit enfin, ce
qui est un cas très-fréquent, d'un mélange, en proportions diverses, d'argile et de fragments caillouteux. Nous
donnons à cette terre le nom d'*argileuse* dans le premier cas, de *fragmentaire* dans le second, et d'*argilo-
fragmentaire* dans le troisième. Toutes les espèces pos-
sibles d'une terre, lorsqu'elle a été formée aux dépens
d'un sous-sol, se réduisent donc à trois. Parmi les
roches qui produisent principalement de l'argile, on
peut citer la marne argileuse, le schiste argileux,
beaucoup de porphyres et de matières d'origine volcanique. Les calcaires compactes fendillés, certains
granites, les grès et les poudingues à peine cimentés,
donnent lieu, au contraire, à des sols presque exclusivement fragmentaires. Enfin, les terres argilo-
fragmentaires ont pour base la plupart des granites,
le calcaire marneux, les grès dont le ciment argileux
ou argilo-calcaire est abondant, et, en général, les
roches inégalement destructibles.

Il ne sera pas inutile de faire observer qu'un sol autochthone n'est pas fertile en naissant; il le devient peu à peu par la formation de l'humus et l'introduction, dans son sein, des sels azotés et alcalins que lui fournit l'atmosphère. En outre, parmi ses éléments fragmentaires, il en est beaucoup que les altérations chimiques naturelles n'ont pas épuisés et qui, en continuant à se décomposer, enrichissent la terre de substances solubles que les plantes peuvent s'assimiler.

On a dit plus haut que les genres des terrains à sol végétal autochthone, étaient tirés de la nature minéralogique des roches sous-jacentes. Pour former des *classes*, il suffira de grouper entre elles ces roches en ayant égard aux caractères généraux qui les rapprochent. D'après ce principe, nous avons formé quatre divisions de sous-sols, suivant qu'ils sont composés : 1° de matières organiques; 2° de roches de sédiment calcarifères; 3° de roches de sédiment non calcarifères; 4° de roches à éléments cristallisés.

Les sous-sols de matières organiques constituent une classe à part, bien distincte, qui comprend tous les terrains tourbeux quand ils sont profonds. La tourbe des sous-sols peut être argileuse, sableuse, pyriteuse, compacte ou légère. Ces variétés de composition ou de texture doivent être indiquées avec soin; elles donnent lieu à autant de genres différents de terrain.

La qualité d'être calcarifère ou non calcarifère, dans une roche de sédiment servant de base à un terrain autochthone, est très-importante; car elle décide de la

présence ou de l'absence du carbonate de chaux
dans la terre végétale. Il est bien rare, en effet, que
l'argile provenant de la décomposition d'un sous-
sol où le carbonate de chaux est abondant, n'en
retienne pas un peu. Dans tous les cas, les petits fragments de la roche, mêlés à l'argile, en renferment
toujours beaucoup, et ces débris par leur décomposition lente suffisent aux besoins de la végétation.
Comme l'élément calcaire joue un très-grand rôle
dans le phénomène de la nutrition des plantes, sa
considération est très-propre à servir de caractère dis-
tinctif pour l'établissement des classes (1). Les sous-

(1) Saussure fils a fait entre les pays granitiques et ceux qui sont calcaires, une comparaison qui confirme complètement ce que nous disons de
l'importance que l'on doit attacher à la présence du carbonate de chaux
dans les sols, surtout quand on embrasse de grandes surfaces. Voici
cette comparaison :

« Lorsqu'on passe des montagnes calcaires aux montagnes graniti-
« ques, on est frappé des différentes influences qu'ont ces deux sols sur
« la végétation. Le sol calcaire paraît l'emporter sur le granitique non-
« seulement par la variété des plantes auxquelles il sert de support, mais
« encore par l'état de vigueur et de prospérité où elles s'y trouvent. J'ai
« cru longtemps, avec la plupart des physiologistes, que les parties cons-
« tituantes des végétaux étaient les mêmes, quel que fût le sol qui leur
« avait donné naissance. J'attribuais alors les différences que l'on observe
« dans la fertilité des terrains calcaires et des granitiques, aux propriétés
« physiques de ces deux sols. Je pensais que le sol calcaire pouvait être
« plus favorable à la végétation, à raison de sa faculté plus ou moins
« grande de retenir l'humidité et de la facilité avec laquelle les racines
« pouvaient le pénétrer et détruire la force de cohésion qui réunit les
« molécules calcaires. Mais lorsque j'ai dirigé mon attention sur les ver-
« tus nutritives des végétaux calcaires et des végétaux granitiques ou,
« en d'autres termes, des végétaux qui avaient crû sur un sol calcaire et
« sur un sol granitique, j'ai vu que les animaux, qui se nourrissaient sur

sols calcarifères les plus communs sont les calcaires de toute nature, les marnes et les grès à ciment argilo-calcaire. Les roches sédimenteuses non calcari-

« les granites, étaient plus petits, plus maigres et fournissaient moins de
« lait que ceux qui se nourrissaient sur les terrains calcaires, quoique les
« végétaux crûs sur les deux sols fussent les mêmes et que les quan-
« tités de ces végétaux fournies aux animaux, dans les deux cas, fus-
» sent égales. J'ai vu, de plus, que le lait des montagnes granitiques
« était moins chargé de parties butireuses et caséeuses que celui des
« montagnes calcaires. Il n'est point de coureur de montagnes des con-
« trées que j'habite, qui n'ait pu apercevoir la différence de consistance
« qu'a la crême sur le Jura, montagne calcaire, et sur les montagnes
« granitiques attenantes à la ville de Chamouny. Il était naturel de pré-
« sumer, dès lors, que les parties constituantes des végétaux étaient diffé-
« rentes ou variaient dans leurs proportions à raison du sol qui les avait
« fait croître. » (Journal de physique, 1800, tome LI, page 10.)

M. Durocher a fait sur le même sujet des observations que nous allons résumer en peu de mots. Les terrains calcaires ont sur la végétation une action complexe, qui est à la fois chimique et physique. Ils agissent en premier lieu, en fournissant de la chaux à certaines plantes qui en ont plus besoin que d'autres. En outre, le carbonate calcaire augmente la force végétative du sol, en condensant les éléments de l'air atmosphérique, savoir l'oxygène et l'azote, qui peuvent alors se combiner pour former de l'acide azotique et, par suite, donner naissance à des azotates qui sont un engrais actif. La fertilité de la terre étant par là augmentée, beaucoup de plantes délicates qui exigent un bon fonds, peuvent vivre et se multiplier. Le carbonate calcaire exerce aussi une action physique; il modifie les propriétés calorifiques et hygroscopiques du sol. Celui-ci est rendu plus chaud, plus meuble, plus facile à traverser par les fibres radiculaires des plantes; il est aussi plus perméable à l'eau et à l'air et plus sec. L'influence des terrains calcaires se fait sentir, même sur la nature animale. Ainsi, dans l'ouest de la France, les écrevisses abondent dans beaucoup de ruisseaux des régions contenant de la pierre à chaux, tandis qu'il est rare d'en trouver à la surface des autres terrains où les eaux courantes ne paraissent pas susceptibles de fournir, à ces crustacés, une quantité de principe calcaire suffisante pour la formation de leur tégument. Les écrevisses sont, en effet, très-rares en Bretagne, et l'on en

fères comprennent principalement le schiste argileux
et les grès siliceux à ciment argileux.

Les roches à éléments cristallisés ont ce caractère

trouve abondamment dès que l'on atteint la lisière de la Mayenne, où il y
a des couches calcaires d'une assez grande étendue. (*Bulletin de la Société géologique*, 1848, tome VI, pages 39 à 41.)

M. Puvis et, après lui, M. de Gasparin (*Cours d'agriculture*, tome I,
page 66) ont fait ressortir de la manière suivante les différences qui
séparent les terrains de nature calcaire de ceux qui ne le sont pas.

« Les terrains qui renferment une quantité sensible de calcaire ont
« des caractères agricoles qui leur sont propres. En les comparant aux
« terrains purement siliceux ou argileux, on y remarque l'absence de
« plusieurs plantes impropres à l'alimentation du bétail, qui infestent
« ces derniers terrains; la petite oseille, la matricaire, les oxalis y sont
« remplacés par le trèfle, les lotiers, la lupuline; les fourrages légumi-
« neux y croissent avec facilité ; ils sont éminemment propres au froment.
« Ces qualités sont tellement inhérentes au principe calcaire, qu'il suffit
« d'en ajouter une très-petite quantité aux terres qui n'en contiendraient
« pas, un à deux centièmes par exemple, par le chaulage ou le mar-
« nage, pour que la végétation des bonnes plantes succède à celle des
« mauvaises; pour que le trèfle, la luzerne et le sainfoin y réussissent
« mieux; pour que les terres à seigle deviennent propres à porter le fro-
« ment, et que celles qui portaient déjà du froment augmentent consi-
« dérablement leur production; pour que les tiges des plantes deviennent
« plus fermes et moins sujettes à verser. En même temps, appliqué aux
« terres siliceuses, le principe calcaire leur donne de la consistance;
« il communique aux terres argileuses la propriété de se dilater par
« les changements atmosphériques, de se diviser par l'action de l'humi-
« dité, de laisser filtrer l'eau surabondante, et il prévient leur extrême
« durcissement lors des sécheresses. »

On peut expliquer, en partie, ces bons effets en disant que le carbonate
de chaux neutralise les principes acides nuisibles aux plantes, auxquels
l'humus donne naissance sous l'influence de l'humidité (1); que cette
substance réagit sur les matières organiques du sol, en dégage l'ammo-

---

(1) Voyez ce que nous avons dit plus haut, page 27, du rôle que joue le carbonate
de chaux, comme élément à influence chimique.

commun avec les roches de sédiment non calcarifères, qu'elles sont privées de carbonate de chaux, sauf dans des cas très-rares. Néanmoins, comme les unes et les autres donnent naissance à des terres végétales qui ne sauraient être confondues, nous avons dû les placer dans des classes différentes. Le groupe des roches à éléments cristallisés comprend le granite, le schiste micacé et quartzeux, le porphyre, les roches volcaniques, etc., qui donnent lieu, comme sous-sols, à autant de terres végétales distinctes.

Nous allons passer maintenant à la division en

---

niaque et les fait passer assez promptement à l'état de terreau; enfin, qu'elle se change elle-même, peu à peu, en bicarbonates et en azotates par l'effet de l'humidité et du contact de l'atmosphère. Il paraît démontré par l'observation qu'il se forme sans cesse dans le sein des terres calcaires des sels solubles, à base d'alcalis de diverses natures, qui activent puissamment la végétation.

Plusieurs observateurs, et notamment M. Berthier, ont signalé des terres où l'élément calcaire manquait complètement ou presque complètement, et qui cependant jouissaient d'une grande fertilité. Ce fait n'est pas en contradiction avec ce qui vient d'être dit; on ne doit pas surtout en conclure que la chaux n'est pas un principe nécessaire aux plantes. Lorsqu'une terre jouissant de bonnes propriétés physiques et chimiques manque seulement de carbonate de chaux, et n'en est pas moins fertile, il faut admettre que cet élément y est introduit par l'irrigation naturelle ou artificielle, par les engrais ou par la décomposition lente des silicates. A la rigueur, jamais une terre n'est entièrement dépourvue de chaux. Mais, s'il en est ainsi, pour expliquer les effets presque merveilleux du marnage sur certains sols, on doit supposer que le carbonate calcique, quand on l'ajoute en quantité surabondante, agit moins comme principe nutritif que par les modifications chimiques et physiques du sol qu'il détermine. Ces modifications détaillées plus haut sont, en effet, assez importantes, pour produire un accroissement extraordinaire de fertilité.

genres, espèces et classes, des terrains agricoles qui sont à *sol végétal de transport ou indépendant*.

Dans les terrains de cette sorte, le sous-sol a moins d'importance que dans les autochthones, parce qu'il n'influe en général sur les qualités de la terre végétale que par sa perméabilité ou son imperméabilité. Néanmoins, on devra encore le choisir pour servir de base à la détermination des *genres* : car des deux parties constituantes du terrain, c'est presque toujours lui qui a le plus de généralité. Il n'est pas rare, en effet, de voir des terres de transport de nature différente avoir le même sous-sol. Il conviendra également de distinguer le sous-sol par son nom géologique avec addition d'une épithète, si cela est nécessaire, parce que chaque masse minérale a un degré de perméabilité ou d'imperméabilité qui lui est propre.

Les *espèces* devant être tirées de la nature des terres végétales, il faut nécessairement, pour distinguer celles-ci, avoir égard aux éléments qui déterminent leurs propriétés physiques ou chimiques. Si l'on excepte le carbonate de chaux, les principes constituants à influence chimique sont peu propres à caractériser les terres; car, à moins d'être nuisibles, ils ne se trouvent dans leur sein qu'en très-petite quantité, et, en général, il est nécessaire d'avoir recours à l'analyse pour constater leur présence. D'ailleurs, ceux de ces principes qui sont les plus essentiels, se trouvent à peu près dans tous les sols. Il reste, pour spécifier les terres végétales de transport, les éléments à influence physique dont le rôle est, comme on le sait, très-important. Les principaux sont l'argile, le sable plus ou moins fin et les cailloux. On doit y ajouter les détritus de matières végétales, qui sont quelquefois en proportion notable, sur des espaces extrêmement étendus. Suivant la prédominance de l'un ou de deux d'entre eux, on aura des terres argileuses, sableuses, caillouteuses, humifères, ou bien, en combinant ces noms deux à deux suivant la méthode de M. Pontier, des terres argilo-sableuses, argilo-caillouteuses, sablo-caillouteuses, etc. Pour plus de précision, on pourra recourir à des signes particuliers pour exprimer les proportions relatives d'argile, de sable fin, de sable grossier, de cailloux et d'humus, lorsqu'on les aura déterminées exactement (1). Quelquefois, les terres renferment accidentellement, en quantité notable, certaines substances, comme la magnésie, l'oxyde de fer ou le sel marin, qui leur communiquent des qualités

(1) La composition soit physique, soit chimique, des terres pourrait être exprimée à l'aide d'une notation analogue à celle dont on se sert, en chimie et en minéralogie, pour faire connaître les principes constituants des corps. Ainsi, en désignant par A l'argile, T les autres matières ténues, s le sable fin, S le gros sable, G le gravier et les cailloux, H l'humus, et en ajoutant un exposant à chaque élément pour indiquer sa proportion sur 100 parties, on aurait une formule peu compliquée, qui donnerait la composition physique d'une terre supposée bien desséchée. Cette formule sera, par exemple $A^{30} T^{10} s^{20} S^{25} G^{10} H^5$. D'un autre côté, si l'on représente le carbonate de chaux par C, la magnésie par Ma, l'acide phosphorique par Ph, l'oxyde de fer par F, on exprimera les proportions de ces principes à influence chimique, en écrivant, par exemple, $C^{15} Ma^5 Ph^2 F^5$, en sorte que les signes $A^{30} T^{10} s^{20} S^{25} G^{10} H^5 + C^{15} Ma^5 Ph^2 F^5$ offriraient, sous une forme très-concise, les résultats d'une analyse mécanique complète et d'une analyse chimique partielle, bien suffisantes ordinairement pour la connaissance des terres en agriculture.

particulières. Rien n'empêchera, dans ce cas, d'indiquer la présence de ces substances, en donnant aux
sols les épithètes de magnésiens, de ferrugineux ou de
salifères (1).

En ce qui concerne les *classes* des terrains à sol végétal indépendant, il nous a paru difficile de les créer
en groupant les sous-sols. En effet, on a dit que, pour
ces sortes de terrains, les roches sous-jacentes n'avaient
guères de l'influence que par leur perméabilité ou par
leur imperméabilité. Or, ces deux caractères existent
à des degrés extrêmement variables et ne sont pas
susceptibles d'une mesure bien rigoureuse. Nous
avons donc pensé que, dans ce cas, il valait mieux,
pour l'établissement des classes, se servir, non des
sous-sols, mais des terres végétales elles-mêmes, en
ayant égard soit à l'âge géologique du dépôt qui leur
a donné naissance, soit à la présence ou à l'absence
du carbonate de chaux dans leur sein. Nous avons
reconnu, en effet, que ces caractères en entraînaient
beaucoup d'autres qui leur étaient subordonnés. En

---

(1) Les sols de transport où il y a beaucoup de sel marin, et qui méritent, par conséquent, l'épithète de *salifères*, occupent à la surface du
globe des étendues considérables. Plusieurs se trouvent à l'intérieur des
continents : tels sont les steppes salées de l'Asie centrale et, en particulier,
ceux des Kirghiz, au nord du lac d'Aral. D'autres sont situés sur les côtes,
à peu de distance de la mer : la plupart des deltas en sont des exemples.
On peut citer parmi ces derniers, en France, la Camargue (Bouches-du-
Rhône), où le sel est assez abondant pour avoir une influence défavorable
à l'agriculture.

Indépendamment du chlorure de sodium, les terrains salifères renferment souvent des sulfates de magnésie et de soude, et d'autres sels alcalins.

conséquence, nous faisons trois divisions principales des terrains agricoles à sol végétal indépendant; elles comprennent: 1° les sols de transport moderne; 2° les sols de transport ancien calcarifères; 3° les sols de transport ancien non calcarifères. La première classe embrasse toutes les terres alluviennes et, en général, tous les sols meubles, quelle que soit leur nature, qui se produisent sous nos yeux. Ces dépôts que rapprochent leur formation par les causes actuelles, leur position topographique, la variété de leurs éléments et la présence, dans la plupart des cas, d'une certaine quantité de matière organique, préexistante à l'humus, constituent un groupe très-naturel. La seconde classe renferme les terres de transport quaternaires ou d'un âge plus ancien, où il y a du carbonate de chaux; elles s'éloignent notablement des dépôts modernes par leur composition minéralogique et leurs propriétés agricoles. La troisième classe ne diffère de la précédente que par l'absence de l'élément calcaire; mais ce caractère est tellement important, ainsi que nous l'avons fait voir, qu'il suffit pour motiver sa séparation.

Le tableau suivant offre les principaux terrains agricoles de la France, classés suivant les principes qui viennent d'être exposés, en commençant par les terrains à sol végétal indépendant. Nous y avons joint l'indication des localités qui seront décrites plus tard comme exemples.

1° Terrains agricoles à sol végétal indépendant ou formé de matières de transport.

CLASSES.	GENRES.	ESPÈCES.	N° D'ORDRE.	LIEUX CITÉS COMME EXEMPLES.
SOLS DE TRANSPORT MODERNES.	Sous-sol limoneux.	Sol limoneux.	1	*Vallée de la Loire. — Graisivaudan. — Camargue, etc.*
	Sous-sol de sable et de cailloux.	Sol limoneux.	2	*Vallée du Rhin. — Id. du Drac.—du Rhône*
		Sol sablo-caillouteux.	3	*Lit de la Durance. — Id. de la Romanche, etc.*
	Sous-sol détritique.	Sol détritique.	4	*Alpes françaises.*
	Sous-sol de sable pur.	Sol sablonneux.	5	*Dunes de la Gascogne, etc.*
SOLS DE TRANSPORT ANCIENS CALCARIFÈRES.	Sous-sol marno-sableux.	Sol marno-sableux.	6	*Alsace. — Limagne.*
	Sous-sol marno-caillouteux.	Sol marno-caillouteux.	7	*Bas-Dauphiné.*
	Sous-sol de calcaire compacte.	Sol argilo-sableux (calcarifère).	8	*Beauce.*
SOLS DE TRANSPORT ANCIENS NON CALCARIFÈRES.	Sous-sol sablonneux.	Sol sablonneux.	9	*Campine, etc.*
	Sous-sol de grès ferrugineux.	Sol sablonneux.	10	*Landes de la Gascogne.*
	Sous-sol d'argile de transport.	Sol argileux.	11	*Bresse.*
		Sol sablonneux.	12	*Sologne.*
		Sol argilo-sableux.	13	*Dombes.*
	Sous-sol argilo-sableux.	Sol argilo-sableux.	14	*Flandre française, etc.*
	Sous-sol argilo-caillouteux.	Sol argilo-caillouteux.	15	*Terres-Froides (Isère), etc.*
	Sous-sol sablo-caillouteux.	Sol sablo-caillouteux.	16	*Graves de Bordeaux.— Médoc.*
	Sous-sol marno-caillouteux.	Sol argilo-sableux.	17	*Vallées du Bas-Dauph.*
		Sol sablo-caillouteux.	18	*La Crau.*
	Sous-sol de calcaire compacte.	Sol argilo-ferrugineux.	19	*Pays de Sault. — Causses, etc.*

2° *Terrains agricoles à sol végétal autochthone ou originaire du sous-sol.*

CLASSES.	GENRES.	ESPÈCES.	N° D'ORDRE.	LIEUX CITÉS COMME EXEMPLES.
SOUS-SOLS DE MATIÈRES ORGANIQUES	Sous-sol de tourbe.	Sol tourbeux.	20	*Marais de Bourgoin.*
SOUS-SOLS DE ROCHES DE SÉDIMENT CALCARIFÈRES.	Sous-sol de calcaire crayeux.	Sol de craie pulvérulente.	21	*Champagne pouilleuse.*
	Sous-sol de calcaire solide.	Sol fragmentaire.	22	*Bourgogne. — Haut-Jura. — Grande-Chartreuse.*
		Sol argilo-fragmentaire.	23	
	Sous-sol de marne.	Sol argileux.	24	*Bourgogne. — Les Alpes, etc.*
		Sol argilo-fragmentaire.	25	
	Sous-sol de grès calcarifère.	Sol fragmentaire.	26	*Les Alpes, etc.*
		Sol argilo-fragmentaire.	27	
SOUS-SOLS DE ROCHES DE SÉDIMENT NON CALCARIFÈRES.	Sous-sol de schiste argileux.	Sol argileux.	28	*Bretagne. — L'Ardenne, etc.*
		Sol argilo-fragmentaire.	29	
	Sous-sol de grès siliceux.	Sol fragmentaire.	30	*Les Vosges. — Fontainebleau. — Rive-de-Gier.*
		Sol argilo-fragmentaire.	31	
SOUS-SOLS DE ROCHES A ÉLÉMENTS CRISTALLISÉS.	Sous-sol granitique.	Sol fragmentaire.	32	*Plateau central de la France. — Morvan. Bocage. — Vallée du Rhône.*
		Sol argilo-fragmentaire.	33	
	Sous-sol de schiste micacé et quartzeux.	Sol fragmentaire.	34	*Département du Cher. — Les Maures.*
		Sol argilo-fragmentaire.	35	
	Sous-sol de roches volcaniques.	Sol argileux.	36	*Auvergne. — Vésuve. — Iles Lipari. — Etna.*
		Sol fragmentaire.	37	
		Sol argilo-fragmentaire.	38	

Nous nous proposons de décrire les qualités des diver terrains que renferme ce tableau; mais avant, nous avons à faire connaître les rapports qui existent

entre les terrains agricoles et les terrains géologiques.
Leur liaison est un fait intéressant ; c'est un trait d'union
entre la géologie et l'agrologie, qui nous a permis de
donner à cet ouvrage le titre de *Géologie agronomique*.
Nous entrerons aussi dans quelques détails sur les
Cartes dites *agronomiques*, qui rendent à l'agrologie les
mêmes services que les cartes géologiques à la géologie descriptive.

III. — RAPPORTS ENTRE LES TERRAINS AGRICOLES ET LES TERRAINS GÉOLOGIQUES. — NOTIONS SUR LES CARTES AGRONOMIQUES.

1° TERRAINS AGRICOLES ET TERRAINS GÉOLOGIQUES.

Au premier abord, on ne voit rien de commun entre
un terrain géologique et un terrain agricole. Le premier est une réunion de roches, le plus souvent stra-
tifiées, qui, à raison de leur liaison mutuelle, de
l'identité de leurs fossiles ou de leurs relations stra-
tigraphiques, paraissent avoir été déposées à la même
époque, lors de la formation du globe. Le second ne
consiste qu'en une terre végétale et un sous-sol. Pour
rapprocher les terrains géologiques, on se fonde exclusivement sur l'âge de leurs couches. L'identité de nature
minéralogique suffit, au contraire, pour que deux terrains agricoles soient désignés par le même nom. Il
existe cependant, entre ces deux sortes de terrains, une
liaison intime que nous mettrons en évidence, en
faisant remarquer que les circonstances géogéniques
sous l'empire desquelles les grandes masses minérales

se sont déposées autrefois, ont eu beaucoup de généralité; que, par suite, il est bien rare que les roches dont ces masses sont formées, ne conservent pas sur un certain espace, surtout s'il est peu étendu, exactement la même composition minéralogique et la même disposition relative. Il est bien clair que cet espace offre alors, sur toute sa superficie, la même terre végétale et le même sous-sol, et que, par conséquent, il correspond rigoureusement au même terrain agricole. Cela est vrai, soit que le sol végétal et le sous-sol dépendent d'une seule formation géologique, soit qu'ils appartiennent à des formations différentes. Si la constance de composition et de structure que l'on remarque souvent dans les terrains géologiques, persistait, quelque grandes que fussent les distances, il n'y aurait aucune différence entre la carte géologique d'une contrée et celle de ses terrains agricoles; les divisions de l'une seraient exactement les mêmes que celles de l'autre. Mais il s'en faut de beaucoup qu'il en soit ainsi. Lorsque, sans se renfermer dans aucune limite, on compare, sur des points éloignés, des roches contemporaines sous le rapport géologique, on y observe fréquemment des changements notables de texture et même de composition minéralogique. Ainsi, un calcaire grenu ou compacte pourra devenir marneux; un granite qui est ici d'une décomposition difficile et ne fournit, en se dégradant, que des fragments incohérents, sera ailleurs susceptible d'altérations moléculaires profondes, qui produiront beaucoup de matière argileuse. Le même fait se remarquera dans un grès qui, suivant les lieux, sera dur et compacte, ou bien friable et susceptible de se réduire en un sable fin argileux. Il arrive aussi, fréquemment, que, dans le sein du même terrain, certaines roches prennent un grand développement, relativement à d'autres qui semblent disparaître presque complètement. Ces variations accidentelles des masses minérales ne changent rien à leur âge géologique, mais elles donnent naissance à des terrains agricoles très-différents. Un terrain géologique, considéré dans son ensemble et suivi aussi loin que possible, offre donc ces deux faits, qui ne sont nullement contradictoires, savoir : d'une part, une grande constance de caractères, lorsqu'on ne sort pas de certaines localités à surfaces plus ou moins restreintes, et, d'autre part, des variations notables, quand on passe de l'une de ces localités dans l'autre.

On en tire cette conséquence importante que, lorsqu'on a dressé la carte géologique d'un pays, il suffit, pour avoir celle de ses terrains agricoles, d'explorer, en détail, sur les lieux, chaque compartiment géologique, afin de le subdiviser en espaces ayant sur toute leur superficie la même terre végétale et le même sous-sol ; puis, de distinguer ces divers espaces, en leur appliquant des teintes conventionnelles. Lorsque cette opération sera terminée, si l'on compare la carte géologique à celle des terrains agricoles, on verra que non-seulement celle-ci sera composée des compartiments de la première plus ou moins subdivisés, mais que, quelquefois, certains espaces coloriés différemment sur la carte geologique, auront la même teinte sur celle des terrains agricoles. Il peut arriver, en effet, que des masses minérales, quoiqu'elles n'aient pas été formées à la même époque, se ressemblent assez, dans certains lieux, pour donner naissance à des terrains agricoles auxquels le même nom est applicable. Ce cas est même assez fréquent.

La végétation ne dépend pas seulement de la composition minéralogique de la terre végétale et du sous-sol : la configuration extérieure des lieux, la structure des couches et leur relief ont aussi sur elle une grande influence. En ayant égard à l'ensemble de ces caractères, on peut dire que deux terrains agricoles qui, à raison de leur nature minérale, doivent être confondus sous la même dénomination, ne sont jamais plus semblables que lorsqu'ils sont contemporains géologiquement. Comme aussi deux terrains agricoles, qui ne sont pas de la même espèce, sont toujours plus dissemblables, si leur âge est différent, que dans le cas contraire. C'est qu'en effet l'époque de la formation d'un système de couches, surtout lorsqu'il s'agit des grandes périodes géologiques, entraîne avec elle un certain ensemble de caractères généraux, dont quelques-uns paraissent indélébiles quand on embrasse de vastes surfaces (1). Par conséquent, lorsqu'on com-

---

(1) Afin de donner un exemple de terrains agricoles qui, étant très-distincts, offrent cependant une certaine parenté, si l'on peut parler ainsi, parce qu'ils appartiennent à la même époque géologique, nous citerons les terrains qui dépendent du grand dépôt quaternaire, connu sous le nom de *diluvium des plateaux*. Ce diluvium a couvert d'immenses surfaces; on l'observe presque partout en France, en Belgique, en

17

parera, sur des cartes, les terrains agricoles de deux pays éloignés, on aura une idée bien plus exacte de leurs rapports de similitude, si l'on a en même temps sous les yeux les cartes géologiques de ces pays.

2° CARTES AGRONOMIQUES.

La liaison que nous venons de signaler entre les cartes géologiques et les cartes des terrains agricoles, nous conduit à parler de celles auxquelles on a donné le nom plus général d'*agronomiques*. Elles sont nées du désir de marquer sur les feuilles topographiques ordinaires, à l'aide de signes, les diverses aptitudes des sols pour les cultures, les amendements dont ces sols

Suisse, etc., où il part des principaux centres montagneux et s'étend autour d'eux jusqu'à de très-grandes distances. L'argile, le sable et les cailloux roulés en sont la base, mais comme ces éléments sont associés entre eux de diverses manières et dans des proportions variables, il en résulte des sols très-différents. Ainsi, les terres de ce dépôt sont purement sableuses dans les Landes et une partie de la Sologne; argileuses dans la Bresse, le département du Cher et beaucoup d'autres lieux; argilo-sableuses dans le nord de la France; sablo-caillouteuses dans le Dauphiné et la Provence, etc. Malgré cette diversité de composition, elles offrent entre elles une analogie qui n'a pas échappé aux agronomes. Leur situation topographique, relativement aux vallées, est exactement la même; elles sont toutes plus ou moins ferrugineuses et, presque toujours, dépourvues de carbonate de chaux; elles passent les unes aux autres par des transitions insensibles; les mêmes amendements leur sont en général applicables, et l'on est étonné d'y retrouver, souvent à de grandes distances, les mêmes systèmes de culture et le même ensemble de végétaux dominants.

On comprend dans ce cas l'utilité d'une carte géologique, qui permet d'embrasser d'un seul coup d'œil tous ces terrains qu'unissent entre eux des caractères communs dérivés de leur similitude d'âge.

sont susceptibles et d'autres faits intéressant l'art agricole. L'idée première en est due à M. de Caumont, qui l'a développée dans une note ayant pour titre : *Lettre sur les cartes agronomiques* (1). Dans cet écrit, l'auteur expose la manière dont il a conçu et exécuté une carte pareille, pour le département du Calvados. D'après ses observations, la surface de ce département présente deux grandes divisions, comprenant l'une les régions herbifères, et l'autre les régions granifères ou les terrains cultivés. Toutes les régions herbifères ont la même teinte, leur nature géologique étant suffisamment indiquée par leur position au milieu des régions granifères. Celles-ci, au nombre de quatre, sont diversement coloriées, suivant qu'elles correspondent à la craie inférieure, à la grande oolithe, au lias ou aux terrains de transition. Dans la première région, la végétation est belle, le hêtre surtout acquiert des dimensions considérables ; le pommier prospère et donne généralement des cidres très-forts ; les assolements suivis sont le biennal et le triennal modifiés par les prairies artificielles. Dans la seconde région, l'assolement est tantôt triennal (blé, orge, avoine, avec trèfle ou sainfoin), tantôt biennal. La troisième région, dite du lias, se distingue des deux premières par ses terres fortes, argileuses et humides. Enfin, la quatrième, comprenant les terrains de transition (granite, phyllade, grès), présente, de son côté, des

(1) *Extraits des travaux de la Société d'agriculture de la Seine-Inférieure*, année 1843, tome XII, page 598.

terres très-différentes de celles des régions précédentes.

Pour exprimer sur la carte les divers assolements adoptés, M. de Caumont désigne les cultures par leurs lettres initiales : ainsi, dans la plaine de Falaise, où la rotation *blé, orge, sainfoin* est en usage, il l'indique par les signes B. O. S. La chaux carbonatée, le sable, l'argile, les cailloux, formant la base des terres arables, il exprime également, à l'aide d'une notation particulière, celui de ces éléments qui est dominant. Il ajoute aussi en marge de la carte, ou près des couleurs de la légende, quelques détails sur les races d'animaux domestiques dans chaque région. Enfin, il signale les aptitudes particulières des sols pour certaines récoltes : il fait remarquer, par exemple, que les alluvions argileuses remplies de cailloux siliceux, que l'on voit à la surface de plusieurs terrains du Calvados, sont très-favorables à la production du bon cidre ; qu'au contraire, les pommes qui ont crû sur les terrains où la chaux est en excès, sont moins sucrées que les autres, et que le cidre, qui en provient, devient de bonne heure acide.

L'administration des Travaux publics a pensé, il y a une vingtaine d'années, que les idées de M. de Caumont étaient susceptibles d'une application utile et, depuis cette époque, elle a chargé les ingénieurs des mines de dresser des cartes agronomiques départementales. Ce nouveau service a été l'objet d'une instruction détaillée, datée du 26 août 1852. Sous l'impulsion de l'administration, un assez grand nombre de cartes agronomiques ont été entreprises ; mais comme leur but, et surtout leur mode d'exécution, pouvaient être envisagés sous des points de vue assez différents, et qu'à cet égard la libre initiative de chacun avait été réservée, il en est résulté que les cartes publiées jusqu'à ce jour ont présenté une grande diversité de plans, et qu'elles sont loin d'être comparables. On peut les diviser en quatre catégories : les premières consistent en cartes géologiques, qui indiquent, à l'aide d'un système de signes graphiques superposés aux couleurs, la nature de la végétation correspondante à chaque espèce de terrain ; les secondes sont construites sur le même plan, sauf qu'aux terrains géologiques on a substitué les terres végétales considérées minéralogiquement et leurs sous-sols divisés en perméables et en imperméables ; les cartes de la troisième catégorie, moins complètes que les précédentes, ont pour but unique d'offrir le tableau des terres végétales avec toutes leurs variétés de composition ; enfin, sur les cartes de la quatrième espèce, on s'est borné à figurer la distribution des diverses sortes de cultures à la surface du sol. Ces quatre manières principales de concevoir les cartes agronomiques ne nous paraissent pas à l'abri de critiques. Nous objecterons au premier système que deux terrains géologiques contemporains, désignés exactement par la même couleur, peuvent avoir une composition minérale différente, et, par conséquent, ne pas influer de la même manière sur la végétation. On évite ces inexactitudes dans le second système, en substituant aux terrains géologiques les terres végétales classées minéralogiquement, et en y joignant leurs sous-sols divisés en perméables et en imperméables ; mais comme on n'indique pas la nature minéralogique de ces sous-sols, ni leurs rapports avec les terres végétales, les renseignements donnés sont insuffisants. Le troisième système, où l'on se borne à faire connaître la nature variée des terres végétales, présente les mêmes inconvénients. Ils subsistent également dans le quatrième système, qui consiste uniquement à représenter la distribution géographique des cultures.

Dans notre opinion, une carte des terrains agricoles est la base essentielle de toute carte agronomique. Les cartes de ces sortes de terrains sont comparables entre elles et, seules, elles fournissent des renseignements complets sur la nature minéralogique du sol et du sous-sol, dont la considération simultanée est indispensable, ainsi que nous l'avons prouvé. Il est extrêmement utile de joindre aux terrains agricoles les terrains géologiques, afin de n'être pas privé des indications précieuses que donne l'âge des masses minérales. La représentation des cultures n'est pas moins nécessaire ; car, outre qu'elle est d'un grand intérêt pour la statistique agricole de la contrée, elle montre le résultat des influences combinées de toutes les causes modificatrices de la végétation. Il y a des pays très-accidentés, comme par exemple les Alpes, où le climat change tellement à mesure que l'on s'élève, qu'il en résulte, suivant les hauteurs, des zones où les cultures sont totalement différentes. On n'aurait qu'une idée très-incomplète de la physionomie agricole de ces pays, si l'on ne traçait sur une carte les diverses zones de la végétation avec une légende indiquant leurs caractères distinctifs. En résumé, nous pensons qu'une carte agronomique complète doit faire connaître : 1° les terrains géologiques ; 2° les terrains agricoles ; 3° la distribution géographique des cultures ; 4° les zones agricoles altitudinales. Il serait extrêmement difficile de figurer ensemble des indications aussi nombreuses et aussi compliquées. Mais rien n'empêchera de leur consacrer quatre feuilles topographiques séparées, correspondantes à chacun des ordres de faits que nous venons de signaler. C'est le plan que nous avons adopté pour notre carte géologique et agronomique du département de l'Isère, publiée en 1863.

Dans ce coup d'œil jeté sur les cartes agronomiques, nous n'avons parlé que de leurs parties principales. Si nous voulions descendre dans les détails, nous signalerions beaucoup de renseignements intéressants qui doivent y figurer. Les plus importants sont : les canaux d'irrigation et de desséchement, existants ou susceptibles d'exécution ; les lieux à drainer ; les gisements de substances utiles, principalement de celles qui servent à l'amendement des terres ; les marchés agricoles et les lignes de parcours des produits du sol.

Il sera, en outre, utile de faire, pour les terrains agricoles, des coupes analogues à celles des terrains géologiques. Ces coupes, dont notre carte de l'Isère offre des exemples, ont l'avantage de montrer la position topographique relative des divers terrains agricoles et la manière dont ils varient avec les accidents du sol.

Nous croyons que les cartes agronomiques sont appelées à rendre de grands services à l'agriculture, surtout, lorsqu'aux cartes départementales on pourra en joindre d'autres extrêmement détaillées, n'embrassant qu'un canton et même qu'une commune.

CHAPITRE QUATRIÈME

DESCRIPTION DES PRINCIPAUX TERRAINS AGRICOLES

considérés dans leurs qualités inhérentes à la constitution minérale du sol.

Le titre de ce chapitre indique qu'il a pour objet l'ensemble des qualités des terrains agricoles qui dérivent de leur constitution minérale. Mais, ainsi que nous l'avons dit dans notre Introduction, ces qualités ne s'observent jamais dans la nature que plus ou moins modifiées par les conditions physiques extérieures. On peut cependant parvenir à les connaître isolément, en procédant par abstraction. C'est de cette manière que nous acquérons beaucoup de nos idées : par exemple, pour avoir celle de l'homme en

général, nous comparons entre eux un grand nombre
d'individus; puis, nous faisons abstraction des détails
de physionomie, de taille, etc., qui les distinguent;
nous avons ainsi une idée de l'homme qui, pour être
générale, n'en est pas moins vraie. Conformément à
ce procédé, il faut pour démêler les qualités qui dépendent exclusivement du sol et du sous-sol d'un terrain,
l'observer dans des contrées diverses, ou bien, s'il
occupe un très-grand espace dans la même contrée,
l'étudier sur toute son étendue. Il est clair qu'en embrassant ainsi de vastes surfaces, les influences dues à
l'irrigation naturelle, à l'épaisseur de la terre végétale,
à la pente et au climat, ne restent pas les mêmes et
qu'elles se compensent, en quelque sorte, mutuelle-
ment. Par conséquent, si, au milieu de leur diversité,
le terrain observé conserve certaines qualités caractéristiques, on sera fondé à les attribuer aux propriétés
qui sont inhérentes à la constitution minérale du sol.
Cette marche est celle que nous avons suivie. Nous
avons considéré les divers sols sur des points assez
nombreux, et assez distants les uns des autres, pour que
les conditions extérieures ne fussent pas les mêmes, et
nous nous sommes appliqué à connaître les caractères
qui demeuraient constants. Ces caractères ont été
résumés, sous le titre de *généralités*, dans un paragra-
graphe que, pour plus de clarté, nous avons placé au
commencement de l'article consacré à chaque terrain.
Les descriptions locales viennent après et sont, en
quelque sorte, les pièces justificatives des généralités
qui les précèdent.

Malgré nos efforts et le soin que nous avons eu de visiter nous-même plusieurs régions agricoles, nous craignons bien que cette partie de notre ouvrage ne soit jugée très-imparfaite. Mais nous espérons qu'on aura égard aux difficultés que nous avons eues à surmonter. Ne pouvant tout voir nous-mêmes, nous avons dû, le plus souvent, recourir aux ouvrages d'agriculture locale; or, les faits de géologie agronomique qu'on y trouve, sont très-peu nombreux et presque toujours incomplets.

Le tableau des terrains agricoles, que nous avons inséré dans le chapitre précédent (1), en renferme trente-huit, que nous nous proposons maintenant de décrire. On se tromperait beaucoup si l'on croyait qu'ils représentent le plus grand nombre de ceux qui existent dans la nature. Il suffit de se rappeler la définition que nous avons donnée, en commençant, de ces sortes de terrains, pour comprendre qu'ils doivent être extrêmement multipliés. Mais beaucoup d'entre eux sont rares; d'autres n'offrent pas une physionomie agricole bien caractérisée, ou paraissent accidentels. Nous avons dû en faire abstraction et ne considérer, dans ce traité élémentaire, que ceux qui présentent le plus d'intérêt par leur vaste étendue ou par leurs caractères bien tranchés.

Dans la description qui va suivre, nous nous conformerons à la classification et aux numéros d'ordre du tableau déjà cité.

(1) Voyez plus haut, page 252.

I. — TERRAINS AGRICOLES A SOL VÉGÉTAL
INDÉPENDANT.

La grande division des terrains agricoles à sol végétal indépendant correspond géologiquement aux
terrains de transport de diverses espèces, qui appartiennent, presque tous, soit à la période géologique
moderne, soit à la quaternaire. Ces terrains sont de
nature variée et occupent des espaces immenses. On
les observe tantôt dans les plaines, tantôt sur les
plateaux. Leur surface est ordinairement à peu près
horizontale et dépourvue d'accidents; cependant il
peut arriver, si leur épaisseur est très-grande, qu'ils
aient été entamés profondément par les eaux : ils
offrent alors des collines plus ou moins élevées, séparées par des vallons d'érosion. Considérés au point de
vue agricole, ils impriment, comme nous l'avons déjà
dit, un cachet de fertilité ou de stérilité à des contrées
entières : nous en verrons bientôt des exemples.

Les terrains de transport étant composés de matières meubles, et ayant une épaisseur ordinairement
très-grande, présentent un sol cultivable d'une profondeur presque indéfinie; ce qui est un grand avantage en agriculture. Cependant il arrive quelquefois
qu'une couche mince de transport est superposée à
des roches d'une nature toute différente, ou qu'une
masse épaisse d'alluvions se divise en lits distincts et
alternatifs de sable, d'argile et de cailloux roulés. Dans
ces deux cas, la terre végétale peut être très-peu profonde et différer beaucoup du sous-sol.

Malgré l'inégalité de fertilité que l'on remarque
dans les terrains agricoles à sol végétal indépendant,
ce sont eux, si on les prend dans leur ensemble, qui
constituent la plupart des terrains productifs; ils sont,
suivant l'expression d'un illustre savant, une espèce de
chair dont la nature prévoyante a revêtu le squelette
rocheux du globe, et, sans laquelle, celui-ci naturellement infertile, ne pourrait suffire à la nourriture de
l'homme et des animaux.

Les terrains de la première division se partagent en
trois grandes classes qui sont : 1º les sols de transport
moderne ou de la période géologique actuelle; 2º les
sols de transport anciens calcarifères; 3º les sols de
transport anciens non calcarifères. Nous avons fait
connaître plus haut les motifs sur lesquels est fondé
l'établissement de ces trois classes, et nous avons indiqué les caractères essentiels qui les séparent. Nous
allons passer immédiatement à la description détaillée
de dix-neuf terrains qui y sont compris.

§ 1ᵉʳ. TERRAINS A SOL DE TRANSPORT MODERNE.

TERRAIN AGRICOLE Nº 1. { Sous-sol limoneux.
{ Sol limoneux.

Généralités. — On entend ordinairement par *limon*
un mélange intime de sable fin, d'argile et de carbonate de chaux pulvérulent, que la plupart des eaux
courantes tiennent en suspension et qu'elles déposent
dans les lieux où leur vitesse est suffisamment ralentie.
Indépendamment des trois principes constituants que

nous venons de nommer et qui sont les plus habituels, le limon renferme accidentellement du carbonate de magnésie, de l'oxyde de fer et, presque toujours, quelques centièmes de matière organique. On le nomme argileux, sableux ou calcaire, suivant que l'argile, le sable ou le carbonate de chaux en est l'élément dominant. Lorsqu'un dépôt limoneux a une épaisseur considérable, il en résulte que le sol végétal et le sous-sol sont de même nature. Presque toujours, un pareil terrain jouit d'une grande fertilité, qui est due à son heureuse constitution physique et aussi à la variété minéralogique de ses éléments. On doit le considérer, en effet, comme une collection pulvérulente de toutes les roches composant le bassin de la rivière qui a donné lieu à son dépôt. Il contient, en outre, le produit du lavage des terres végétales et, par suite, les particules les plus fines de leur terreau.

Le limon le plus connu par ses propriétés fertilisantes, est celui du Nil. Il en a été fait plusieurs analyses, parmi lesquelles celle de M. Lassaigne est une des plus anciennes et des plus complètes; elle a donné les résultats suivants :

Silice	42,50
Alumine.	24,25
Oxyde de fer	13,65
Carbonate de chaux . .	3,85
Carbonate de magnésie.	1,20
Magnésie	1,05
Matières organiques . .	2,80
Eau	10,70
	100,00

La forte dose de substances organiques que renferme ce limon est remarquable et explique sa fertilité. L'oxyde de fer y existe aussi en proportion très-considérable; on en a trouvé à peu près autant dans d'autres échantillons.

Une analyse mécanique de la même matière a donné :

Sable siliceux	47
Argile et autres substances ténues	53
	100

M. Berthier a analysé un échantillon du limon de la Durance pris à Mallemort, à sept kilomètres environ de l'embouchure de cette rivière dans le Rhône. La matière était de couleur café au lait foncé, et contenait une assez forte proportion de substances organiques; elle a absorbé les 0,40 de son poids d'eau. On y a trouvé :

Sable quartzeux fin . .	20,00
Argile	30,50
Oxyde de fer	6,00
Carbonate de chaux . .	37,00
Carbonate de magnésie.	1,00
Matières organiques . .	1,60
Eau	3,90
	100,00

Le fer qu'on a dosé était à l'état de protoxyde. La terre était cultivée pour la garance et donnait de bons produits en quantité et en qualité.

Dans la vallée du Rhône, les alluvions modernes ont couvert, à l'ouest d'Orange, une vaste plaine très-fertile, dont le sol est un limon fin, presque entièrement dépourvu de gravier et contenant 40 à 43 pour

100 de carbonate de chaux. L'analyse d'un échantillon pris à Gabet, près d'Orange, a donné :

Terreau	4,00
Carbonate de chaux . .	43,50
Argile	32,50
Sable siliceux	20,00
	100,00

C'est une excellente terre d'alluvion, dit M. de Gasparin, facile à travailler, produisant des blés, des légumes et des mûriers de toute beauté.

Un sous-sol limoneux est ordinairement peu perméable, surtout lorsqu'il renferme une proportion considérable d'argile ; il convient alors de l'améliorer par le drainage. Sa position au fond des vallées et sur le bord des cours d'eau, augmente encore l'utilité de cette opération.

Le sol limoneux, considéré en général, conserve bien les engrais et devient facilement riche en humus. Comme le sable qu'il renferme le rend suffisamment poreux, il absorbe en notable proportion les gaz fertilisants de l'atmosphère. Il n'a pas besoin d'amendements minéraux : on remarque, en effet, que le plâtre, la chaux et la marne sont sans action sensible sur lui ; ce qui tient sans doute à ce que le carbonate de chaux assimilable se trouve dans son sein en quantité suffisante. Il convient à toutes les cultures, surtout à celles qui sont épuisantes et que l'on ne pourrait placer, avec le même succès, dans un autre terrain.

Il n'y a pas de vallées un peu spacieuses où l'on ne trouve des dépôts limoneux, au moins par place ;

ils sont le résultat des débordements des eaux courantes, lorsqu'elles n'ont pas eu assez de force pour charrier du gravier. Dans quelques cas, le limon a une
origine un peu différente : il a rempli le fond de bassins plus ou moins vastes, occupés autrefois par des
eaux stagnantes, où se déposaient les troubles des
cours d'eau affluents. Ces alluvions, que l'on nomme
paludéennes sont, comme les autres, d'une grande
fertilité, pourvu que le sol ait été bien desséché; elles
renferment presque toujours des débris de matières
organiques de diverse nature, qui sont un fond d'engrais presque inépuisable.

Les terrains à sol et à sous-sol limoneux ne sont
pas rares; on peut citer comme exemples : *la vallée
de la Loire, le Graisivaudan* (Isère), *la Camargue* (Bouches-du-Rhône), *les Paluns de Monteux* (Vaucluse) et
les terres paludéennes nommées *Bris* (Charente-Inférieure). Nous allons décrire avec quelques détails ces
diverses régions agricoles.

Vallée de la Loire.

Le terrain limoneux déposé par la Loire est principalement sableux; il forme, au fond de la vallée, une
zone de largeur variable qui est d'une grande fertilité,
surtout dans le département de Maine-et-Loire. Dans
les parties les plus exposées aux inondations du fleuve,
le sable est jaunâtre, et l'on remarque que, suivant la
grosseur des grains, il présente des aptitudes agricoles
fort différentes. Lorsqu'il est d'une très-grande finesse,
quoiqu'il soit peu argileux, il prend assez de consis-

tance pour devenir une excellente terre à blé. Quand il est moins fin, il convient plus particulièrement au seigle parmi les céréales, et au chanvre parmi les plantes textiles. Toutes les fois que les eaux, dans leurs débordements, charrient du sable grossier en grande quantité, les terrains, qui en sont recouverts, sont pour longtemps impropres à toute autre culture qu'à celle des arbres. Sauf ce cas exceptionnel, les terres de la vallée, même les plus légères et les plus exposées aux inondations, ont une grande valeur. La proportion de carbonate de chaux qu'elles renferment est extrêmement variable; elle est à peine de quelques centièmes aux environs d'Angers et beaucoup plus forte ailleurs. Une analyse des alluvions de la Loire a donné à Chaptal:

Sable siliceux	32
Sable calcaire	11
Argile	31
Calcaire en particules ténues	10
Débris végétaux	7
	100

Les alluvions de l'Authion, l'un des affluents de la Loire près d'Angers, sont également limoneuses et extrêmement fertiles. Par suite de leur origine marécageuse, elles ont une couleur noirâtre qui dénote, à première vue, l'existence de substances organiques. Lorsqu'on les a extraites d'une certaine profondeur, elles sont grasses et tourbeuses sur beaucoup de points et présentent souvent des fragments de coquilles. Pour devenir productives, elles veulent alors rester, pendant quelque temps, exposées au contact de l'air; elles

18

acquièrent de cette manière une fécondité encore plus grande que celle des alluvions du fleuve dont elles sont voisines.

Nous avons dit plus haut que le sol alluvien de la Loire, lorsqu'il était formé de grains de sable d'une certaine grosseur, convenait particulièrement à la culture du chanvre. Cette aptitude est surtout remarquable dans les îles dites de *Chalonnes*, situées à peu de distance de la ville d'Angers. Au commencement de ce siècle, le chanvre était à peine cultivé dans ces îles; maintenant, il y occupe plus de la moitié des terres labourables (1). Sa· qualité est fort bonne. La corderie le préfère à celui de Russie pour les câbles de navires et les cordages de bateaux; pour les filets de pêcheurs; en un mot, pour tous les emplois qui exigent, sous le moindre volume, le plus de résistance possible. On s'en sert aussi avec succès pour la confection des toiles à voile et de celles de ménage.

Le chanvre d'Angers est quelquefois cultivé dans des terres extrêmement sablonneuses, même dans celles qui ne conviennent que médiocrement au seigle; mais il n'y réussit bien que lorsque l'année n'est pas trop sèche; il lui faut aussi une bonne fumure. Sa place dans l'assolement est généralement après les céréales. Dans cette combinaison, c'est lui qui reçoit les engrais; quelquefois, on les partage entre les deux cultures. Assez souvent aussi, on adopte la rotation

(1) Parmi ces terres, il en est qui sont consacrées exclusivement à la culture du chanvre et qui, dans l'intervalle de quinze à vingt ans, n'ont presque pas donné d'autre produit.

suivante: 1° froment fumé; 2° lin et trèfle coupé en vert; 3° trèfle enfoui au printemps et chanvre. L'assolement est alors triennal.

Les prairies artificielles sont peu répandues dans la vallée de la Loire. On n'en sent pas le besoin, à cause de la rapidité avec laquelle les terrains abandonnés à eux-mêmes se changent en riches pâturages. On laisse en prairies les parties du sol les plus exposées aux inondations, en les défendant seulement par des plantations d'osier, ou par le couchage périodique des branches de ces arbres qui bordent immédiatement le fleuve. Dans cette vallée, les frênes et les ormeaux cultivés en têtards donnent, de trois ans en trois ans, des coupes superbes et produisent chaque année, par leur feuillage, un riche supplément de fourrages. Les peupliers croissent partout avec une rapidité étonnante. Les arbres fruitiers à pépins se couvrent surtout d'abondants et excellents fruits. Les noyers, les châtaigniers, les mûriers, etc., ne végètent nulle part avec plus de vigueur. Enfin, les légumes d'été et les racines acquièrent en peu de temps un volume considérable, sans rien perdre de leur saveur.

Tels sont les principaux traits de la physionomie agricole du terrain limoneux de la Loire, terrain justement renommé par sa fécondité.

Le Graisivaudan.

La contrée appelée *Graisivaudan*, dans le Dauphiné, comprend la partie de la vallée de l'Isère qui s'étend depuis les frontières de la Savoie jusqu'à Saint-Gervais, canton de Vinay. Sa longueur totale, comptée suivant l'axe de la vallée, est de 77 kilomètres; sa largeur variable peut être évaluée moyennement à 3 kilomètres. L'altitude du sol à l'extrémité inférieure de la plaine, près de Saint-Gervais, est de 185 mètres; de là, elle va en augmentant progressivement et atteint 255 mètres environ sur la limite de la Savoie.

La température moyenne de ce pays est comprise entre 12° et 13°. Comme il est entouré de hautes montagnes, on y observe en été des variations brusques du thermomètre : ainsi, à une chaleur accablante pendant la plus grande partie de la journée, succède quelquefois, le soir, une fraîcheur qui approche du froid. Les pluies y sont abondantes, principalement au printemps, en avril, et en automne, au mois d'octobre. A Grenoble, capitale et centre de toute la contrée, la hauteur moyenne annuelle de l'eau tombée est égale à $1^m,049$. Le nombre des jours pluvieux est de 118 environ. Le vent dominant est celui du nord; après viennent, comme les plus fréquents, ceux du nord-est, du nord-ouest et du sud-est; ce dernier amène la pluie.

Le Graisivaudan se divise naturellement en trois régions assez distinctes sous le rapport de l'aspect physique et de la configuration. La première, située en amont de Grenoble, est la plus spacieuse et la plus peuplée; sa longueur est de 42 kilomètres et sa largeur moyenne de 3,500 mètres. La partie de la vallée de l'Isère qu'elle comprend est longitudinale, c'est-à-dire parallèle aux couches de deux chaînes de monta-

gnes qui la bordent de chaque côté et qui sont formées, l'une de roches cristallines et l'autre de calcaires
secondaires. L'Isère parcourt cette vallée, en y faisant
beaucoup de sinuosités qui n'ont été qu'en partie rec-
tifiées. Sur les deux rives, à droite et à gauche, on remarque une longue suite de villages et de maisons de
campagne qui se touchent en quelque sorte et donnent au pays un aspect très-riant, en même temps
qu'ils témoignent de sa richesse agricole. La seconde
région, comprise entre Grenoble et Voreppe, est trans-
versale relativement aux montagnes calcaires dans
le sein desquelles elle a été ouverte. Sa longueur
n'est que de 15 kilomètres et sa largeur moyenne de
2,500 mètres. Elle est plus caillouteuse et moins riche
que la précédente. La troisième région, qui s'étend de
Voreppe à Saint-Gervais, est entourée, à droite, de
collines de cailloux roulés, et limitée, à gauche, par
une chaîne calcaire. Sa forme est celle d'un bassin
elliptique un peu arqué, ayant 19,500 mètres de longueur, et, à peu près, 5 kilomètres dans sa plus grande
largeur. Ce bassin est occupé dans toute son étendue
par des vignes, des arbres fruitiers et des prairies; son
aspect est celui d'un riche et vaste verger.

Le terrain à sol et à sous-sol limoneux s'observe
surtout dans la première et la troisième région. La
seconde est bien composée aussi, à la surface, d'alluvions limoneuses, mais presque partout le sous-sol est
caillouteux. Cela résulte de ce que, dans cette partie
de la vallée, l'Isère a roulé autrefois beaucoup de gravier provenant du Drac, l'un de ses affluents. En

général, le terrain d'alluvion forme de chaque côté de
la rivière une zone de largeur variable, assez souvent
interrompue par des amas de gravier et de cailloux
que les torrents ont amenés des montagnes environnantes. Le limon, nommé dans le pays *terre de sablon*, est composé d'une marne argileuse de couleur
foncée, extrêmement ténue, mêlée de 35 à 40 pour
100 de sable siliceux, plus ou moins fin. Le carbonate de chaux s'y trouve ordinairement dans la proportion de 25 à 30 pour 100. Il renferme aussi, outre
une quantité variable d'humus, un peu d'oxyde de fer
et du carbonate de magnésie. En amont de Grenoble,
ce limon paraît s'être déposé principalement sur la
gauche de l'Isère; il se prolonge de ce côté jusqu'au
pied des montagnes. La forme abrupte des coteaux et
les restes de berges encore bien conservées, que l'on
observe sur les communes du Cheylas et de Goncelin,
indiquent, en effet, que c'est principalement de ce
côté que les eaux se sont portées autrefois. L'existence
de ces berges, à un niveau bien supérieur à celui
des plus grandes inondations actuelles, prouve aussi
que, depuis cette époque, la rivière a considérablement diminué l'étendue de ses excursions et qu'elle
s'est successivement encaissée. En se rapprochant de
Grenoble par Domêne et Gières, on voit que le sol
devient assez argileux pour servir de matière première
à des fabriques de tuiles et de briques. Plus près
encore de la ville, du côté de l'est, le terrain limoneux
est très-développé et ne renferme aucune trace de
gravier. Dans la partie de la vallée qui est comprise

entre Voreppe et Saint-Gervais, le même terrain présente aussi une grande étendue. Ses parties les plus rapprochées de l'Isère, étant facilement submersibles, sont occupées principalement par des bois et des prairies. Les arbres fruitiers et les vignes sont à un niveau un peu plus élevé.

Le sol limoneux du Graisivaudan jouit d'une réputation de fertilité justement méritée. Quand il a été convenablement fumé, on en retire, pendant plusieurs années de suite, du chanvre, du blé, du trèfle, du maïs, des pommes de terre ou des plantes fourragères, sans que la fécondité de la terre paraisse s'épuiser. Ces plantes sont ombragées par des vignes hautes, des mûriers, des noyers et d'autres arbres fruitiers, qui donnent eux-mêmes de beaux produits, en sorte que, chaque année, il y a une double récolte.

Il est à remarquer que les eaux de filtration sont abondantes dans toute cette contrée; elles forment, à une petite profondeur au-dessous de la surface du sol, une nappe permanente qui s'élève ou s'abaisse, suivant que les pluies ou la fonte des neiges des hautes sommités environnantes l'alimentent plus ou moins. Cette nappe d'eau entretient dans le sous-sol une fraîcheur qui se communique en partie à la terre végétale et contribue certainement à la vigueur de la végétation. Les arbres à longues racines, dans la plaine, sont toujours à l'abri des atteintes de la sécheresse.

Aux environs de Grenoble, le chanvre donne depuis longtemps des produits importants. On choisit

pour cette culture les meilleures terres et on les fume
avec de l'engrais humain provenant des vidanges de la
ville. On retire successivement, la première année, du
chanvre; la seconde, également du chanvre; la troisième du blé poulard, dit *gros blé;* la quatrième, du
trèfle; enfin la cinquième, du blé fin ou blé ordinaire
d'automne. L'engrais est employé à la dose de 80 mètres cubes par hectare, et souvent en deux fois : d'abord,
avant de commencer la rotation (c'est la fumure principale); puis, en quantité plus faible et comme supplément, avant la deuxième récolte de chanvre. Le
prix de revient de cet engrais est d'environ 5 francs le
mètre cube, en y comprenant les frais de désinfection
par le sulfate de fer, l'extraction et le transport dans
un rayon de 5 à 6 kilomètres.

On fait aussi beaucoup de chanvre dans la partie
du Graisivaudan comprise entre Grenoble et la Savoie.
Sur la commune du Touvet, on suit l'assolement suivant : 1° chanvre avec fumure; 2° froment; 3° trèfle;
4° froment; 5° maïs. A Villard-Bonnot, de l'autre
côté de la vallée, lorsqu'on ne fait pas de chanvre,
la rotation ordinaire est celle-ci : 1° pommes de terre
fumées; 2° blé poulard; 3° trèfle; 4° blé; 5° maïs;
puis écobuage et retour aux pommes de terre fumées.
Il y a plusieurs autres formules, car les assolements
sont assez variés dans la vallée de l'Isère. On y fait
entrer le seigle, l'avoine, l'orge, les racines, le colza et
la luzerne plus ou moins prolongée. Nulle part, il
n'y a de jachère improductive.

Sur les bords de l'Isère, dans les endroits bas et

habituellement humides, on récolte ordinairement des plantes marécageuses, nommées dans le pays *bauche;* elles sont très-recherchées pour litière. Les espèces végétales, qui les composent, sont principalement des carex à haute tige et à longues feuilles, comme les *Carex maxima, C. paludosa, C. riparia, C. stricta* et quelques autres. Les marais à bauche sont quelquefois d'un revenu supérieur à celui des terres à blé.

Un auteur connu par des voyages agronomiques, Lullin de Chateauvieux, a décrit en ces termes le Grai-sivaudan :

« Le sol, avide de produire, a montré dès l'abord
« aux cultivateurs tout ce qu'ils pouvaient en obtenir
« en lui confiant, à la fois, les productions les plus
« variées. Aussi y recueille-t-on le colza à l'ombre de
« gigantesques noyers, et le mûrier fournit sa dépouille
« printanière sur la même tige où l'automne vient
« mûrir le raisin. Le maïs, le chanvre, les pommes
« de terre, le trèfle, la luzerne et le blé se succèdent
« dans des champs, auxquels on dérobe encore des
« récoltes d'orge, de sarrasin, de millet et de navets,
« sans que le cultivateur prenne d'autre peine que
« de sillonner ce sol fécond pour y déposer la se-
« mence qu'il lui convient d'y répandre. Ces produc-
« tions croissent dans les intervalles régulièrement
« laissés entre les lignes d'érables ou de mûriers, qui
« aident à supporter la vigne dont les sarments, tirés
« d'une souche à l'autre, forment des tables d'où pen-
« dent les grappes rougissantes du raisin. Ces vignes
« se nomment hautains, et rien n'est plus riche que

« la vue des moissons qui jaunissent entre ces larges
« rubans de verdure. L'agronomie la plus savante ne
« saurait, en fait de productions, aller au-delà de ce
« que la petite culture obtient de ce sol fécond. »

Cette description, peut-être trop poétique pour être
parfaitement exacte, donne cependant une idée de
la richesse agricole de cette partie du Dauphiné.

La Camargue.

Un des plus vastes terrains limoneux de la France
est celui qui s'est déposé aux embouchures du Rhône,
entre l'étang de Mauguio, Saint-Gilles, Tarascon, la
plaine de la Crau et la mer. Son étendue totale est,
au moins, de 1,200 kilomètres carrés. La contrée,
nommée la *Camargue*, qui est comprise entre les deux
bras actuels du fleuve, le grand et le petit Rhône,
n'est qu'une fraction de cet immense delta. Ce pays
offre un grand intérêt sous le rapport de la géologie
agronomique; il est, en effet, un exemple remarquable de l'influence que des conditions physiques extérieures, tout à fait indépendantes de la nature minérale
du sol, peuvent avoir sur sa fertilité. Le terrain d'alluvion de la Camargue ne laisse rien à désirer sous le
rapport de la composition : il consiste en un limon
fin, marneux, mêlé d'une proportion, en général convenable, de sable. Sa profondeur est en quelque sorte
indéfinie. On n'y remarque aucun caillou; c'est à
peine si l'on y trouve quelque menu gravier. Malgré
cette heureuse constitution, ses produits agricoles
sont peu abondants et peu variés. Cela tient d'abord

à l'insalubrité des lieux, occasionnée par un grand nombre d'étangs et de marais qui se dessèchent en partie pendant l'été. Les bras, dont l'agriculture a un si grand besoin, manquent ici presque complètement. Le voisinage de la mer et de grands étangs salés est une autre circonstance fâcheuse; il en résulte que le sel marin abonde dans les terres, au point de les rendre quelquefois stériles. Enfin, le climat est excessif sous le rapport de la distribution des pluies. Celles-ci sont très-abondantes en hiver et en automne, et presque nulles en été, lorsqu'il règne des vents desséchants. Par suite, le sol, qui est très-peu élevé au-dessus de la mer et dont l'inclinaison est extrêmement faible, est inondé pendant quelques mois de la mauvaise saison, et souffre de la sécheresse pendant le reste de l'année. Ces diverses circonstances sont cause que ce pays, qui devrait nourrir une nombreuse population agricole et l'enrichir de ses produits, n'est qu'un désert verdoyant.

L'étendue totale de la Camargue a été évaluée à 72,000 hectares, qui se décomposent ainsi :

	Hectares.
Terrains cultivés (terres labourables, jardins, vignes) .	15,000
Pâturages, prairies	25,350
Marais et prés palustres.	7,800
Bois et terrains complantés en arbres	450
Terrains nus.	4,800
Etangs	18,600
TOTAL.	72,200

Ce n'est pas la fertilité plus ou moins grande des terres, ni leur composition minérale, qui ont fait que telle partie de la contrée est cultivée, ou laissée en pâturages, ou convertie en marais; on a eu égard plutôt à la hauteur du sol au-dessus du niveau de la mer. Lorsque cette hauteur est comprise entre $1^m,50$ et 5 mètres (maximum de l'altitude du pays), comme les lieux ne sont pas alors exposés à des submersions trop longtemps prolongées, on y met des céréales ou des vignes. Lorsque l'altitude du sol surpasse $0^m,50$, mais reste inférieure à $1^m,50$, sa surface n'offre en général que des pâturages, dont quelques-uns sont même marécageux. Les marais commencent là où la hauteur moyenne des terrains est de $0^m,50$. Au niveau moyen de la mer, il n'y a plus que des étangs.

Les *terrains cultivés* présentent trois variétés sous le rapport de la composition, savoir : le sol sablonneux, le sol argileux et le sol argilo-sableux. Le sol sablonneux renferme depuis 64 jusqu'à 70 pour 100 de sable; le reste est de l'argile et du carbonate de chaux pulvérulent, en mélange intime. En général, il est impropre aux céréales à cause de son inconsistance et de son peu d'hygroscopicité; il convient à la vigne et on l'utilise pour cette culture. On le rencontre surtout le long des digues du Rhône et dans le voisinage de la mer. Souvent, le sable de ce terrain est mobile; emporté par les vents impétueux, il couvre les terres des environs et leur est très-nuisible. Le sol argileux contient, avec du sable fin, environ 75 pour 100 de marne argileuse. Il offre tous les inconvénients que l'on remarque dans les terres où l'argile est en trop grande quantité. En outre, sa salure est ordinairement considérable pour des raisons qui seront exposées plus tard. Le sol argilo-sableux, nommé aussi *sablon*, est le meilleur de tous les terrains; il est le plus souvent réservé pour le blé. Les proportions relatives de sable et de marne argileuse qui le composent sont variables; il en est de même de sa distribution géographique à l'intérieur du delta.

Le système de culture des terres à froment est d'une grande simplicité : une année, on ensemence du blé, et, l'année suivante, il y a une jachère morte. Cet assolement biennal est continué indéfiniment. Pour la semence, on choisit ordinairement les variétés de blé nommées *touzelle* et *saissette;* on en met en terre environ deux hectolitres par hectare, et l'on retire, année commune, 9 pour 1 dans les meilleurs fonds, 6 dans ceux de médiocre qualité et 3 seulement dans les plus mauvais. Indépendamment du froment, on sème chaque année un peu d'orge, très-peu d'avoine et presque pas de seigle. Cette dernière céréale réussit rarement, à cause de la violence des vents au moment de la floraison. La production de l'engrais n'a pas dans le pays toute l'importance qu'elle devrait avoir. On en fait une certaine quantité avec le fumier d'écurie provenant des chevaux et mulets employés à l'exploitation des terres; on en tire également des bergeries où se réfugient les bêtes à laine pendant la mauvaise saison; enfin, il y a les parcs que l'on établit successivement à la surface des terres arables pour les engraisser. Malgré ces diverses ressources, il est impossible de fumer convenablement le sol cultivable, à cause de son immense étendue. Cette disproportion entre la production de l'engrais et les besoins de la culture est

une conséquence du petit nombre de fermes, de l'insuffisance des bras, ainsi que de l'habitude qu'ont les
troupeaux d'errer presque constamment en liberté. Par
suite de la rareté des matières fertilisantes, la jachère
biennale est devenue une nécessité, le fumier que l'on
produit étant réservé en grande partie pour les jardins.
Il résulte aussi de cet état de choses que la culture des
céréales est peu avantageuse dans le pays et que l'on
tend, de plus en plus, à lui substituer l'élevage des
troupeaux qui donne de meilleurs résultats économiques.

Les *pâturages* occupent une place importante dans
l'agriculture de la Camargue; car ils constituent, à eux
seuls, à peu près la moitié du domaine agricole. Il
n'est pas de ferme qui n'en possède une certaine
étendue proportionnée à celle des terres arables.
Comme leur hauteur relativement au niveau de la
mer est, ainsi que nous l'avons dit, inférieure à $1^m,50$,
leur submersion est facile pendant les années pluvieuses, et ils n'offrent pas une sécurité suffisante pour
qu'on puisse les cultiver. Leur fonds est tantôt argileux
et tantôt sablonneux. Les pâturages à fonds argileux
sont tous plus ou moins salés. Ce sont les plus productifs et ceux où les bêtes à laine trouvent la nourriture la plus saine et la plus variée. Deux plantes
excellentes pour les troupeaux en forment la base,
savoir : la soude arborescente, *Salsola fructicosa*, dont
le nom vulgaire sur les lieux est *ingane*, et une espèce
d'*Atriplex*, nommée *ourse;* elles sont associées à un
grand nombre de légumineuses et de graminées. Les

pâturages à fonds sableux, étant plus perméables que
les précédents et susceptibles de s'échauffer davantage,
offrent une végétation différente. Les plantes, qui y
croissent de préférence, sont diverses espèces de trèfle,
de luzerne et de lotier; des pâquerettes, des lion-
dents, des pissenlits, quelques crucifères; enfin, des
plantains, entre autres la corne-de-cerf. Les prairies
naturelles, proprement dites, sont peu étendues; leur
superficie totale n'est évaluée qu'à 500 hectares. Quand
on peut les arroser, on y voit croître avec vigueur les
plantes fourragères les plus estimées.

Les *marais* occupent tous les terrains dont l'altitude
est voisine de 0^m,50. Leur submersion dure pendant
la plus grande partie de l'année et ne cesse qu'à
l'époque des plus fortes chaleurs, en juillet et en août;
leur dessiccation se prolonge alors jusqu'au retour des
pluies d'automne. Les plantes qui y croissent et dont
on tire un parti avantageux, sont d'abord le roseau
commun, *Arundo phragmites;* puis, le scirpe des marais, *Scirpus lacustris*, nommé *bole;* la massette à larges
feuilles, *Typha latifolia*, vulgairement *sagne;* la massette
à feuilles étroites, *Typha angustifolia;* l'iris des marais,
Iris pseudo-acorus, nommé *coutelle*. Parmi ces végétaux, le roseau commun est le plus abondant et le plus
utile. Les marais ne produisant beaucoup que dans
certaines conditions, on a été conduit à leur donner
des soins. Plusieurs sont aménagés et arrosés pendant
l'été, comme le seraient des prairies naturelles. Leur
exploitation se divise en deux périodes : pendant la
première, qui s'étend de novembre jusqu'au milieu de

l'été, l'on fait arriver de l'eau du Rhône et l'on veille
à ce qu'il y en ait constamment sur le sol; pendant
la seconde, qui commence ordinairement en juillet,
on procède au desséchement et l'on fait ensuite la
coupe des joncs et des roseaux. Le plus souvent, le
desséchement s'opère naturellement par voie d'évaporation; quelquefois, on a recours à des moyens mécaniques pour épuiser les eaux. Les marais ainsi aménagés portent le nom de *roselières*.

On appelle *prés palustres* des herbages marécageux
qui forment le passage des marais aux pâturages; leur
végétation participe, en effet, à celle de ces deux
espèces de terrains. Ordinairement, on y trouve en
abondance le jonc maritime dont le bétail mange la
graine adhérente au panicule, et dont la tige nourrit
les vaches et les chevaux sauvages.

Les marais et les prés palustres rendent les plus
grands services aux cultivateurs de la Camargue. Leur
revenu est quelquefois supérieur à celui d'une terre
arable. On ne pourrait, par conséquent, les supprimer,
ni même diminuer leur étendue, sans nuire à l'agriculture du pays. Ce sont eux, en effet, qui, à l'état vert
ou par le fourrage qu'ils fournissent, nourrissent le
gros bétail pendant toute l'année; ils servent de litière
aux bêtes à laine et remplacent ainsi d'autres matières
végétales que l'on ne pourrait se procurer qu'à grands
frais; on les emploie à la construction des bergeries,
à la toiture et aux cloisons intérieures des bâtiments
ruraux; enfin, réunis en bottes, ils sont enterrés dans
les vignobles pour les amender. En se décomposant

lentement, ils ont l'avantage de donner de la vigueur à la vigne sans altérer la qualité du vin. On en transporte chaque année une grande quantité, pour cet usage, à Saint-Gilles et dans les localités environnantes.

La Camargue nourrit de nombreux troupeaux de bêtes à laine, de chevaux et de bêtes bovines, avec le produit des pâturages, des prés palustres et des marais.

Le nombre total des bêtes à laine paraît compris entre 100,000 et 125,000 têtes. Outre l'herbe des pâturages, elles ont encore pour ressource celle des jachères, avant que le sol ne soit labouré. La plante qui y croît le plus abondamment et qui convient le mieux aux animaux, est l'ivraie multiflore, *Lolium multiflorum*, vulgairement appelée *margal*. Elle succède naturellement au blé dont elle est parasite. Pendant l'hiver, elle est employée, concurremment avec l'herbe des semis d'orge, à la nourriture des brebis; puis, plus tard, à celle des agneaux qui, étant ainsi engraissés, sont vendus sous le nom d'*agneaux de camp*. Quelquefois, le margal est fauché au printemps; il peut s'élever dans cette saison jusqu'à 0^m,60 de hauteur et donner 100 quintaux métriques de fourrage par hectare. Les bêtes à laine ne restent dans le pays que depuis le milieu d'octobre jusqu'en février. A cette époque, elles passent en général dans la Crau, afin d'éviter les maladies occasionnées par les pluies fréquentes de l'hiver. Dans le courant de juin, a lieu la *transhumance* ou émigration générale des troupeaux dans les Alpes.

On évalue à 2,000 le nombre des chevaux de tout âge et de tout sexe élevés dans la Camargue. Pendant l'hiver, ces animaux ne trouvant dans la campagne qu'une nourriture insuffisante, seraient exposés à mourir de faim, si on ne leur donnait en supplément un fourrage composé principalement de roseaux. Mais, dès que la chaleur du printemps commence à se faire sentir, les marais et les prés palustres leur fournissent une pâture abondante. Néanmoins, leur développement est lent et incomplet; leur taille ne dépasse guère $1^m,40$. Ils sont sujets à peu de maladies, ce qui tient à leur vie en plein air. A leur naissance, ils sont presque tous noirs; puis, avec l'âge, ils deviennent complètement blancs. Les traits les plus saillants de leur caractère sont une indépendance sauvage et une impatience qui va jusqu'à la colère; ils préfèrent les pâturages stériles, où ils sont libres, au râtelier le mieux fourni. On vante d'ailleurs leur intelligence, leur souplesse et la vigueur avec laquelle ils peuvent parcourir de très-longs espaces d'un seul trait.

Les bêtes bovines étaient autrefois au nombre de 800 environ; maintenant, il y en a moins. On remarque que leur poil est d'un noir de jai qui contraste avec la blancheur des chevaux; elles ont, d'ailleurs, la même nourriture que ces derniers et mènent la même vie errante. Le bœuf de la Camargue est plus vif, plus sobre et plus intelligent que celui des autres pays; ses formes sont robustes et régulières; bien nourri, il acquiert une force extraordinaire.

Il n'existe aucun *bois* dans toute l'étendue de la Camargue, sauf le petit massif situé dans l'île de Rièges, au sud-sud-est de l'étang du Valcarès, non loin de la mer. Sa superficie est d'environ 200 hectares. Les espèces végétales qui le composent sont, principalement, le genévrier de Phénicie, *Junipera Phœnicea*; le filaria à feuilles étroites, *Filaria angustifolia*, et le lentisque, *Pistacia lentiscus*. On y rencontre aussi le pin pignon, le pin maritime et des tamarix, à l'ombre desquels croissent de grands asphodèles, des cistes et des statices. Les *arbres épars* appartiennent à des espèces très-variées. Le peuplier blanc, le peuplier d'Italie, le frêne élevé, le chêne rouvre et le saule blanc sont très-répandus, surtout dans les lieux argileux et humides. Le sabinier, le genévrier de Phénicie, le filaria à petites feuilles et le pin pignon affectent plutôt les fonds sableux, voisins de la mer. Le tamarix, dont on distingue deux espèces, le *Gallica* et l'*Africana*, est, par excellence, l'arbre du pays; on le trouve partout, même dans les sables les plus stériles. Pendant l'hiver il abrite le bétail et il le nourrit en automne; son bois est utilisé pour le chauffage des fours. L'ormeau est aussi un arbre que l'on rencontre fréquemment; il sert à abriter les jardins et à former des avenues. Nous ne devons pas oublier les arbres fruitiers que l'on multiplie autour des fermes. Les principaux sont le poirier, l'amandier, l'abricotier et le figuier.

Le sol de la Camargue, quoique naturellement très-fertile, offre cependant, dans un grand nombre de lieux, des espaces plus ou moins étendus, entièrement dépouillés de végétation, ou occupés seulement par de minces touffes de verdure éparses çà et là. En examinant de près ces *terrains nus*, on voit que leur

surface est blanchie par des efflorescences de sel marin,
qui forment une couche mince, plus ou moins continue. Cela explique la disparition de la végétation : on
sait, en effet, que le sel est mortel pour les plantes
lorsqu'il est trop abondant. Les espaces à efflorescences
dont nous venons de parler, sont connus dans le pays
sous le nom de *sansouires*. On les observe principalement sur les fonds argileux qui manquent de pente.
Lorsque le sel n'est pas assez abondant pour rendre les
terres complètement stériles, sa proportion est ordinairement assez forte pour influer d'une manière
fâcheuse sur leur fertilité.

On croit assez généralement que le sel dont est
imprégnée la Camargue, provient de filtrations souterraines d'eau de la mer, et qu'il remonte à la surface par
voie de capillarité. Cette hypothèse ne nous paraît
pas admissible, parce que l'existence d'une nappe
d'eau salée, sous le sol de la contrée, n'a jamais été
constatée, et que, d'ailleurs, il existe souvent une différence de niveau de plusieurs mètres entre la mer et les
lieux où le sel se montre. Il est plus probable que cette
substance, au lieu de s'élever d'en bas, vient d'en
haut, et qu'elle est projetée sur les terres par les vents
qui, soufflant avec violence à la surface de la Méditerranée et des étangs au moment des tempêtes, en
enlèvent mécaniquement beaucoup de particules salées.
On comprend alors parfaitement pourquoi les terrains
argileux, non inclinés, sont les plus salés. Comme ils
sont imperméables, le sel ne peut être entraîné dans
le sous-sol par les pluies; il ne l'est pas non plus à

l'extérieur à cause de l'horizontabilité du terrain ; il reste donc sur le sol, qui s'en imprègne jusqu'à une certaine profondeur.

Pour combattre l'influence funeste que la trop grande abondance du sel exerce sur les récoltes, les cultivateurs du pays étendent sur les terres labourées et ensemencées une couche de roseaux qui a pour effet, en s'opposant à l'évaporation, d'entretenir l'humidité du sol et d'empêcher la concentration du sel à la surface; ce qui est très-important, car c'est surtout cette concentration qui est nuisible. On atteint le même but par des labours profonds et répétés, et en rendant la terre végétale aussi perméable que possible, par le moyen d'amendements diviseurs, parce qu'alors les eaux pluviales entraînent le sel dans les profondeurs du sous-sol. Nous pensons que l'on pourrait aussi arrêter le mal, ou tout au moins l'atténuer beaucoup, en créant des abris contre l'invasion des molécules salées : on y parviendrait en leur opposant des plantations d'arbres élevés, qui seraient faites le long de la mer et des étangs, et aussi à l'intérieur des terres, du côté d'où viennent les vents chargés de sel. On remarque que, dans la campagne, de pareilles plantations sont bonnes pour préserver nos habitations et nos jardins de la poussière que le vent soulève sur les grandes routes ; elles auraient sans doute la même efficacité pour arrêter les particules d'eau salée, dont le mode de transport est exactement le même.

On ne compte environ que 220 fermes dans toute la Camargue, en sorte que chaque exploitation rurale

embrasse moyennement près de 200 hectares de terrain (1). Les baux ont toujours pour base une certaine
rente en argent. Les propriétaires ne résident pas sur
les lieux et restent ordinairement complètement étrangers aux travaux de la culture ; ils ne contribuent en
rien aux améliorations.

La population réellement agricole du pays ne dépasse pas 3,000 individus, ce qui fait à peu près quatre
habitants par kilomètre carré. Cette rareté extrême
des bras est la principale cause de l'infériorité de l'agriculture locale. Si l'insuffisance des ouvriers attachés à
chaque ferme ne se faisait sentir qu'à l'époque des
grands travaux, par exemple lors de la moisson ou
de la récolte des foins, elle n'aurait rien d'extraordinaire, car on l'observe presque partout. Mais ce qui
manque dans la Camargue, c'est un personnel assez
considérable pour faire face à ces occupations journalières des habitants de la campagne, qui durent toute
l'année, et qui, en réalité, constituent toute l'agriculture : nous voulons parler de ces mille soins qu'il faut
donner aux bestiaux, aux engrais et aux terres.

Nous terminerons cette courte description agronomique de la Camargue, en disant quelques mots de
son aspect général et de son insalubrité. Deux faits
frappent principalement l'observateur qui visite cette
contrée pour la première fois. Il remarque d'abord la
vigueur de la végétation, indice certain de la fertilité

---

(1) Il arrive presque toujours qu'un seul fermier exploite les terres de
plusieurs propriétaires.

naturelle du sol. Cette fertilité ne l'étonne pas, puisqu'il marche sur un limon alluvien que l'on sait être le
meilleur des terrains. Ce limon est analogue à celui
du val de la Loire, du Graisivaudan et de tant d'autres
lieux, qui nous offrent le spectacle d'une fécondité que
des siècles de culture n'ont pu épuiser. Le second fait
qui, encore plus que le premier, impressionne l'étranger, est la solitude qui règne dans ces campagnes
verdoyantes. On peut y faire un trajet de plusieurs
kilomètres sans rencontrer un groupe de maisons, une
ferme isolée ou même un seul homme occupé aux
travaux de la terre. On aperçoit seulement des troupeaux errant sans guide dans d'immenses pâturages.
Cette absence de l'activité humaine, dont d'abord on
ne se rend pas compte, donne à la contrée un aspect
triste, austère, qui rappelle au voyageur celui des
environs de Rome, des Maremmes en Toscane et de
la côte orientale de la Corse. Ces rapports de ressemblance sont plus saisissants encore, lorsqu'en s'appro-
chant de la mer on voit apparaître des étangs et des marais, sources d'émanations pestilentielles. La langueur
où tout paraît plongé, n'est plus alors un mystère:
on y reconnaît le triste cachet que l'insalubrité imprime
à ses domaines. Cette insalubrité est notoire. Les rares
habitants du pays s'en plaignent peu, parce qu'ils sont
acclimatés; mais il n'en est pas de même des personnes
étrangères, que leurs affaires ou leurs fonctions appellent à résider sur les lieux. Toutes sont atteintes de la
fièvre pendant un temps plus ou moins long, heureuses quand leur santé n'est pas complètement ruinée.

Le mal a sa source, comme nous venons de le dire, dans les étangs et dans les marais, qui se dessèchent, en partie, pendant les grandes chaleurs de l'été. Beaucoup d'êtres organisés aquatiques périssent par l'effet de cette dessiccation, et c'est leur putréfaction, lorsqu'ils restent sur le sol exposés aux ardeurs du soleil, qui donne naissance aux émanations délétères. Ces foyers d'infection sont si étendus et si nombreux, qu'il y a lieu de s'étonner que le pays soit habitable pendant toute l'année ; il ne le serait pas sans les vents du nord qui le balayent constamment et chassent les miasmes vers la pleine mer.

L'insalubrité de la Camargue étant un obstacle insurmontable aux progrès de son agriculture, qui languit faute de bras, son assainissement est devenu une nécessité et doit précéder toutes les autres améliorations (1). On ne peut lui faire qu'une seule objection, c'est que les marais étant très-utiles aux cultivateurs de la contrée, à cause de leurs produits, on ne saurait les supprimer sans inconvénient. Mais nous ferons observer que cette difficulté sera levée en adoptant la méthode d'assainissement par *la constance du niveau des eaux*. Cette méthode, spécialement applicable aux régions maritimes, consiste à établir une communication permanente et suffisamment large entre la mer d'un côté, les étangs et les marais de l'autre. Un niveau d'eau à peu près invariable s'établit

---

(1) La création du canal Saint-Louis, qui entraînera celle de grands établissements le long du Rhône, près de son embouchure, donne une nouvelle importance à l'assainissement de la Camargue.

alors dans ces derniers. Tout danger disparaît, en même temps que les avantages qu'ils peuvent offrir sont conservés. Nous n'avons pas à développer ici ce moyen d'assainissement (1); nous nous bornerons à rappeler qu'il est parfaitement applicable au delta du Rhône, aussi bien qu'à la côte orientale de la Corse et à beaucoup d'autres lieux insalubres situés sur les bords de la mer. Les essais qu'on en a faits dans le département de l'Hérault ont été jusqu'à présent imparfaits et très-bornés; on doit regretter qu'ils n'aient pas été continués et étendus.

Terres paludéennes de divers lieux.

Un des dépôts modernes les plus remarquables du département de Vaucluse est celui de la plaine des *Paluns*, qui s'étend, dans la direction du nord au sud, depuis les environs de Monteux, non loin de Carpentras, jusqu'à la Durance. Cette plaine est limitée, à l'est, par des collines formant de ce côté les premiers gradins des montagnes calcaires, et à l'ouest, par une autre série de hauteurs au pied desquelles se trouvent Bedarrides, Vedènes, Gadagne et Caumont. On observe dans cet espace un sol principalement sableux, léger et de couleur gris cendré, qui ne renferme ni cailloux, ni gravier, mais un grand nombre de coquilles fluviatiles et terrestres, semblables à celles qui vivent encore en Provence. Au-dessous et à une faible

(1) On le trouvera exposé dans notre ouvrage ayant pour titre : *Assainissement du littoral de la Corse*, etc. — Paris, 1866.

profondeur, il y a une couche tourbeuse très-étendue. La constitution géologique de cette plaine et le nom même qu'elle porte, indiquent assez qu'elle a été autrefois un vaste marécage, où se dispersaient les eaux de l'Ouvèze, de l'Auzon, de la Nesque et de la Sorgues. Aujourd'hui sa surface, bien desséchée, est extrêmement fertile et convient particulièrement à la garance. On y cultive aussi avec succès la luzerne, le sainfoin, le seigle et l'orge. Les parties les plus riches en engrais portent de très-beaux froments.

L'analyse d'un échantillon de la terre des Paluns, pris aux environs de l'Isle, dans une partie assez élevée de la plaine, a donné à M. Berthier (1) les résultats suivants :

Sablé quartzeux, un peu micacé.	34,00
Sable calcaire.	26,00
Carbonate de chaux invisible	21,50
Argile	11,00
Oxyde de fer.	3,50
Eau et matières organiques.	4,00
	100,00

On remarquera la faible quantité d'argile et la forte proportion de carbonate de chaux que cette terre renferme.

On doit aussi à M. Berthier (2) l'analyse des terres paludéennes, nommées *bris*, situées sur les bords de l'Océan, et les détails suivants sur leur gisement et leurs qualités.

(1) *Analyses comparatives des cendres d'un grand nombre de végétaux, suivies de l'analyse de différentes terres végétales* (dans les Mémoires de la Société impériale et centrale d'agriculture), page 119 du tirage à part.

(2) Même ouvrage, page 120.

Ces terres, dont l'étendue est immense, constituent la presque totalité des marais de la Charente-Inférieure et de la Vendée, depuis l'embouchure de la Loire jusqu'à celle de la Gironde. D'après M. Fleuriau de Bellevue, elles sont bien plus le produit des atterrissements modernes de la mer que celui des fleuves. Leur homogénéité est très-remarquable; partout, elles servent à la construction des digues de dessèchement et, presque partout aussi, on peut en faire de bonnes briques et de bonnes tuiles; depuis de longues années, on en fabrique de la pouzzolane à la Rochelle.

Le *bri* est une bonne terre à blé, presque toujours très-fertile, quand elle n'a pas été épuisée par un grand nombre de cultures privées d'engrais.

On remarque partout que les jets des fossés sont considérablement plus productifs que la superficie du terrain, et que le *bri* extrait à 12 ou 15 décimètres de profondeur, donne des récoltes presque doubles.

M. Fleuriau de Bellevue a recueilli dans le marais de Saint-Michel, pour être soumis à l'analyse, deux échantillons de terre pris, l'un à la surface, l'autre à la profondeur d'un mètre environ. Ces deux terres ont absolument le même aspect; elles sont compactes et d'un gris pâle taché çà et là de jaune d'ocre; elles se délayent facilement dans l'eau, mais on n'en sépare pas la plus petite trace de sable par lévigation; elles absorbent 0,37 d'eau par imbibition et en contiennent par conséquent 0,27 de leur poids, à l'état de saturation. Calcinées à l'air, elles deviennent d'un rouge de brique pâle; mais, à creuset couvert, elles prennent une teinte grise plus foncée que celle de la terre crue, ce qui provient de la petite quantité de matières organiques qu'elles renferment; elles s'agglomèrent alors fortement, en éprouvant même un commencement de fusion. Leur composition a été trouvée telle qu'il suit :

	Terre de la superficie.	Terre prise à 1 mètre.
Argile	77,70	73,80
Oxyde de fer	5,50	5,50
Carbonate de chaux	5,00	9,00
Eau et matières organiques .	11,80	11,70
	100,00	100,00

On ne sait à quoi attribuer l'inégalité de fertilité des deux terres; il est difficile de croire qu'elle tienne à la petite différence dans la proportion de chaux que donne l'analyse.

TERRAIN AGRICOLE N° 2. { Sous-sol de sable et de cailloux. Sol limoneux.

Généralités. — Les terrains agricoles de la nature du n° **2** sont ordinairement le résultat d'un changement de régime des cours d'eau. Il arrive fort souvent qu'une rivière torrentielle, après avoir parcouru pendant longtemps certaines parties de son lit et y avoir entassé beaucoup de cailloux, les abandonne ensuite, soit par l'effet d'un encaissement naturel des eaux ou d'un changement de direction des courants, soit parce que l'on a élevé des digues. Dans ces divers cas, la rivière ne recouvre son ancien gravier qu'à l'époque des fortes crues, lorsqu'elle s'étend sur de vastes espaces, et, au lieu de cailloux, elle n'y dépose que du limon dont la couche s'accroît peu à peu, au point de devenir cultivable. Quelquefois, c'est la main de l'homme qui effectue ce colmatage, à l'aide de canaux de dérivation qui amènent des eaux troubles.

Les terrains ainsi créés ressemblent beaucoup à ceux qui sont entièrement limoneux et dont nous avons parlé dans l'article précédent; ils en ont à peu près les qualités et n'en diffèrent à l'extérieur que parce que la terre végétale renferme souvent de petits cailloux, qui s'y trouvent accidentellement ou qui ont été amenés à la surface par les labours. Ces terrains sont ordinairement excellents, surtout lorsque le limon offre une certaine épaisseur, égale par exemple à 60 ou 80 centimètres; ils valent mieux alors que si le sous-sol était de même nature que le sol, parce que le gravier perméable, sur lequel repose la terre végétale, empêche l'excès d'humidité que l'on a si souvent à craindre au fond des vallées. Lorsque la couche limoneuse ne surpasse pas un décimètre, outre les inconvénients généraux qui résultent d'une aussi faible épaisseur de terre, le sol est exposé à la sécheresse. On ne peut en tirer un bon parti que lorsqu'il est susceptible d'être arrosé, avantage dont il jouit fréquemment à cause de sa position topographique; on peut le convertir alors en prairies dont le foin est excellent. Le jardinage y donne aussi de très-bons produits.

Fort souvent, le gravier qui sert de base à ce terrain, est traversé par des filtrations aqueuses que l'on rencontre à une petite profondeur. Pour cette raison, tous les arbres dont les racines aiment l'humidité, et qui peuvent s'étendre dans un terrain de limon caillouteux, s'y plaisent : tels sont, par exemple, le peuplier d'Italie, l'aune et beaucoup d'espèces de saule. Les arbres auxquels il faut, au contraire, un terrain sec, comme l'amandier, l'olivier et la vigne, n'y réussissent pas.

Le limon superposé au gravier se rencontre au fond d'un grand nombre de petites vallées, qui sont ordinairement occupées par de verdoyantes prairies. On remarque quelquefois dans ces vallées, que sur les points les plus bas où l'écoulement des eaux est difficile, les détritus de certaines plantes herbacées sont extrêmement abondants. En s'accumulant à la surface du sol, ils peuvent même transformer la terre végétale en une véritable tourbe, dont l'épaisseur n'est que de quelques décimètres; en sorte que l'on a, dans ce cas, un terrain dont le sol est tourbeux et le sous-sol caillouteux. Cette variété du terrain n° 2, que l'on pourrait désigner par l'épithète d'*humifère*, n'est pas rare dans les Alpes ; on la reconnaît aux prairies marécageuses de médiocre qualité qui recouvrent sa surface.

La plus grande amélioration que l'on puisse apporter au sol limoneux à sous-sol de gravier, est d'augmenter par le colmatage l'épaisseur de la terre végétale, lorsqu'elle est insuffisante. On obtient alors un sol extrêmement riche, propre à toutes les cultures, et pouvant rivaliser avec les meilleurs fonds.

Le terrain dont nous parlons ne paraît pas couvrir

de très-grandes surfaces, mais on l'observe dans une
foule de lieux, sur le bord des grandes rivières comme
au fond des vallées peu spacieuses. Nous allons en
citer quelques exemples pris dans les vallées du Rhin,
du Drac et du Rhône.

Localités diverses.

La partie la plus basse de la *vallée du Rhin,* en
Alsace, située presque au niveau de ce fleuve, est
formée en général d'une couche d'alluvion limoneuse
d'une faible épaisseur, au-dessous de laquelle on trouve
du sable et des cailloux roulés. L'aspect du terrain est
des plus verdoyants. Les végétaux de toute nature,
surtout ceux qui ne redoutent pas l'humidité, y poussent avec vigueur. D'après M. Daubrée (1), cette
partie de la plaine est formée, presque partout, d'un
limon épais de $0^m,10$ à $1^m,50$ et composé, en général,
d'un mélange de sable fin, d'argile et de carbonate de
chaux. Le gravier sur lequel il repose, est de même
nature que celui du Rhin ; le sable y entre dans la
proportion du tiers ou de la moitié en volume. La
végétation dépend de la perméabilité plus ou moins
grande de ce gravier et de l'épaisseur du limon superficiel. Dans le voisinage du fleuve, on remarque, parmi
les arbres, les espèces suivantes : *Populus alba, P. nigra,*
Salix viminalis, S. incana, S. daphnoides, Ulmus sube-
rosa, Hippophae rhamnoides. Elles sont entremêlées de

(1) *Description géologique et minéralogique du département du Bas-*
Rhin, page 254.

nombreux marécages et de vastes pelouses souvent
inondées, abondantes en carex, scirpes, souchets,
joncs, etc. Sur d'autres points plus élevés s'étendent
tantôt des cultures, tantôt de vastes forêts où dominent
le chêne, le charme, l'aune et le frêne, mêlés quelquefois au bouleau ou au genêt à balai ; enfin, le sol
offre aussi des landes sablonneuses, couvertes de genêts
et de bruyères.

Un terrain de même nature, mais plus fertile parce
qu'il est moins humide et à l'abri des submersions,
constitue la partie de la *vallée du Drac*, située au sud
de Grenoble, entre cette ville et le village du Pont-de-
Claix. Le Drac, un des affluents de l'Isère, a parcouru,
pendant plusieurs siècles, cette plaine qui n'a pas moins
d'un myriamètre de longueur sur trois kilomètres de
largeur moyenne, et l'a couverte de gravier. Cet espace
est resté longtemps stérile ; puis, à l'aide de la culture,
des plantations et surtout du limon de la Romanche
amené par des canaux d'arrosage, on est parvenu à
le convertir peu à peu en terres arables, en général
très-productives. L'épaisseur de la terre végétale y est
très-variable : quelquefois, elle n'est que de quelques
centimètres ; ailleurs, elle atteint un demi-mètre et plus.
En général, la charrue a entamé le sous-sol et a mêlé
ses parties sablo-caillouteuses au sol végétal, ce qui a
donné à celui-ci une épaisseur suffisante. On y cultive
avec succès toutes les céréales, le chanvre, la pomme
de terre et les plantes fourragères. Les parties les plus
caillouteuses sont utilisées par des plantations de vignes
hautes et de mûriers, ou bien elles ont été converties en

prairies naturelles de bonne qualité, susceptibles d'irrigation.

Nous citerons comme troisième exemple du terrain limoneux à sous-sol caillouteux, une plaine assez vaste de la *vallée du Rhône*, située entre Lyon et une ancienne berge du fleuve (nommée sur la carte de Cassini *Balmes viennoises*), qui court depuis Jonage (Isère) jusqu'au fort du Colombier à la Guillotière. On y a bâti le village de Vaulx-en-Velin et beaucoup d'habitations dépendantes de Villeurbanne, des Charpennes et des Brotteaux ; la ville de Lyon s'y trouve, par conséquent, en partie assise. Cette plaine, dont la largeur moyenne est de près de trois kilomètres sur une longueur quatre fois plus considérable, est évidemment un atterrissement du Rhône qui, à une époque reculée, étendait ses divagations jusqu'aux Balmes viennoises ; il y parvient même encore de nos jours, mais très-rarement et seulement à l'époque des grandes inondations, lorsque les eaux s'élèvent à 6 ou 7 mètres au-dessus de l'étiage. Le limon déposé est argilo-sableux, de couleur très-foncée et d'une épaisseur très-variable ; il atteint quelquefois $1^m,50$ et même 2 mètres. En l'examinant de près, on voit qu'il est composé, en grande partie, d'un sable quartzeux extrêmement fin, dont la proportion varie de 60 à 75 pour 100 ; quelquefois cependant il renferme assez d'argile pour servir de matière première à des fabriques de tuiles et de briques. On y trouve souvent mêlés des petits graviers de la grosseur d'une noix ou d'une noisette.

20

Un échantillon du limon des Charpennes, soumis à l'analyse mécanique, nous a donné :

Sable fin.	74,40
Matières ténues (sable très-fin, argile, etc., séparés par lévigation.	25,60
	100,00

Le carbonate de chaux s'y trouvait dans la proportion de 25 pour 100.

Le sous-sol est composé de sable et de cailloux semblables à ceux que charrie actuellement le Rhône dans la traversée de Lyon. Il suffit de creuser dans son sein jusqu'à la profondeur d'un ou de deux mètres, pour y rencontrer des eaux de filtration.

Ce terrain, le meilleur des environs de Lyon, est presque partout très-fertile et produit principalement du blé. On y cultive aussi des racines de diverse nature, des betteraves et des pommes de terre. Le voisinage de la ville est cause que l'on y fait beaucoup de jardinage. Dans certaines parties de la plaine, on voit des champs de melons de trois à quatre hectares de superficie. Une autre culture très-répandue est celle de la luzerne, qui vient immédiatement après celle du blé sous le rapport de l'importance. On consomme une grande quantité de cette plante fourragère à Lyon; on en charge même des bateaux qui descendent le Rhône pour aller en Provence et dans le Languedoc. On récoltait autrefois, sur le territoire de Vaulx-en-Velin, du très-beau chanvre; depuis, on a trouvé plus avantageux de substituer à cette récolte du blé ou de la luzerne. Les arbres que l'on rencontre le plus com-

munément sont le saule blanc, le peuplier d'Italie et
le robinier; la vigne est rare. Assez souvent, le sol est
occupé par des prairies naturelles, qui ont surtout une
grande extension du côté de Jonage.

Les Balmes viennoises que nous avons dit régner
depuis Jonage jusqu'au fort du Colombier, près la
Guillotière, tournent, à partir de ce point, vers le sud
et continuent jusqu'à Serezin, en passant par le Moulin-
à-Vent, Saint-Fonds, Feyzin et Solaise. L'espace de
largeur irrégulière, qui s'étend entre le Rhône et ce
prolongement des Balmes, offre également un terrain
limoneux à base de gravier, qui ne diffère pas sensiblement de celui de la plaine de Vaulx-en-Velin. Le
sol a la même composition et les cultures sont à peu
près semblables.

TERRAIN AGRICOLE Nᵒ 3. $\begin{cases} \text{Sous sol de sable et de cailloux roulés.} \\ \text{Sol sablo-caillouteux.} \end{cases}$

Généralités. — Le terrain agricole dont nous allons
nous occuper diffère du précédent, en ce que le sol
renferme toujours beaucoup de cailloux roulés et qu'on
y trouve peu de limon, mais plutôt du sable le plus
souvent grossier. On l'observe en général sur le bord
ou dans le lit même des rivières torrentielles. Il est
peu de ces rivières, en effet, qui n'offrent des plages
caillouteuses plus ou moins vastes, que les eaux inon-
dent à leur moindre crue. Cela tient à ce que les
cours d'eau de cette nature déposent beaucoup de
matières de transport dans certaines parties de leur lit,
et que là, au lieu de s'encaisser dans le sol, elles

l'exhaussent sans cesse. Pour cette raison, elles divaguent sur des espaces qui peuvent être immenses; elles ne sont arrêtées que par des obstacles infranchissables, tels que des coteaux ou des berges naturelles d'une grande hauteur. Les espaces couverts des matières charriées par les eaux portent le nom de *lits de déjection;* on les rencontre principalement au confluent des rivières et de leurs affluents qui ont une grande pente.

Les amas de cailloux roulés, qui constituent les lits de déjection des rivières, sont ordinairement mêlés, plus ou moins intimement, de veines sableuses; par conséquent, ils ne sont point absolument stériles. Comme ils ont toujours de la fraîcheur, à cause des filtrations que l'on trouve dans leur sein à une petite profondeur, on peut, à l'aide de quelques soins et en enlevant les plus grosses pierres, y cultiver du jardinage, des racines, des pommes de terre et même du seigle. Il y a toute une classe d'arbres qui se plaisent particulièrement dans les terrains de cette nature, et que même on ne trouve guère que là : ce sont d'abord la plupart des saules et particulièrement les espèces nommées *alba, monandra, triandra, incana, fragilis, viminalis, daphnoides;* puis, l'*Alnus glutinosa,* le *Populus alba* et le *P. nigra;* enfin l'*Hippophae rhamnoides.* Celui-ci est par excellence l'arbre des graviers; il s'y multiplie avec une facilité étonnante. Lorsque le sol n'est pas trop caillouteux, tous les arbres forestiers et même quelques arbres fruitiers qui aiment la fraîcheur, comme le pommier, peuvent y prospérer. Pour qu'un lit de déjection offre la végétation et les cultures dont nous

venons de parler, il est absolument nécessaire que sa
surface ait été mise à l'abri des incursions torrentielles. S'il n'en était pas ainsi, rien ne pourrait y venir
et sa nudité serait complète. Outre que personne ne
se hasarderait à y semer ou à y planter, un végétal
qui, par hasard, y pousserait spontanément serait infail-
liblement déraciné par les courants ou enfoui sous du
gravier. Il faut donc, pour faire passer un pareil
terrain dans le domaine de l'agriculture, le protéger
d'abord par des digues; après, on doit chercher à le
colmater. Si l'opération est possible, des cailloux complètement stériles pourront être transformés en un sol
très-productif (1).

Localités diverses.

Il n'est pas de contrée en France où les lits de
déjection des rivières torrentielles soient plus nombreux
et plus étendus que dans le *département des Basses-
Alpes*. On remarque surtout celui qui est situé entre
les Mées et Malijai, au confluent de la Durance et d'un
cours d'eau torrentiel considérable, nommé la Bléonne.
Ce torrent, impétueux et très-incliné, descend des
montagnes dénudées situées au nord de Digne et en
détache une énorme quantité de débris qui s'arrêtent
dans le lit de la Durance, dont la pente est moindre.
Cette dernière rivière, se trouvant barrée, abandonne
elle-même beaucoup de ses matières de transport qui,
réunies à celles de la Bléonne, s'étendent depuis les

(1) Voyez plus haut l'article *Colmatage*.

Mées jusqu'à Lescale, sur une longueur de 7 kilomètres et une largeur moyenne de 1,500 mètres. Leur
superficie est, par conséquent, d'environ 1,000 hectares. Dans ce vaste espace couvert de sable et de
gravier, la végétation n'a pu se fixer que sur quelques
points qui sont protégés par des travaux de défense.
Il y croît des saules, des aunes, des peupliers; on n'y
voit aucune culture, au moins d'une étendue notable.

On observe dans le *département de l'Isère* un lit de
déjection assez vaste et également dépourvu de cultures, qui est situé à l'extrémité sud de la petite plaine
du Bourg-d'Oisans. Il s'est formé à la jonction de
deux torrents, nommés la Romanche et le Vénéon,
qui, après avoir coulé pendant longtemps dans des
gorges profondes et à forte pente, où ils charrient
beaucoup de cailloux, débouchent sur le même point
dans la plaine. Leurs matières de transport s'y déposent et y occupent une étendue de plus de 200 hectares. Cet espace est limité en partie par des rochers,
en partie par des digues très-élevées, qui cependant
ne le sont pas encore assez; car les eaux torrentielles
dont le lit est sans cesse exhaussé, menacent chaque
année de déborder et d'ensevelir les champs cultivés
des environs du Bourg-d'Oisans. Les matières accumulées par le Vénéon et la Romanche sont de grosseurs très-variées et mêlées de beaucoup de sable;
elles présentent une plage entièrement nue, sauf du
côté de l'est, où il y a un petit bois, nommé le *Boux*,
composé en partie de diverses espèces de saules.

Un autre lit de déjection, beaucoup plus étendu

que le précédent, s'observe également dans le *départ-
tement de l'Isère*, à l'endroit où le Drac, sortant de sa
gorge, débouche dans la plaine de Champ. Les graviers ont, depuis le pont de la Rivoire jusqu'aux digues
de Champagnier, 5 kilomètres et demi de longueur
sur 1,100 mètres environ de largeur, ou, en tout, à
peu près 600 hectares de superficie. Sur la rive gauche,
le sol étant assez élevé pour être à l'abri des divagations
torrentielles, on y voit des prairies et quelques treillages; sur la droite, il n'y croît que des broussailles.
Derrière les digues de Champagnier, il y a des terrains
qui, autrefois, faisaient partie du lit de déjection et qui
aujourd'hui sont en grande partie colmatés.

Nous rapportons au terrain agricole n° 3 un sol
caillouteux, près de *Nemours (Seine-et-Marne)*, qui a
été analysé par M. Berthier et sur lequel il donne les
renseignements suivants (1).

Le champ où la terre analysée a été prise, est situé
au confluent du Loing et du canal de Briare, et porte
le nom de *Marabout;* sa surface n'est élevée que d'un
mètre, tout au plus, au-dessus du niveau ordinaire
de la rivière; il a été cultivé en pépinière pendant
longtemps, et n'a été défriché que depuis un petit
nombre d'années. La plupart des arbres forestiers y
croissent rapidement et les arbres fruitiers, au moins
certaines espèces, y réussissent assez bien. Les plantes
légumineuses, les tubercules, les choux et le seigle y
prospèrent, quand les années ne sont pas trop sèches

---

(1) *Analyses comparatives des cendres*, page 95.

et que le sol est convenablement fumé. Le chaulage lui convient très-bien.

La terre est de couleur café au lait, extrêmement meuble et très-caillouteuse. Les cailloux dont elle est mélangée ont une grosseur variable qui atteint souvent celle du poing. Ce sont des silex de diverses couleurs, tels qu'ils se trouvent toujours dans l'argile plastique, brisés et imparfaitement arrondis. A la profondeur d'un mètre, tout au plus, on trouve un banc de grève jaune, et pour peu que l'on fouille dans cette grève, on atteint le niveau de l'eau.

La terre ayant été tamisée dans l'eau et ensuite lévigée, a donné :

Cailloux et gros sable restés sur le tamis de crin	31,00
Sable resté sur le tamis de soie. .	51,00
Sable très-fin, obtenu par léviga- tion	5,00
Argile tenue en suspension dans les eaux de lavage.	13,00
	100,00

Outre les cailloux de silex, le gros sable renferme des grains de quartz hyalin, dont quelques-uns atteignent la grosseur d'une noisette. Le sable qui reste sur le tamis de soie, ainsi que le sable lévigé, ne se composent que de grains de quartz hyalin sans silex et ne renferment, comme le gros sable, que 0,005 de carbonate de chaux.

L'argile tenue en suspension dans l'eau est visqueuse et d'un brun assez foncé. Toute la matière organique que renferme la terre s'y trouve rassemblée, et elle est en même temps très-ferrugineuse. Le fer y est à l'état

de protoxyde, combiné probablement avec des matières organiques.

Cette argile contient :

Silice combinée et sable	46,00
Alumine	20,00
Oxyde de fer	12,00
Carbonate de chaux.	6,00
Matières organiques.	7,00
Eau.	9,00
	100,00

D'où l'on doit conclure que, dans la terre entière, il
y a :

Cailloux et sable quartzeux . . .	88,60
Argile et oxyde de fer.	7,80
Carbonate de chaux.	0,60
Matières organiques.	0,90
Eau.	2,10
	100,00

Cette terre est peu argileuse et singulièrement pauvre
en carbonate de chaux. Elle ne jouirait probablement
d'aucune fertilité, si elle ne pouvait puiser sans cesse
dans son sous-sol de l'eau tenant une certaine proportion de ce sel en dissolution.

TERRAIN AGRICOLE N° 4. { Sous-sol détritique.
{ Sol détritique.

Généralités. — Le terrain agricole que nous nommons *détritique*, consiste en une accumulation de fragments cailloteux de toutes grosseurs, quelquefois
très-volumineux, mêlés ordinairement d'une certaine
quantité de débris pulvérulents. Il est donc analogue,
sous le rapport de la constitution, au terrain précé-

dent; mais il en diffère beaucoup par sa position topographique, son origine et la forme de ses matériaux ;
par suite, ses qualités agricoles ne sont plus les
mêmes. Le terrain n° 3, précédent, offre une surface
à peu près horizontale; il occupe les plaines et le fond
des vallées; il est toujours produit par des cours d'eau
plus ou moins considérables, qui déposent tantôt du
limon pur ou presque pur, tantôt un mélange de sable,
de graviers et de cailloux roulés, bien arrondis, formés
de roches dures. Le terrain détritique présente des
caractères tout différents : il a une pente toujours
très-sensible ; il est composé de débris fragmentaires,
anguleux et ordinairement extrêmement variés sous le
rapport de la grosseur, de la forme et de la dureté ; il
couvre le flanc ou la base des montagnes; quelquefois
même on l'observe sur les pentes des sommités les
plus élevées.

Les cailloux de ce terrain peuvent avoir deux ori-
gines différentes, qu'il importe de distinguer. Assez
souvent, ils sont le résultat de la dégradation de hauts
rochers escarpés, qui, minés sans cesse par les agents
météoriques, s'éboulent peu à peu. Leurs fragments
détachés s'accumulent au pied des escarpements et
forment, à la longue, de vastes nappes caillouteuses
qui finissent par se couvrir de végétation. Ces nappes
ont une surface à peu près plane, et sont en général
fortement inclinées; elles sont tout à fait indépendantes des cours d'eau; les débris qui les composent
sont tous anguleux et varient, sous le rapport du
volume, depuis le grain de sable jusqu'au quartier de

rocher; leur entassement est extrêmement confus. D'autres fois, les cailloux qui constituent le terrain détritique, ont été amenés par des torrents d'une nature particulière, que l'on rencontre fréquemment dans les Alpes. Ce sont des cours d'eau qui, pendant très-longtemps, restent complètement à sec, ou sont réduits à un filet d'eau insignifiant; puis, qui grossissent tout à coup à la suite d'une pluie d'orage, débordent et couvrent les lieux environnants de leurs matières de transport. Ces matières sont anguleuses comme celles des éboulis, ou bien leurs arêtes sont à peine émoussées, parce que leur frottement dans le sein des eaux a été de courte durée. Elles peuvent offrir aussi des blocs énormes, mêlés à de menus débris, à du sable et à de l'argile. Leurs amas, auxquels on a donné, comme aux plages caillouteuses des rivières torrentielles, le nom de lits de déjection, ont une forme caractéristique : c'est celle d'un demi-cône, très-aplati, qui s'étale sur le flanc des montagnes, là où leur pente s'adoucit; ou bien, qui est adossé à leur base, sur les points où les torrents débouchent dans la plaine.

Le terrain détritique, quelle que soit son origine, présente un ensemble de qualités agricoles qui le caractérisent assez bien. Le sol et le sous-sol ne diffèrent pas sensiblement entre eux et sont toujours, l'un et l'autre, très-perméables. Le sol est en général impropre aux cultures herbacées, à cause de son peu d'hygroscopicité et des gros blocs de rochers dont il est entremêlé; mais il peut nourrir des arbres peu délicats, tels que le chêne, le robinier, le prunier de

Sainte-Lucie, etc.; souvent même, on y voit des vignes, des noyers et d'autres arbres fruitiers, lorsque le climat et l'exposition leur sont propices. Sa fertilité dépend, au reste, beaucoup de la nature minéralogique des cailloux qui entrent dans sa composition. Si le terrain est formé de roches peu altérables, comme le sont certains granites, le quartz, l'eurite, etc., il reste sans végétation pendant un temps extrêmement long, et même, s'il est très-incliné, il n'y vient jamais rien, à cause de la mobilité de la surface du sol, qui se renouvelle sans cesse. Mais, dans les pays calcaires, les amas détritiques renferment ordinairement dans leur sein beaucoup de menus fragments marneux, susceptibles de se décomposer et de fournir de l'argile. Celle-ci, entraînée par la pluie, garnit les interstices des cailloux restés intacts et les cimente, en même temps qu'elle absorbe des sels fertilisants, provenant de l'atmosphère ou de la décomposition naturelle des roches. Il en résulte, peu à peu, un sol, à la vérité extrêmement pierreux, mais contenant assez de terre végétale pour fournir aux racines de la plupart des plantes l'humidité et les sucs nutritifs qui leur sont nécessaires. On y voit alors non-seulement des bois, mais aussi des champs cultivés, des vergers, et l'on y élève des habitations. Il n'est pas de terrain si mauvais que la main de l'homme ne puisse améliorer. Lorsque ceux dont nous parlons ont été défoncés, aplanis et qu'on en a extrait les gros blocs de rocher qui s'y trouvent enfouis, lorsque surtout on est parvenu à les arroser à l'aide de quelques prises d'eau faites aux torrents du voisinage, ils donnent des récoltes passables, précieuses pour le montagnard qui n'a pas d'autres ressources.

Ces terrains, quand ils se trouvent sur le penchant d'une montagne, sont exposés à des accidents terribles. Comme ils sont très-perméables, il s'établit, après les pluies abondantes et de longue durée, une nappe d'eau entre les débris dont ils sont composés et le sol en place. Si le terrain inférieur est argileux et si sa pente est forte, il peut arriver que l'amas cailouteux, dont l'adhérence au plan incliné qui lui sert de base est notablement diminuée, glisse sur ce plan et descende jusqu'au fond de la vallée. Alors, non-seulement tout est bouleversé à sa surface, mais les terres cultivées à un niveau inférieur sont envahies et disparaissent sous cette avalanche d'une nouvelle espèce. Nous citerons plus tard des lieux qui ont été le théâtre de pareils glissements.

Les terrains détritiques se montrent sur une grande échelle dans les Alpes françaises, et c'est là où nous allons prendre nos exemples.

Terrains détritiques des Alpes françaises.

Les Alpes, à cause de l'immensité de leurs escarpements qui atteignent souvent près de 1,000 mètres de hauteur, du grand développement des roches tendres qui entrent dans leur composition, et de la multitude des torrents à lit de déjection qui les déchirent, doivent, plus que toute autre chaîne de montagnes, renfermer de grands dépôts détritiques; on les rencontre, en effet, presque partout dans leur sein. Trop souvent, par suite de la rapidité avec laquelle les débris s'accumulent, leur surface sans cesse renouvelée reste stérile; alors, comme presque partout dans le département des Hautes-Alpes, ils frappent les yeux par une nudité complète. D'autres fois, leurs amas s'accroissant avec lenteur peuvent se couvrir de végétation et même offrir, dans certains cas, l'apparence de la fertilité. C'est sous cet aspect qu'ils se présentent dans les meilleures parties du Dauphiné, comme par exemple dans la vallée de l'Isère en amont de Grenoble. On observe, sur la droite de cette vallée, un grand escarpement calcaire qui domine les villages de Corenc, Meylan, Biviers et Saint-Ismier; il est remarquable par sa nudité, sa hauteur prodigieuse, et sa grande inclinaison qui approche de la verticale et, quelquefois même, la dépasse. Sa base marneuse se trouve entre 500 et 600 mètres au-dessus de la plaine et son sommet s'élève à près de 1,100 mètres au-dessus du même niveau, ce qui lui donne à peu près 500 mètres de hauteur à pic. Plus loin, vers le nord-est, on voit d'autres rochers escarpés situés au-dessus des villages nommés Crolles, Lumbin, la Terrasse, le Touvet, la Buissière et Barraux. Ils forment deux lignes continues, étagées l'une au-dessus de l'autre : l'inférieure n'a pas plus d'une centaine de mètres de hauteur; mais la seconde offre, au-dessus de la première, une hauteur de rochers à pic au moins égale à 700 ou 800 mètres. Les divers escarpements calcaires dont nous venons de parler sont traversés par de nombreuses fissures; en outre, ils sont composés de couches solides alternant avec d'autres plus tendres, faciles à désagréger. Leur constitution géologique, jointe à la grande inclinaison de leur surface, fait qu'ils sont facilement destructibles. Le gel, le dégel, l'action des eaux pluviales et le jeu des affinités moléculaires sous l'influence du contact de l'air, les minent sans cesse, en sorte que presque tous les jours, surtout au printemps, il s'en détache çà et là quelques fragments. Il arrive même quelquefois, que des pans entiers de rocher s'écroulent avec fracas. Ces débris accumulés ont formé avec le temps des amas d'une épaisseur et d'une étendue très-considérable, dont l'inclinaison varie de 25 à 30 degrés. Ils affectent tantôt la forme d'une portion de cône droit dont le sommet touche au pied de l'escarpement, tantôt celle d'une nappe plane, continue, qui paraît parfaitement dressée. Le premier cas se réalise lorsque les cailloux éboulés proviennent particulièrement d'un point déterminé des escarpements, et le second, lorsque la destruction des roches a lieu, à peu près uniformément, sur toute leur surface. Les fragments marneux, qui composent en partie ce terrain détritique, étant brisés par leur chute ou réduits en poussière par suite de leur altération à l'air, comblent peu à peu les interstices laissés entre les gros blocs, et il en résulte un sol capable de nourrir des arbres. En effet, il est couvert de taillis de chêne sur presque toute sa hauteur, et à sa partie inférieure, il y a des vignes sur les points qui ont une exposition favorable.

Au-dessous de ces amas caillouteux formés uniquement, comme on le voit, par la destruction des rochers supérieurs, il en existe d'autres d'une origine un peu différente : ce sont les lits de déjection de plusieurs torrents qui prennent naissance dans les anfractuosités de ces mêmes rochers, et qui, au moment des pluies d'orage, charrient une énorme quantité de fragments caillouteux. Ces débris se déposent sur les flancs des côteaux inférieurs dont la pente moyenne est beaucoup plus douce. S'il y a débordement, ils sont dispersés par les courants sur de vastes surfaces et, quelquefois même, transportés jusque dans la plaine. Parmi les torrents qui donnent lieu à de pareils dépôts, on remarque surtout le *Bresson*, commune du Touvet; le *Manival*, commune de Saint-Ismier; les *Ruines* et le *Gamond*, près de Meylan. Quand leurs déjections sont d'une date récente, elles offrent une surface complètement nue et l'image de la dévastation. Celles qui sont anciennes sont, au contraire, couvertes de végétation, principalement de vignes, de noyers et d'autres arbres. Il faut examiner le terrain de près pour reconnaître qu'il est entièrement composé de cailloux et de blocs de rocher calcaire, de diverses grosseurs, cachés sous la verdure.

Si de la droite de la vallée de l'Isère on passe à la gauche, on observe, précisément en face des amas détritiques dont nous venons de parler, d'autres dépôts d'une origine semblable, également dus à l'action des torrents, mais qui ont une forme et une composition très-différentes. Comme ils sont très-anciens, leur surface est partout cultivée; ils constituent de petites éminences aplaties, en forme de demi-cônes, qui sont appliquées contre le pied des montagnes, à l'issue des gorges par lesquelles les cours d'eau torrentiels débouchent dans la plaine. Ces monticules, composés de matières de transport en partie granitiques et en général peu volumineuses, sont revêtus à la surface d'une légère couche de terre végétale créée par le temps et la culture; ils sont couverts de treillages, de mûriers, de noyers, et même de champs de blé et de légumes sur les points où l'arrosage est possible. On y a bâti la plupart des villages que l'on rencontre sur la route de Grenoble à Pontcharra, tels que Domêne, le Versoud, Lancey, Villard-Bonnot, Brignoud, Tencin et Goncelin. Ces anciens lits de déjection qui, depuis un temps immémorial, ont cessé de s'accroître, indiquent qu'à une époque très-reculée, les torrents de ce côté de la vallée charriaient beaucoup plus de cailloux que de nos jours.

On observe aussi des lits de déjection, couverts d'arbres et de champs de céréales, dans la partie de la vallée de l'Isère comprise entre Grenoble et Voreppe. Les plus remarquables, situés sur la rive droite, sont ceux du Chevalon et de Voreppe; ils sont entièrement formés de matériaux calcaires ou marneux. Le premier, que traverse la route impériale n° 75 sur une longueur de 900 mètres, est très-aplati à son sommet et bien cultivé; il a été produit, à une époque inconnue, par un torrent aujourd'hui insignifiant, dont la source se trouve dans le vallon boisé de l'ancienne Chartreuse de Chalais. Ce torrent sort d'une gorge étroite,

à l'endroit même où est placé le hameau du Chevalon. Le lit de déjection sur lequel est bâti le village
de Voreppe, a au moins 2,200 mètres de largeur lorsqu'on suit la grande route; il est remarquable par son
immense étendue, sa forme régulièrement conique et
la hauteur de son sommet. Le cours d'eau qui l'a
formé, nommé *la Roise*, est encore aujourd'hui très-
impétueux et charrie beaucoup de cailloux au moment de ses crues. Malgré les digues qui le contiennent, il déborde quelquefois et ajoute encore de
nouvelles déjections à celles qu'il a accumulées. Les
deux amas détritiques dont nous venons de parler, sont
principalement cultivés en vignes, mûriers et noyers.
Leur sol est extrêmement perméable; à Voreppe, on a
pu creuser des puits absorbants.

Les éboulis provenant de la destruction des escarpements, et les lits de déjection torrentiels, sont très-
communs dans le département des Hautes-Alpes, où
ils ont bien plus d'extension encore que dans celui
de l'Isère; mais, ainsi que nous l'avons déjà dit, ils
sont le plus souvent incultes, soit par suite de leur
altitude considérable, soit à cause de la rapidité avec
laquelle de nouveaux cailloux s'ajoutent à ceux qui se
sont déposés, avant que la végétation ait pu s'y fixer.
Nous renverrons, pour plus de détails sur les lits de
déjection de cette partie des Alpes, à l'ouvrage de
M. Surell (1).

Nous avons dit, dans les généralités sur le terrain

(1) *Etude sur les torrents des Hautes-Alpes*, Paris, 1841.

détritique, que les cailloux de toute nature et de toutes grosseurs dont il est essentiellement composé, glissaient quelquefois en masse sur le plan incliné qui leur servait de support, et nous en avons expliqué les raisons. Cet accident s'est produit dans quelques localités du Dauphiné.

Il y a quelques années, les habitants de la commune de Saint-Ismier (Isère) ont vu descendre une masse considérable de débris, mêlée de beaucoup d'argile, qui s'était formée à la base d'un rocher escarpé marneux, situé au nord du village. Ce terrain argilo-caillouteux, couvert de beaucoup d'arbres, de vignes et d'autres cultures, avait toujours paru stable. C'est à la suite de pluies abondantes et continues, qui l'avaient fortement détrempé, qu'il a éprouvé un mouvement de progression très-lent, qui a duré plusieurs jours. Dans sa marche, il a enseveli quelques champs cultivés, et même il a atteint des maisons situées à un niveau inférieur et bâties sur le terrain solide. Cet événement, qui a paru inexplicable, a causé une grande frayeur dans le pays; on ne savait pas où s'arrêterait le mouvement du sol, ni ce qui allait en résulter.

Un accident du même genre, mais dont les conséquences ont été beaucoup plus graves, s'est produit, il y a une quarantaine d'années, aux environs de la Motte-Chalancon (Drôme). Les flancs de la montagne qui, près de ce bourg, s'élève sur la gauche de la rivière d'Oulle, étaient recouverts de nombreux débris dont la surface était cultivée. En 1829, à la suite d'un automne très-pluvieux, une grande étendue de ce terrain se détacha et parcourut un espace de près d'un kilomètre. Le mouvement fut d'abord très-lent, et les malheureux propriétaires eurent le temps de déménager leurs maisons et de se sauver avec leurs effets les plus précieux. Bientôt après, la partie inférieure des débris se trouvant gênée par la rencontre de quelques obstacles, et la partie supérieure continuant à descendre avec la même vitesse, il en résulta un désordre épouvantable. Les arbres dressaient leurs racines vers le ciel et se brisaient en éclats; le sol se hérissait de rochers, qui paraissaient et disparaissaient tour à tour. En un instant, fermes, jardins, prairies, tout fut englouti, et l'œil n'aperçut à la place qu'un amas informe de cailloux d'une affreuse nudité. Le terrain ne s'arrêta que lorsqu'il trouva un point d'appui au fond de la vallée, où il éleva un barrage de 140 mètres d'épaisseur. Les eaux de la rivière étant interceptées, produisirent un lac d'abord assez profond, qui diminua ensuite promptement.

TERRAIN AGRICOLE Nº 5. $\begin{cases} \text{Sous-sol de sable pur.} \\ \text{Sol sablonneux.} \end{cases}$

Généralités. — Lorsqu'on parcourt la surface d'un terrain limoneux, il est rare que l'on n'en rencontre pas quelques parties où le sable domine tellement, que le sol et le sous-sol méritent le nom de sablonneux; toutefois, ces espaces sont ordinairement peu étendus et ne sont qu'un accident du terrain. Ce n'est que sur les plages basses, lorsqu'elles bordent la mer sur une grande longueur, que l'on peut observer des amas considérables de sable pur, déposés par les causes actuelles. Ce sable, que le mouvement des vagues entasse sans cesse sur le rivage, est imprégné d'eau salée et reste humide tant qu'il n'est pas à l'abri des invasions journalières de la marée; mais, lorsqu'il a été poussé au-delà des limites ordinaires de celle-ci, il se dessèche promptement au soleil; puis, les vents qui viennent de la mer s'en emparent et le poussent encore plus loin, en l'accumulant sous la forme de petits monticules, nommés *dunes*. La question de couvrir les dunes de végétation est surtout importante au point de vue de leur fixation ; en effet, si on n'oppose aucun obstacle à leur progression, elles s'avancent sans cesse sous l'impulsion des vents et, en pénétrant dans l'intérieur des terres, elles ensevelissent les champs cultivés, atteignent les habitations et interceptent les cours d'eau. Dans ce cas, leur mobilité est cause qu'elles restent complètement stériles. Pour les rendre productives, il est indispensable de les fixer préalablement, à l'aide d'une méthode de boisement dont nous donnerons bientôt une idée. Lorsqu'une dune a été fixée, que son sol a reçu un commencement d'amélioration par le moyen des arbres plantés à sa surface, et qu'on y a créé des abris, l'humidité qu'elle renferme dans son intérieur, à une petite profondeur, permet de la cultiver avec un certain succès, surtout sous un climat froid et pluvieux. Les plantes qui se contentent d'un sol léger, siliceux, y viennent alors très-bien, à l'aide d'un peu d'engrais. Nous citerons

particulièrement l'avoine, le sarrasin et le seigle. La
plante fourragère, appelée spergule, y pousse avec
vigueur. On peut en retirer également diverses espèces
de légumes, comme des lentilles, des pois et des haricots. Mais de toutes les cultures qui y réussissent, la
plus avantageuse, sans contredit, est celle des racines
tubéreuses et charnues. Les pommes de terre, les raves,
les carottes, les scorsonères, les betteraves, y donnent
des produits, également remarquables sous le rapport
du volume et de la saveur. Un inconvénient de ce sol
purement sableux, dans les pays froids, est de geler
très-facilement à une grande profondeur, à cause de
sa porosité.

La fertilisation des dunes a été l'objet d'un assez
grand nombre de mémoires auxquels nous renverrons
pour de plus amples détails (1).

Dunes de la Gascogne et d'autres contrées.

Il est peu de pays où les dunes soient aussi nombreuses et aussi bien caractérisées que sur le littoral
de l'ancienne province de Gascogne. La zone qu'elles
occupent le long de la mer s'étend d'une manière
continue, du sud au nord, depuis l'embouchure de
l'Adour, près de Bayonne, jusqu'à l'extrémité septentrionale du Médoc, à l'embouchure de la Gironde. Sa
longueur est d'environ 24 myriamètres et sa largeur

---

(1) Voyez particulièrement Bremontier et Chassiron, dans le tome IX
des *Mémoires de la Société d'agriculture de la Seine*, page 414, et de Candolle, dans le même recueil, tome V, pages 440 et 443.

de 4 à 8 kilomètres. Elle est limitée, à l'ouest, par l'Océan, et du côté de l'est, par une série presque continue d'étangs et de marais, qui la séparent des Landes proprement dites. Les monticules sableux, qui couvrent cette longue bande de terrain, présentent tous deux versants, l'un incliné de 15 à 25 degrés vers la mer ou du côté de l'ouest, et l'autre de 50 à 60 degrés en sens contraire. Cette configuration est une conséquence de leur mode de formation. Les sables que les vents d'ouest chassent devant eux, s'amoncellent en donnant naissance à un plan incliné; puis, si le vent est assez fort, ils remontent cette pente et retombent du côté opposé. La hauteur des monticules ainsi formés, est très-variable suivant les lieux. Elle est surtout considérable aux environs de l'étang de Cazau, où, d'après la nouvelle carte de France, elle est quelquefois comprise entre 80 et 90 mètres. Ailleurs, cette hauteur ne dépasse pas, en général, 50 à 60 mètres, et souvent elle est beaucoup moindre.

Le sable des dunes est entièrement composé de grains de quartz très-fins, blanchâtres, qui, examinés à la loupe, ont la forme de petits sphéroïdes, plus ou moins arrondis; ils sont quelquefois mêlés d'un peu de mica et de parcelles ferrugineuses; on y voit aussi de menus débris de coquilles. Lorsque ce sable est frappé par les rayons du soleil, il paraît d'une blancheur éclatante.

Considérées dans leur ensemble, les dunes offrent l'aspect de plusieurs chaînes de collines, en général parallèles à la mer, qui s'anastomosent en se ramifiant

de diverses manières. Il existe entre elles des espèces
de vallées longitudinales, appelées dans le pays *lettes*,
que l'on désigne sur les cartes par des noms particuliers et dont le fond est souvent occupé par des marais.

Les dunes de la Gascogne, poussées par les vents,
tendent à s'avancer sans cesse dans le sein des terres,
et, si l'on ne s'opposait pas à leur marche, elles ense-
veliraient, comme nous l'avons déjà dit, les habitations
et les champs cultivés situés sur leur passage (1). Il
est donc très-important de les arrêter. Le procédé suivi
à cet effet, proposé pour la première fois, en 1776, par
les frères Desbiers et perfectionné depuis par Bremontier, se compose de deux opérations distinctes : 1° on
commence par mettre la dune à l'abri des sables mobiles qui pourraient envahir sa surface ; 2° on rend
stable la dune elle-même, à l'aide de semis et de plantations. Comme c'est ordinairement sous l'impulsion
des vents de l'ouest que du sable étranger peut s'ajouter
à celui qu'il s'agit de fixer, on établit de ce côté une
palissade en plateaux de bois jointifs, ou bien une série
de piquets entre lesquels on enlace des branches. C'est
contre cette espèce de digue, dirigée du nord au sud,
que les sables viennent s'accumuler. La dune étant
garantie par cet obstacle sur une de ses faces, l'on
rattache, à chacune des extrémités de la palissade, un
autre cordon de défense, qui s'oppose aux effets des

---

(1) Le fait a déjà eu lieu dans plusieurs localités des Landes. Voyez le
Discours sur les révolutions du globe, de Cuvier, page 237, édition de
1834.

vents N.-O. ou S.-O. Enfin, on achève la clôture du côté de l'est, dont le vent a généralement très-peu de force, par une haie sèche, formée d'une simple rangée de branches de genêts ou de pins plantés verticalement. Lorsqu'une dune a été mise de cette manière à l'abri de l'invasion de nouveaux sables, il reste à fixer sa surface. Dans ce but, on y fait des semis de plantes, les unes herbacées, les autres ligneuses. Les premières, dont la venue est la·plus rapide, sont destinées à retenir les sables superficiels, à les abriter et à favoriser de cette manière la végétation ligneuse plus tardive. En attendant que les semences soient sorties de terre, on étend sur le sol et l'on y fixe, au moyen de piquets, des branches d'arbres verts, des ajoncs ou des genêts, qui ont le double avantage de protéger les jeunes pousses contre le vent et de les garantir contre les ardeurs du soleil. L'espèce herbacée généralement employée pour les semis, est l'*arundo arenaria*, vulgairement appelé *gourbet*. On pourrait aussi avoir recours au jonc marin, à l'asperge maritime, au sparte d'Espagne, et à quelques autres plantes qui se plaisent dans les sables des bords de la mer. Quant aux essences ligneuses, le pin maritime est généralement préféré sur tout le littoral de la Gascogne. Le sol et le climat lui conviennent parfaitement. A son défaut, on pourrait se servir du pin d'Alep et du cyprès ou, parmi les arbres autres que les conifères, du tamarix et du chêne yeuse.

Le climat de la Gascogne est trop sec et trop chaud, pour que des récoltes herbacées puissent prospérer sur les dunes rendues stables, mais il n'en est pas de même des cultures arborescentes et particulièrement de la vigne. Le département des Landes possède dans le voisinage de la mer quelques crus remarquables, dont les produits sont généralement connus dans le commerce sous le nom de *vins de sable*. Ils se trouvent sur les communes de Soustons, Messanges, Cap-Breton et Vieux-Boucaut; leur contenance totale est de 150 hectares. Ces petits crus présentent tous la même physionomie et sont des conquêtes faites sur le sable mouvant, que l'on est parvenu à fixer en divisant sa surface en petits compartiments à l'aide d'un système de haies. Ces clôtures, en même temps qu'elles affermissent le sol, le préservent de l'invasion des sables étrangers. Le *vin de sable* se distingue par sa couleur, son velouté et son bouquet qui rappelle celui du vin de Bordeaux. On le consomme, à peu près exclusivement, dans les arrondissements de Dax et de Bayonne.

Sur les côtes du Languedoc et de la Camargue (Bouches-du-Rhône), il y a également des dunes, mais plus petites et moins nombreuses que sur le littoral des départements des Landes et de la Gironde. Leur hauteur maximum ne dépasse guères 4 à 5 mètres. Il y croît beaucoup de plantes qu'on ne trouve pas ailleurs dans le pays, tels que le roseau des sables, le panicaut maritime, le violier sinué, la luzerne marine, etc. Les sables du littoral de la Petite-Camargue et ceux de l'île de Rièges, dans la Camargue proprement dite, nourrissent le pin maritime, le sabinier, le genévrier de Phénicie, le pin pinier, le filaria à petites feuilles et des tamarix.

Sur les côtes des pays septentrionaux, où le climat est froid et humide, on emploie, pour fixer les sables mouvants, l'épicéa, le pin d'Ecosse, le genévrier de Virginie, le tremble et diverses espèces de peuplier et de saule; on y cultive ensuite des plantes annuelles. M. de Candolle a observé aux environs du hameau de la Panne, entre Dunkerque et Furnes, des dunes que l'industrie des habitants avait transformées en champs de seigle, de racines et de pommes de terre; il cite surtout l'établissement d'un cultivateur nommé Heitfeld, dont le sol purement sableux donnait des produits aussi nombreux que variés. Les dunes du nord sont susceptibles d'être amendées par l'emploi de la marne, ainsi que M. Herbez l'a prouvé, il y a une trentaine d'années. Par l'addition de 250 tombereaux, par hectare, d'une marne argilo-calcaire, à la surface des dunes d'Eguihen, commune d'Outreau (Pas-de-Calais), il était parvenu à fertiliser des sables purs, siliceux, abandonnés comme stériles.

§ 2me. TERRAINS A SOL DE TRANSPORT ANCIEN
CALCARIFÈRE.

TERRAIN AGRICOLE N° 6. $\begin{cases} \text{Sous-sol marno-sableux.} \\ \text{Sol marno-sableux.} \end{cases}$

Généralités. — Ce terrain a pour élément essentiel et caractéristique la marne pulvérulente; mais comme il appartient à la classe des terrains de transport, il

renferme toujours aussi une certaine quantité de sable.
Il en résulte qu'en général il a la même composition
que les terres dites *franches*, qui ont la réputation
d'être très-fertiles.

Un sol de cette nature, en Touraine, qui avait
produit du beau chanvre, a été trouvé par Chaptal
composé de la manière suivante :

Sable grossier.	49
Argile.	26
Calcaire.	25
	100

Cette analyse, dans laquelle on n'a tenu compte
que du sable, de l'argile et du calcaire, doit être considérée comme approximative.

Les terres argilo-calcaires avec sable possèdent,
comme l'a dit M. Leclerc-Thouin, et ainsi que le
prouve l'expérience, d'heureuses propriétés agricoles.
Elles conviennent à toutes les cultures, particulièrement au lin, au chanvre et aux autres végétaux qui
aiment un sol léger et pourtant substantiel. N'étant ni
trop compactes, ni trop meubles, elles sont également
perméables aux pluies, à l'air atmosphérique et
au chevelu délié des plantes délicates; elles absorbent
l'eau et s'en pénètrent, sans jamais la retenir en nappe
comme les argiles. Leur échauffement au printemps
est moins prompt que celui des sables, mais beaucoup plus facile que celui des fonds argileux, et,
presque autant que ces derniers, elles conservent de
l'humidité lorsqu'arrivent les grandes chaleurs. Elles
sont favorables à la décomposition des engrais qu'elles

entourent d'une humidité chaude et modérée. Enfin, à cause de leur perméabilité, elles n'exigent pas de labours fréquents et profonds, et ceux qu'on leur donne peuvent presque toujours être entrepris en temps opportun. Tous les engrais conviennent à ces sortes de terres; car elles ne sont point assez froides pour retarder les bons effets des fumiers peu décomposés, et pas assez chaudes pour trop accélérer l'effet des fumiers actifs.

Les terrains de transport marno-sableux ne sont pas de simples accidents dans la nature; on les observe quelquefois sur de vastes espaces. Nous citerons particulièrement le dépôt quaternaire nommé *lehm*, couvert d'une riche végétation, qui occupe presque toute la plaine du Rhin en *Alsace*. Nous rapportons au même terrain une partie du sol de la *Limagne* (Puy-de-Dôme), pays également renommé par sa fertilité.

Plaine du Rhin en Alsace.

La plaine qui s'étend en Alsace, depuis Bâle jusqu'à l'extrémité nord-est du département du Bas-Rhin, est une des régions agricoles les plus riches de la France; elle doit principalement sa fertilité à une formation marno-sableuse, appelée *læss* ou *lehm*, qui constitue en grande partie le sol et le sous-sol. Avant de parler de la composition de ce dépôt et des cultures dont il est couvert, nous dirons d'abord quelques mots du climat de la contrée et de sa configuration topographique.

Le climat de l'Alsace est excessif, c'est-à-dire que

les hivers sont plus rigoureux et les étés plus chauds que dans la plupart des autres localités placées sous la même latitude. A Strasbourg, la température moyenne annuelle est de 9°,8; elle se décompose, par saisons, de la manière suivante :

Hiver	1°,1
Printemps	10°,0
Eté	18°,3
Automne	10°,0
Moyenne.	9°,8

La hauteur moyenne de la pluie, chaque année, est de 685,2 millimètres; le nombre des jours pluvieux s'élève à 115. Les saisons où il tombe le plus d'eau et où les pluies sont le plus fréquentes, sont l'été et l'automne. Les vents dominants soufflent du nord-est et du sud.

La plaine est très-unie et s'étend du 47me degré 40' au 49me degré de latitude. Sa longueur totale développée est d'environ 16 myriamètres; sa largeur varie depuis 10 jusqu'à 30 kilomètres. Les chiffres suivants expriment les altitudes du sol des églises principales, de plusieurs villes qui s'y trouvent situées : Mulhouse, 240 mètres environ; Colmar, 195; Schelestad, 178; Strasbourg, 144; Veissembourg, 164. La hauteur du Rhin est de 254 mètres à Bâle, et seulement de 100 à Lauterburg, à l'extrémité nord-est du département du Bas-Rhin.

La vaste plaine dont nous venons de donner une idée, sous le rapport climatérique et topographique, est occupée, en partie, par des alluvions modernes dont nous avons déjà parlé (1), en partie, par le *lehm* dont nous avons maintenant à indiquer les qualités agricoles. Ce dépôt, qui appartient à une des époques les plus récentes de la période quaternaire, est formé d'une marne sableuse, grise, d'une grande ténuité, renfermant des proportions variables de sable, d'argile et de carbonate de chaux. On y trouve aussi quelques centièmes d'hydrate de péroxide de fer qui colore la matière en jaune blond, et, de plus, 1 à 2 pour 100 de potasse; enfin, un peu de carbonate de magnésie. La proportion du carbonate de chaux varie ordinairement de 15 à 30 pour 100 (2). Cette masse sableuse est très-poreuse, à peu près homogène et dépourvue de toute stratification. Elle ne renferme aucun caillou, et présente sur quelques points une épaisseur considérable, qui peut aller jusqu'à 60 ou 80 mètres. Comme elle est partout très-meuble, qu'elle est formée le plus souvent d'un mélange, en proportions heureuses, de sable, d'argile et de carbonate de chaux, auxquels vient s'ajouter de la potasse; enfin, que sa profondeur habituelle excède de beaucoup les besoins de la végétation, on comprend qu'elle doit constituer un terrain agricole extrêmement riche : c'est, en effet, ce que l'on observe sur presque tous les points où elle existe.

Les cultures qui prospèrent sur le *lehm* sont très-variées. En les rangeant d'après leur ordre d'impor-

---

(1) Voyez plus haut, la description du terrain n° 2.

(2) Daubrée, *Description géologique et minéralogique du département du Bas-Rhin*, page 218.

tance, on a, en première ligne, le froment; puis, le
groupe des autres céréales: orge, avoine, seigle, maïs;
après, viennent : la pomme de terre qui est très-répandue, la betterave, les racines (carotte, choux, navet),
les légumes secs (féverolle, pois, haricots, lentille),
les plantes oléagineuses (colza, pavot, cameline);
enfin, parmi les plantes textiles et industrielles, le
chanvre, le tabac, la garance et le houblon. Les
plantes fourragères, trèfle et luzerne, ont particulièrement une grande extension. Ces diverses récoltes
sont combinées entre elles de diverses manières, suivant les localités. Presque partout, le système suivi
dérive soit de l'assolement triennal, soit du biennal
sans jachère. Le blé y joue le rôle principal; on évalue à près de 100,000 hectares l'étendue totale des
terres qu'il occupe annuellement; son rendement
moyen est de 17 à 18 hectolitres par hectare. Le seigle est substitué au froment dans les terres trop sableuses. L'avoine est semée sur la sole d'été; on en produit beaucoup. Le tabac, le maïs, la pomme de terre,
ou les navets, correspondent à l'année de jachère.
Parmi les plantes qui occupent le sol pendant plusieurs
années et qui rompent l'assolement ordinaire, on doit
citer surtout la garance et le houblon. Cette dernière
plante n'a été introduite en Alsace que vers l'année
1805; elle s'est étendue ensuite progressivement et
est devenue aujourd'hui une branche importante de
l'agriculture du pays.

Le grand développement qu'a pris en Alsace la culture des céréales et des plantes industrielles, qui sont

en général des végétaux épuisants, est cause que les engrais y font défaut. La quantité de bétail que nourrit la plaine, n'est nullement en rapport avec celle du fumier dont on a besoin. Il serait donc extrêmement important pour ce pays, qu'à l'aide du perfectionnement des voies de communication, on pût tirer du dehors des matières fertilisantes. A l'intérieur, on pourrait recueillir avec plus de soin, et plus généralement, l'engrais humain dont on connaît aujourd'hui tout le prix.

L'épaisseur du lehm est peu considérable et en général inférieure à un mètre, entre Bâle et Mulhouse. Pour cette raison, dans cette partie de la plaine, et sur tous les autres points où la profondeur de la terre marno-sableuse est insuffisante, le sol perd beaucoup de sa fertilité; il devient même impropre aux cultures. C'est qu'alors on n'a plus le même terrain agricole; le sous-sol s'est transformé en un gravier presque stérile, nommé gravier du Rhin, où les racines des végétaux herbacés ne peuvent pas pénétrer, et qui se laisse traverser par l'eau avec beaucoup de facilité. Avec un pareil sous-sol, le terrain craint beaucoup la sécheresse et ne peut guères nourrir que des arbres. La forêt de Haguenau, près de Mulhouse, composée principalement de chênes et de charmes, couvre un sol placé dans ces conditions.

La Limagne.

On a donné le nom de *Limagne* à une vaste plaine, qui fait partie de la vallée de l'Allier et s'étend, du nord au sud, depuis Vichy jusqu'à Brassac, village situé à 15 kilomètres sud-sud-est d'Issoire. Sa longueur est de près de 7 myriamètres, et sa largeur moyenne de 34 kilomètres; sa superficie est égale à 24 myriamètres carrés environ; l'altitude de sa surface varie de 300 à 400 mètres. Cette plaine est comprise entre les montagnes de l'Auvergne, à l'ouest, et le cours du Doron, à l'est; elle est extrêmement fertile et bordée de riants coteaux, que couvrent des habitations étagées, entourées de beaux arbres fruitiers, de vertes prairies, de blés et de vignes qui végètent avec une vigueur extraordinaire. Ses principales villes sont Clermont, Riom et Issoire; elle appartient, à peu près en totalité, au département du Puy-de-Dôme.

Le climat de la Limagne est doux, mais sujet à des changements brusques. En hiver, le froid ne dure guères que 12 ou 15 jours; la neige n'est pas abondante et ne persiste pas longtemps. L'époque ordinaire de la plus grande chaleur est la fin de juillet et le commencement d'août. Le thermomètre s'élève alors jusqu'à 30° et au-dessus. La température moyenne de Clermont, bâti sur le bord occidental du bassin, a été évaluée à 13°,54, chiffre très-élevé si l'on considère que cette ville est placée sous le 45me,46' degré de latitude et que l'altitude de son sol (niveau de la cathédrale) est de 407^{m},2. Le nombre des jours de pluie est de 90 à 100 à Clermont, et un peu moindre dans le reste de la contrée. Les orages d'été et la grêle font beaucoup de mal. Le vent dominant est celui du nord-ouest, qui souffle avec violence en automne et au printemps. Le vent du sud-est amène les orages celui du sud-ouest la pluie.

Les terres de la plus grande partie de la Limagne offrent une profondeur presque indéfinie et sont formées d'un mélange, en proportions variables, de sable quartzeux, de débris de calcaire marneux d'eau douce et de détritus de roches volcaniques. Ces dernières matières font de ce sol une variété particulière du terrain marno-sableux, et c'est à elles qu'il doit, sans doute, sa fécondité extraordinaire. L'humus s'y trouve toujours en quantité notable. Parmi les débris volcaniques, on distingue des pouzzolanes, des scories et des fragments de laves. Sur plusieurs points, ces matières meubles sont presque entièrement dépourvues de galets. Dans la plaine du Marais, non loin de Clermont, le sol le plus superficiel est composé principalement d'une terre noirâtre, à éléments volcaniques, qui est mélangée avec des débris de marne calcaire et une grande quantité de détritus végétaux. Les pouzzolanes deviennent de plus en plus abondantes, à mesure que l'on se rapproche du pied des montagnes.

Yvart a résumé ainsi les caractères agricoles de la Limagne : froments variés, chanvre excellent, raves et plantes légumineuses très-estimées, pommes de terre nombreuses, vins abondants, potagers étendus très-productifs, pépinières en tout genre, arbres fruitiers de toute espèce, superbes noyers greffés, enfin nombreux canaux d'irrigation bordés de saules et de peu-

pliers (1). Il n'existe pas dans ce pays d'assolement
généralement adopté. Chaque cultivateur a le sien et
en change souvent. La fertilité de la terre est, en effet,
telle, qu'elle permet d'obtenir toute sorte de produits
sans jachère, et sans que le sol paraisse s'épuiser. Au
milieu des récoltes qui s'offrent à son choix, le pay-
san a toutefois une prédilection marquée pour les
céréales, et particulièrement pour le froment dont
toutes les variétés sont ensemencées. Le sol y est très-
favorable à la culture des blés dits glacés, qui renferment beaucoup de gluten et sont très-recherchés pour
la fabrication de la semoule et des pâtes alimentaires.
La valeur des semoules livrées au commerce dépasse
trois millions de francs et celle des pâtes n'est pas au-
dessous de quatre millions. Dans une partie de la
Limagne, principalement aux environs de Riom et de
Clermont, les céréales sont semées en ligne. La terre
est ouverte avec le bident ou fourche à deux dents;
une femme suit en répandant la semence. Cette méthode permet de biner la récolte. La propriété est tellement morcelée dans le pays que l'usage des instruments à main y joue un grand rôle. Assez souvent, la
hotte et le bident, ajoutés à la bêche et à la pioche,
forment tout le matériel agricole des petits cultivateurs. Dans les localités où l'on se sert de charrue,
c'est toujours l'araire qui est employé.

Le chanvre constitue un produit d'autant plus important qu'il est ouvré dans le pays. La bonne qualité

---

(1) *Excursion agronomique en Auvergne*, page 167.

des pommes de terre fait qu'elles sont transportées jusqu'à Saint-Etienne, Lyon et Paris. La vigne est très-répandue dans la plaine, principalement au nord-ouest de Riom et, en suivant le cours de l'Allier, entre Issoire et Veyre. La qualité des vins n'a rien de remarquable; elle pourrait être améliorée. Les fruits, à cause de leur saveur exquise, jouissent surtout d'une grande réputation et forment une branche considérable du revenu agricole. On exporte au loin des pommes, des poires, des pêches, des abricots et des cerises. Les confiseurs de Riom et de Clermont fabriquent, chaque année, une grande quantité de fruits confits et de la pâte d'abricot très-renommée, dont le poids atteint plusieurs milliers de quintaux métriques. Le fumier de ferme, la poudrette, les os pulvérisés, les raclures de corne et les tourteaux sont les principaux engrais du pays. On y sème aussi beaucoup de pois, de vesces et de féverolles, destinés à être enfouis en vert. Les moutons, ainsi que les porcs, y sont très-nombreux; leur race n'offre rien de particulier.

La Limagne, si belle par ses productions agricoles, laisse à désirer sous le rapport de la salubrité. Une partie de sa surface paraît avoir été autrefois un vaste lac, et, sur plusieurs points, l'écoulement des eaux ne s'y fait pas avec facilité. C'est ce qu'indique assez le nom de plaine du Marais, donné aux terres qui, situées entre les villages d'Aulnat et de Pessat, s'étendent au N.-N.-E. de Clermont, sur une longueur de 12 à 13 kilomètres. Les habitations sont sales, construites en pisé, et souvent couvertes en chaume. L'étable est en général attenante à la maison et communique par une porte avec la pièce principale. La cuisine, la plupart du temps, sert en même temps de salle à manger et de chambre à coucher.

TERRAIN AGRICOLE Nᵉ 7. { Sous-sol marno-caillouteux. / Sol marno-caillouteux.

Généralités. — Ce terrain est beaucoup moins fertile que le précédent, à cause du gravier et des cailloux roulés qui abondent dans le sol et le sous-sol. Ses caractères les plus saillants sont d'être très-perméable, de craindre par suite la sécheresse, de s'échauffer notablement en été, de ne favoriser ni la conservation des engrais actifs, ni la décomposition de ceux qui sont peu avancés. Les cultures herbacées, telles que les céréales, y viennent mal, parce que leurs faibles racines sont gênées et manquent de nourriture. Les arbres qui ont des racines plus fortes et qui peuvent les introduire entre les cailloux, pour aller chercher au loin de l'humidité et des veines de bonne terre, y réussissent beaucoup mieux. Parmi les cultures arborescentes que l'on peut y placer, la vigne est surtout avantageuse, lorsque le climat et l'exposition sont favorables. L'olivier et l'amandier, dans le midi, s'accommodent également de ce terrain. On l'améliore par l'épierrement, et, si l'on peut y joindre l'irrigation, il devient productif.

La formation géologique à laquelle correspondent le plus souvent les terres marno-caillouteuses, est le *diluvium des vallées* que nous considérons comme le plus ancien des dépôts de la période quaternaire. Cette formation est extrêmement répandue ; cependant on l'observe rarement sur de grandes surfaces, parce que, le plus souvent, elle est cachée sous des terrains de transport plus récents.

Collines caillouteuses du Bas-Dauphiné.

Le Bas-Dauphiné, comprenant les parties nord-ouest des départements de l'Isère et de la Drôme, est la contrée en France où le terrain agricole marno-caillouteux se montre à découvert sur la plus vaste étendue. Il constitue, à peu près en totalité, les collines de cailloux roulés que l'on rencontre dans les arrondissements de Vienne, de la Tour-du-Pin, de Saint-Marcellin et de Valence. Ces collines sont l'ouvrage des eaux. Autrefois, vers le milieu des temps quaternaires, leur ensemble formait un vaste lit de déjection produit par l'accumulation d'une quantité énorme de débris de toute espèce, que les courants diluviens charriaient en descendant des Alpes. A la période d'entassement de ces débris a succédé une suite d'érosions, qui ont eu pour effet de creuser dans leur sein une multitude de vallons et de les diviser en collines, dont la hauteur, toujours croissante à mesure que l'on s'approche du pied des Alpes, finit par atteindre 900 mètres environ. Leur masse principale est essentiellement composée de marne calcaire pulvérulente, quelquefois argileuse; de sable contenant de 25 à 30 pour 100 de carbonate de chaux, le reste étant sili-

ceux; de menu gravier et de cailloux roulés, quartzeux, granitiques ou calcaires. Dans certains lieux, on
y voit aussi de gros blocs anguleux. Ces diverses matières dont l'ensemble est d'un gris clair légèrement
jaunâtre, sont mêlées confusément et en proportions
extrêmement variées. Quelquefois, c'est le sable qui
domine; d'autres fois, le gravier et les cailloux roulés;
plus rarement, la marne, soit calcaire, soit argileuse.
La fertilité du sol dépend beaucoup de la quantité
d'argile qui entre dans sa composition; en général, il
convient aux cultures qui demandent un terrain léger
et profond, et particulièrement à la vigne, au noyer,
et à la plupart des arbres fruitiers. On y cultive quelquefois le seigle, l'avoine et même le froment, pourvu
que la surface du sol soit peu inclinée et qu'on n'y voie
pas trop de cailloux. Parmi les plantes fourragères, le
sainfoin, qui se plaît dans les sols calcaires et secs, y
réussit bien. Lorsque ce terrain atteint une certaine
altitude, qu'il dépasse par exemple 600 mètres,
comme aux environs de Tullins, de Renage, de la
Murette et de Virieu, on n'y observe ordinairement
que des bois taillis où dominent le chêne, le hêtre et
le châtaignier.

Comme c'est la culture de la vigne qui prospère
spécialement sur le sol des collines marno-caillouteuses du Bas-Dauphiné, nous allons entrer dans quelques détails sur les vignobles qui y sont situés. Plusieurs ont de la réputation.

Le plus célèbre de tous est celui de l'Ermitage,
commune de Tain (Drôme). Le coteau se divise en

trois quartiers, dont un seul, appelé *mas des Bessas*, est de nature granitique; les deux autres, que l'on nomme *mas du Méal* et *mas de Greffieux*, appartiennent à la formation marno-caillouteuse. Le vin de ces deux dernières localités n'est pas inférieur à celui de la première; il a même plus de finesse et de parfum, mais il est moins corsé et n'a pas autant de couleur; ce qui s'explique par les propriétés physiques du terrain de marne et de cailloux, qui, étant très-perméable, renferme moins d'humidité que le terrain granitique. Les vins des trois quartiers dont on vient de parler se complètent les uns les autres, et ce n'est que par leur mélange que l'on obtient un Ermitage de première qualité.

Dans le voisinage de Tain, à Larnage et à Mercurol, la formation marno-caillouteuse produit aussi des vins très-estimés, qui sont classés parmi les meilleurs de la Drôme; ils viennent immédiatement après celui de l'Ermitage.

Les vignes que l'on observe sur les bords de la plaine élevée, où se trouve la Côte-Saint-André (Isère), forment une bande presque continue, qui court dans la direction de l'ouest à l'est, depuis les bords du Rhône jusqu'à Apprieu. Elles couvrent le flanc des collines caillouteuses qui bordent la plaine au nord; leur exposition générale est, par conséquent, vers le sud. La hauteur du sol au-dessus du niveau de la mer, qui ne dépasse guères 200 mètres dans le voisinage du Rhône, augmente successivement, à mesure que l'on marche vers l'est. On peut l'estimer moyenne-

ment au moins à 400 mètres. Malgré cette altitude
considérable, les vins de cette partie du Dauphiné
ont de la réputation; ce qui est dû probablement à la
nature de la marne sablo-caillouteuse, légère, perméable et d'un échauffement facile, qui forme la base
des vignobles. Les meilleurs crus donnent un vin blanc
que l'auteur de la *Topographie de tous les vignobles connus* (1) a rapproché de la Clarette de Die et des vins
blancs de Vienne; ils sont, dit-il, légers, pétillants et
d'un goût agréable.

On rencontre dans l'arrondissement de la Tour-du-
Pin (Isère) un grand nombre de collines composées
de marne, de sable et de cailloux roulés, où l'on cultive la vigne avec avantage. Quelques-unes donnent
même des produits très-estimés. Nous citerons particulièrement les coteaux de Crucilleux, commune de
Saint-Chef, et ceux de Saint-Savin qui en sont peu
éloignés. Il y en a également à Jailleu et à Ruy, près
de Bourgoin, qui se prolongent le long de la vallée
de Cessieu, jusqu'à la Tour-du-Pin, sur une longueur
d'au moins 16 kilomètres; ils produisent des vins d'ordinaire qui occupent le cinquième rang dans la classification générale des vins de France. Les autres communes viticoles de l'arrondissement, dont les crus
appartiennent également au terrain marno-caillouteux,
sont principalement Sermérieu, Veyrins, Cessieu,
Dolomieu, Saint-Geoire, Voissant, Vignieu, Saint-
Sorlin et Chimilin. On observe dans la vallée de

(1) Jullien, page 188.

l'Isère, en amont de Grenoble, quelques coteaux de sable, de marne et de cailloux roulés, situés principalement sur les communes de Barraux et de la Buissière; ils sont couverts de vignes, comme les collines déjà citées, et l'on en tire un vin, en général meilleur que celui qui est récolté sur le sol de calcaire marneux des environs.

TERRAIN AGRICOLE N° 8. { Sous-sol de calcaire compacte. { Sol argilo-sableux (calcarifère).

Généralités. — Quoique ce terrain ait une constitution qui semble exceptionnelle, il n'est pas rare cependant de le rencontrer en France et dans les Alpes. Sa terre végétale a pour éléments essentiels le sable et l'argile. Le carbonate de chaux s'y rencontre aussi constamment ou presque constamment, mais en proportions extrêmement variables et ordinairement petites, comme s'il y était accidentel. Le sous-sol est formé de calcaire compacte ou quelquefois marneux, et jouit par conséquent, dans la plupart des cas, d'une grande perméabilité. Cette facilité du sous-sol à se laisser traverser par l'eau influe beaucoup sur les propriétés de la terre végétale et, le plus souvent, d'une manière heureuse. Lorsque cette terre offre une profondeur un peu notable, égale par exemple ou supérieure à un mètre, elle ne craint pas la sécheresse; car sa masse et sa teneur en argile la rendent suffisamment hygroscopique. Elle n'est pas exposée non plus à un excès d'humidité, en temps de pluies abondan-

tes, parce que les filtrations souterraines trouvent un
écoulement facile à travers les fissures du calcaire
sous-jacent. Le sol renferme donc toujours une proportion d'eau qui n'est ni trop grande, ni trop petite,
qualité précieuse pour un grand nombre de plantes,
principalement pour le froment. L'expérience prouve,
en effet, que cette céréale y réussit particulièrement et
qu'elle y est surtout d'excellente qualité.

Lorsque la terre végétale, au lieu de présenter une
profondeur suffisante, n'atteint pas $0^m,40$ à $0^m,50$,
elle souffre ordinairement beaucoup de la sécheresse.
Il ne peut guères y venir que des plantes fourragères,
peu abondantes, mais aromatiques, succulentes, très-
propres à la nourriture des moutons, auxquels un terrain sec est particulièrement favorable.

Ce terrain, à cause de l'extrême perméabilité de
son sous-sol, n'offre pas habituellement une grande
fraîcheur à son intérieur, et, conséquemment, ne convient pas aux végétaux qui en demandent, par exemple, aux châtaigniers; à plus forte raison, les arbres qui
se plaisent dans un sol humide, tels que les saules, les
aunes, les peupliers, etc., ne peuvent pas y réussir.
Les prairies naturelles n'y trouvent pas non plus l'humidité qui leur est nécessaire. Il n'y a d'exceptions
qu'au fond des vallées, parce qu'alors un sous-sol perméable, au lieu d'empêcher l'irrigation naturelle, la
favorise en livrant un passage facile aux eaux de filtration, qui abondent dens les lieux bas.

Nous avons eu déjà l'occasion de parler du dépôt
quaternaire, nommé *diluvium des plateaux*, qui, placé

bien au-dessus du fond des vallées, a couvert de vastes
surfaces. Lorsque ce diluvium, que caractérisent le
sable et l'argile, a une grande profondeur, il offre
une terre végétale et un sous-sol de même nature, qui
sont en géneral, l'un et l'autre, peu perméables. Mais
il peut arriver que l'épaisseur du diluvium soit assez
petite pour que les roches en place, sur lesquelles il
repose, aient de l'influence sur les qualités de la terre
végétale. Si ces roches sont formées de calcaire compacte, on a alors le terrain agricole n° 8, à sol argilo-
sableux et à sous-sol très-perméable. Telle est l'origine
du terrain de cette espèce qui occupe une étendue fort
considérable au centre de la France et que nous
allons maintenant décrire.

La Beauce (1).

La Beauce est une contrée qui faisait partie autrefois de l'Orléanais et comprenait le pays de Chartres,
le Dunois et le Vendomois. Chartres en était la capitale. C'est une plaine élevée, immense, qui commence
à 40 kilomètres environ de Paris et s'étend, dans la
direction du nord au sud, jusqu'à la Loire. Sa longueur
totale est au moins de 100 kilomètres et sa plus grande
largeur de près de 80. Elle offre une surface unie, où
les cours d'eau sont rares. Ses principales productions
sont des céréales, ainsi que nous le verrons bientôt.
Les vignes et les prairies y sont en petit nombre, mais

(1) La partie occidentale du Gâtinais, qui est contiguë à la Beauce,
offre une constitution agrologique exactement semblable ; la même
description agricole lui est applicable.

ses pâturages sont excellents et nourrissent beaucoup
de moutons. Elle forme aujourd'hui la plus grande
partie des départements d'Eure-et-Loir et de Loir-et-
Cher, et une portion du Loiret. La ligne séparative
des bassins de la Seine et de la Loire la traverse dans
la direction de l'ouest-nord-ouest à l'est-sud-est, en
passant au midi de Chartres et, à peu près, par Da-
marie. Cette arête culminante est extrêmement peu
sensible; son altitude moyenne paraît être de 150 à
160 mètres. A partir de cette ligne, le sol va en
s'abaissant légèrement, d'un côté vers la Seine et de
l'autre vers la Loire.

Observée aux environs de Chartres, sa capitale, la
Beauce a l'aspect d'une plaine d'une étendue indéfinie, offrant à peine quelques légères ondulations. Les
arbres y sont rares; on n'y aperçoit que des champs
de blé et des pâturages se déroulant jusqu'aux bornes
de l'horizon. La terre végétale, examinée de près,
paraît argilo-sableuse, d'un gris jaunâtre, ou quelquefois d'un brun rougeâtre, ce qui est dû à la présence
de l'oxyde de fer. On y remarque beaucoup de petits
fragments anguleux de silex de la grosseur d'une noisette jusqu'à celle d'une noix; quelquefois, ils atteignent les dimensions du poing. Le sous-sol rarement
visible, si ce n'est à l'aide d'excavations profondes,
consiste en un banc de calcaire compacte appartenant
à la formation d'eau douce supérieure du bassin tertiaire de Paris. On voit des affleurements de ce calcaire au nord, près d'Etampes, et à l'est, sur les bords
du Loing. Il paraît très-peu épais, mais sa puissance

augmente à mesure qu'il se prolonge dans l'intérieur du pays. Si l'on embrasse la Beauce dans son ensemble, l'épaisseur de la terre qui recouvre le sous-sol est extrêmement variable; elle n'est sur certains points que de quelques décimètres, et, ailleurs, elle est de plusieurs mètres. Dans ce dernier cas, le sol et le sous-sol peuvent être considérés comme étant de même nature; néanmoins, l'influence du calcaire perméable sous-jacent sur les qualités du terrain, est toujours sensible.

Deux échantillons de terre recueillis aux environs de Chartres, et soumis à l'analyse mécanique, nous ont donné, en moyenne :

Gravier et sable grossier.	36,40
Sable ordinaire	14,46
Sable fin	10,32
Matières ténues (argile, humus, sable très-fin séparé par lévigation, etc.)	38,82
	100,00

Le sable ordinaire consistait en petits fragments anguleux de silex et en grains de quartz hyalin, les uns arrondis, les autres anguleux. Le sable fin, qui avait passé à travers un tamis de soie ordinaire, offrait la même composition. On a trouvé dans la matière très-peu de carbonate de chaux (environ 1 pour 100), et 3 à 4 pour 100 d'oxyde de fer.

Puiseaux est un village du Gâtinais, situé sur un plateau à 20 kilomètres O.-S.-O. de Nemours. Cette localité offre de l'intérêt sous le rapport de la géologie agronomique, parce que beaucoup de terres environnantes ont été analysées par M. Berthier (1), et que,

(1) *Analyses comparatives des cendres,* etc., page 103.

d'après ces analyses, on peut se faire une idée assez exacte du sol de cette partie du Gâtinais et de l'extrémité orientale de la Beauce, qui y est attenante. L'une et l'autre ont exactement la même constitution agrologique, ainsi que nous l'avons dit plus haut. L'élément qui domine dans les terres des environs de Puiseaux, est un sable assez fin, composé de petits grains de quartz hyalin, amorphes mais non roulés, identiques avec ceux de la formation arénacée, dite de Fontainebleau. Ils en ont probablement été détachés par des courants diluviens. La proportion de ce sable varie moyennement du tiers à la moitié du poids total de la matière; celle de l'argile est souvent de 15 à 25 pour 100. Le carbonate de chaux y entre en quantités extrêmement variables. Quelquefois, il paraît manquer complètement; d'autres fois, on en trouve 50 pour 100. La présence du fer, à la dose de quelques centièmes, y est constante. Enfin, l'eau et les matières organiques atteignent généralement 7 pour 100.

Voici l'analyse complète de trois variétés de terres prises autour du village d'Obsonville, plateau de Puiseaux.

	Nº 1.	Nº 2.	Nº 3.
Sable quartzeux	54,50	38,50	42,00
Argile	19,50	16,50	15,00
Oxyde de fer.	6,50	6,20	8,00
Carbonate de chaux . . .	12,00	32,00	28,00
Matières organiques. . . .	2,20	1,40	1,40
Eau	5,30	5,40	5,60
	100,00	100,00	100,00

Ces trois terres présentent à peu près la même composition. Cependant le nº 1 est regardé comme une terre de première qualité ; le n° 2 comme une terre de seconde qualité, et le n° 3, qui est réputé une mauvaise terre, est placé par le cadastre dans la cinquième classe. Il est probable que leur différence de fertilité est due à ce que la couche arable, qui s'étend au-dessus de la roche calcaire formant le sous-sol, est d'épaisseur très-inégale. Cette épaisseur a une telle influence, qu'un canton du plateau de Puiseaux, nommé dans le pays la *Champagne pouilleuse*, ne paraît stérile qu'à cause de son défaut de fond.

Le système de culture généralement adopté dans la Beauce est l'assolement triennal, savoir : 1° jachère ; 2° céréale d'automne ; 3° céréale de printemps. Cette rotation est souvent interrompue par des prairies artificielles prolongées.

La sole de jachère n'est jamais complètement improductive ; elle porte divers fourrages dont voici les principaux : seigle pour fourrage, consommé sur place par les moutons ; trèfle incarnat ou minette, consommés également sur place ; pois gris (bisaille), récoltés en majeure partie à la maturité ; vesce mêlée à de l'avoine et consommée en vert. Les étendues relatives consacrées à ces diverses cultures sont subordonnées au nombre d'animaux à nourrir.

La seconde sole est consacrée à des céréales d'automne, parmi lesquelles le froment occupe la première place. On le sème dans les meilleures terres et même dans celles qui sont de médiocre qualité, lorsqu'on dispose d'une quantité d'engrais suffisante. La culture du seigle sur cette sole a souvent pour but de se pro-

23

curer la paille nécessaire pour le liage des céréales et des diverses récoltes fourragères; on la pratique alors sur les plus mauvaises terres.

La troisième sole est destinée à l'orge ou à l'avoine de printemps. L'avoine est, après le blé, la céréale la plus importante du pays; c'est même celle qui occupe le plus de superficie.

Les plantes fourragères cultivées sont la luzerne, le trèfle et le sainfoin. La luzerne est la plus productive et tient le premier rang; sa durée sur le terrain est ordinairement de six à huit ans. Le trèfle est souvent conservé deux ans; on l'associe parfois à la luzerne, afin d'augmenter le produit de la première année. Le sainfoin n'est guère semé que sur les terres très-calcaires et peu profondes.

La pomme de terre est le plus souvent cultivée pour la consommation locale, sur la sole de jachère; il en est de même des récoltes-racines (betteraves, carottes, navets), qui n'entrent que pour une faible part dans l'alimentation des animaux. Les légumes secs, principalement les haricots, ont plus d'importance. Leur culture alterne avec celle du froment. On fait peu de colza et encore moins de chanvre.

Les prairies naturelles sont rares; on ne les rencontre guère que dans le fond des vallées, où elles sont annexées aux exploitations rurales.

Le climat et la configuration du pays étant peu favorables à la culture de la vigne, on boit le plus souvent du cidre dans les campagnes. Pour cette raison, on a planté beaucoup de pommiers, principalement autour des habitations. Parmi les essences forestières, on remarque le chêne, le robinier, le bouleau et le charme, mais il y en a peu.

Les bêtes à laine sont nombreuses dans la Beauce; leur nombre est évalué à 1,200,000 ou 1,300,000 têtes. Elles se partagent en trois races : la Beauceronne, la Percheronne et la race métis; cette dernière provient du croisement des deux autres avec les mérinos. On nourrit ces animaux avec le produit des prairies artificielles, consistant surtout en luzerne; on a aussi la ressource des terres laissées en pâturages, et celle des champs de céréales depuis la levée de la récolte jusqu'aux premiers labours. La multiplicité des bêtes ovines a donné naissance dans ce pays à un commerce important de laines.

§ 3me. TERRAINS A SOL DE TRANSPORT ANCIEN NON CALCARIFERE.

TERRAIN AGRICOLE N° 9. { Sous-sol sablonneux. { Sol sablonneux.

Généralités. —Il n'est pas rare de rencontrer parmi les dépôts de transport anciens, des terrains dont le sol et le sous-sol sont formés de sable siliceux presque pur. On les reconnaît aux caractères suivants : ils sont rudes au toucher, sans consistance, et n'adhèrent point aux instruments aratoires; leur perméabilité est extrême et leur affinité pour l'eau presque nulle; plus que tout autre sol, ils s'échauffent au soleil et leur friabilité en est plutôt augmentée que diminuée; ils se délayent dans l'eau sans faire pâte et laissent déposer, au bout de peu de temps, beaucoup de grains sableux. Sous le rapport de la culture, ces terrains offrent plusieurs inconvénients, dont le principal est de ne pas retenir l'humidité; il en résulte qu'ils sont arides ou même complètement stériles, si le climat est très-chaud, à moins cependant qu'ils ne jouissent de l'irrigation naturelle, ou qu'ils ne soient arrosables artificiellement. Le blé et les autres plantes qui demandent un sol substantiel, y viennent mal. Les engrais liquides se perdent dans leur sous-sol et deviennent inutiles. Souvent, il en est de même des engrais solides qui sont entraînés par les eaux pluviales. En général, les terres de cette espèce n'ont aucune affinité pour le fumier, et il faut les engraisser beaucoup pour en obtenir des récoltes passables. Etant sans consistance, elles sont facilement ravinées, pour peu qu'elles soient en pente. Les vents impétueux les soulèvent et mettent les racines de leurs végétaux à nu. A cause de ces défauts, on doit toujours chercher à les amender. On y parvient à l'aide de l'argile, de la marne, des composts, des fumures vertes et de tous les engrais qui sont propres à y créer de l'humus. On doit y faire des plantations d'arbres dans le but spécial de les mettre à l'abri du vent, de les protéger contre les ardeurs du soleil lorsque le climat est chaud, et aussi, de leur donner de l'hygroscopicité par le moyen du terreau que la végétation produit toujours à la longue.

Quand des terres ne sont pas composées de sable

pur, ou si, dans ce cas, elles ont été convenablement amendées, leur culture est souvent avantageuse. D'abord, il est toujours facile de les labourer, puisque, quelque humides qu'elles soient, elles ne font jamais pâte comme les argiles, et que, lorsqu'elles sont sèches, elles n'offrent pas une grande résistance. Elles n'exigent pas, d'ailleurs, des labours fréquents et profonds, parce qu'elles sont naturellement perméables aux gaz de l'atmosphère, et qu'elles se laissent facilement diviser par les racines. On peut presque toujours se passer du hersage et du roulage, qui sont indispensables, avant les semis, pour les terres fortes. Les frais de main-d'œuvre sont donc peu considérables. L'expérience a prouvé que de pareils terrains, lorsque leur situation les mettait à l'abri de trop grandes sécheresses, convenaient à toute sorte d'herbages, aux racines, au seigle, à l'avoine, au sarrasin, et surtout aux plantes bulbeuses et à tubercules. Parmi ces dernières, on doit distinguer la pomme de terre, qui y donne des produits abondants et d'excellente qualité. La luzerne y trouve le sol profond et meuble qui lui convient, et il en est de même de beaucoup d'autres végétaux à racine pivotante. Parmi les arbres qui y réussissent bien, on peut citer la plupart des pins et des sapins, quelques espèces de saule et de peuplier, le bouleau, le robinier, le charme et même le chêne. Le châtaignier s'y plaît également, lorsque ses racines y trouvent une fraîcheur suffisante.

Les terrains purement sableux ont quelquefois une grande extension. Le nord de l'Afrique et l'Asie occidentale en offrent des exemples remarquables. Comme le ciel de ces contrées est brûlant, les sables y sont complètement stériles, à moins qu'ils ne soient abreuvés par des sources ou des cours d'eau intarissables. Dans les pays du nord, il y a, au contraire, des terres extrêmement sableuses qui sont cultivées avec succès. Nous citerons particulièrement *la Campine*, située au nord de la Belgique.

La Campine (1).

L'étymologie de Campine est *campus*, mot latin qui signifie *plaine*. Ce pays est, en effet, une vaste plaine sablonneuse, qui est située à l'est d'Anvers, entre l'Escaut, la Meuse, la Dyle et le Demer; du côté du nord, elle s'étend jusqu'aux frontières de la Hollande et même au-delà. Ses principaux centres de population sont Hoogstrœten, Turnouth, Lierre et Gheel. Sa surface offre beaucoup de landes et de tourbières. Son climat est brumeux et humide, comme celui de la Hollande à laquelle elle est contiguë; le nombre moyen des jours pluvieux y est de 145 par an, et la hauteur de la pluie tombée, à peu près, de 660 millimètres. Les vents y sont très-impétueux.

Le sable qui constitue le sol de la Campine, examiné de près, paraît tantôt blanc comme celui des dunes, tantôt coloré en jaune par de l'oxyde de fer (2).

(1) Les renseignements qui suivent ont été puisés, pour la plupart, dans l'ouvrage de MM. Joigneaux et Delobel, ayant pour titre : *L'agriculture dans la Campine*, Bruxelles, 1859.

(2) Le sable de la Campine nous paraît être l'équivalent géologique

Dans le premier cas, il est très-mobile et d'une culture très-difficile; dans le second, il a plus de fixité et jouit d'une certaine fertilité. Dans les lieux qui sont bas et humides, on trouve fréquemment une argile sableuse, assez liante, susceptible de servir à la fabrication des briques et des tuiles. On rencontre aussi communément, dans le sol, des agrégations de sable et d'oxyde de fer, désignées dans le pays sous le nom de *tuf*. Ces concrétions, qui, par leur nature et leur origine, rappellent les tubercules ferrugineux de la Bresse et l'alios des Landes, dont nous parlerons plus tard, sont dures et résistent au choc de la charrue, ainsi qu'aux coups de la houe. Dans les défrichements, on les ramène à la surface du sol où ils se délitent et se transforment en bonne terre, sous l'influence des agents météoriques. Lorsque l'oxyde de fer n'est pas concrétionné, mais dans un grand état de division, sa présence est, comme nous l'avons dit, un indice de fertilité.

Le sol sablonneux de la Campine exigeant beaucoup d'engrais et présentant d'autres inconvénients, on comprend que la surface du pays ait dû rester longtemps inculte. Cependant l'industrie de ses habitants, secondée par diverses mesures de l'administration, est parvenue à triompher des obstacles, et, depuis plu-

de celui des Landes. Les courants diluviens représentés aujourd'hui par le Rhin, la Meuse et leurs affluents venant du massif de l'Ardenne, ont joué le même rôle au nord de la Belgique que les courants de la même époque, qui, descendus des Pyrénées, ont couvert de leurs alluvions sableuses la partie occidentale de la Gascogne.

sieurs années, les défrichements ont fait de grands
progrès. La manière dont le terrain est utilisé par
les cultivateurs, dépend de sa nature. On ne peut
tirer parti du sable blanc, mobile, qu'en y faisant des
semis d'essences résineuses dont les racines et les
feuilles, en créant du terreau, donnent de la fixité au
sol. Le pin sylvestre et le pin maritime sont les plus
employés. Si le sable est ocreux et, en même temps,
très-sec, on y fait encore des plantations forestières.
Le bouleau, le chêne, l'épicéa, le mélèze, le pin sylvestre, y réussissent bien, pourvu qu'il y ait eu un
défoncement préalable. Il est à remarquer que le châtaignier y pousse avec vigueur et donne des fruits
comme en Flandre, quoique le climat lui soit peu favorable. Les sables jaunes, lorsqu'ils ne sont ni trop
secs, ni trop humides, sont consacrés à la grande culture. Enfin, les lieux sablonneux, humides, sont naturellement réservés pour les prairies naturelles.

Les plantations forestières sont extrêmement utiles
dans le pays pour créer des abris contre les vents, qui
ont quelquefois une telle violence que les champs cultivés sont complètement ensevelis sous le sable. Pour
cette raison, la plupart des défricheurs ont soin d'établir des rideaux d'arbres sur les limites de leurs propriétés.

La création des prairies naturelles n'est pas moins
importante que celle des bois. C'est d'elles, en effet,
que dépend en grande partie, dans chaque localité,
l'alimentation des bestiaux, et ce n'est qu'avec ceux-ci
que l'on peut se procurer les engrais nécessaires à la

culture des terres. L'irrigation étant là, comme presque partout, le moyen le plus puissant de faire croître
avec vigueur les graminées des prairies, on a creusé
des canaux qui, joints aux routes agricoles, ont facilité beaucoup le défrichement des bruyères.

Ainsi que tous les sols légers, les sables de la Campine ne retiennent pas les engrais; il faut leur en donner beaucoup pour obtenir quelque effet. L'attention
des agriculteurs s'est donc portée principalement de
ce côté; aussi ne perdent-ils rien. Les engrais dont on
fait usage sont le fumier de ferme, les composts, les
matières fécales, les boues provenant des fossés et des
étangs, la suie, le noir de raffinerie, l'engrais liquide,
les fumures vertes, la chaux, les boues des villes, les
chiffons de laine, enfin le guano. Le fumier d'étable
décomposé est celui qui rend les plus grands services;
on le conserve dans des lieux couverts, où il ne perd
aucun de ses principes fertilisants par le lavage des
eaux pluviales. On ne l'emploie jamais frais ou pailleux ; car, à cet état, il soulèverait la terre sableuse au
préjudice des récoltes. On fait pour les pommes de
terre un compost spécial avec du fumier très-court,
du gazon, des cendres de tourbe, des matières fécales, des curures de fossés et toutes sortes de débris de
végétaux décomposés. Ce compost est parfaitement
approprié à la nature du sol, qui demande un engrais
consommé presque pulvérulent. Pour les regains de
prairies, on se sert de la terre imbibée de l'urine des
bestiaux et mêlée, quelquefois, de fumier aussi décomposé que possible.

Les récoltes que l'on parvient à tirer du sol, à l'aide des engrais ci-dessus, sont très-variées. On doit mentionner, parmi les céréales, le seigle, le froment, l'avoine, l'orge et le sarrasin, et, parmi les plantes économiques, le colza et le houblon. Les tubercules et les racines, auxquels le sol sableux convient spécialement, occupent des espaces considérables; on s'attache principalement à la pomme de terre, qui est devenue la base de la nourriture des habitants. On cultive aussi la betterave, la carotte, les navets et les rutabagas. Les plantes fourragères les plus répandues sont le trèfle ordinaire, le trèfle incarnat, la spergule et la serradelle. Il n'y a pas dans la Campine d'assolement habituellement suivi, chaque cultivateur faisant succéder ses cultures suivant ses convenances. Ce défaut de règle générale, fréquent dans les contrées dont l'agriculture est récente, offre l'inconvénient d'ouvrir la porte à beaucoup d'erreurs.

Parmi les cultures indiquées plus haut, il en est quelques-unes particulièrement importantes, dont nous allons dire quelques mots.

Le seigle est semé après un défrichement, une spergule, une avoine, ou même après un autre seigle; il est suivi d'une spergule ou de navets en culture dérobée. On le met en terre dans les premiers jours d'octobre, en employant deux hectolitres et demi de semence par hectare. Son rendement dans un bon terrain, convenablement assaini et fumé, est considérable; il peut être de 30 ou 40 hectolitres, et même plus.

Le froment vient ordinairement après un trèfle rompu ou après une récolte de pommes de terre. Les travaux préparatoires et la quantité de semence sont les mêmes que pour le seigle, mais on fume davantage. Le produit moyen par hectare ne dépasse guère 18 hectolitres.

L'espèce d'avoine cultivée est la blanche à épillets étalés. On la sème sur labour frais ou après défrichement, depuis la fin d'avril jusqu'à la fin de mai, à raison de trois hectolitres par hectare; on en retire 30 moyennement. La récolte se fait à la fin d'août.

Le sarrasin, qui est par excellence la céréale des terrains pauvres, occupe, comme on doit le prévoir, des espaces considérables. On le cultive en première ou en seconde récolte, en y mettant peu ou point de fumier. Il est semé à la dose de 0,85 hectolitres par hectare, vers la fin de mai; le grain est recueilli au milieu de septembre. Son rendement dans les bonnes années est de 30 hectolitres; souvent, il n'est que de 20 à 25.

La pomme de terre, qui est, comme nous l'avons dit, la principale ressource alimentaire des habitants, est l'objet de beaucoup de soins. On la fume avec le compost dont nous avons indiqué la composition, à raison de 300 charretées à un cheval, par hectare; son produit, pour la même étendue, est d'environ 300 hectolitres. On la cultive et on la récolte à l'aide de la bêche.

Le trèfle ordinaire est la principale plante fourragère du pays; on le met ordinairement dans les avoines, à la dose de 30 kilogrammes à l'hectare. Comme on le fauche de très-bonne heure, il donne habituellement trois coupes. Après le trèfle, la spergule est le fourrage le plus important; elle est semée généralement vers la fin de l'été en récolte dérobée, après l'enlèvement des céréales d'hiver. Cette plante réussit bien dans le pays; on sait qu'elle est spécialement propre aux sols sablonneux. Quand on veut la cultiver pour graine, on fait les semis dans la dernière quinzaine d'avril, et la maturité a lieu vers le commencement du mois d'août.

Il est remarquable de voir des vignes en pleine terre dans la Campine, au-delà de 51 degrés de latitude. Il est vrai que cette culture est exceptionnelle et n'a aucune importance.

Si l'on a égard à l'étendue des cultures, le nombre des bêtes à cornes que l'on nourrit est considérable. On compte ordinairement une tête de bétail ou même une tête et quart, et plus, par hectare. Le fermier qui élève des moutons ne diminue pas pour cela le nombre de ses bêtes laitières. Indépendamment des fourrages verts, les ressources pour l'alimentation des bestiaux sont le foin ordinaire, les pailles et les balles des diverses céréales, les tourteaux de lin et de colza qui sont très-estimés pour cet usage, enfin les farines de sarrasin et de seigle. L'engrais de la volaille est aussi une ressource agricole pour le pays Campinois, qui est à la Belgique ce que la Bresse et le Maine sont à la France.

Nous terminerons cette description abrégée de l'agri-

culture de la Campine, en disant que son sol sablonneux et humide est très-favorable à la culture maraî-
chère. On observe aux environs des villes, par exemple
de Hasselt et de Turnhout, des jardins potagers qui
ne le cèdent en rien à ce que les autres pays offrent
de plus remarquable sous ce rapport.

Localités diverses.

Les terrains sableux occupent une très-grande surface sur les *rives de la Seine*, depuis le Pont-de-l'Arche
jusqu'à Quillebœuf. Observés à Sotteville et ailleurs,
près de Rouen, ces sables offrent une masse épaisse,
sans parties calcaires, dans laquelle sont dispersés des
silex de toute espèce. Les grains de quartz sont de
diverses grosseurs et, parmi eux, on remarque quelques blocs plus volumineux que ceux qui peuvent être
charriés maintenant par le fleuve. Ce sol de sable, de
gravier et de roches dures, est naturellement aride,
mais une culture obstinée est parvenue à en obtenir
de bons produits; les parties les plus mauvaises sont
les seules plantées en bois.

Un échantillon de la terre de Sotteville, analysé par
M. Girardin, a présenté la composition suivante :

Gros graviers siliceux.		4,20
Sable.		85,70
Gros débris organiques		1,30
MATIÈRES TÉNUES.	Humus soluble . .	2,58
	Argile	4,42
	Oxyde de fer. . .	0,70
Perte.		1,10
		100,00

Considérés dans leur ensemble, les sables des bords de la Seine inférieure couvrent une étendue d'environ 9,400 hectares. Les parties les plus voisines du fleuve sont presque toujours converties en prairies. Les autres sont livrées à la culture, mais à une culture spéciale, qui a pour base la pomme de terre et les légumes secs, auxquels on joint, principalement, le seigle et l'orge parmi les céréales, la luzerne et le trèfle incarnat parmi les plantes fourragères.

L'assolement ordinaire, suivi dans ces terrains, est le biennal, avec des prairies artificielles de longue durée, placées en dehors de la rotation. Ainsi, par exemple, la première année on fait du seigle, avec une récolte intercalaire de trèfle incarnat ou de sarrasin; la seconde est consacrée aux betteraves ou surtout aux pommes de terre. Pendant ce temps, une troisième partie du domaine est occupée par de la luzerne.

Lorsqu'il y a au moins 12 pour 100 d'argile dans le sable, le sol est plus fertile. L'assolement en usage est alors triennal, en conservant toujours, en dehors de la rotation, une partie des terres pour la luzerne. On a alors : 1° froment d'hiver; 2° seigle suivi de trèfle incarnat ou de pommes de terre en culture dérobée; 3° pommes de terre en récolte principale. La troisième sole est aussi affectée, en partie, aux légumes secs, surtout aux haricots.

M. Berthier a fait connaître la composition d'une terre végétale *près de Nemours*, que l'on peut considérer comme un type du sol sablonneux. Cette terre prise au pied du rocher de grès de *Saint-Pierre*, sur la route de Puiseaux, est de couleur café au lait pâle; elle est très-meuble et se laisse traverser immédiatement par l'eau qu'on y verse; elle ne fait pas pâte et se dessèche avec la plus grande promptitude. On y cultive ordinairement du seigle, qui y vient très-bien quand la saison n'est pas trop sèche.

L'analyse a donné :

Sable quartzeux.	90,00	
Sable extrêmement fin	6,60	
Silice.	1,50	} Argile . . 2,25
Alumine	0,75	
Oxyde de fer	0,30	
Carbonate de chaux.	0,10	
Eau et matières organiques . .	0,75	
	100,00	

C'est du sable pur, qui n'est cultivable, d'après M. Berthier, que parce qu'il est fin et placé dans une plaine, presque immédiatement au-dessus de l'argile plastique qui lui communique de l'humidité.

TERRAIN AGRICOLE N° 10. { Sous-sol de grès ferrugineux. / Sol sablonneux.

Généralités. — On remarque dans beaucoup de sols sableux des concrétions ferrugineuses, qui sont tantôt isolées et disséminées sous la forme de tubercules peu volumineux, tantôt réunies en masses plus ou moins épaisses, parallèles à la surface du sol et s'étendant quelquefois, d'une manière continue, sur des espaces considérables; elles constituent alors un sous-sol imperméable et donnent naissance au terrain n° 10. Ces amas ferrugineux, qui sont ordinairement mêlés à beaucoup de sable et offrent l'aspect d'un grès, paraissent être plus récents que la masse principale du terrain. Nous dirons, en décrivant les Landes en Gascogne, comment on explique leur formation.

Il semble d'abord qu'un sous-sol de grès ferrugineux, imperméable, doive être utile à un terrain de sable pur ou presque pur, dont le principal défaut est de ne pas retenir l'eau suffisamment; cependant l'expérience a prouvé le contraire. Lorsque la couche sableuse a peu d'épaisseur et que la pente du sol est peu sensible, ce qui est un cas fréquent, les eaux pluviales, arrêtées par le sous-sol, forment pendant une partie de l'année une nappe souterraine qui remonte quelquefois jusqu'à la surface; les plantes souffrent alors d'un excès d'humidité. En outre, les arbres, qui pour la plupart demandent un sol profond, périssent quand ils rencontrent le grès ferrugineux, car cette roche est tout à fait impénétrable aux racines. Les sources, dont on pourrait tirer un parti très-avantageux pour l'irrigation, n'arrivent au jour qu'après avoir été longtemps en contact avec les masses ferrugineuses souterraines. Elles sont alors jaunâtres, chargées d'oxyde de fer et plutôt nuisibles qu'utiles aux plantes. Lorsque le sable qui recouvre le sous-sol a une épaisseur notable, les inconvénients que nous venons de signaler sont moindres. Cependant ils ne disparaissent pas complètement, et il faut, dans tous les cas, assainir le terrain pour qu'il devienne productif.

Il résulte de ces considérations qu'un sol sableux est plus cultivable et donne de meilleurs produits, quand il offre une profondeur indéfinie, que lorsqu'il repose sur un sous-sol non perméable, assez rapproché de la surface pour que son influence soit sensible. On le verra par la description que nous allons donner de l'agriculture des Landes.

Les Landes en Gascogne.

On a donné le nom de *Landes* à une vaste région sableuse, située dans le sud-ouest de la France, le long de l'Océan. C'est une espèce de *delta quaternaire* produit par les matières de transport qu'ont charriées, vers la fin des temps géologiques, les courants diluviens représentés aujourd'hui par la Garonne, l'Adour et leurs affluents. En effet, en suivant vers le sud-est les sables quartzeux déposés sur les bords de la mer, on les voit augmenter peu à peu de volume et passer à l'état de cailloux, en se mêlant à des roches de granite, de schiste argileux et de calcaire. On est conduit ainsi jusqu'au pied des Pyrénées, point de départ évident de toutes ces matières. Considérées dans leurs limites géologiques, les Landes ont à peu près la figure d'un triangle immense, dont le grand côté, dirigé du nord au sud parallèlement à la mer, n'a pas moins de 240 kilomètres de longueur, depuis l'embouchure de l'Adour jusqu'à celle de la Gironde. Le sommet, opposé à ce côté, se trouve aux environs d'Agen, à 125 kilomètres au moins de l'Océan. La surface de ce triangle est, à peu près, de 150 myriamètres carrés. Les Landes proprement dites, ne comprenant que les terres couvertes de bois ou de bruyères, ont une superficie beaucoup moindre, qui ne dépasse pas 300,000 hectares (1).

L'altitude moyenne de ce pays, dans sa partie centrale, peut être évaluée à une centaine de mètres; elle diminue lorsqu'on se rapproche de l'Océan, et augmente, au contraire, à mesure que l'on s'avance du côté de l'est. La surface du sol, prise dans son ensemble, offre en outre une pente très-légère du sud au nord.

Le climat est de la nature de celui que l'on a nommé Girondin. La température moyenne des lieux est, à latitude égale, moindre que dans la Provence et dans le Languedoc. Les étés sont plus chauds que dans le nord-ouest de la France, et les hivers ne sont pas beaucoup plus doux, probablement à cause du voisinage du massif de l'Auvergne et de la chaîne des Pyrénées. La prédominance des pluies d'hiver et d'automne, ainsi que la fréquence des vents du N.-O. et du S.-E. sont remarquables. La température moyenne paraît être de 13° environ à Bordeaux et de 12°,64 à Dax. A Bordeaux, il tombe moyennement 657^{mm},70 de pluie chaque année, et le nombre des jours pluvieux est de 150. Ce sont les vents de la région ouest qui déterminent les pluies, et qui occasionnent souvent dans la contrée des orages désastreux. Le vent de la

(1) Les Landes nous paraissent appartenir au *diluvium des plateaux*, dont elles sont un des exemples les plus remarquables. Leur parallélisme avec les alluvions de la Bresse, reconnues aujourd'hui pour être quaternaires, est admise depuis longtemps par la plupart des géologues.

mer, ou *vent salé*, est très-redoutable au printemps ; il
brûle la naissante verdure, si elle n'est pas abritée.
Pour cette raison, les habitants mettent beaucoup de
soin à protéger leurs jardins soit par des haies élevées,
soit par des clôtures en planches.

Les Landes se partagent naturellement en trois
zones : 1° la littorale, formant une bande de terrain
très-étroite, relativement au reste du pays ; elle est
entièrement occupée par les dunes ; 2° une zone centrale, en général inculte et d'un aspect caractéristique,
qui comprend en grande partie ce que l'on nommait
autrefois les *Grandes Landes ;* 3° une zone orientale
qui, étant en contact avec des terrains plus fertiles,
participe plus ou moins à leur nature et à leur végétation. La zone littorale a déjà été décrite lorsque nous
avons parlé des dunes de la Gascogne. Il nous reste
à faire connaître les Landes proprement dites, et particulièrement la région centrale ; c'est celle qui offre
avec le plus de netteté les caractères d'un terrain purement sableux avec un sous-sol imperméable. Mais
avant, nous dirons quelques mots des étangs qui sont
placés à la jonction de la zone littorale et de la centrale ; ils intéressent l'agriculture au point de vue de
l'irrigation naturelle et des arrosages artificiels.

L'étang le plus septentrional, dit de *Carcans* ou de
Hourtin, est situé dans le Médoc. Sa longueur est de
15 kilomètres et sa largeur de 4,200 mètres ; sa superficie est évaluée à 6,000 hectares ; il a une profondeur
maximum de 14 mètres. Autrefois, il communiquait
avec la mer, au-dessus de laquelle sa surface est au-

jourd'hui élevée de 13 mètres, et dont il est éloigné de 4 kilomètres au moins.

L'étang de *la Canau* est situé à 6 kilomètres sud du précédent et en reçoit le trop-plein. Sa superficie est de 1,998 hectares; il est entouré de bois du côté de l'ouest. Jadis cet étang communiquait avec la mer, ainsi que le constatent d'anciens titres; il formait ce qu'on appelait le port d'Anchyse. Maintenant, ses eaux se rendent dans le bassin d'Arcachon, en passant par les étangs de *Porge*. Ceux-ci, au nombre de cinq ou six, font suite à l'étang de la Canau, du côté du sud, et sont bordés de marais. Leur superficie varie depuis 14 jusqu'à 117 hectares.

L'étang de *Cazau* ou de *Sanguinet*, au sud de la Teste, est le plus élevé de ceux qui se trouvent sur le littoral des Landes. Son altitude au-dessus de l'Océan, à la basse mer, est de 21 mètres; son étendue est à peu près de 5,000 hectares. Au nord, il a son écoulement dans le bassin d'Arcachon et, au sud, vers les étangs de Biscarosse et d'Aureillan ; autrefois, son niveau était moins élevé, et, comme les étangs précédents, il avait une communication directe avec la mer. On a reconnu, en effet, qu'il existait sur les lieux les traces d'un ancien canal très-profond, qui donnait issue aux eaux ; on indique même l'endroit où il aboutissait à l'Océan, et l'on ne fait pas remonter à plus de cinq siècles l'époque où son embouchure a disparu complètement. Le peu de diminution que cet étang éprouve, pendant l'été, fait supposer qu'il est alimenté en grande partie par des sources cachées.

A 4,500 mètres au sud de l'étang de Cazau, se trouve celui de *Biscarosse* ou de *Parentis*, qui est de forme triangulaire; sa surface est à peu près de 3,150 hectares. Il est précédé, du côté du nord, d'un autre étang très-rapproché et de dimensions beaucoup moindres, auquel on a donné le nom de *petit Biscarosse*.

Les eaux de l'étang de Biscarosse ont leur écoulement vers le sud et vont se jeter dans celui d'*Aureillan*, qui en est éloigné de 8,400 mètres. Ce dernier étang, dont la surface n'est que de 480 hectares, se décharge directement dans l'Océan par le moyen d'un canal qui porte le nom de *Courant de Mimizan*.

Beaucoup plus au sud, à une distance d'environ 18 kilomètres, on observe les petits étangs de *Saint-Jullien* et du *Lit;* ils sont très-voisins l'un de l'autre et communiquent entre eux. Leur trop-plein s'écoule dans la mer par un canal de 3,400 mètres de longueur, nommé *Courant de Conti*.

A 17 kilomètres au-delà, se trouve l'étang de *Léon* et, un peu plus loin, celui de *Soustous*. Le premier a 600 hectares de superficie; l'étendue du second est environ une fois et demie plus grande. Les canaux profonds, par lesquels ces deux étangs versaient leurs eaux dans l'Océan, sont aujourd'hui en partie ensablés.

Il existait autrefois autour d'*Orx*, situé à 15 kilomètres nord-est de Bayonne, des étangs peu profonds qui avaient 12 kilomètres de longueur sur 2 de large; ils sont aujourd'hui entièrement desséchés.

Les étangs que nous venons de passer en revue, sont liés entre eux par une longue suite de marais et de bas-fonds. Leurs eaux, sans cesse renouvelées par des affluents et des sources souterraines, sont douces et nourrissent beaucoup de poissons ; on y trouve principalement des muges, des plies, des tanches, des anguilles, des carpes, des goujons, des brochets, des lamproies et des perches.

On croit communément que ces nappes d'eau ont été formées par la retenue des eaux courantes venant de l'est, à l'écoulement desquelles les dunes mettent obstacle; mais plusieurs faits sont en contradiction avec cette hypothèse, ou, tout au moins, ne permettent pas de la généraliser. Le principal est que le fond de ces étangs est, sur quelques points, au même niveau que la mer ou même plus bas; ce qui est inconciliable avec la supposition qu'ils auraient été créés sur un sol préalablement émergé. Il nous paraît plus probable que ces amas d'eau ont été, à une certaine époque, contigus à la mer. Leur origine aurait été exactement la même que celle des étangs littoraux, qui sont limités, en partie, par d'étroites langues de sable dues au mouvement des vagues. On en voit beaucoup de pareils sur la côte orientale de la Corse, sur celles du Languedoc et de la Hollande, partout, en général, où les rivages sont très-plats et bordés d'eaux peu profondes. Il n'est pas, d'ailleurs, difficile de comprendre pourquoi les minces atterrissements, qui ont séparé autrefois de l'Océan les étangs littoraux de la Gascogne, se sont accrus au point d'atteindre plusieurs kilomètres de largeur. On sait, en effet, que les sables de cette contrée se prolongent en pente douce sous l'Océan et que, chaque année, poussées par les vents d'ouest, les vagues en vomissent d'énormes quantités, qui s'ajoutent sans cesse au rivage et se convertissent en dunes (1).

Le sable des Landes est essentiellement composé de petits grains de quartz blancs roulés comme ceux des dunes, les uns de la grosseur du sable ordinaire, les autres extrêmement fins. On y observe aussi, mais en très-petite quantité, quelques menus graviers quartzeux. Ce sable est intimement mêlé d'une poussière noire ou brune, en général très-ténue, formée de détritus organiques; enfin, il renferme des matières végétales non décomposées et un peu d'argile jaunâtre. Celle-ci est, le plus souvent, en proportion à peine appréciable.

Deux échantillons de ce sol sableux pris, l'un à Lamothe, près d'Arcajon, l'autre à la station de Pierreton, sur la route de Bordeaux, nous ont donné, par l'analyse mécanique :

	N° 1.	N° 2.
Sable ordinaire	62,35	65,35
Sable fin ayant traversé le tamis de soie. . . .	26,05	23,65
Matières séparées par lévigation (argile, détritus organiques, sable extrêmement fin). . .	11,60	11,00
	100,00	100,00

Le sol des Landes est parfois mobile. Il en est résulté, dans l'intérieur du pays, de petites dunes à surface

(1) Il est probable qu'un exhaussement lent du littoral des Landes a contribué aussi à l'accroissement des atterrissements sableux. On sait qu'il existe des preuves d'un pareil exhaussement sur beaucoup de points des côtes de l'Océan et de la Méditerranée.

plate, qui rompent l'uniformité de la plaine. Elles
suivent constamment la direction des cours d'eau qui,
en répandant de l'humidité, favorisent la végétation
et, par suite, créent des obstacles qui arrêtent les
sables.

Au-dessous de la surface du sol, à une profondeur variable et en général peu considérable, il existe
presque partout un conglomérat ferrugineux, nommé
dans le pays *alios*, qui forme le sous-sol. Cet alios est
composé d'oxyde de fer empâtant toujours une certaine quantité de sable quartzeux. On le rencontre,
tantôt en petites plaques informes, isolées et cependant très-rapprochées les unes des autres ; tantôt, en
grandes masses aplaties, dures, continues, dont la
puissance varie depuis quelques centimètres jusqu'à
$0^m,40$. Cette dernière variété offre, quelquefois, une
structure cloisonnée, l'intérieur des cellules étant
rempli de sable ; sa richesse en fer est variable, et
dans certains cas, assez forte pour que la matière constitue un véritable minerai. Il en existe des exploitations
sur plusieurs points des Landes. On s'accorde généralement, aujourd'hui, à considérer ces masses ferrugineuses comme étant le produit de réactions chimiques
postérieures au dépôt du terrain. Il arrive souvent que
le peroxyde de fer disséminé dans les sols incohérents,
tels que les sables, est désoxygéné, en partie, par
l'effet de son contact avec des matières végétales ; que,
par suite, il devient soluble dans le sein de l'acide
carbonique, et de certains acides nommés par Berzelius
crénique et *apocrénique*, auxquels les mêmes matières

végétales donnent naissance en se décomposant. Il
en résulte des sels à base de fer, qui sont entraînés par
les eaux pluviales, à cause de la perméabilité du terrain, et dont les molécules ne tardent pas à se préci-
piter, parce que l'air les fait passer à un état plus
avancé d'oxydation. Elles s'agglomèrent alors, en vertu
de leur affinité mutuelle, et forment des masses plus
ou moins considérables qui, après la destruction lente
de leurs parties organiques, n'offrent plus que du
peroxyde de fer mêlé de quelques substances étrangères (1). Ce cas paraît s'être réalisé dans les Landes,
dont les sables, aujourd'hui en grande partie décolorés,
ont dû être autrefois très-ferrugineux.

Lorsque l'alios est en bancs compactes et continus,
il constitue un sous-sol imperméable, qui offre tous les
inconvénients que nous avons signalés plus haut, dans
les Généralités. L'influence de ce sous-sol imperméable
dans les Landes est telle, que sa présence et sa proximité
de la surface sont révélées par le seul aspect des lieux.
Si ceux-ci sont complètement déboisés et couverts
d'une chétive végétation, consistant en bruyères, fougères et ajoncs, c'est que l'alios existe et se trouve
très-rapproché de la surface du sol. Si, au contraire,
on rencontre des pins ou d'autres arbres d'une belle
venue, si des champs de céréales indiquent que le
terrain est productif, on peut être sûr ou que l'alios

(1) On explique de cette manière l'origine du fer limoneux, dont la
production est journalière dans le sein de certains marais. La décoloration des terres ferrugineuses, autour des racines, est un phénomène qui
paraît dû à des causes semblables.

manque, ou qu'il est recouvert d'une grande épaisseur
de sable, ou bien encore que, par suite de la configuration des lieux, les eaux qu'il retient ont un écoulement facile. Lorsque la surface du sol est unie et
n'offre pas de pente sensible, ce qui est un cas fréquent, le sous-sol imperméable manifeste son existence
en donnant naissance à des marécages pendant la
mauvaise saison. Une grande partie du pays est alors
presque impraticable ; de là, l'usage des échasses,
généralement adopté par les pâtres qui ont leurs troupeaux à surveiller et de grandes courses à faire. C'est
pour remédier à un pareil état de choses, que la loi du
19 juin 1857 (1), relative aux plantations qu'il convient de faire dans la contrée, a prescrit en même
temps des travaux d'assainissement.

L'industrie agricole des Landes méridionales est aussi
bien appropriée que possible au climat et à la nature
du sol de ce pays ; il ne reste qu'à la perfectionner.
Elle comprend : 1° l'exploitation forestière; 2° celle
des troupeaux; 3° diverses cultures. Nous allons essayer
d'en donner une idée.

Parmi les arbres forestiers multipliés depuis quelques
années dans les Landes, on remarque le chêne, le
peuplier, le bouleau, l'orme, le robinier et le châtaignier. Le chêne-liège y est connu depuis longtemps et
donne de bons produits. Mais le pin maritime est
resté l'arbre par excellence de cette infertile contrée;
il en est la providence : c'est lui qui en peuple les

(1) Voyez, aux *Additions*, le texte de cette loi.

solitudes, qui en fixe les dunes et les sables mouvants, qui nourrit les habitants pauvres, en leur fournissant les éléments d'une modeste industrie. Le pin maritime est un grand et bel arbre qui s'élève très-droit, jusqu'à la hauteur de quinze ou vingt mètres, en formant une pyramide régulière. Sa croissance est rapide, car en trois ou quatre ans, il atteint environ deux mètres. Il aime un climat chaud et pousse avec vigueur dans les sables quartzeux, pour peu qu'ils aient du fond; il trouve donc dans les Landes des conditions très-favorables à sa végétation. On en retire, à l'aide d'incisions, une résine liquide avec laquelle on fabrique *l'essence de térébenthine, le brai sec, la résine ordinaire, la poix noire, le goudron* et *le brai gras*. Quoique l'extraction de la résine et la préparation de ses divers produits soient bien connues, comme ce genre d'industrie est intimement lié à l'agriculture landaise, nous ne pouvons nous dispenser d'en donner ici une courte description.

On choisit des pins de 30 à 40 ans, et l'on y fait, à partir du pied, des entailles qui ont 12 à 13 centimètres de largeur et seulement 14 à 15 millimètres de hauteur. Ces entailles, nommées *carres*, sont ensuite agrandies, tous les quatre ou cinq jours, de un à deux centimètres dans le sens de la hauteur, de manière qu'à la fin de l'année elles atteignent 0^m,66 à 0^m,70. On continue ainsi, les années suivantes, jusqu'à ce qu'on soit parvenu à quatre mètres environ au-dessus du pied de l'arbre. Ces entailles sont assez profondes pour entamer l'aubier de un à deux centimètres, et mettre à découvert les vaisseaux résinifères. Pour recueillir la térébenthine qui en découle, on creuse une petite cavité au pied du tronc, dans une de ses grosses racines. Quand un pin a été complètement incisé sur une face, on recommence sur une autre, jusqu'à ce que l'on ait fait le tour de l'arbre. Puis, les anciennes entailles s'étant fermées dans l'intervalle, on en pratique de nouvelles sur leurs bords. En opérant ainsi avec précaution, on peut obtenir pendant soixante ans, de la résine du même pin.

La plus grande partie de la résine est recueillie dans la cavité au pied du tronc, et porte le nom de térébenthine brute. Une autre portion, nommée *barras* ou *galipot*, se fige à la surface des incisions; on la détache pendant l'hiver. La térébenthine brute contient toujours quelque matière étrangère; on la purifie en la faisant fondre et en la passant à travers un filtre de paille. Etant soumise ensuite à la distillation, elle donne une huile essentielle, dite *essence de térébenthine*, et un résidu solide appelé *colophane* ou *brai sec*.

La *résine ordinaire* se compose d'environ une partie de galipot et de trois de brai sec. Ces matières sont fondues ensemble et filtrées à travers de la paille; puis on y verse, quand elles sont encore en fusion, une grande quantité d'eau froide. Ce refroidissement subit donne au produit une belle couleur jaune d'or.

La *poix noire* s'obtient en brûlant, sur l'aire d'un fourneau, la paille qui a servi de filtre dans les opérations précédentes et qui renferme une certaine quantité de térébenthine brute, de résine et de copeaux résineux. Le produit de la combustion faite avec

ménagement, est un liquide visqueux, noir, qui, à
l'aide d'une gouttière verticale, passe de l'aire du four
dans une cuve servant de récipient. Ce liquide figé
forme la poix noire ou grasse.

Quand un pin ne donne plus de térébenthine, on
en retire du *goudron*. A cet effet, le bois est débité en
buchettes que l'on fait sécher. Elles sont ensuite disposées en tas sur l'aire d'un four, et subissent une
combustion lente qui a pour résultat de produire le
goudron. Celui-ci, après s'être cuit pendant quelque
temps dans le four, passe dans une fosse ou récipient,
placé à quelques décimètres plus bas.

Le goudron étant concentré par une ébullition prolongée, qui le débarrasse d'une huile essentielle qu'il
renferme, prend de la consistance et forme ce que l'on
appelle le *brai gras*, employé pour le calfatage des
navires.

Un dernier produit, le noir de fumée, était préparé
autrefois en brûlant le brai sec, ou d'autres matières
résineuses, dans des chambres en sapin tapissées de
grosses toiles. La combustion donnait lieu à une fumée
épaisse qui, en traversant les toiles, y déposait le noir,
que l'on enlevait de temps en temps. Aujourd'hui, on
a abandonné la fabrication de cette matière, que l'on
peut se procurer par des procédés plus économiques.

L'industrie dont nous venons de parler est d'une
date immémoriale. Les hommes qui s'en occupent,
nommés *résiniers*, l'ont apprise depuis leur première
jeunesse et mènent une vie très-sauvage. Constamment dans les bois, ils les parcourent dans tous les

sens, munis d'une petite hache et d'une perche qui, à l'aide de taquets cloués de distance en distance, leur sert à atteindre la hauteur où ils doivent faire leurs entailles. Ils sont toujours pieds nus au milieu des ronces et des ajoncs, la figure et les mains couverts de matières résineuses qui y adhèrent fortement. La résine qu'ils ont recueillie est transportée par eux dans les ateliers où se préparent les produits nommés plus haut. C'est à l'époque des plus fortes chaleurs que leurs travaux ont le plus d'activité.

Après les forêts de pins, les habitants des Landes n'ont pas de plus grandes richesses que leurs troupeaux, consistant principalement en bêtes à laine qui errent toute la journée dans de vastes solitudes, couvertes d'ajoncs, de genêts et de bruyères. Le mouton, dit de race landaise, est petit, rustique et fournit 1,000 grammes de laine; on en retire seulement 750 des brebis.

On élève aussi des troupeaux de vaches et de bœufs de travail, animaux d'une race spéciale, appropriée au pays. « Le bétail, dans les Landes, dit M. le marquis de Dampierre (1), est assez petit, trapu, parfaitement pris dans ses membres, leste et énergique; sa couleur grain de blé est nuancée, chez quelques animaux, de brun ou d'un rouge plus foncé; il a des cornes fort longues, minces, déliées et souvent contournées, dont la couleur est le blanc mat et le noir vers le bout. Les animaux de cette race, fine et rustique tout à la fois,

(1) *Encyclopédie pratique de l'agriculture,* publiée sous la direction de M. Moll, tome IX, page 567.

sont d'une vivacité et d'une énergie extraordinaires. Leur sobriété est fort grande ; leurs membres, secs et nerveux, ont un caractère à part et dénotent la légèreté. »

Les chevaux de cette contrée ont eu, pendant longtemps, une grande réputation, méritée sous plusieurs rapports : ils sont, en effet, pleins de force, d'ardeur et de rusticité. Ce sont eux surtout qui profiteront de l'assainissement des pâturages, quand on aura terminé cette opération. Leur race s'améliorera; il en sera de même de celle des autres animaux.

Le pâtre des Landes est encore plus sauvage que le résinier. Affublé de peaux d'agneaux dont la laine est en dehors, coiffé d'un béret basque d'origine phénicienne, couvert d'un manteau à capuchon pointu, il passe sa vie à parcourir les pâturages, monté sur des échasses avec lesquelles il fait des enjambées de deux mètres et demi. Il a des goûts et des habitudes de solitude qui en font un être à part. Cependant il est bien rare qu'après avoir mené cette vie si différente de celle des hommes réunis en société, il l'abandonne pour une autre qui lui apporterait plus d'avantages matériels; il est comme le Lapon, qui meurt d'ennui loin de sa hutte fumeuse et de son climat brumeux.

L'habitant des Landes méridionales n'aime pas l'agriculture : il a fallu la nécessité de pourvoir à sa nourriture pour le décider à ensemencer une partie de ses sables. Deux plantes, le seigle et le millet, forment la base de son système de culture; elles composent un assolement qui est à la fois continu et biennal, et que l'on ne retrouve pas ailleurs. La terre est disposée en billons de deux traits de charrue seulement; de cette manière, elle peut mieux s'égoutter et garder la forme que lui a imprimée le labour. Le seigle est semé en automne dans les billons; les raies qui les séparent sont destinées à recevoir plus tard le millet. Le seigle, après sa sortie, reçoit de nombreux sarclages, car les mauvaises herbes pullulent dans le terrain. En mars, on lui donne une façon particulière, qui consiste à chausser la plante et à ameublir les raies séparatives où doit croître le millet. Celui-ci est mis en terre en avril et en mai; et, dès qu'il est né, on le sarcle avec soin, à l'aide d'un outil nommé *apprimoir*. Quand le seigle est coupé, le millet devient l'objet de tous les travaux; la terre environnante sert à le chausser; on bêche le sol fortement, afin de détruire le chaume, et le champ est complètement aplani. La récolte se fait tard et se prolonge jusqu'en octobre. Presque immédiatement après, on laboure et on procède à un nouvel ensemencement de seigle. La seule différence est que le nouveau seigle occupe la ligne que vient d'abandonner le millet, et le millet celle où se trouvait le seigle.

Tout l'engrais provenant des troupeaux est employé à fumer le sol où l'on pratique la culture dont on vient de parler. Le soir, les bêtes à laine sont renfermées dans des parcs, moitié couverts de paille et moitié à ciel ouvert. La litière, composée de bruyère, est successivement ajoutée pendant toute l'année, en sorte que le parc n'est nettoyé qu'une fois, à l'époque des se-

mailles. On estime qu'il faut moyennement trente
bêtes pour assurer la fumure d'un hectare.

Le millet est une grande ressource pour le Landais,
qui le cultive tantôt comme fourrage, tantôt comme
substance alimentaire. La graine sert aussi à l'engraissement de la volaille. La tige desséchée, nommée
javelle, fournit une bonne nourriture pour les bœufs
et supplée aux fourrages.

L'agriculture est plus avancée dans le nord des
Landes que dans la partie sud; les récoltes y sont
plus variées. En général, la première année, on sème
du seigle ou du froment, et, après la moisson de ces
céréales, on les remplace, au mois d'août, par du
trèfle incarnat, qui est fauché à la fin du mois d'avril
suivant. La seconde année, on sème du maïs à la fin
de mai ou au commencement de juin, et on le récolte
en octobre. Certains propriétaires font entrer dans
leur assolement, indépendamment des céréales, la
pomme de terre, la betterave, la carotte, les choux.
C'est dans la plaine de Cazau et aux environs d'Arcajon que l'on voit les plus beaux champs cultivés.

Les prairies naturelles se trouvent en général le long
des ruisseaux, autour des étangs, ou dans le fond des
petits vallons. Il y a aussi les prairies sèches : pour
les créer, on défriche le terrain et on lui fait produire,
d'abord, des pommes de terre; puis, du maïs ou du
seigle; enfin, on y sème de la graine de foin en
septembre ou en octobre, et l'on fume au mois de
février suivant. On augmente les ressources en fourrages d'une autre manière, par le moyen de prairies

25

temporaires, introduites dans l'assolement. Ces prairies sont composées de trèfle incarnat, de maïs ou de millet, que l'on fait alterner avec le froment ou le seigle, et qui sont coupés en vert.

On a fait quelques essais de culture du tabac dans les Landes, et l'on s'est assuré qu'il y venait très-bien.

TERRAIN AGRICOLE Nº 11. { Sous-sol d'argile de transport.
{ Sol argileux

Généralités. — Ce terrain est tout à fait imperméable, sauf dans sa partie la plus superficielle quand elle est cultivée. Il renferme ordinairement depuis 70 jusqu'à 90 pour 100 d'argile, le reste consistant en sable plus ou moins fin, auquel s'ajoutent quelquefois du gravier et des cailloux. Examiné à l'état d'échantillon, il happe à la langue; il a l'odeur et la saveur des matières fortement argileuses; étant délayé dans un peu d'eau, il forme une pâte longue et ductile; si on le chauffe fortement, il acquiert une dureté voisine de celle de la brique. Les terrains qui présentent ces caractères sont souvent rebelles à toute culture; ils offrent, dans tous les cas, de nombreux inconvénients. Etant compactes et tenaces, ils compriment les racines, ne leur permettent pas de s'étendre, et les privent du contact fertilisant des gaz atmosphériques. Leur ameublissement est coûteux et présente beaucoup de difficultés : en effet, lorsqu'ils sont très-humides, ils adhèrent aux instruments aratoires, et la charrue les soulève, sans les diviser autrement qu'en longues lanières; s'ils sont très-secs, leur dureté est considérable et c'est à peine si on peut les entamer. Pour les labourer, il faut saisir le moment où ils sont de consistance moyenne; on ne peut donc le faire en tout temps. Après les labours, il est nécessaire d'avoir recours, pour les diviser, non-seulement à la herse, mais encore à des rouleaux à pointes, à des cylindres pesants, au maillet et à d'autres outils à main.

Ces terrains absorbent l'eau sans la laisser passer, et la retiennent avec beaucoup de force, en sorte qu'ils restent froids et humides pendant la plus grande partie de l'année. Ils s'échauffent peu au soleil et, pour cette raison, les récoltes y sont tardives. On a remarqué aussi qu'elles y sont de médiocre qualité, par suite de l'humidité habituelle et trop grande du sol. Les arbres y donnent des bois moins durs, moins sains et, par conséquent, d'un prix moindre qu'ailleurs; ils y sont plus sensibles aux effets des gelées et aux diverses maladies. Certaines plantes fourragères y croissent assez bien, mais leur foin est peu succulent; enfin, si les racines, les légumes et les fruits y acquièrent ordinairement un volume considérable, ils sont aqueux, peu nourrissants et sans saveur. La surface des terres argileuses, si elle est peu inclinée, est inondée en temps de fortes pluies; il s'y forme une croûte compacte, imperméable à l'air, qui gêne la sortie des germes. En temps de sécheresse, les mêmes terres se durcissent beaucoup, et se crevassent à cause du retrait qu'elles éprouvent. Les racines des végétaux sont alors déchirées ou comprimées outre mesure. Nous devons ajou-

ter que les sols de cette nature ayant une grande affinité pour les engrais, en absorbent beaucoup et les
dissimulent en partie, en sorte qu'il faut en employer
un excès avant d'obtenir un effet sensible. Le capital
à consacrer au fumier est donc considérable.

On peut, sinon faire disparaître complètement, au
moins atténuer les défauts qu'offrent les terrains argileux, en leur appliquant un mode de culture approprié
à leur nature, et en les amendant par l'addition de
diverses substances. On doit les labourer souvent et
profondément, et briser leurs mottes autant que possible. Cependant, il convient de ne pas trop les émiet-
ter et de laisser leur surface un peu inégale, à cause de
la grande tendance qu'ont leurs particules à se tasser
et à s'agglomérer. Pour diminuer l'imperméabilité du
sous-sol, il faut y creuser des tranchées et des rigoles
profondes, et compléter ce système d'assainissement
par un drainage soigné. Le drainage est ici d'une
grande importance; il peut doubler ou tripler la valeur
d'un fonds argileux. Les récoltes enfouies en vert dans
un pareil terrain, y produisent un excellent effet,
parce qu'elles sont à la fois un engrais et un amendement diviseur. Il est extrêmement utile d'y joindre
d'autres substances qui ont aussi la propriété d'ameublir la terre, comme le sable, le gravier, la marne calcaire, les cendres, les plâtras de démolition et les matières végétales fibreuses d'une décomposition difficile.
La chaux caustique est aussi un excellent amendement; car, outre qu'elle introduit dans le sol un élément précieux, qui y faisait défaut, elle se combine en

partie avec l'argile, met en liberté les alcalis qu'elle renferme, et favorise l'assimilation de la silice en la rendant soluble. Aux moyens d'amélioration qui précèdent, on ne doit pas oublier d'ajouter l'écobuage. Cette opération modifie complètement les propriétés de l'argile en excès; d'une substance compacte, tenace et imperméable, elle en fait une qui est poreuse, légère et presque sableuse; son seul inconvénient est d'appauvrir le sol en détruisant l'humus.

Lorsqu'un terrain est très-argileux, on ne peut guère y faire venir, avant de l'avoir amendé, que des bois ou de l'herbe. Les végétaux ligneux, qui ont de fortes racines sans beaucoup de chevelu, y croissent bien. Nous citerons particulièrement le sureau yèble, le chêne rouvre, le chêne blanc, le charme et le frêne. Quelques plantes herbacées s'y plaisent également : tels sont surtout l'orobe tubéreux, le tussilage pas-d'âne, la chicorée sauvage, le lotier corniculé, la laitue vénéneuse, l'agrostide traçante et l'aristoloche commune.

Un sol argileux qui n'offre pas à un très-haut degré les défauts dont on a parlé plus haut, ou qui a été amendé par la main de l'homme, convient spécialement à certaines cultures, comme, par exemple, au blé d'automne. Ce fait a été tellement remarqué, que dans beaucoup de pays les terres argileuses portent le nom de *terres à froment;* le grain y est abondant et pesant. Le trèfle, les choux, les fèves, y réussissent également; mais elles sont peu favorables au seigle, et médiocrement à l'avoine, à l'orge, aux légumes, à

la plupart des récoltes-racines, ainsi qu'aux plantes bulbeuses ou à tubercules.

Les terrains argileux de transport ne sont pas rares
en France; on les rencontre fréquemment dans la Bretagne, la Sologne et la Brenne; mais il n'est pas de
pays où ils occupent une étendue plus considérable
que dans la *Bresse*, dont l'agriculture est, pour cette
raison, intéressante à connaître.

La *Bresse*.

La Bresse géologique et agronomique est une plaine
élevée, allongée du sud au nord, qui s'étend à la fois
dans les départements de l'Ain, de Saône-et-Loire,
de la Côte-d'Or et du Jura. Elle est comprise entre les
montagnes du Beaujolais et de la Côte-d'Or, à l'ouest,
et celles du Jura, à l'est; sa limite sud coïncide avec le
Rhône, depuis Lagnieu jusqu'à Lyon; au nord, elle se
prolonge jusqu'aux environs de Gray (1). On peut
évaluer à 184 kilomètres sa longueur totale, et à 50
sa largeur moyenne; elle est comprise entre le $45^{me},45'$
et le $47^{me},27'$ degré de latitude. La surface de cette
plaine immense est légèrement ondulée. Considérée
dans son ensemble, elle est sensiblement inclinée du
sud au nord jusqu'aux environs de Louhans (Saône-
et-Loire). A partir de ce point, elle est à peu près

(1) La Bresse géographique avait autrefois moins d'étendue au nord
Cette ancienne province était bornée de ce côté par une ligne irrégulière,
dirigée à peu près de l'est à l'ouest, qui passait aux environs de Châlons.
Son territoire forme aujourd'hui la partie basse du département de
l'Ain.

horizontale sur une longueur d'environ un myriamètre; puis, elle se relève très-légèrement jusqu'à Gray.
Il résulte de là que sa hauteur au-dessus de la Saône,
qui coule du nord au sud, va en augmentant à partir
de Louhans jusqu'à Lyon. On s'en aperçoit à la profondeur toujours croissante des vallons transversaux
dont elle est sillonnée. Son altitude maximum à son
extrémité sud, près du Rhône, est de 326 mètres; elle
n'est que de 251 près de Gray, et moyennement de
220 entre ces deux points, aux environs de Louhans.

Le climat de la Bresse, si on embrasse ce pays dans
toute son étendue, est doux et pluvieux. Les pluies
sont surtout abondantes dans sa partie méridionale : il
tombe annuellement $1^m,172$ d'eau à Bourg, et même
une autre série d'observations a donné $1^m,218$; il en
tombe encore davantage à Cuiseaux et à Marciat,
situés au pied de la chaîne du Jura. La quantité de
pluie diminue à partir de Bourg, en s'avançant vers le
nord; elle n'est à peu près, que de $0^m,876$ à Mâcon
et de $0^m,679$ à Dijon. Les températures moyennes sont
de 11°,50 à Dijon, de 11°,31 à Mâcon et de 10°,81
à Bourg. La neige tient peu dans la plaine, mais les
brouillards y règnent souvent et les orages y sont plus
communs qu'ailleurs. Le vent le plus ordinaire est
celui du nord; les plus fréquents ensuite sont ceux du
sud et du sud-ouest, qui amènent les nuages. Le nombre moyen des jours de pluie et de neige est considérable, et peut être évalué à 138.

La surface de la Bresse est entièrement couverte de
sable, d'argile et de cailloux roulés incohérents. Ces

matières de transport appartiennent au diluvium des
plateaux et sont dépourvues de carbonate de chaux, ou
n'en renferment que des quantités insuffisantes pour
assurer la fertilité du sol. Etant distribuées et mêlées
d'une manière irrégulière, elles constituent, suivant les
lieux, des terrains agricoles différents, parmi lesquels
les plus mauvais sont ceux dont le sol et le sous-sol
sont à la fois argileux. Ils sont connus dans le pays
sous le nom de *terrains blancs*, à cause de leur couleur habituellement claire, ou de *terrains goutteux*,
parce qu'ils sont presque toujours humides. D'après
M. Puvis (1), ils formeraient les trois quarts du sol
cultivé de la plaine. Ces terrains, dit le même auteur, lorsqu'ils sont bien caractérisés, ne peuvent être
travaillés qu'avec peine et produisent peu. Ils ne se
laissent pas traverser par l'eau; par conséquent, sous
un climat aussi pluvieux que celui de la Bresse, ils
offrent, pendant plus de la moitié de l'année, un sol
froid et humide. Pour parvenir à les égoutter, on est
obligé d'augmenter la pente naturelle des lieux par
des moyens artificiels. A cet effet, on divise la surface du terrain en un certain nombre de parcelles, en
y creusant des fossés profonds, bordés de chemins,
qui sont perpendiculaires entre eux. A l'aide de la terre
extraite de ces fossés, on relève le centre des parcelles,
de manière à ce qu'elles soient bombées, ce qui faci-
lite l'écoulement des eaux pluviales dans tous les sens.
Ces fossés sont très-dispendieux à faire et à entrete-

(1) *Notice statistique sur le département de l'Ain,* page 32.

nir. On laboure en planches composées, en général, de quatre traits de charrue.

Le système de culture adopté pour la plus grande partie des terrains argileux, est le biennal. On fait alterner le froment ou le seigle avec le maïs, la pomme de terre, le sarrasin, l'orge, l'avoine ou le trèfle. Lorsque les terrains sont très-mauvais, l'assolement est triennal; il y a alors une jachère complète tous les deux ans. Souvent, on fait succéder à une céréale d'hiver une récolte sarclée. Celle-ci est très-utile pour nettoyer le sol qu'infestent les mauvaises herbes; la jachère atteint le même but. Indépendamment des plantes nommées ci-dessus, beaucoup de cultivateurs font entrer dans leur assolement le millet, la fève, le colza, le chanvre et quelques légumineuses.

Le froment est un des produits agricoles les plus importants de la Bresse. Celui que l'on cultive dans les terres fortes est la variété d'automne, dite *blanche*, avec ou sans barbes; son rendement est de 6 à 8 pour 1, suivant la bonté du terrain. On moissonne, année commune, dans la première quinzaine de juillet. Le seigle réussit mieux dans les fonds un peu sableux que dans ceux où l'argile domine; néanmoins, on le met aussi dans ces dernières terres où il remplace le froment. On sème soit l'orge d'automne dite *carrée*, soit celle de printemps ou de carême. Ordinairement, cette céréale vient après le froment, le maïs ou les fèves; souvent on lui associe le trèfle. L'avoine du pays comprend la variété blanche et la noire, mais surtout la première. C'est dans les étangs mis à sec qu'elle réussit le mieux; elle donne moyennement de 5 à 6 et, quelquefois, jusqu'à 10 pour 1. Le maïs est, après le froment, la principale céréale de la Bresse; on en cultive plusieurs variétés et, notamment, la précoce appelée *quarantain*. L'assolement n'est point partout le même : dans certains cantons, on sème le maïs tous les deux ans, après le froment d'automne; le plus souvent, il ne revient que tous les trois ans. Les bons cultivateurs ont toujours soin de fumer cette plante épuisante; son rendement moyen est de 30 à 40 pour 1. Le sarrasin, qui convient spécialement aux terrains pauvres, soit sablonneux, soit argileux, ne pouvait manquer d'être cultivé en Bresse; il y est en effet très-répandu. Dans les bons terrains, on le sème immédiatement après la moisson du froment, sur un seul labour et en récolte dérobée. Dans les plus mauvais terrains argileux, où l'on observe l'assolement triennal avec jachère complète, le sarrasin occupe la terre la seconde année. Le panis ou millet est semé dans les terrains argileux qui renferment un peu de sable; on le place ordinairement dans l'année qui suit le froment. On récolte principalement les variétés de pomme de terre appelées rouge-longue et jaune-ronde. Leur rendement est considérable et atteint 20 pour 1; mais elles laissent à désirer sous le rapport de la saveur. Le pois, la lentille et la vesce ou pesette, sont semés, de temps en temps, pour fournir des récoltes intercalaires et rompre l'alternative du froment et du maïs. Les deux variétés de la fève, surtout celle d'automne, sont très-cultivées dans les terrains argileux

où elles prospèrent naturellement. Comme elles améliorent le fond dans lequel elles ont végété, on les
sème, en général, dans les champs destinés au froment
l'année suivante. La navette d'hiver dans le nord de
la Bresse, et le colza dans le sud, succèdent aux froments, et occupent une partie des jachères dans les
cantons où elles sont en usage. Quand on fait
du chanvre, on lui réserve les meilleures terres sur
lesquelles on met, en outre, beaucoup d'engrais.
Le trèfle est maintenant très-cultivé; on le sème
au printemps sur le froment, ou bien avec l'orge ou
l'avoine; il est rarement conservé au-delà de deux ans.

Pour les terrains blancs, on emploie ordinairement
le fumier de ferme, le plâtre et les cendres lessivées.
Sur ces sortes de terre, ce dernier engrais est particulièrement efficace. On estime qu'à volume égal il
vaut quatre fois le fumier ordinaire. Celui-ci est surtout destiné à la culture du blé.

Les arbres forestiers que l'on rencontre sur les terres
argileuses de la Bresse sont le chêne rouvre, le chêne
blanc, le charme, le hêtre, le tremble, le saule mar-
ceau, le bouleau, l'aune et, plus rarement, l'orme, le
tilleul, le frêne et le sycomore. Parmi les arbres fruitiers, on observe le poirier, le pommier, le prunier et
le cerisier; ce dernier ne donne pas de bons produits.
La vigne ne s'y montre qu'en treillage.

A cause de l'humidité presque constante du sol, la
Bresse est un pays de prairies naturelles. On y élève
un nombre considérable de chevaux et de bêtes à
cornes. Les chevaux bressans ont de la réputation,

quoique leurs formes ne soient pas élégantes. L'arrondissement de Trévoux (Ain) en fournit beaucoup pour la remonte de la cavalerie. La race bovine présente des caractères particuliers : la tête est étroite et mince ; les yeux sont rapprochés des cornes qui sont peu écartées ; le corps est allongé et le col assez grêle. Les bœufs sont aptes au travail et à l'engraissement ; les vaches sont bonnes laitières. L'humidité du climat et des pâturages est peu favorable à l'élevage des moutons, qui sont souvent atteints de maladies ; leur espèce est des plus communes. Les animaux de basse-cour sont nombreux dans les fermes. On élève pour le commerce des poulets, des poulardes, des canards, des oies et, quelquefois, des poules d'inde. Le maïs, le millet et le sarrasin forment la base de leur nourriture, quand on veut les engraisser.

Le sol argileux de la Bresse, malgré toutes les difficultés qu'offre sa culture, est plus productif qu'on ne serait disposé à le croire. Cela tient aux grands progrès de l'agriculture dans les temps modernes. Le marnage a été surtout une amélioration capitale. Cette opération a été pratiquée pour la première fois dans le pays, au commencement de ce siècle. Sa propagation a d'abord été lente, mais avec le temps, le succès est devenu évident et l'exemple a été généralement suivi. Depuis que l'on marne, les mauvaises herbes ont disparu des terres ; les prairies artificielles sont devenues prospères ; les maïs ont donné des récoltes beaucoup plus considérables, et ont été semés avec avantage sur des sols où ils refusaient de croître ; les plantes oléagineuses ont été plus productives ; le rendement des céréales elles-mêmes a augmenté de près de deux semences ; en général, le produit brut a presque doublé. Après le marnage, le chaulage a été essayé et a donné aussi les plus heureux résultats. D'autres progrès ont été encore réalisés : les sarclages, les labours, l'entretien des prés, sont plus soignés ; le trèfle incarnat, qui fournit un fourrage précoce, est maintenant une ressource précieuse dans beaucoup de cantons ; la culture du colza et celle de la navette ont pris un grand développement, et la pomme de terre, à peine connue il y a une soixantaine d'années, est devenue la base de la nourriture des bestiaux, quand on veut les engraisser.

TERRAIN AGRICOLE N° 12. { Sous-sol d'argile de transport.
{ Sol sablonneux.

Généralités. — Le terrain, objet de cet article, consiste en une couche de sable plus ou moins pur, reposant sur un sous-sol argileux imperméable ; il présente beaucoup d'analogie avec le terrain à alios des Landes, décrit précédemment ; ses défauts sont à peu près les mêmes. Lorsque la couche sableuse est peu épaisse, la nappe d'eau qui ne manque pas de s'établir entre elle et le sous-sol, en temps de pluie, inonde les parties les plus basses de la surface des lieux ; il en résulte, pendant une grande partie de l'année, des marécages nuisibles à la fois à la santé publique et à l'agriculture. Si cette couche sableuse a une puissance assez grande pour s'élever beaucoup au-dessus des eaux souterraines, ou si celles-ci ont un écoulement facile, alors la surface du sol est trop sèche. Quelquefois, ces sortes de terrains souffrent alternativement de la sécheresse et d'un excès d'humidité, suivant que les pluies sont rares ou fréquentes.

Les terrains à sol sableux et à sous-sol argileux ont donc une constitution défectueuse, et sont en général infertiles. Leurs inconvénients diminuent, lorsque leur surface est assez inclinée pour qu'il n'y ait pas d'eaux stagnantes, ou bien lorsque l'argile du sous-sol se mêle dans une certaine proportion, naturellement ou à l'aide du labour, au sable supérieur; ce qui augmente son hygroscopicité. Dans ce cas, la terre végétale tend à changer de nature et à devenir argilo-sableuse.

On améliore ces terrains par des canaux de desséchement, par le drainage et par le marnage. Les moyens à employer pour donner plus de consistance au sable de la surface et augmenter sa fertilité, sont les mêmes que ceux qui ont été indiqués plus haut, lorsque nous avons traité des sols entièrement sablonneux.

La Sologne.

La contrée appelée *la Sologne* a pour limites : au nord, la vallée de la Loire ; au sud, celle du Cher ; à l'est, les collines du Sancerrois, et à l'ouest, une ligne dirigée de Montrichard sur Blois. Son étendue totale est de 460,000 hectares, dont 115,000 se trouvent dans le département du Loiret, 220,000 dans celui de Loir-et-Cher et 125,000 dans celui du Cher. Sa surface est une plaine légèrement ondulée, couverte de matières de transport analogues à celles de la Bresse et que nous rapportons également au diluvium des plateaux. Il y a seulement cette différence que le sable domine dans les terres végétales de la Sologne, tandis que, dans la Bresse, c'est l'argile.

L'altitude du sol de la Sologne, aux environs de Romorantin, son ancienne capitale, est comprise entre 100 et 120 mètres. Lorsqu'on marche de l'ouest à l'est, cette altitude va en augmentant; elle atteint de 250 à 300 mètres au sud de Gien, dans le département du Cher. Le climat de ce pays ne diffère pas beaucoup de celui de Paris, sauf qu'il est plus chaud. Les hivers sont moins rigoureux et les étés plus froids que dans l'est de la France; de là, une température relativement uniforme. Les saisons où il pleut le plus sont l'été et l'automne. La quantité d'eau tombée est moyennement de $0^m,936$ près de Blois; de $0^m,60$ à Orléans et seulement de $0^m,515$ à Bourges. Les vents les plus fréquents sont ceux de l'ouest et du nord-ouest. La température moyenne peut être évaluée à $12°$ environ.

La constitution agrologique de la Sologne est loin d'être uniforme. Le sol et le sous-sol de cette contrée sont quelquefois, l'un et l'autre, entièrement argileux ou entièrement sablonneux; ou bien, le sous-sol étant argileux, le sol est argilo-sableux; ou, enfin, sur une couche d'argile, on voit reposer une terre végétale purement sableuse, plus ou moins épaisse. Cette dernière manière d'être est la plus fréquente, et c'est celle que nous aurons à considérer particulièrement dans cet article.

Une terre végétale sableuse, recueillie aux environs de la Motte-Beuvron, nous a donné par l'analyse mécanique :

Gravier menu.	19,70
Sable ordinaire	46,40
Sable fin	19,00
Matières séparées par lévigation (argile, humus, sable extrêmement fin)	14,90
	100,00

Cette terre était de couleur claire ; son menu gravier et son sable étaient composés de grains de quartz roulés, de couleur blanchâtre. Elle reposait sur un sous-sol imperméable, dont nous avons extrait environ 60 pour 100 d'argile, le reste étant des grains de quartz semblables à ceux de la couche végétale supérieure. Le carbonate de chaux y manquait complètement.

Cette constitution agrologique est défectueuse, ainsi que nous l'avons fait remarquer dans les Généralités. Aux défauts que nous avons signalés, il faut encore joindre l'absence de l'élément calcaire, si utile pour une bonne végétation. Il n'est donc pas étonnant que la Sologne soit en général infertile. Une partie de son territoire présente un aspect fort triste ; car à la pauvreté du sol se joignent souvent des émanations insalubres qui abrègent la vie de ses habitants. Sa population spécifique est à peine le tiers de celle du reste de la France. Le revenu du sol n'est, sur certains points, que de 5 francs par hectare.

Parmi les terres pauvres de la Sologne, il en est qui sont tellement sèches et maigres, que rien ne peut y venir, si ce n'est des bruyères, des genêts et des ajoncs. Depuis un certain nombre d'années, on est parvenu à les utiliser en y faisant des plantations dont nous parlerons plus bas.

Lorsque le sol sableux, quoique très-infertile, est cependant susceptible de quelque culture, on a généralement adopté l'assolement suivant, reconnu pour être le plus avantageux. C'est une combinaison de céréales et de terres laissées en pâturage pour favoriser l'élevage des moutons, qui est la principale ressource agricole de la partie pauvre du pays. On commence l'assolement par une jachère fumée; la seconde année, on retire un seigle d'hiver; la troisième, du seigle de mars, de l'avoine d'hiver ou du sarrasin. Pendant les quatre années suivantes, le sol est laissé en pâturage. Quelquefois, lorsque le terrain est assez bon et que l'on peut disposer d'une quantité suffisante d'engrais, on cultive le seigle pendant plusieurs années consécutives; dans le cas contraire, on se borne à une récolte de seigle suivie d'une ou de deux récoltes de blé noir. Un hectolitre de seigle suffit pour ensemencer un hectare de terre; le produit, après fumier, est de 10 hectolitres en moyenne. La dernière année des labours, on sème le genêt, et on le laisse se multiplier naturellement; puis, le sol reste en pâturage, pendant quatre, cinq ou même six années consécutives, suivant la qualité de la terre.

Les moutons de la Sologne sont de petite taille et

26

quelquefois privés de cornes ; leur lainage est long,
grossier et blanchâtre. C'est une race rustique, vivant
en troupeaux sur les bruyères. Quelle que soit la rigueur
de la saison, on ne donne ordinairement rien à ces
animaux quand ils sont à l'étable. On les conduit chaque jour sur les pâturages, et, pendant l'hiver, lorsque
la neige couvre le sol, ils savent au besoin découvrir
avec leurs pieds le genêt et la bruyère pour s'en nourrir. Il leur faut, pour qu'ils réussissent, une certaine
proportion de bruyère, de genêt et d'herbe tendre des
terres cultivées. La proportion la plus convenable est
un tiers en bruyère, deux tiers en genêts, auxquels on
joint un parcours sur les terres en labour, un peu plus
grand que sur les bruyères.

La Sologne a été étudiée, il y a une quarantaine
d'années, par M. Puvis (1), qui a décrit avec exactitude son agriculture et a signalé les améliorations dont
elle était susceptible. Il n'a pas eu de la peine à prouver que les amendements calcaires, comme la chaux
et la marne, y produiraient les plus heureux effets et
que, surtout, il serait important d'y multiplier les
plantations.

En 1852, MM. Brongniart, Dumas et Becquerel
ont adressé à l'administration un savant rapport (2),
dont les conclusions sont à peu près les mêmes que
celles de M. Puvis. On peut les résumer ainsi :

(1) *De l'agriculture du Gâtinais, de la Sologne et du Berry*, Paris, 1833.
(2) Ce rapport a été inséré au *Moniteur* du 29 mai 1852. Peu après,
l'amélioration agricole de la Sologne a été l'objet d'une loi, promulguée
le 29 juin 1852; on en trouvera le texte à la fin de ce volume.

1° Utiliser, par des plantations d'arbres résineux ou feuillus, toutes les parties du sol qui ne sont pas susceptibles d'être améliorées par le marnage ou le drainage ;

2° Porter la marne ou la chaux sur toutes les terres qui réclament cet amendement ;

3° Assainir les terrains marécageux par des canaux et des rigoles, qui serviraient en même temps à l'irrigation des prairies naturelles.

Ces avis de la science ont été suivis, et il en est résulté pour la Sologne un progrès agricole incontestable. On a d'abord commencé à couvrir de plantations les terres jugées trop pauvres pour être cultivées avec avantage. Quelques essais, dont le succès a été complet, ont prouvé que c'était la meilleure manière de les rendre productives. Les essences résineuses, telles que le pin maritime et le pin sylvestre, judicieusement espacées, ont donné en peu d'années de superbes futaies. Comme dans les Landes, le pin maritime a été surtout l'objet d'une exploitation lucrative (1). On a obtenu aussi de bons résultats avec le chêne et le bouleau ; enfin, la création de nombreux taillis de châtaignier a prouvé que le sol convenait très-bien à cet arbre, également précieux par son fruit

---

(1) On doit cependant reconnaître que le climat de la Sologne convient beaucoup moins au pin maritime que celui des Landes. Dans ce dernier pays, le pin maritime envahit naturellement le sol et se multiplie de lui-même. Il finirait par disparaître en Sologne, si on ne l'entretenait pas par des semis artificiels. En outre, il n'y fournit pas de résine ; on l'exploite seulement pour la charpente et comme bois de chauffage.

et par son bois exploitable pour les cercles et les échalas.

Avant de chercher à boiser une lande en Sologne, il est essentiel de la cultiver pendant quelques années, afin de détruire, autant que possible, les germes des ajoncs, des genêts et des bruyères qui y croissent spontanément. Sans cette précaution, ces arbustes, en poussant en grand nombre et avec vigueur, étoufferaient les jeunes plantes destinées au boisement. En général, la culture d'une lande à l'aide du noir de raffinerie, donne, pendant deux ou trois ans, des produits qui payent les frais du défrichement. Le pin maritime peut être semé isolément ou bien associé à des arbres d'espèce feuillue. Dans le premier cas, on peut faire suivre son exploitation d'un défrichement et de la culture de diverses céréales; dans le second, le pin joue le rôle d'essence protectrice pour les taillis de chêne et de châtaignier, qui croissent sous son couvert. Ces arbres forment leurs souches pendant vingt à vingt-cinq ans que dure l'essence résineuse; après, ils sont très-productifs. Dans les sables qui manquent de profondeur, le pin sylvestre doit être préféré au pin maritime, qui craint un sous-sol argileux.

Les progrès de l'agriculture en Sologne n'ont pas consisté seulement en plantations d'arbres. Des travaux publics très-utiles, tels que le curage des grands cours d'eau et l'ouverture de routes agricoles, ont été entrepris par l'administration; on a achevé aussi le canal de la Sauldre, entre Coudray et le chemin de

fer du centre. L'emploi de la marne, du noir de raffinerie et des phosphates terreux, devenu aujourd'hui
presque général, a permis d'introduire dans les assolements la culture du froment et celle des prairies artificielles. On fait maintenant un grand usage du trèfle
incarnat; on cultive également la pomme de terre et
diverses racines. Beaucoup de sols ont été drainés, et
les résultats ont dépassé les espérances. Ces diverses
améliorations ont presque changé la face du pays.

TERRAIN AGRICOLE N° 13. { Sous-sol argileux de transport.
{ Sol argilo-sableux.

Généralités. — Le terrain n° 13 est intermédiaire
entre les deux précédents, auxquels il passe par des
transitions insensibles et qu'il accompagne presque
toujours. Quoique sa terre végétale jouisse, en général, d'une bonne constitution physique, il est rare
qu'elle soit très-fertile, à cause de la fâcheuse influence
qu'exerce le sous-sol imperméable. Elle souffre souvent d'un excès d'humidité, et particulièrement du
phénomène du déchaussement si désastreux pour les
céréales d'automne.

Les sols de cette espèce conviennent aux prairies
naturelles, à cause de leur humidité. Lorsqu'on est
parvenu à les égoutter et qu'on les a marnés ou chaulés, ils sont propres au froment, au seigle, au trèfle
et à la plupart des cultures. Les arbres dont les racines
demandent une terre fraîche, s'y plaisent particulièrement. On profite quelquefois de l'imperméabilité

du sous-sol de ce terrain, pour y établir des étangs que l'on fait alterner avec des cultures. Un assolement de cette espèce est souvent avantageux, mais il est une cause d'insalubrité. Pour qu'on puisse le pratiquer, il est nécessaire que la surface des lieux soit inégale et présente des inclinaisons un peu fortes, de manière à ce que les eaux retenues par une chaussée aient une profondeur suffisante pour la prospérité du poisson.

Le terrain n° 13 accompagne ordinairement, ainsi que nous l'avons dit, les terrains n° 11 et n° 12, avec lesquels il offre des passages. On l'observe sur beaucoup de points de la Bresse et particulièrement à son extrémité sud, dans la région appelée la *Dombes;* il se montre aussi dans la Sologne dont il constitue la partie occidentale; dans l'un et l'autre de ces deux pays, il est couvert de beaucoup d'étangs. Nous allons entrer dans quelques détails sur la Dombes.

La Dombes.

Ce petit pays est situé à l'extrémité méridionale de la Bresse, entre le Rhône et le parallèle qui passe par Bourg (Ain); sa capitale était autrefois Trévoux. Il est exposé aux atteintes du vent du nord, qui souffle quelquefois avec violence pendant plusieurs jours de suite. Alors le sol se dessèche avec rapidité, se contracte et étrangle les plantes au collet; les récoltes restent stationnaires et jaunissent; les prairies paraissent comme brûlées; les arbres souffrent aussi beaucoup. Sous le rapport de la quantité d'eau tombée et des jours de pluie, le climat est à peu près le même que celui du reste de la Bresse.

Le sol de la Dombes est essentiellement formé d'un mélange intime de 20 à 25 pour 100 d'argile et de 70 pour 100, environ, d'un sable siliceux qui, étant composé en grande partie de grains excessivement fins, joue, sous le rapport hygroscopique, le même rôle que l'argile. On y trouve aussi du peroxyde de fer dont la proportion est, le plus souvent, comprise entre 4 et 10 pour 100. Le carbonate de chaux y manque complètement, ou sa dose ne dépasse pas quelques millièmes. Ces matières ont une ténuité telle, que, par le lavage, on en enlève quelquefois plus de 90 pour 100. Le résidu est du sable moins fin, ferrugineux, mêlé d'un gravier dont les plus gros grains ne surpassent pas ordinairement le volume d'une noisette. Parmi ces grains, plusieurs sont de nature quartzeuse, mais la plupart consistent en petites concrétions tuberculeuses d'oxyde de fer, nommées dans le pays *têtes de clous*. Le sous-sol se distingue facilement du sol par sa couleur qui est plus jaunâtre; sa masse est souvent marbrée de veines jaunes, ferrugineuses; la proportion des matières ténues y est aussi extrêmement considérable. Ce sous-sol est, en général, beaucoup moins perméable que le sol superficiel, par la raison qu'il renferme plus d'argile, ou que, par suite de son tassement, il offre plus de compacité.

Voici les analyses chimiques et mécaniques de trois terres argilo-sableuses perméables, recueillies aux environs de la Saulsaie, au nord-nord-ouest de Mont-luel (1):

	N° 1.	N° 2.	N° 3.
Silice.	84,02	86,32	74,38
Alumine	7,74	5,30	10,68
Oxyde de fer.	5,82	5,70	12,28
Carbonate de chaux . . .	0,70	0,70	1,18
Carbonate de magnésie. .	1,02	1,00	1,20
Perte.	0,70	0,98	0,28
	100,00	100,00	100,00
Matières ténues	89,00	87,00	97,00
Sable.	5,00	9,00	2,00
Gravier.	6,00	4,00	1,00
	100,00	100,00	100,00

La terre n° 1 forme le champ d'expérience de l'Ecole de la Saulsaie; elle est perméable sur une épais-seur de $0^m,35$. Le gravier est composé principalement de têtes de clou avec débris de quartzite. Le sable est siliceux, ferrugineux et très-fin.

La terre n° 2, prise à Cérigneux, paraît très-perméa-ble jusqu'à une profondeur de $0^m,30$. Le sable qu'elle renferme est analogue à celui du champ d'expérience; le gravier contient moins de têtes de clou.

L'échantillon n° 3 a été pris près du château de Sainte-Croix. La terre ressemble à celle du champ d'expérience; son épaisseur est de $1^m,30$.

Dans ces analyses, la matière organique a été dosée à part, d'une manière approximative. Elle varie dans

(1) Ces analyses sont dues à M. Pouriau, qui a été professeur à l'Ecole impériale d'agriculture de la Saulsaie; elles ont été extraites d'un opus-cule ayant pour titre: *Etudes géologiques, chimiques et agronomiques des sols de la Bresse et particulièrement de ceux de la Dombes*, 1858.

la plupart des terres depuis 2 jusqu'à 6 ou 7 pour 100, suivant la nature des plantes cultivées et l'abondance des dernières fumures. Il est très-remarquable qu'avant toute culture le sous-sol en renferme 2 à 3 centièmes.

Il a été bien constaté que les labours profonds étaient très-utiles dans le pays. Leur principal avantage est d'entretenir la perméabilité de la terre végétale, qui a une grande tendance à se tasser et à devenir compacte. On a reconnu aussi qu'une forte fumure, de 50 à 80 mille kilogrammes à l'hectare, était nécessaire pour les sols récemment défoncés. La première année, le fumier n'agit pas sensiblement. Ce n'est qu'à la seconde et, surtout, à la troisième que ses effets deviennent visibles. Ainsi, les terres de la Dombes, comme toutes celles qui sont fortes, dissimulent une partie des engrais. Partout où le drainage a été essayé, il a donné les plus heureux résultats.

La principale différence entre le système de culture de la Bresse déjà décrit et celui de la Dombes, consiste dans l'assolement avec étangs, qui, pendant longtemps, a régné presque exclusivement dans la dernière contrée. Aujourd'hui, il tend à disparaître sous la pression de l'administration et par l'effet des progrès de l'agriculture (1). Nous allons en dire quelques mots.

Dans les lieux qui possèdent un sol inégal, de

(1) Voyez, aux *Additions*, le texte d'une convention entre le Ministre des Travaux publics et la Compagnie du chemin de fer de Sathonay à Bourg, pour le dessechement des étangs de la Dombes.

nature argileuse, et, en outre, des eaux abondantes
et d'un écoulement difficile à cause de l'imperméabilité du sous-sol, l'idée de créer des étangs a dû naître
naturellement, par suite d'un calcul d'intérêt privé.
Il est certain qu'autrefois, avant la suppression des
ordres monastiques, lorsque l'arrivage du poisson de
mer était à peu près inconnu, le commerce du poisson d'eau douce était très-lucratif; en sorte qu'un terrain transformé en étang et convenablement empois-
sonné, donnait, sans exiger presque aucun soin, un
produit plus considérable et plus sûr que la même
étendue de sol mise en culture. Telle a été, sans
doute, l'origine des étangs associés à l'ensemencement
des terres, que l'on observe dans la Bresse méridionale et dans beaucoup d'autres lieux.

Pour établir des étangs dans la Dombes, on profite des inégalités qui divisent sa surface en un grand
nombre de petits bassins naturels, recevant les eaux
de tous les lieux environnants. Ces bassins sont fer-
més, à leur partie la plus basse, par une chaussée plus
ou moins élevée, suivant les dimensions de l'étang à
créer et la pente du sol. Cette pente détermine la profondeur des eaux retenues. On fait écouler ces eaux, à
volonté, par le moyen d'un canal ménagé à travers
la chaussée, et susceptible d'être ouvert ou fermé à
l'aide d'une pièce de bois nommée *pilon* ou *bonde*. Les
étangs ainsi construits ne sont pas permanents; il en
est même bien peu qui durent au-delà de deux années.
Après la dernière pêche, qui a lieu depuis le 15 septembre jusqu'à la fin de l'hiver, on laboure immédia-

tement le sol mis à sec et l'on y sème de l'avoine, du maïs, du sarrasin ou du froment, mais surtout la première céréale dont le produit est ordinairement considérable. Dans certains cantons, l'assolement est alterne : on pêche une année et l'on retire de l'avoine l'année suivante ; mais alors le poisson reste petit et la récolte est moins belle.

Les poissons que l'on nourrit dans les étangs sont la carpe, la tanche, le brochet et, accidentellement, la perche et l'anguille. Le brochet est utile pour restreinbre les produits de la carpe dont la fécondité est, comme on le sait, extraordinaire. On met ordinairement cent brochets sur mille carpes.

Le limon mêlé de matières animales, qui se dépose sur le sol de l'étang, suffit pour l'engraisser. Quelquefois, pour augmenter cet engrais, on procède au dessèchement au commencement de l'hiver, afin que les plantes aquatiques, frappées par la gelée, se convertissent en fumier. On a de plus l'avantage qu'elles n'embarrassent pas le soc de la charrue.

TERRAIN AGRICOLE N° 14. { Sous-sol argilo-sableux.
 { Sol argilo-sableux.

Généralités. — Les terrains de transport, dont le sol et le sous-sol portent le nom d'argilo-sableux, sont formés d'un mélange d'argile et de sable en proportions telles, que jamais la prédominance de l'un de ces éléments sur l'autre n'est excessive ; on y trouve ordinairement une petite quantité de gravier et de cail-

loux roulés. Ces terrains, que l'on rencontre fréquemment dans la nature, présentent de nombreuses variétés. On peut les partager en deux classes : dans l'une,
l'argile dominant relativement au sable, le sol végétal
a des qualités qui le rapprochent des terrains argileux
proprement dits ; il prend alors le nom de *terre forte ;*
dans l'autre, l'élément diviseur étant prépondérant, le
sol est une *terre légère.* Ainsi qu'il est facile de le prévoir, le passage de l'une de ces classes à l'autre a lieu
par des transitions ménagées. Les terres argilo-sableuses
légères sont faciles à travailler. Elles conviennent particulièrement au seigle, à l'orge, à l'épeautre, au sarrasin, parmi les céréales ; au sainfoin, à la lupuline, parmi
les plantes fourragères ; aux raves, aux navets, parmi
les racines alimentaires ; à la navette, à la cameline, à
la gaude, parmi les plantes industrielles. Les arbres
qui s'y plaisent sont, après le saule marsault, le peuplier blanc, le bouleau, le chêne rouvre, le chêne tau-
zin, l'orme, le charme, l'érable champêtre, l'érable de
Montpellier et la plupart des pins. Lorsqu'un sol
argilo-sableux est riche en argile, il devient par excellence une terre à froment, et souvent il est consacré
presque exclusivement à cette céréale. On y voit aussi
prospérer le trèfle, le colza, les choux, et généralement toutes les plantes qui demandent un sol frais
sans être compacte.

Les terrains argilo-sableux profonds, jouissant d'un
pouvoir hygroscopique suffisant pour être aptes à
toutes les cultures, et ayant un sous-sol doué d'une certaine perméabilité, sont en général fertiles. Leur prin-

cipal défaut est d'être dépourvu de l'élément calcaire, ou de ne le pas renfermer en quantité suffisante. Pour cette raison, la chaux, la marne et le plâtre sont pour eux des amendements extrêmement utiles; leurs effets sont quelquefois extraordinaires. Cependant, on observe que, dans certains cas, ces terres sont d'une fertilité remarquable, sans qu'il soit nécessaire d'y ajouter aucun amendement renfermant de la chaux.

Les amendements et les procédés agronomiques mentionnés précédemment comme propres à améliorer les sols sablonneux ou les terrains très-argileux, conviennent également, quoique à un degré moindre, à beaucoup de terres argilo-sableuses, suivant qu'elles sont légères ou fortes. Cela dépend des cultures qu'on veut y mettre.

Ainsi que nous l'avons dit, ces terrains jouissent presque toujours de propriétés physiques heureuses, et constituent, pour cette raison, des régions fertiles. Nous prendrons pour exemples la Flandre française, et les pays de Caux et de Bray situés dans la Haute-Normandie.

La Flandre française.

Un dépôt argilo-sableux important au point de vue agricole, et parallèle, sous le rapport géologique, aux alluvions de la Bresse et des Landes, couvre les plaines élevées de la Flandre française (aujourd'hui la plus grande partie du département du Nord); d'où il se prolonge bien au-delà, en Belgique et dans nos départements septentrionaux. Il consiste en une argile

colorée en jaune par du peroxyde de fer, et mélangée
intimement de sable très-fin en proportion variable ;
sur beaucoup de points, on l'exploite pour la fabrication des briques. On y observe, comme dans la Dombes, des concrétions ferrugineuses ayant au plus un
centimètre de diamètre, qui rappellent, en petit,
l'alios des Landes et ont sans doute la même origine.
La chaux carbonatée pulvérulente est rare dans ce
terrain, et, souvent même, elle y manque complètement. Néanmoins, on y voit d'épaisses forêts, composées d'essences dont les cendres renferment beaucoup
de chaux. C'est que les plantes ont le pouvoir de condenser les éléments qui leur sont nécessaires, même
lorsque ceux-ci sont en quantités si minimes qu'ils
échappent à nos analyses. Cette alluvion ancienne,
argilo-sableuse, renferme, dans quelques lieux, beaucoup de cailloux roulés, composés principalement de
silex ; on y voit aussi de petits fragments de craie. Considérée sous le rapport agrologique, elle réunit, en général, toutes les qualités physiques et chimiques qui
constituent une bonne terre ; elle se laisse facilement
labourer et jouit d'une hygroscopicité suffisante, tout
en se laissant traverser par l'eau ; les racines s'y étendent librement dans tous les sens.

Le climat du département du Nord et des contrées
environnantes est, comme on le sait, froid et humide.
La température moyenne est d'environ 9 degrés
pendant l'année, et de 15 à 17 dans le courant de
l'été. Les hivers sont plutôt brumeux et pluvieux que
secs ; ils durent cinq à six mois. Le nombre des jours

de pluie est de 163 à 170; la quantité d'eau tombée est néanmoins peu considérable et varie moyennement de 0^m,50 à 0^m,60. Les pluies d'automne et d'été sont les plus abondantes.

Ce climat est particulièrement favorable au colza, à la betterave et à la pomme de terre. Indépendamment de ces plantes, on cultive également, dans le pays, le froment, le seigle, l'orge, l'avoine, le lin, la cameline et l'œillette. Le rendement du blé est de 20 à 27 hectolitres par hectare. Le système de culture le plus habituel est l'association des céréales aux graines oléagineuses ou aux racines. Ainsi, en général, après une récolte de betteraves ou d'œillette, prise sur une terre bien fumée, on sème du froment et, l'année d'après, de l'avoine; la quatrième année, on fume de nouveau et l'on recommence. Un assolement assez commun est celui-ci : 1° betterave ou graines oléagineuses après fumier; 2° blé; 3° trèfle; 4° orge; 5° fèves avec fumier; ou bien encore : 1° blé; 2° avoine; 3° trèfle. La betterave récoltée alimente de nombreuses fabriques de sucre et d'alcool.

Les engrais les plus communs sont le fumier de ferme, les tourteaux, la suie, et surtout les matières fécales employées suivant la méthode flamande. On est dans l'habitude de marner, de temps en temps, les terres argileuses dépourvues de carbonate de chaux.

Les pays de Caux et de Bray.

La plus grande partie des pays de Caux et de Bray appartient au terrain argilo-sableux. La première de ces deux régions est située au nord du cours inférieur de la Seine, entre ce fleuve et l'Océan; Caudebec en était autrefois la capitale; on y remarque aussi Yvetot, Lillebonne, Bolbec, Saint-Valery-en-Caux et Fécamp. La seconde région confine la précédente à l'est; Neuchâtel et Gournay en sont les villes principales.

Voici, d'après M. Girardin, l'analyse de deux terres argilo-sableuses de la Haute-Normandie, prises l'une à Caudebec-les-Elbeuf et l'autre à Franqueville:

	Caudebec.	Franqueville.
Gros gravier siliceux	5,80	10,80
Sable moyen siliceux	2,50	6,40
Sable fin	70,00	59,56
Gros débris organiques. . .	0,28	»
Humus soluble azoté	0,07	0,25
Sels alcalins solubles	0,35	0,40
Humus insoluble	1,60	2,00
Argile	19,40	18,52
Carbonate de chaux	»	1,03
Peroxyde de fer.	traces	1,04
	100,00	100,00

Le pays de Caux est un plateau ayant, dans sa partie la plus élevée, de 150 à 170 mètres d'altitude. Son sol est une argile sableuse, où l'on trouve des silex roulés, du gravier siliceux, des fragments de craie, enfin des grains de fer limoneux, caractéristiques du diluvium des plateaux. En général, cette terre est d'une remarquable fécondité, susceptible d'être augmentée encore par le marnage. Dans quelques lieux, le sous-sol est une argile très-compacte. Cette constitution agrologique, jointe à un climat naturellement brumeux, rend la contrée humide et y favorise le développement des prairies naturelles. Le système d'exploitation agricole y est mixte, c'est-à-dire qu'on y allie, par portions égales, les produits des végétaux à ceux des animaux. Les principales récoltes sont le froment, le seigle, l'avoine, l'orge, auxquels viennent se joindre le colza, la betterave, le lin et le chanvre, comme dans le nord de la France. Les fourrages artificiels sont consacrés exclusivement à la production animale. L'assolement est le triennal perfectionné, l'année de jachère étant le plus souvent consacrée à recevoir les pépinières de colza.

Dans le pays de Bray, la production agricole est également mixte, mais surtout animale; ici, les pâturages ont une très-grande extension favorisée par la configuration physique du pays. Cette région naturelle offre, en effet, une suite de mamelons nombreux, entre lesquels circulent, de tous côtés, des eaux de source, des ruisseaux et de petites rivières. L'irrigation y est facile et très-multipliée. La pente des coteaux et le fond des vallées sont généralement occupés par de riches prairies naturelles. La culture des céréales est considérée comme un accessoire, relégué sur le sommet des collines. Le laitage est excellent; les fromages de Neuchâtel ont, comme on le sait, une grande réputation. L'arrondissement dont cette ville est le chef-lieu, se livre plus spécialement à l'élevage des bêtes bovines; il renferme, à lui seul, plus du tiers du bétail de tout le département.

Le sol du pays de Bray est argilo-sableux comme celui de Caux, sauf que le sable y domine plus généralement; on l'améliore aussi par le marnage. L'asso-

lement le plus suivi est le triennal avec suppression de
la jachère : ainsi, par exemple, on fait du blé la première année ; la seconde est consacrée à l'avoine, et la
troisième, on ensemence moitié en trèfle et moitié en
menus grains.

TERRAIN AGRICOLE N° 15. { Sous-sol argilo-caillouteux.
                          { Sol argilo-caillouteux.

Généralités. — Ce terrain ne diffère du n° 11 que
par la grande quantité de cailloux qui se trouve mêlée
à l'argile, soit dans le sol, soit dans le sous-sol. Ces
cailloux, à moins qu'ils ne soient tres-nombreux, sont
un avantage, parce qu'ils diminuent la compacité et
l'imperméabilité de la masse argileuse. Les propriétés
et l'agriculture de ce terrain sont à peu près les mêmes
que celles du n° 11 déjà décrit ; il convient particulièrement au seigle, à l'avoine et au sarrasin, ainsi qu'aux
graminées des prairies naturelles. On y cultive, en
outre, le froment avec un certain succès, quand le sol a
été amendé et fumé. Les meilleurs amendements qu'on
puisse lui appliquer sont la marne, la chaux et le plâtre ; on obtient aussi d'excellents résultats de l'emploi
des cendres. Les arbres réussissent, en général, très-
bien dans ce terrain, parce que leurs racines s'insinuent
facilement entre les galets où ils trouvent des veines
de bonne terre ; pour cette raison, un bon moyen
de l'utiliser est de le couvrir de forêts.

En résumé, le terrain argilo-caillouteux est analo-
logue aux sols purement argileux, sur les qualités
desquels nous n'avons pas à revenir ; il en offre tous

les inconvénients, quoique sa compacité soit un peu moindre. Le plus souvent, son sous-sol est imperméable, malgré les cailloux qui y sont renfermés. Pour qu'il en fût autrement, il faudrait que ces cailloux fussent extrêmement nombreux ; mais alors ils deviendraient nuisibles en gênant les racines.

Localités diverses.

Le terrain argilo-caillouteux n'est pas rare en France ; on l'observe dans la Bretagne, la Normandie, la Brenne, et, en général, dans la plupart des localités où il existe des argiles de transport. On le rencontre notamment sur plusieurs points de la Bresse et de la Dombes, régions dont il a été question précédemment. On le reconnaît aux cailloux quartzeux, plus ou moins volumineux, qui apparaissent dans le sol argileux, et qui sont ordinairement d'autant plus abondants que que l'on creuse à une plus grande profondeur.

Dans la Dombes, le sous-sol caillouteux imperméable forme quelquefois une masse aplatie, qui a été décrite par M. Pouriau (1), sous le nom de couche ferrugineuse à quartzites. La puissance totale de cette couche est de 9 à 10 mètres ; elle est composée d'une terre argileuse, mêlée de sable extrêmement fin et colorée par de l'oxyde de fer, dans laquelle sont empâtés des cailloux roulés de toutes les dimensions. La masse a l'aspect d'un béton très-compacte, dont le ciment ne fait aucune effervescence avec les acides. Dans d'au-

(1) Opuscule déjà cité.

tres localités, le sol et le sous-sol consistent simplement en une glaise incohérente, dans laquelle sont disséminés beaucoup de galets; ce cas est le plus fréquent.

Le terrain argilo-caillouteux constitue à peu près entièrement une région naturelle du Bas-Dauphiné, nommée les *Terres-Froides*. Cette dénomination, tirée du climat, a été appliquée aux parties les plus élevées des cantons du Grand-Lemps, de Virieu et de Saint-Jean-de-Bournay, dans le département de l'Isère. Cette contrée, dont l'altitude moyenne est d'environ 600 mètres, renferme le lac de Paladru et un grand nombre de petits étangs disséminés sur les hauteurs. Le sol y est humide, les brouillards fréquents, et, à l'approche de l'hiver, on y voit souvent les arbres chargés de givre. Le froid y est plus précoce et plus vif que dans d'autres contrées du département, plus élevées mais moins dépourvues d'abris.

Le plateau des Terres-Froides est le prolongement géologique de celui de la Bresse, dont il n'est séparé que par la plaine du Rhône en amont de Lyon. La composition du sol est exactement la même; c'est aussi un amas d'argile, de sable et de cailloux roulés alpins. Seulement, ces derniers sont ici plus nombreux; ce qui se comprend facilement, puisque le pays est très-rapproché du débouché des vallées, par lesquelles les débris caillouteux sont descendus des Alpes. On y voit d'ailleurs la même végétation et les mêmes récoltes, sauf les modifications qui résultent de la différence des altitudes. On y trouve aussi des étangs, comme dans la Dombes, mais en nombre beaucoup moindre. A cause de la hauteur des lieux, une partie notable du sol est occupée par des bois taillis, composés principalement de chênes, de charmes, de hêtres et de châtaigniers. Les plus étendus sont ceux de Bonneveau, de Montbuset, de la Sylve-Bénite près de Virieu, et de Flachères sur le plateau de Champier. Les terres cultivées se voient autour des villages ; leur superficie est surtout considérable aux environs de Saint-Jean-de-Bournay. Les principales récoltes consistent en blé, seigle, orge, avoine, sarrasin et pommes de terre. La betterave est presque inconnue dans le pays ; sauf un peu de colza, on n'y cultive pas de plantes oléagineuses ; mais les prairies naturelles, favorisées par la fraîcheur du climat et quelques rigoles d'arrosage, y ont beaucoup d'extension, ce qui permet aux habitants de nourrir des troupeaux de bêtes à cornes et de bêtes ovines.

A Saint-Jean-de-Bournay, qui est en quelque sorte la capitale de la contrée, on suit l'assolement suivant perfectionné : 1° orge·fumée ; 2° trèfle ; 3° froment ; 4° seigle fumé, suivi de trèfle incarnat fauché en vert ; 5° pommes de terre. Presque partout ailleurs, dans les terres compactes, la jachère alterne avec la culture d'une céréale, qui est tantôt le blé, tantôt le seigle. Ce dernier est quelquefois suivi d'une avoine. L'engrais généralement employé est le fumier de ferme, que l'on remplace, quelquefois, par un compost formé de couches alternatives de marne, de fumier et de terre. On améliore aussi le sol à l'aide de la marne, de la chaux et du plâtre, autant que la possibilité de se procurer ces amendements, sans trop de frais, le permet.

TERRAIN AGRICOLE N° 16. { Sous-sol sablo-caillouteux.
{ Sol sablo-caillouteux.

Généralités. Ce terrain a un sol et un sous-sol semblables, caractérisés l'un et l'autre par la prédominance du sable et des cailloux relativement à l'argile. On comprend qu'avec une pareille constitution il doit être fort peu fertile ; il serait complètement stérile, si le sable fin et la faible proportion d'argile qu'il renferme, ne lui donnaient une certaine hygroscopicité. En général, il ne peut nourrir que des bois ; cependant, en l'amendant par des composts, par la marne argileuse, et en y mettant beaucoup d'engrais, on parvient à en retirer les récoltes propres aux terrains pauvres, comme l'avoine, le seigle, le sarrasin, etc. Quelques arbres qui s'accommodent des sols arides, tels que le chêne, le bouleau, le robinier, l'érable de Montpellier, le pin sylvestre, le pin pignon, le genévrier commun, le cyprès, etc., servent à le boiser. Parmi les arbres fruitiers propres aux pays chauds, l'olivier, l'amandier et surtout la vigne peuvent y donner de bons produits.

Le terrain sablo-caillouteux appartient le plus souvent aux dernières formations de la période quaternaire, qui ont recouvert les terrasses. Sa physionomie agricole varie beaucoup suivant les climats. Aux environs de Paris, sur les bords de la Seine, où il est composé de silex roulés disséminés dans une terre argilo-sableuse rougeâtre, maigre et ferrugineuse, il ne contient souvent qu'une très-faible proportion d'argile ; néanmoins, il est quelquefois cultivé avec succès et, plus ordinairement encore, couvert de bois : la forêt de Saint-Germain et le bois de Boulogne s'y trouvent situés. On observe dans l'Alsace un dépôt diluvien très-étendu, essentiellement formé de sable siliceux ocreux et de cailloux appartenant aux diverses variétés de quartz du grès des Vosges. Sa terre végétale, quoique très-pauvre, donne de bons produits, lorsque quelque cause accidentelle lui procure de l'humidité ; il supporte la forêt de Haguenau (Bas-Rhin), composée principalement de pins sylvestres et de chênes, associés à des bouleaux et à des charmes en moindre quantité. A mesure que l'on s'avance vers le midi, ce terrain devient plus aride ; il forme dans nos départements méridionaux une grande partie des terres entièrement nues, connues sous le nom de *garigues*. Quand il est productif, c'est presque toujours parce qu'il est arrosé, ou bien parce qu'il a été planté en vignes. Dans ce dernier cas, il peut, suivant la qualité du vin récolté, acquérir une très-grande valeur. Son aptitude pour la vigne est remarquable ; elle est confirmée par un grand nombre de faits. Au sud de Vienne, département de l'Isère, plusieurs crus très-estimés sont placés sur le sol sablo-caillouteux de la vallée du Rhône. Il en existe beaucoup aussi dans la même vallée, aux environs du Péage-de-Roussillon, entre Auberives et

Saint-Rambert. La plaine située dans le département du Gard, entre Saint-Gilles, Beaucaire, Nîmes et Lunel, et qui, de là, s'étend dans l'Hérault jusqu'à Montpellier, est formée, en grande partie d'une terre sablo-caillouteuse, rougeâtre, renommée par sa propriété d'ailleurs favorisée par le climat, de produire d'excellents vins. Mais, pour avoir des exemples encore plus remarquables d'une pareille production sur ce terrain, il faut se transporter dans une autre partie du midi de la France, et aller jusques dans le Bordelais, où se trouvent des contrées vinifères sablo-caillouteuses, d'une réputation européenne, nommées les *Graves* et le *Médoc*.

Les Graves et le Médoc.

On appelle *graves* (gravier), aux environs de Bordeaux, un dépôt de sable et de cailloux, renfermant un peu d'argile avec de l'oxyde de fer et accidentellement du carbonate de chaux, qui occupe les versants des grandes vallées. On l'observe principalement sur la rive gauche de la Garonne, depuis Langon jusqu'à Bordeaux. Sa longueur entre ces deux villes est d'environ 5 myriamètres; sa largeur, assez variable, peut atteindre 5 à 6 kilomètres. Il est limité, du côté de l'est, par le fleuve, au-dessus duquel il ne s'élève d'abord que de 5 à 6 mètres. Son altitude augmente ensuite, à mesure que l'on s'avance vers l'ouest, jusqu'à ce que l'on ait atteint le plateau, purement sablonneux, des Landes de la Gironde, qui a communément de 50 à 60 mètres d'élévation au-dessus du niveau de la mer.

Le terrain des Graves, compris entre ces limites, offre une hauteur variable; ce qui semble indiquer qu'il constitue plusieurs terrasses, qui autrefois étaient probablement distinctes, mais qui aujourd'hui sont liées par des pentes tellement ménagées, qu'il n'est plus possible d'apercevoir leurs lignes séparatives. Cette formation sablo-caillouteuse est évidemment quaternaire; elle nous a paru correspondre rigoureusement au diluvium des terrasses, qui règne le long des principaux cours d'eau de l'Europe, notamment sur les bords du Rhône. Le sol des Graves, observé particulièrement aux environs de Barsac, lieu connu par la bonne qualité de ses vins, paraît essentiellement composé d'un sable assez grossier, un peu effervescent, mêlé d'une petite quantité d'argile ferrugineuse d'un brun rougeâtre. Dans cette terre sont disséminés, en proportion variable, des graviers depuis le volume d'une noisette jusqu'à celui d'une noix; quelques cailloux, cependant, atteignent la grosseur du poing, mais ils sont rares. Ces cailloux, le gravier et le sable, sont formés presque exclusivement de quartz de diverses couleurs; on y reconnaît, parfois aussi, des granites et des roches amphiboliques des Pyrénées, des eurites quartziferes et des grès quartzeux. La couleur foncée du sol lui donne beaucoup d'aptitude à l'échauffement. Cette qualité, qui n'est pas générale sur le terrain des Graves, imprime un cachet particulier aux vins des environs de Barsac.

Deux échantillons de terre, dont l'un paraissait très-riche en sable et en gravier, et l'autre assez argileux, étant soumis à l'analyse mécanique, nous ont donné, en moyenne, les résultats suivants :

Gravier et gros sable.	25,25
Sable ordinaire.	39,05
Sable fin	21,30
Matières séparées par lévigation (argile, humus, sable extrêmement fin). . . .	14,40
	100,00

Ordinairement, cette formation sablo-caillouteuse a plusieurs mètres d'épaisseur, en sorte que le sous-sol est de même nature que le sol. Quelquefois, au contraire, elle est très-peu épaisse, et on la voit alors reposer sur un calcaire tertiaire fendillé, qui n'est pas moins perméable que le gravier : ainsi, dans tous les cas, le terrain se laisse traverser par l'eau avec beaucoup de facilité.

Les Graves dont nous venons de faire connaître la nature minéralogique par un exemple pris à Barsac, ont une grande réputation pour la production des vins blancs. Les uns sont légers, peu spiritueux, d'une transparence remarquable, et ont un bouquet prononcé, dit de pierre à fusil ; les autres sont plus moëlleux. Parmi ces derniers, les vins de Barsac, de Sauterne et de Bommes occupent le premier rang. Ceux de Barsac ont beaucoup de corps, de spiritueux et de bouquet ; ils sont plus capiteux que le Sauternes et le Bommes, et s'en distinguent aussi par une sève plus vive et par leur couleur plus ou moins ambrée ; ce qu'il faut probablement attribuer à la proportion un peu plus grande d'argile que renferme le sol. Le Sauternes se fait principalement remarquer par son moëlleux, sa finesse et un bouquet qui est des plus agréables. Le Bommes est analogue au Sauternes et mis sur la même ligne.

Le *Médoc* est une langue de terre comprise entre l'Océan, à l'ouest, et la Gironde, à l'est ; au sud, elle ne s'étend pas au-delà du parallèle de Bordeaux ; au nord, elle se prolonge en pointe jusqu'à l'embouchure de la Gironde. Sa partie occidentale est occupée par des dunes et des étangs ; au centre, il y a une nappe de sable quartzeux, faisant suite au sol des Landes ; enfin, du côté de l'est, le long de la Gironde, on observe une bande sablo-caillouteuse, qui est le prolongement immédiat de celle des Graves ; elle en diffère, cependant, sous plusieurs rapports que nous ferons bientôt connaître. C'est dans cette zone sablo-caillouteuse, qui, le plus souvent, n'a pas plus de trois à quatre kilomètres de largeur, que l'on récolte presque tous les grands vins de la Gironde ; elle constitue le Médoc des œnologues.

Les vins de cette région, comparés à ceux des Graves, changent de caractères : ils sont plus corsés, plus moëlleux et ont, en même temps, une finesse qui leur ont valu une réputation universelle ; ils se distinguent par une légère âpreté qui leur est spéciale, et surtout par le parfum qu'ils exhalent après plusieurs années de garde. Les dégustateurs un peu expérimentés ne s'y trompent jamais. Les crus les plus fameux sont ceux de Margaux, de Laffitte et de Latour, situés non loin de la Gironde, à une distance moyenne de 30 kilomètres N.-N.-O. de Bordeaux. Le climat du Mé-

doc et celui des Graves sont à très-peu près identiques;
car ces deux régions se touchent et leur altitude est
sensiblement la même. On observe seulement quelques différences dans les sols.

Un échantillon de terre végétale pris dans le voisinage de Macau, à 6 kilomètres S.-S.-E. de Margaux, nous a offert la composition suivante :

Gravier et gros sable.	20,75
Sable ordinaire.	48,75
Sable fin.	15,30
Matières séparées par lévigation (argile,	
humus, sable extrêmement fin)	15,20
	100,00

La terre, de couleur beaucoup plus claire qu'à Barsac, ne contenait presque pas de fer et ne faisait pas
effervescence avec les acides; les gros graviers y
étaient moins abondants. Le sable quartzeux, résidu
du lavage, était composé de grains presque entièrement blancs, et même en partie hyalins. En admettant
que ces différences puissent être généralisées, ce qui
n'est pas sûr, elles ne paraissent pas suffisantes pour
déterminer des modifications sensibles et constantes
dans la qualité des vins. Il n'en est pas de même de
la nature des sous-sols dans les deux contrées. Le terrain des Graves est toujours extrêmement perméable;
dans le Médoc, au contraire, le sous-sol est en général
argileux, ou consiste en un conglomérat ferrugineux,
analogue à l'alios des Landes et imperméable comme
lui. Pour cette raison, le sol du Médoc est plus apte
à retenir l'humidité que celui des Graves. Aussi, les
viticoles médocains n'épargnent-ils rien pour assurer

l'écoulement des eaux dans leurs propriétés. Dans ce
but, ils en nivellent la surface avec soin, ou même ils
en exhaussent la partie centrale en y transportant de
la terre, de manière à ce qu'il y ait une pente légère
dans tous les sens. Dans certains cas, afin de mieux
assainir les vignobles, on y creuse des fossés de ceinture plus ou moins profonds, et si, malgré ces travaux,
on juge que la terre est encore trop humide, on a
recours au drainage, moyen énergique et infaillible.
La différence que nous venons d'indiquer entre la
perméabilité du terrain dans le Médoc et dans les
Graves, doit en entraîner une très-sensible dans la
qualité des vins. On observe, en effet, d'une manière
générale, que ceux-ci sont plus chauds et plus corsés
dans les terres un peu hygroscopiques, que dans celles
qui sont très-sèches, tout étant égal d'ailleurs.

Il n'est pas douteux que le terrain des environs de
Bordeaux n'ait sa part d'influence sur les qualités des
vins de ce pays. Nous croyons cependant que le climat en a une plus grande encore. Ce qui paraît le
prouver, c'est que, dans le voisinage de la Gironde, il
existe des sols de nature variée, qui ont quelquefois
des compositions très-différentes, et qui cependant produisent tous des vins qui ont le cachet bordelais. Ainsi,
sur les rives du fleuve, presque au niveau de ses eaux,
on observe une zone de terrains d'alluvion appelés *les
Palus*, qui offraient autrefois beaucoup de marécages et
qui en ont même conservé quelque chose ; car ils sont
souvent couverts de prairies naturelles : néanmoins,
on y récolte des vins estimés. Ceux de la Bastide,

près de Bordeaux, nommés vins de *Queyries*, rivalisent avec les bons produits du Médoc; ils sont très-colorés, spiritueux et exempts du goût de terroir. Il serait très-difficile de préciser quels sont parmi les éléments du climat girondin ceux qui ont une influence spéciale sur la qualité des vins. Cette influence est seulement un fait qu'il serait difficile de contester.

La température moyenne de Bordeaux est, de 13°,6, ou par saison : hiver, 5°,6; — printemps, 13°,6; — été, 21°,6; — automne, 13°,5. La moyenne annuelle des pluies est égale à 657^{mm},70, ainsi distribués : hiver, 182^{mm},05; — printemps, 140^{mm},76; — été, 158^{mm},49; — automne, 176^{mm},40. Le nombre des jours pluvieux est par an de 150. L'hiver est, en général, doux et humide, mais avec des transitions brusques du gel au dégel, sans neige. Le printemps est variable, souvent humide à son début, et exposé à des gelées tardives. L'été est marqué par de fortes chaleurs, de longues sécheresses et des orages. L'automne est ordinairement beau, chaud quelquefois, humide à la fin. Les vents d'ouest et du nord-ouest, nommés *vents salés*, sont souvent nuisibles à la végétation.

Ce que nous avons dit de la nature sablo-caillouteuse du sol aux environs de Bordeaux et de son aptitude à produire d'excellents vins, nous conduit naturellement à faire remarquer combien est grande l'importance du rôle que joue la vigne dans l'agriculture de nos départements du Midi. Beaucoup de terrains pauvres resteraient complètement incultes dans ces contrées, ou ne donneraient que de chétives

récoltes, si l'on n'avait la faculté d'en retirer du vin.
Dans plusieurs cas, cette faculté est moins une ressource qu'un moyen de centupler la valeur du sol. Il
ne serait pas difficile, en effet, de citer, dans le Bordelais, des terres qui valent aujourd'hui quatorze à
quinze mille francs l'hectare, et qui se vendraient à
peine quelques centaines de francs, si l'on était obligé
de les cultiver en céréales.

TERRAIN AGRICOLE N° 17. $\begin{cases} \text{Sous-sol marno-caillouteux.} \\ \text{Sol argilo-sableux.} \end{cases}$

Généralités. — Le sous-sol de ce terrain consiste en
une marne sablo-caillouteuse, identique avec celle du
n° 7. Le sol superficiel est formé d'argile et de sable
siliceux avec quelques cailloux. Le sol et le sous-sol
sont donc très-distincts sous le rapport minéralogique, puisque l'un est dépourvu de carbonate de chaux
et que l'autre en renferme abondamment; en outre,
ils appartiennent ordinairement à des formations d'âge
géologique différent. Il y a, par conséquent, entre eux
une séparation tranchée. La nature du sous-sol est ici
un fait avantageux pour le cultivateur; car la terre
étant siliceuse et ayant besoin d'amendements calcaires, on peut s'en procurer sur les lieux mêmes, en creusant à une petite profondeur.

Le sol superficiel argilo-sableux de ce terrain renferme une proportion variable d'argile, et, suivant que
cette proportion est considérable ou petite, il appartient à la classe des terres fortes ou à celle des terres

légères. Cette distinction a ici une importance particulière au point de vue de la fertilité, à cause de la
grande perméabilité du sous-sol marno-caillouteux.
Cette perméabilité corrige les inconvénients de l'argile, quand elle est l'élément dominant de la couche
végétale supérieure, et n'en laisse subsister que les
avantages; l'on a donc alors un terrain excellent,
ayant une aptitude particulière pour la production du
blé. Lorsque l'argile fait défaut, la terre étant peu
hygroscopique et ne tirant d'ailleurs aucune humidité
du sous-sol, est très-exposée à la sécheresse. Cependant, si son épaisseur est un peu considérable et si le
climat n'est pas trop sec, on peut y cultiver le seigle,
l'avoine, le sarrasin et d'autres plantes qui s'accommodent des terrains pauvres. La vigne, le mûrier, l'olivier,
l'amandier et le noyer, y donnent de bons produits. Les
effets du plâtre appliqué à la culture du trèfle, y sont
extrêmement sensibles.

L'association d'un sol végétal purement siliceux
avec un sous-sol renfermant abondamment du carbonate de chaux, n'est pas, comme on pourrait le
croire, un accident local; elle se réalise quelquefois
sur de très-grandes surfaces, lorsque par exemple le
diluvium des plateaux ou celui des terrasses, qui sont,
en général, l'un et l'autre siliceux, reposent en couche
peu épaisse sur un autre terrain de transport à éléments en grande partie calcaires. Cette superposition
s'observe dans diverses contrées, et notamment dans
les plaines du Bas-Dauphiné.

Vallées du Bas-Dauphiné.

Les collines marno-caillouteuses du Bas-Dauphiné, qui ont été décrites plus haut comme exemple du terrain agricole n° 7, comprennent entre elles plusieurs vallées assez spacieuses, dont la constitution agrologique est remarquable. La terre végétale est peu épaisse et de nature argilo-sableuse, avec une proportion variable de cailloux siliceux, qui sont surtout nombreux à sa partie inférieure ; elle est toujours plus ou moins colorée en rouge par de l'oxyde de fer. Le sous-sol est formé par le terrain marno-caillouteux des collines environnantes, qui renferme une quantité notable de sable et de cailloux calcaires; sa couleur constante est le gris clair. Il y a donc là un sol et un sous-sol de transport très-différents sous le rapport de la composition et de l'aspect. Ils ne sont pas, en effet, du même âge : le premier représente le diluvium des terrasses, réduit ici à une faible puissance; le second correspond, comme nous l'avons prouvé ailleurs, au diluvium des vallées. Assez souvent, leur ligne séparative est très-nette et paraît sinueuse, comme si la formation la plus ancienne avait été entamée lorsque la plus récente s'est déposée sur elle. Plus rarement, il y a passage de l'une à l'autre, et elles paraissent comme mêlées sur leur ligne de contact. L'épaisseur du diluvium rouge formant la terre végétale est, en général, comprise entre $0^m,25$ et 1 mètre. En soumettant plusieurs échantillons de cette terre à des essais chimiques et à l'analyse mécanique, nous

nous sommes assuré qu'elle renfermait depuis 50 jusqu'à 85 pour 100 de gravier mêlé de sable ordinaire, plus ou moins fin. La proportion d'argile et de sable extrêmement ténu, séparée par lévigation, varie de 15 à 40 pour 100. Quand cette dernière dose est atteinte ou près d'être atteinte, la terre est forte et convient à la culture du froment. La teneur en oxyde de fer peut être évaluée moyennement à 4 ou 5 centièmes. Quant au carbonate de chaux, on n'en trouve aucune trace, ou, tout au plus, 1 à 2 pour 100.

Parmi les vallées du Bas-Dauphiné qui offrent cette constitution agrologique, les plus remarquables par leur étendue sont la plaine de *Meyzieu* et de *Saint-Priest*, celle de la *Côte-Saint-André*, et la partie inférieure de la *vallée de l'Isère*.

La plaine de *Meyzieu* et de *Saint-Priest*, ainsi appelée du nom de deux villages qui s'y trouvent situés, s'étend à l'est et au sud-est de Lyon. Elle est limitée, au nord et à l'ouest par le Rhône, ou plus exactement par la bande plus ou moins large de son terrain limoneux; à l'est, par les collines calcaires de Crémieu; au sud, par la chaîne de collines que forme le terrain marno-caillouteux depuis Saint-Symphorien-d'Ozon jusqu'à la Verpillière, et au pied de laquelle se trouve Heyrieu. Sa superficie est d'environ 50,000 hectares; son altitude moyenne ne dépasse pas 220 mètres. On remarque dans son intérieur quelques coteaux isolés, irrégulièrement découpés, qui indiquent qu'autrefois le sol avait une plus grande hauteur : il est évident qu'une vaste dénudation lui a donné sa configuration actuelle.

Le diluvium argilo-sableux rouge forme dans cette plaine un dépôt peu épais, mais continu. On commence à le rencontrer, dès que l'on a franchi la première terrasse qui limite les alluvions modernes du Rhône à Villeurbanne, à Saint-Fonds et à Serezin. A partir de là, il s'étend à l'est et au sud-est, en s'élevant graduellement avec le sol; non-seulement, il couvre la plaine, mais on le trouve au sommet des petits coteaux, à contours irréguliers, dont nous avons parlé, et où sont bâtis les villages de Pusignan, de Chassieu, de Genas, de Saint-Priest et quelques autres. Ce terrain, où le sable siliceux domine, est naturellement peu fertile; il craint la sécheresse et l'on n'y voit pas de prairies naturelles. Autrefois, on le laissait en jachère tous les deux ans, et il ne produisait ensuite que de chétives récoltes; mais, depuis l'introduction de la marne et, surtout, depuis que l'on emploie comme engrais la vidange que la ville de Lyon fournit en abondance, l'agriculture du pays a été métamorphosée. Il n'y a plus de jachères, et l'on retire du sol, presque sans interruption, les récoltes les plus épuisantes, telles que le blé, le seigle, l'orge, le chanvre et la pomme de terre. Au lieu d'un sainfoin clair-semé, on a de belles coupes de trèfle et de luzerne. Dans un certain rayon autour de Lyon, les cultivateurs vont eux-mêmes à la ville s'approvisionner d'engrais humain; ils l'emploient dans la proportion de 50 à 60 tonneaux (700 à 800 hectolitres) par hectare, et d'autant plus souvent que les terres sont plus légères. En général, on fait alterner les céréales avec les plantes fourragères ou les racines.

Aux environs de Meyzieu, où le sol est assez souvent argileux, le produit principal est le blé. La certitude d'un débouché avantageux a fait naître cette culture, à laquelle on a joint celle de la luzerne qui est très-productive. On cultive aussi le seigle, l'orge, le sarrasin, l'avoine, le colza, la betterave, les racines et le trèfle. Un assolement assez généralement adopté dans les bons terrains, est le suivant : 1° pommes de terre abondamment fumées, ou une autre récolte sarclée; 2° froment; 3° seigle; 4° trèfle; 5° froment. Ici, la rotation est souvent arrêtée; quelquefois, au contraire, on y ajoute encore du seigle, ou du blé noir, ou du colza; puis, l'on recommence à fumer. Dans les terres de qualité médiocre ou mauvaise, où l'engrais dure peu, le nombre des récoltes obtenues est moindre; mais la rotation est toujours à peu près la même.

La plaine nourrit beaucoup de moutons; son sol sec, où pousse une herbe de bonne qualité, est très-favorable à l'élevage de ces animaux. On y voit peu d'arbres; leur ombrage serait nuisible aux céréales; on rencontre cependant des noyers et des mûriers, mais seulement en bordure. Sur quelques points où le gravier est abondant, il y a des bois taillis composés presque entièrement de chênes; ils tendent à disparaître par suite des défrichements continuels. On observe sur le flanc des coteaux isolés, des vignes qui donnent des vins de qualité ordinaire.

Ainsi que nous l'avons dit, on fait usage de la marne dans la plaine. D'après M. Puvis, les premiers essais de cet amendement remontent à la fin du siècle

dernier et furent dus au hasard. Un homme qui creu-
sait un puits au village de Parilly, près de Saint-Denis-
de-Bron, et qui était embarrassé des déblais, en répan-
dit une partie sur son fonds. L'augmentation inattendue
de récolte qui en résulta, l'engagea à essayer ailleurs
l'emploi de la même matière; bientôt, il fut imité par
ses voisins, et le marnage se propagea sur tout le
littoral du Rhône. La marne dont on se sert, est de
deux sortes : l'une, sablonneuse, n'est, à proprement
parler, qu'un sable calcaire, en partie siliceux, que
l'on extrait du sous-sol à une petite profondeur; l'autre
est de la marne proprement dite, grise ou blanchâtre, de consistance crayeuse. Cette dernière matière
contient beaucoup plus de calcaire que le sable, au
milieu duquel elle forme souvent des veines et des
amas irréguliers. On croit avoir remarqué que l'amendement sableux, quoique moins riche en carbonate
de chaux et plus difficilement réductible en bouillie
que la marne, convenait cependant mieux aux céréales.
On l'emploie à la dose de 100 mètres cubes par hectare. La marne proprement dite est préférée pour les
plantes fourragères; sa proportion par hectare est
très-variable. Quelques cultivateurs n'en mettent que
25 mètres cubes, et reviennent à un second marnage
tous les dix ans.

La plaine de la *Côte-Saint-André*, sur le bord septentrional de laquelle ce bourg est situé, est beaucoup
plus élevée que la vallée de l'Isère dont elle est voisine.
Elle commence entre Apprieu et Beaucroissant, un
peu à l'ouest du vallon de la Fure et s'étend de là

jusqu'au Rhône, dans la direction de l'E.-N.-E. à l'O.-S.-O. Sa longueur est d'environ cinq myriamètres. Son sol offre une double pente : l'une, de 0^m,006, est dans le sens de la longueur de la vallée, et l'autre, de 0^m,005, est dirigée du nord au sud, dans un sens à peu près perpendiculaire au premier. Du côté de l'est, où sa hauteur est la plus considérable, cette plaine s'élève jusqu'à 491 mètres au-dessus du niveau de la mer; au nord et au sud, elle est limitée par des chaînes de collines marno-caillouteuses, hautes de 200 à 300 mètres au-dessus du sol intermédiaire. Cette haute vallée, qui offre un plan très-uni, est traversée par un chemin de fer qui s'embranche à l'ouest avec celui de la Méditerranée, et à l'est, près de Beaucroissant, avec le chemin de fer de Lyon à Grenoble.

Le terrain argilo-sableux de cette plaine offre, comme celui des environs de Meyzieu, des terres fortes et des terres légères. Les premières sont réputées les meilleures et se rencontrent du côté du nord, lorsqu'on suit le pied des coteaux marno-caillouteux. Le sable et le gravier dominent au contraire au sud, dans l'intérieur de la vallée, dont le sol est extrêmement léger. Ces deux sortes de terre sont en général riches en oxyde de fer. Les principales plantes utiles que l'on y cultive, sont le seigle, l'avoine, l'orge et le sarrasin, auxquels on ajoute souvent le colza, la pomme de terre, les racines, le froment et le trèfle. Ces deux dernières récoltes s'obtiennent surtout à l'aide de la marne; on fait aussi un grand usage du plâtre pour le trèfle. Indépendamment de ces amendements, on emploie le fumier de ferme, qui est à peu près le seul engrais connu dans le pays. Dans les plus mauvaises terres, l'assolement est biennal; on fait, par exemple : 1° des pommes de terre fumées; 2° du seigle suivi de sarrasin. Quelquefois, on commence par le seigle, auquel succède une jachère. On suit aussi la rotation suivante : 1° seigle, puis sarrasin; 2° trèfle incarnat semé dans le sarrasin; 3° pommes de terre fumées. On remarquera que le sarrasin fait partie de tous ces assolements. Dans les meilleurs fonds, et lorsqu'on peut disposer de beaucoup d'engrais, on adopte un autre système de culture qui est à peu près le suivant : 1° froment fumé, 2° trèfle, 3° froment, 4° seigle, 5° colza. Il y a beaucoup de treillages dans la plaine, sur la commune du Grand-Lemps, quoique le sol soit à 450 mètres environ au-dessus du niveau de la mer.

Le marnage est pratiqué sur le territoire de la Côte-Saint-André, ainsi qu'à Balbin, Semons, Arzay et dans quelques autres communes environnantes. On marne aussi, avec beaucoup d'avantage, dans la partie occidentale de la plaine, non loin du Rhône, à Pact, Jarcieu, Bougé, Saint-Barthélemy et Marcillole. Aux environs de la Côte-Saint-André, on n'amende que les terres argileuses. La marne dont on se sert consiste, comme dans la plaine de Meyzieu, en un sable calcaire et en une marne proprement dite. On les emploie en nature ou en compost. Dans le premier cas, la matière est distribuée par petits tas à la surface du sol, auquel elle est ensuite incorporée par des labours peu profonds. Quand on fait un compost, la marne ou le sable sont placés comme litière dans les étables et les écuries; lorsqu'ils sont saturés de matières animales, on les répand à la surface de la terre, à la manière des engrais ordinaires.

La partie de la *vallée de l'Isère* où l'on trouve une terre argilo-sableuse, rougeâtre, semblable à celle des vallées précédentes, commence à Saint-Gervais, village situé à 35 kilomètres aval de Grenoble. A partir de ce point, où se termine le Graisivaudan, la vallée n'est plus qu'une plaine spacieuse, entièrement formée d'alluvions modernes et couverte d'une riche végétation; elle se transforme, dans sa partie la plus profonde, en une gorge creusée dans le sein de la mollasse, où l'Isère est étroitement encaissée entre des berges de 30 à 35 mètres de hauteur. A droite et à gauche, le terrain s'élève graduellement, en formant plusieurs terrasses couvertes de champs cultivés, de vignes et d'arbres fruitiers. La plus élevée atteint une hauteur d'environ 120 mètres au-dessus du fond de la gorge. La constitution agrologique de ces terrasses est partout la même. Le sous-sol est composé de marnes sablo-caillouteuses extrêmement puissantes, dans lesquelles sont disséminés de très-gros blocs, en partie calcaires; le sol superficiel consiste en une couche mince, argilo-sableuse, ordinairement fortement colorée en rouge par de l'oxyde de fer.

L'agriculture de cette contrée diffère, sous plusieurs rapports, de celle des plaines de Meyzieu et de la Côte-Saint-André. On n'y récolte pas, à beaucoup près, autant de froment, de seigle et de sarrasin; mais, par compensation, les cultures arborescentes, comme celles de la vigne, du noyer et du mûrier, y ont une très-grande importance; elles forment, dans la plupart des communes, le principal revenu agricole. On estime à près d'un million le seul revenu des noix dans les cantons de Tullins, de Vinay et de Saint-Marcellin.

Sur les points où les céréales sont cultivées, on suit des assolements analogues à ceux que nous avons déjà fait connaître. Dans les terres d'Iseron, où il y a beaucoup de gravier et de sable, on a adopté la rotation alterne suivante : 1° pommes de terre, chanvre, pois chiches, haricots ou lentilles, que l'on fume; 2° blé suivi de sarrasin. Dans des terres meilleures et également argilo-sableuses, près de Saint-Marcellin, le système de culture est plus épuisant; l'on obtient : 1° chanvre, betteraves ou pommes de terre, après fumure; 2° blé; 3° trèfle; 4° blé; 5° seigle. L'engrais généralement employé est le fumier de ferme; on fait aussi un grand usage du plâtre et des cendres pour les prairies artificielles; enfin, on utilise la boue des rues dans le voisinage des principaux centres de population.

L'usage de la marne est inconnu dans cette vallée; cependant, on ne peut douter qu'ici, comme dans les autres localités déjà décrites, ses effets ne fussent excellents. On peut ajouter que rien ne serait plus facile que de s'en procurer, car on la voit affleurer sur beaucoup de points, le long des escarpements naturels que forment les terrasses.

TERRAIN AGRICOLE N° 18. { Sous-sol marno-caillouteux.
{ Sol sablo-caillouteux.

Généralités. — Lorsque, dans le terrain agricole précédent, les cailloux quartzeux que renferme accidentellement la terre végétale argilo-sableuse, deviennent assez nombreux pour se substituer en grande partie à l'argile, ils conduisent, par des transitions ménagées, au terrain dont nous allons maintenant nous occuper.

Celui-ci, à cause de la proportion considérable des galets et du gravier que l'on trouve dans toutes ses parties, manque de fertilité. Il offre, à peu près, la même constitution physique que le terrain décrit sous le n° 16, et s'en rapproche beaucoup sous le rapport des aptitudes; comme lui, il ne convient guère qu'aux arbres et à la vigne. Il forme souvent des *garigues* dans les contrées méridionales; les surfaces caillouteuses, nues et couvertes d'une végétation chétive, que l'on rencontre si fréquemment sur les bords du Rhône au-dessous de Valence, en sont des exemples.

Nous avons dû mentionner d'une manière particulière le terrain n° 18, malgré ses analogies avec quelques-uns de ceux que nous avons déjà décrits, parce qu'il prend presque tout à coup, aux environs d'Arles, une extension immense; il constitue, entre cette ville et Marseille, une vaste plaine, nommée *La Crau*, qui offre un grand intérêt aux agronomes, à raison des améliorations dont elle est susceptible.

La Crau.

La plaine de la Crau (Bouches-du-Rhône) est de forme sensiblement triangulaire. Son plus petit côté, dirigé du nord-nord-est au sud-sud-ouest, part de Lamanon et s'étend jusqu'au village de Fos, près de la mer; sa longueur est de 30 kilomètres. Le second côté joint le village de Fos à la ville d'Arles, et le troisième la ville d'Arles à Lamanon. Ces deux dernières lignes ont chacune 37 kilomètres de longueur. Ces limites approchées comprennent une surface d'environ 53,000 hectares, dont le point culminant, situé au nord de Salon, est au moins à 110 mètres au-dessus du niveau de la mer. A partir de là, le sol offre vers le sud-ouest une pente légère, que l'on peut évaluer à $0^m,0043$ par mètre.

En admettant que le climat de la Crau soit à peu près le même que celui de la ville d'Arles, la température moyenne de cette plaine peut être évaluée à $14°,50$, et la quantité d'eau qui y tombe annuellement, à $0^m,6911$. La pluie, rare en été, est beaucoup plus fréquente en automne et en hiver; elle est ordinairement de courte durée, mais extrêmement abondante. Les hivers sont communément doux et les étés chauds. La température dépend surtout de la direction des vents, qui peuvent souffler du nord-nord-ouest, de l'ouest ou du sud-est. Le vent nord-nord-ouest, nommé *mistral*, est le plus fréquent; il est toujours froid et en général violent. On doit le regarder comme une des causes de la stérilité de la Crau, pour laquelle il est un véritable fléau.

Le sol de la contrée est essentiellement composé, jusqu'à une très-grande profondeur, de cailloux, de menu gravier, de sable et d'argile, mêlés en proportions variables. Au premier aspect, on serait tenté de croire que ces matières forment, dans leur ensemble, un tout homogène dont les diverses parties ont été déposées à peu près en même temps; mais, après un examen plus attentif, en s'aidant des excavations que la plaine offre çà et là, on reconnaît qu'elles se divisent en deux formations distinctes, appartenant l'une et l'autre à la période quaternaire. La formation la plus superficielle est composée de cailloux de diverses grosseurs, presque tous quartzeux, disséminés dans un sable un peu argileux, dépourvu de carbonate de chaux, toujours ou presque toujours fortement coloré en rouge par de l'oxyde de fer; son épaisseur est peu considérable et dépasse rarement un mètre. La seconde formation, sur laquelle repose immédiatement la précédente, en diffère notablement par sa couleur d'un gris clair; par une plus grande cohésion qui la fait passer à un poudingue solide; par le volume moindre de ses cailloux et, surtout, par l'abondance de ceux qui sont calcaires. Ces cailloux sont liés entre eux par un ciment sablonneux, qui est également calcarifère. En examinant la ligne de jonction de ces deux formations, à l'aide des excavations qui la rendent visible, on voit avec évidence qu'elle est sinueuse et irrégulière sur de grandes longueurs; d'où l'on doit conclure que le dépôt supérieur a été séparé de l'inférieur par une époque d'érosion, et qu'il y a entre eux une indépendance géologique complète.

La Crau a une constitution agrologique étroitement liée à la constitution géologique que nous venons de faire connaître. En effet, sa terre végétale correspond précisément à la formation quaternaire supérieure, et son sous-sol n'est autre que le poudingue inférieur. La terre végétale est essentiellement sablo-caillouteuse. D'après quelques essais, nous évaluons à la moitié en poids, la quantité de cailloux, de gravier et de gros sable qui s'y trouve moyennement renfermée. L'autre moitié se compose de sable ordinaire, mêlé, dans le rapport de 20 à 30 pour 100 environ, à de l'argile et à du sable quartzeux excessivement fin, séparables par lévigation ; en sorte que la proportion des matières ténues, relativement à la masse totale du sol, ne dépasse guères 10 à 15 centièmes. Lorsque cette proportion s'élève à 20 ou 25 pour 100, ce qui est rare, le terrain est réputé excellent. L'épaisseur moyenne de la terre végétale ainsi composée, n'est le plus souvent que de 0^m,50 à 0^m,60. Par suite de sa constitution, elle est essentiellement perméable et ne retient que faiblement l'humidité. Les cailloux qu'elle renferme si abondamment nuisent beaucoup à sa fertilité, en s'opposant au développement des racines. En outre, ce sont des masses inertes qui, en occupant la place de la bonne terre, privent les plantes de nourriture. Le poudingue formant le sous-sol est impropre à la végétation, surtout à cause de sa compacité et de l'abondance de ses

galets. En général, il est peu perméable, sauf cependant sur certains points où sa texture est très-lâche ; il
est alors facilement traversé par les eaux pluviales, qui
se perdent dans son sein jusqu'à une profondeur indéfinie. On en a acquis la preuve par le creusement des
puits de la plaine, dont quelques-uns sont absorbants.
Le plus souvent, cependant, ils rencontrent l'eau à
une distance variable de la surface.

L'aridité naturelle de la Crau, résultant de sa constitution agrologique, est beaucoup augmentée par deux
circonstances physiques qui en sont indépendantes :
l'une est la chaleur du climat, l'autre est la fréquence
et l'impétuosité du vent. En été, un soleil brûlant
achève de faire disparaître le peu d'humidité qui était
resté de la saison des pluies. Le vent n'est pas seulement nuisible en couchant à terre les plantes herbacées, en déracinant les arbres, et en desséchant la
surface de la plaine ; il offre, en outre, l'inconvénient
grave d'empêcher que l'on n'améliore la terre végétale en diminuant l'abondance des cailloux. Lorsqu'on
enlève ceux qui sont superficiels, le sol perd de sa
stabilité. Le vent peut alors emporter au loin le sable
argileux mis à découvert, en sorte que l'épierrement
est à recommencer.

Malgré ces causes de stérilité, une partie du pays
paraît verdoyante et fertile relativement au reste. Cela
est dû, tantôt à une plus grande humidité du sol qui,
sur certains points, reçoit les écoulements des terrains
environnants ; tantôt à une diminution accidentelle
dans le nombre des cailloux et à une plus grande

épaisseur de la terre végétale; tantôt, enfin, à la possibilité de jouir de l'irrigation. Cette dernière cause de fertilité est surtout toute-puissante. On comprend, en effet, qu'une terre légère, desséchée par un soleil brûlant et par des vents impétueux, doit subir une métamorphose complète, lorsqu'on parvient à l'arroser. Ce bienfait est réalisé par les canaux de Craponne et des Alpines dérivés de la Durance, dont l'exécution remonte au XVIe siècle; ils servent à l'irrigation de cinq à six mille hectares de terrain, situés principalement sur les communes d'Arles, de Salon et d'Istres. Les différences d'aspect qu'offre la Crau, sous le rapport de la végétation, conduisent à partager cette plaine en deux parties bien distinctes : la Crau cultivée et la Crau inculte.

Les parties de la Crau, qui sont cultivées, sont situées, en général, sur la lisière de la plaine : principalement, au nord de la grande route d'Arles à Salon; le long des collines de Salon et d'Istres, et, du côté de l'ouest, aux environs de Raphèle et de Saint-Martin. On doit y ajouter les bords verdoyants des étangs d'Entressen et de Déseaumes. La superficie de ces parties cultivées est évaluée à 12,000 ou 13,000 hectares, c'est-à-dire à un peu moins du quart de l'étendue totale de la Crau. On y voit de belles prairies naturelles, des champs de céréales, des vignes, des oliviers, des mûriers et des amandiers. Les prairies, grâce à l'irrigation et à l'engrais que fournissent les troupeaux, sont les propriétés qui produisent le plus. Le foin qu'on en retire est d'excellente qualité; son

principal débouché est Marseille. Un hectare de bonne
prairie vaut ordinairement 5,000 francs. Lorsque les
terres destinées au blé ou à d'autres céréales, ne sont
pas fumées, ce qui est un cas assez fréquent, on suit
un système d'assolement triennal, consistant en deux
années de jachère et une de culture. Quand on fume,
on laisse reposer la terre une fois seulement, tous les
deux ou trois ans. Quelquefois, on fait succéder un
sainfoin à du froment; mais un pareil assolement
n'est répété qu'à des intervalles assez éloignés. Un
hectare de terre arable est vendu, suivant sa qualité,
depuis 600 jusqu'à 1,200 francs. La vigne donne de
bons produits, la nature du sol lui étant favorable;
chaque année, elle prend de l'extension. Les oliviers
tendent à diminuer, le manque d'abris leur est nuisible. En général, les arbres, surtout lorsqu'ils sont isolés, ne prospèrent pas dans le pays, à cause du peu
d'épaisseur de la terre végétale, de la sécheresse du
sol et de la violence des vents.

Rien n'est plus triste que la Crau inculte : on n'y
voit pas un arbre, pas même un buisson, mais seulement des cailloux roulés, formant une nappe continue
d'une étendue indéfinie. On se croirait au milieu d'un
désert de l'Afrique. En été, c'est à peine si l'on y aperçoit quelques graminées clair-semées et jaunies. Après
les pluies d'automne, cette végétation, sans devenir
touffue, change d'aspect. On voit alors sortir çà et là,
entre les cailloux, une herbe succulente, embaumée,
qui communique à la chair des animaux un goût très-
délicat. Quoique cette herbe soit courte et rare, elle

suffit, à cause de l'immensité des surfaces, pour nourrir pendant l'hiver de nombreux troupeaux de bêtes à laine. On compte qu'en général il faut un hectare de terrain pour alimenter deux brebis. Les pâturages de la Crau portent le nom de *coussous;* les plus estimés occupent le centre de la plaine et se vendent ordinairement 300 à 400 francs l'hectare. Indépendamment des troupeaux qui vivent dans les coussous, où ils errent en liberté, il y en a d'autres qui sont attachés aux fermes. Ces derniers ont pour ressource, outre l'herbe qui croît spontanément, le pâturage des prairies jusqu'à la fin de février; celui des sainfoins, trèfles et luzernes; le chaume des terres arables; enfin, tout le fourrage qui provient de la taille des oliviers et des mûriers. On doit y ajouter une certaine étendue de terrain semée en orge pour être pâturée en vert, que l'on nomme *pasquier.*

Vers le commencement de l'été, du 5 au 15 juin, les troupeaux abandonnent la Crau pour se retirer sur les montagnes pastorales des Alpes. Cette émigration nommée *transhumance,* qui a lieu depuis une époque immémoriale, est non-seulement utile, mais presque nécessaire aux bêtes à laine. Si elles restaient en Provence pendant tout l'été, elles n'y trouveraient qu'une nourriture insuffisante et malsaine. Accablées par la chaleur, elles tomberaient malades; leur laine serait moins abondante et de qualité inférieure; leur amaigrissement les rendrait impropres à la vente. Si la transhumance est profitable aux troupeaux, elle est, d'un autre côté, une source de revenus importants pour

29

les communes des Alpes qui possèdent des montagnes pastorales. Il y a donc ici des avantages réciproques d'un grand intérêt.

Il était difficile que l'aspect des vastes champs pierreux de la Crau n'inspirât pas le désir de les rendre cultivables. Aussi, depuis longtemps, s'occupe-t-on des moyens d'y parvenir. Ceux que l'on a proposés consistent principalement, soit dans l'extension de l'irrigation actuellement existante, soit dans le colmatage du sol, à l'aide des eaux troubles de la Durance non employées à l'irrigation pendant l'hiver. Ces deux moyens, séduisants quand on les considère au point de vue théorique, nous ont paru devoir offrir dans la pratique de grandes difficultés : ils entraîneraient des dépenses énormes, qui peut-être, ne seraient point en rapport avec les avantages que l'on espère recueillir ; d'un autre côté, la division des propriétés rendrait extrêmement difficile l'accord de tous les intéressés pour subvenir aux frais des opérations. Nous pensons que l'on pourrait commencer à améliorer la Crau inculte par des plantations, qui auraient pour résultats de fournir des abris dont la plaine a un si grand besoin, de permettre l'épierrement, de diminuer la sécheresse du sol en l'ombrageant, enfin de créer de l'humus par la décomposition des détritus de végétaux auxquels les bois donnent naissance. Ces plantations n'empêcheraient pas, d'ailleurs, que le pays ne fût colmaté plus tard ou arrosé sur une grande échelle, si l'on parvenait à vaincre les obstacles qui s'y sont opposés jusqu'à présent.

Nous renverrons, pour plus de détails sur les améliorations dont la Crau paraît susceptible, à une notice que nous avons publiée à ce sujet (1).

TERRAIN AGRICOLE N° 19. { Sous-sol de calcaire compacte.
{ Sol argilo-ferrugineux.

Généralités. —Ce terrain, un des plus remarquables de ceux que considère la géologie agronomique, intéresse aussi la géologie pure, à cause de l'origine problématique de sa terre végétale. On observe cette terre à la surface de la plupart des grandes masses calcaires, et partout elle présente des traits frappants de similitude ; ce qui indique un même mode de formation. Elle est de nature argileuse, en général dépourvue de carbonate de chaux pulvérulent et, presque toujours, fortement colorée en rouge par de l'oxyde de fer. Son épaisseur est très-variable ; étant facilement entraînée par les eaux pluviales, elle s'accumule naturellement dans les creux et dans les lieux bas. Elle est d'une grande pureté ; on n'y trouve ni cailloux roulés, ni gravier à éléments minéralogiques de nature variée et paraissant venir de loin, mais seulement des grains de quartz hyalin excessivement fins, et, toujours, des débris de diverses grosseurs du calcaire sous-jacent. Sa liaison avec ce calcaire paraît intime : elle pénètre, en effet, dans ses cavités et ses fissures, et jusque entre les joints de ses couches, qui en sont

(1) *Revue agricole et forestière de Provence*, 1867, page 249.

en quelque sorte imprégnées. Il existe, sous le rapport agrologique, une assez grande analogie entre ce terrain et celui qui a été décrit sous le n° 8; néanmoins, nous avons dû les séparer parce qu'ils offrent des différences constantes de composition, et que leurs aptitudes ne sont pas exactement les mêmes.

On serait d'abord tenté de croire que la terre argileuse rouge dont nous parlons, est le résultat de la décomposition séculaire que les agents atmosphériques ont fait subir au calcaire inférieur; mais la quantité considérable de fer qu'elle renferme habituellement, même lorsque le sous-sol en est privé, s'oppose à ce qu'on lui attribue une pareille origine. Nonseulement, l'oxyde de fer colore presque constamment cette terre, mais, quelquefois, il s'y trouve en rognons et en petits amas assez riches pour former un véritable minerai. D'un autre côté, l'absence complète du gravier et du sable ordinaire dans son sein, ne permet pas de la considérer comme le résultat d'un transport opéré par des courants à la surface du sol; on ne saurait donc la rapporter au diluvium des plateaux. Nous pensons que, peut-être, elle constitue un dépôt analogue à ceux qui ont été désignés en géologie par le nom de *geysériens* (1), c'est-à-dire qu'elle a été ame-

(1) Cette expression, introduite dans la science par André Dumont, est tirée du mot *geyser*, nom donné à l'une des principales sources d'eau bouillante de l'Islande. On doit ranger parmi les terrains *geysériens* nonseulement les dépôts salins des sources minérales, mais aussi les matières meubles qui sont transportées mécaniquement par elles : tels sont, par exemple, de nos jours, le sable et l'argile qui sortent des puits artésiens, quelquefois pendant une durée de temps considérable, après leur percement.

née au jour par des sources, qui ont jailli des entrailles de la terre pendant la période quaternaire. Si elle paraît spéciale au sol de calcaire compacte, cela s'explique par la grande perméabilité de ces terrains, qui, bien mieux que les autres, se sont laissés traverser par des eaux venant de l'intérieur du globe. Nous avons été amenés à cette opinion par la liaison intime qui existe entre l'argile rouge et les cavités en forme de puits, d'origine présumée diluvienne, que l'on observe en général à la surface des plateaux calcaires. Quoi qu'il en soit, l'existence de la terre argilo-ferrugineuse avec les circonstances de gisement que nous avons indiquées, est un fait incontestable, indépendant de toute théorie.

La fertilité de ce terrain agricole est très-variable ; elle dépend de l'épaisseur de l'argile. Lorsque cette épaisseur est faible, inférieure par exemple à $0^m,30$, le terrain craint beaucoup la sécheresse à cause de la grande perméabilité du sous-sol, et les récoltes n'y réussissent que lorsque l'année est pluvieuse. Dans ce cas, souvent sa surface n'est pas cultivée ; elle n'offre que des plantes fourragères qui s'accommodent d'un sol aride, ou bien des arbres dont les racines pénètrent dans les fissures du sous-sol, et vont chercher à une grande profondeur l'humidité et les sucs nourriciers nécessaires à la vie végétale. Lorsque l'argile a plus de 50 centimètres, si elle est d'ailleurs mêlée d'une quantité suffisante de débris pour que sa compacité ne soit pas trop grande, le sol est excellent, surtout pour le blé dont le grain est abondant et de première qualité

Localités diverses.

La terre argilo-ferrugineuse, dont nous venons de faire connaître les caractères, s'observe dans une foule de lieux, toujours à la surface des grandes masses calcaires, compactes ou oolithiques. Son existence a été mentionnée dans une note relative aux cartes agronomiques, publiée par l'administration le 26 août 1852 (1). Il y est dit qu'en France le calcaire oolithique inférieur est recouvert partout d'une terre rouge qui, suivant son épaisseur, est douée d'une aptitude particulière pour la production des céréales ou pour celle des forêts.

Cette terre offre un grand intérêt sur le versant méridional du Mont-Ventoux, où elle joue le même rôle que l'eau dans les déserts sableux de l'Afrique. Lorsqu'elle manque, le sol de calcaire compacte brûlé par un soleil ardent, est absolument stérile. Aussitôt qu'elle fait son apparition, la végétation et les habitations l'accompagnent; elle forme alors de véritables oasis, que séparent quelquefois de très-grands espaces. L'argile est surtout abondante et continue sur un plateau calcaire situé au sud-est du Ventoux, où se trouvent Sault et quelques autres communes. Elle est ici, comme presque partout, fortement colorée en rouge par de l'oxyde de fer. Cette substance y entre même en quantité assez notable pour former des rognons et de petits amas, qui ont été exploités autrefois. Ses

(1) *Annales des Mines*, partie administrative, 1852, tome I, page 216.

rapports avec le sous-sol calcaire sont exactement
ceux que nous avons signalés dans les Généralités;
elle remplit notamment, en partie, certaines cavités
vastes et profondes, en forme d'entonnoir, nommées
dans le pays *avens*, qui paraissent être les canaux par
lesquelles les sources quaternaires ont amené autrefois la matière. Comme cette argile est la seule terre
végétale du canton, et qu'elle est surtout fertile lorsque son épaisseur est un peu considérable, il arrive
souvent que les propriétaires vont la chercher dans
l'intérieur du terrain calcaire où elle constitue des
espèces de filons et des amas irréguliers, exploitables
comme le seraient des gites métallifères.

Un échantillon de la terre de Sault, pure de gros
cailloux, analysée au laboratoire de l'Ecole impériale
des Mines, a offert la composition suivante :

Silice	65,76
Alumine	14,74
Oxyde de fer	6,70
Chaux	*traces.*
Perte par calcination	12,60
	99,80

En admettant que l'alumine soit combinée avec le
double de son poids de silice, on aurait 44,22 pour
100 d'argile et 36,28 de sable siliceux à l'état de simple mélange. Lorsque cette terre a une épaisseur suffisante, c'est-à-dire égale au moins à 5 décimètres, elle
est très-propre à la production du blé et en fournit surtout de qualité excellente. On y cultive aussi d'autres
céréales, des légumes, la pomme de terre et même la
garance; la vigne y vient très-bien.

Les départements de la Lozère et de l'Aveyron renferment dans leur partie méridionale des plateaux calcaires nommés dans le pays *Causses*, dont la hauteur presque uniforme est d'environ 800 mètres. Ces
plateaux sont recouverts d'une terre argileuse, grise
ou rougeâtre, le plus souvent très-peu épaisse, qui
paraît avoir la même origine que celle de Sault. On
y cultive quelquefois du blé, mais, le plus souvent, cette
terre, à cause de sa sécheresse et de son peu d'épaisseur,
offre seulement une herbe courte, aromatique, très-
recherchée par les bêtes à laine. Parmi ces plateaux,
le plus remarquable par son étendue est celui de Lar-
zac, situé à l'est de Saint-Afrique (Aveyron); il nourrit
près de 100,000 brebis dont le lait est employé à la
confection des excellents fromages de Roquefort. On
rencontre fréquemment à la surface des Causses, des
puits naturels en forme d'entonnoir, analogues aux
avens du canton de Sault.

La même terre argilo-ferrugineuse occupe une étendue considérable aux environs de Blaisy-Bas (Côte-
d'Or), et peut se suivre de là jusqu'à Dijon. Un échantillon recueilli près de cette ville, sur le calcaire oolithique inférieur, nous a donné par l'analyse mécanique :

Gravier et gros sable	5,75
Sable ordinaire	4,00
Sable fin	4,55
Argile ferrugineuse et sable quart-	
zeux excessivement fin	85,70
	100,00

Le sable, résidu de la lévigation, était composé de

débris calcaires roulés ou anguleux, mêlés de petits
grains de quartz très-fins. Cette terre est réputée fertile; elle convient surtout au blé; sur les points où
son épaisseur est petite et où le climat est favorable,
on y cultive la vigne avec succès.

II. — TERRAINS AGRICOLES A SOL VÉGÉTAL AUTOCHTHONE.

Les terres vraiment autochthones sont rares relativement aux autres. On rencontre, en effet, des matières de transport, non-seulement dans la plupart des
plaines, mais aussi sur les plateaux, et il n'existe pas,
dans les pays de montagnes, une seule vallée qui n'en
renferme. Il suffit qu'un cours d'eau, un simple ruisseau, ait creusé son lit quelque part, pour qu'on découvre tout autour, jusqu'à une certaine distance, des
cailloux, du sable ou du limon, que les eaux ont charriés soit à l'époque actuelle, soit autrefois, pendant la
durée des temps géologiques. Pour observer des terres
nées sur place, il faut aller sur le versant des hautes
montagnes, ou dans les lieux où le roc a été mis à
découvert par les dernières dénudations de la période
quaternaire. Ce cas s'est quelquefois réalisé sur de
grandes surfaces, actuellement peu accidentées et
d'une altitude médiocre.

Les terres autochthones diffèrent beaucoup entre
elles, sous le rapport de la pureté et de l'épaisseur.
Sur les versants des lieux très-inclinés, où la végétation
les retient, elles sont peu épaisses, mais pures de

débris étrangers. Au contraire, au bas des pentes, elles
sont ordinairement une réunion de matières détritiques descendues de plus haut. Ces amas de débris,
qu'ont entraînés les eaux pluviales, ont quelquefois
une grande puissance. Ce sont des espèces de terrains de transport qui diffèrent de ceux des plaines et
des grandes vallées, en ce qu'ils sont formés de matériaux à peu près homogènes, produits par la décomposition des roches environnantes. Il n'y a eu qu'un
simple déplacement sur des espaces peu étendus. Pour
cette raison, nous rangeons ces amas terreux dans la
division des terrains autochthones, en faisant observer
toutefois, qu'ils sont un passage de ces terrains à ceux
dont le sol végétal est tout à fait indépendant du sous-
sol.

Tout étant égal d'ailleurs, les terres nées sur place
sont, en général, moins fertiles que les sols de transport. Cela tient, en grande partie, à leur trop grande
homogénéité. Une condition de fertilité pour une
terre est, en effet, que l'on y trouve des débris de
roches de toute espèce ; c'est une des raisons pour
lesquelles les alluvions modernes sont le plus souvent
si fécondes. On remarque aussi que les terres autochthones, étant surtout propres aux pays accidentés, ont
une physionomie agricole très-variable, à cause de
l'inconstance des conditions physiques extérieures
auxquelles elles sont soumises. Quand on parcourt les
régions montagneuses, on observe que l'altitude et
l'exposition changent presque à chaque pas ; il en est
de même de l'irrigation naturelle, de la pente des sur-

faces et de l'épaisseur de la terre végétale. Il en résulte une grande diversité dans l'aspect de la végétation, dont il est impossible de n'être pas frappé quand on compare les montagnes aux grandes plaines.

§ 1er. TERRAINS A SOUS-SOL DE MATIÈRES ORGANIQUES.

TERRAIN AGRICOLE N° 6. { Sous-sol de tourbe. Sol tourbeux.

Généralités. — La tourbe est le produit de l'altération spontanée que subissent les plantes herbacées aquatiques, principalement les conferves et les sphaignes, lorsqu'elles se trouvent accumulées dans les endroits très-humides. Tantôt cette matière est presque pure, tantôt elle alterne avec des lits de sable, d'argile ou de gravier. On la trouve dans les lieux où il y a des eaux stagnantes, sur le bord des rivières dont le cours est très-lent, dans les vallées à tous les niveaux, et, aussi, sur des plateaux très-élevés des Alpes, des Vosges, etc. Dans ce dernier cas, elle s'est produite dans d'anciens lacs marécageux. Lorsqu'elle est parvenue à un haut degré d'altération, elle est noire, compacte et ressemble au terreau. Le plus souvent, elle est spongieuse, d'un brun plus ou moins foncé, et a l'aspect du fumier comprimé. La décomposition des matières végétales dont elle est formée, donne naissance à beaucoup d'acide ulmique, substance qui, étant desséchée, est noire, fragile, à cassure vitreuse, insoluble dans l'eau et très-soluble dans l'alcool. Outre l'acide ulmique, la tourbe renferme des débris de végétaux non altérés ou imparfaitement décomposés, des détritus de matières animales et des substances terreuses qui restent à l'état de cendres après la combustion. Tous ces éléments se trouvent mêlés ensemble en proportions extrêmement variables.

Voici l'analyse de trois espèces de tourbe, par M. Berthier (1) :

	Château-Landon.	Clermont.	Reims.
Charbon	0,260	0,301	0,347
Cendres	0,150	0,174	0,068
Matières liquides . .	0,310	0,284	0,399
Matières gazeuses. . .	0,280	0,241	0,186
	1,060	1,000	1,000

La tourbe de Château-Landon (Seine-et-Marne) donne des cendres ainsi composées :

Carbonate de chaux et chaux caustique	0,630
Argile inattaquable par les acides	0,075
Silice gélatineuse.	0,150
Alumine	0,070
Oxyde de fer	0,070
Carbonate de potasse.	0,005
	1,000

Outre les substances ci-dessus, les cendres de quelques tourbes renferment du sable siliceux, du sulfate de chaux, du carbonate de magnésie et une certaine proportion d'acide phosphorique.

La tourbe bien desséchée brûle facilement, avec ou sans flamme, en donnant une fumée semblable à celle du foin, et en laissant pour résidu une braise légère ; elle est souvent exploitée comme combusti-

(1) *Traité des essais par la voie sèche*, tome I, page 297.

ble. On en retire par l'incinération depuis 5 jusqu'à 20 ou 25 pour 100 de cendres.

Il existe des terrains, quelquefois d'une grande étendue, dont le sol superficiel et le sous-sol sont à la fois tourbeux. On les reconnaît aux caractères suivants : ils sont noirs ou bruns, spongieux, élastiques, chargés d'un excès de matières végétales que l'œil distingue facilement ; ils s'échauffent et se refroidissent avec une égale lenteur, en sorte qu'ils conservent, en partie, leur fraîcheur en été et leur chaleur en hiver ; ils sont perméables en grand, absorbent l'humidité en petit et la retiennent avec beaucoup de force. Les sols de cette nature sont naturellement infertiles. Ce n'est qu'à l'aide des travaux et des amendements dont nous allons parler, qu'on parvient à en tirer quelque parti.

Quand on veut cultiver un terrain tourbeux, il faut préalablement le bien dessécher à l'aide de canaux et de fossés de ceinture, puis neutraliser ses principes acides et diminuer l'excès des matières végétales qu'il renferme. A cet effet, on y ajoute de la chaux, de la marne, des cendres, des plâtras. La chaux caustique, surtout, est d'une efficacité constante. A ces amendements, on doit joindre l'écobuage, dont le résultat certain est de détruire une partie des matières végétales et de les changer en cendres fertilisantes. Il est aussi très-utile de répandre sur le sol, toutes les fois que cela est possible sans trop de frais, du sable calcaire, de l'argile, de la terre ordinaire, en un mot tout ce qui peut modifier la nature de la tourbe, en faisant entrer dans sa composition de nouveaux éléments.

Les terrains tourbeux, ainsi amendés, constituent des sols légers, qui empruntent de l'humidité à leur sous-sol et offrent le grand avantage de conserver, à leur intérieur, une fraîcheur presque constante. Ils conviennent parfaitement à la culture des plantes à fortes racines; on peut en retirer aussi du seigle, de l'orge, de l'avoine, des pommes de terre et du jardinage, en y mettant de l'engrais. D'après M. Boussingault, on trouve aux environs de Hagueneau (Alsace), dans ces sortes de terrains, de magnifiques houblonnières, et l'on y cultive la garance avec beaucoup de succès. Parmi les plantes fourragères, le trèfle, la fléole des prés et l'agrostide stolonifère, ou *fiorin*, y réussissent bien. En général, les arbres ne peuvent y prospérer; on y voit cependant, quelquefois, l'aune, le bouleau, des saules et des peupliers.

Un des meilleurs moyens de rendre productives les surfaces tourbeuses, est de les convertir en prés à faucher. La méthode recommandée à cet effet par les agronomes anglais, consiste à n'y faire qu'une seule coupe, et à laisser pourrir sur place l'herbe de la seconde pousse; il en résulte un engrais pour la récolte suivante. L'usage de laisser les tourbières en pâturage est très-répandu en France. Aux environs de Bourgoin (Isère), où il existe de vastes marais tourbeux, on en utilise une partie comme prairies naturelles; une autre partie est exploitée pour se procurer du combustible, et le reste est cultivé.

Marais tourbeux de Bourgoin.

Les marais actuellement desséchés, dits de Bourgoin, occupent dans la région nord-ouest du département de l'Isère, voisine du Rhône, une vallée basse dont la superficie est de 75 kilomètres carrés environ. Cette vallée, qui présente la forme d'un arc de cercle dont la convexité est tournée vers le sud, s'étend de l'est à l'ouest, depuis l'embouchure du Guiers dans le Rhône, jusqu'au confluent de la Bourbre dans le même fleuve, près de Crémieu. Sa longueur développée est d'environ 6 myriamètres; sa largeur varie de 2 à 5 kilomètres. Autrefois, tout cet espace, que bordent des collines peu élevées de calcaire et de cailloux roulés, était extrêmement marécageux. Son desséchement complet, commencé en 1808, a duré six ans et a coûté trois millions et demi; il a eu pour résultat de faire disparaître de vastes mares d'eau croupissante, sources d'exhalaisons insalubres, et de faire gagner à l'agriculture près de sept mille hectares de terrain.

Les entailles faites pour assainir ces marais, ont montré sur un grand nombre de points quelle était la nature du sol. On en distingue principalement trois variétés : le sol argileux, le sol de sable et de gravier, et le sol tourbeux. Ce dernier, le seul dont nous ayons à nous occuper ici, est le plus étendu des trois : il présente une superficie de près de trois mille neuf cents hectares, dont mille environ appartiennent aux communes et le reste à des particuliers. Les marais tourbeux que possèdent les particuliers ont été, par suite de ventes successives, subdivisés en un nombre prodigieux de parcelles, ayant toutes des propriétaires différents. On en compte au moins cinq à six mille, qui, pour la plupart, n'ont que quelques ares de superficie. L'épaisseur de la tourbe y est fort variable : elle est de deux mètres sur les bords du grand canal de la Bourbre, dans la commune de Vaulx-Milieu; plus bas, près du pont de Chaffar, elle a été trouvée de trois mètres; ailleurs, elle ne surpasse pas $0^m,30$ à $0^m,50$. Dans ce dernier cas, le sous-sol est formé de sable ou de gravier, et le terrain doit être classé parmi les alluvions *humifères*. Sur le territoire de quelques communes, on a reconnu que la tourbe alternait, en bancs peu épais, avec des lits de sable et d'argile.

La tourbe des marais de Bourgoin est tantôt brune et herbacée, tantôt noire, assez compacte, et de bonne qualité comme combustible; sa teneur en cendres est moyennement de 10 pour 100. Un échantillon analysé par M. Berthier lui a donné :

Charbon.	0,222
Cendres	0,071
Matières volatiles. . .	0,707
	1,000

La variété analysée était brune et herbacée; les cendres étaient très-calcaires et donnaient l'odeur d'hydrogène sulfuré avec les acides.

Parmi les parcelles tourbeuses dont on a parlé plus haut, les unes sont exploitées, pour se procurer du combustible, et les autres assez faiblement cultivées. Ces dernières comprennent les parties des marais qui sont

les plus élevées et, par suite, les moins exposées aux
inondations. Le sol y est d'autant meilleur que la
tourbe est mêlée d'une proportion plus forte de sable
et d'argile. Quand ces matières sont abondantes, on
a un terrain léger qui ne craint pas la sécheresse et qui
jouit d'une certaine fertilité. On y récolte principalement des racines, du seigle et de l'avoine. L'amélioration du sol par l'écobuage est pratiquée aux environs
de Bourgoin ; mais on n'y connaît pas l'emploi de la
chaux caustique comme amendement, probablement
à cause des frais qu'entraîneraient l'achat et le transport
de la matière.

Les arbres sont rares dans ces tourbières, et souvent
ils y manquent complètement ; cependant, on voit sur
les bords du canal de la Bourbre, dans un terrain
essentiellement tourbeux, de belles plantations de peuplier d'Italie.

Un assolement assez généralement suivi, quand on
a de l'engrais, est celui-ci : 1° avoine fumée ; 2° seigle ;
3° avoine ; 4° avoine. Quelquefois, on sème de l'avoine
quatre années de suite. Cet assolement a l'inconvénient
de multiplier tellement les mauvaises herbes, qu'il faut
ensuite une jachère pour les extirper ; souvent même,
on est obligé d'avoir recours à des récoltes sarclées,
dès la seconde année, pour nettoyer complètement le
terrain. L'expérience a prouvé que le sol des marais
ne convenait pas au froment ; il n'est pas assez substantiel. Ainsi que nous l'avons déjà dit, on l'utilise
souvent en le laissant en prairies naturelles, quoique
le foin récolté y soit de médiocre qualité.

§ 2me. TERRAINS A SOUS-SOL DE ROCHES DE SÉDIMENT
CALCARIFÈRES.

TERRAIN AGRICOLE N° 21. { Sous-sol de calcaire crayeux.
{ Sol de craie pulvérulente.

Généralités. —On appelle craie une espèce de roche
calcaire, presque pure d'éléments étrangers, qui présente des caractères connus de tout le monde : elle
est blanche ou blanchâtre, tendre au point d'être
souvent friable et de tacher les doigts ; elle est très-
avide d'eau et la retient avec force. Si on la soumet
à l'analyse, on trouve qu'elle est composée presque
entièrement de carbonate de chaux, auquel sont mêlés
un peu de sable, très-peu d'argile et, quelquefois, des
traces d'oxyde de fer et de magnésie; enfin, dans la
plupart des cas, on y découvre aussi une petite proportion de phosphate de chaux (1). La terre végétale
à laquelle cette roche donne naissance, en se désagrégeant, est pulvérulente et de couleur claire; elle absorbe
beaucoup d'eau et fait avec elle une bouillie qui n'a
pas de liant comme l'argile; soumise à la dessiccation,
elle redevient pulvérulente et friable.

(1) Un échantillon du terrain crayeux de Brimont, près de Reims, a
été trouvé composé comme il suit :

Carbonate de chaux 66,70
Phosphate de chaux. 2,00
Hydrate de peroxyde de fer . 2,00
Alumine 2,30
Silice 27,00
                              ————
                              100,00

Cette analyse a été faite par M. Barruel.

Un terrain agricole, qui a pour sous-sol la craie, et pour terre végétale le produit de sa désagrégation, présente de nombreux défauts que nous allons énumérer.

Pendant l'hiver, le sol et le sous-sol étant saturés d'humidité, le gel et le dégel occasionnent des soulèvements et des affaissements, qui ont pour effet de déchausser les plantes lorsque leurs racines ne sont pas très-profondes. En été, la surface du terrain devient très-sèche, sans que les pluies puissent lui donner une humidité suffisante, à cause de la puissance d'absorption du sous-sol; d'un autre côté, la terre ne cède de l'eau aux racines que difficilement, et lorsqu'elle est à l'état de boue. A cause de sa couleur claire, le sol n'absorbe pas la chaleur solaire, mais il la réfléchit; ce qui est doublement nuisible à la végétation. La terre crayeuse, par suite du grand excès de carbonate de chaux qu'elle renferme et de son défaut d'argile, n'est pas propre à la conservation des engrais. Ceux-ci se décomposent promptement dans son sein, et leurs parties les plus précieuses, c'est-à-dire les sels ammoniacaux, se dissipent dans l'atmosphère. Le terreau lui-même, quoique composé principalement de carbone, finit par disparaître. Cet inconvénient, le plus grand de tous, oblige à des fumures fréquentes et abondantes, et, malgré elles, le sol manque du fonds d'humus qui serait nécessaire à sa fertilité.

Pour ces diverses raisons, les terrains de craie blanche sont naturellement stériles, et ce n'est qu'à l'aide de soins intelligents qu'on parvient à les rendre un peu productifs. L'expérience a prouvé que, pour en tirer parti, il fallait avoir recours aux composts, aux prairies artificielles et aux plantations d'arbres. Pour se procurer des composts, une bonne méthode consiste à creuser, au bas de chaque champ et le long des chemins d'exploitation, des fossés ou des réservoirs destinés à recevoir les terres, les détritus organiques et les limons, qui sont entraînés en temps d'orage. On fait de ces matières des amas plus ou moins considérables, que l'on mêle ensuite avec des engrais liquides ou solides. On obtient ainsi des composts excellents, propres à toutes les cultures. La nécessité de fumer souvent et abondamment, et par conséquent, d'avoir beaucoup d'engrais, fait que c'est surtout sur les sols crayeux que les prairies artificielles doivent être la base de tout bon assolement. La luzerne et le sainfoin en sont, par excellence, les plantes fourragères; ils souffrent moins que le trèfle, du gel et du dégel, à cause de la longueur de leurs racines. Les arbres qui y croissent le mieux, sont le saule marsault, le prunier mahaleb, le merisier, l'aubépine, le rosier et la plupart des pins. Pour peu que la terre crayeuse renferme de l'argile, du sable ou du gravier, il peut y venir beaucoup d'autres espèces. Le pin sylvestre y a été essayé avec succès; seulement, il ne faut pas le semer, afin d'éviter les pertes par le déchaussement; les plantations sont préférables. Ces divers arbres améliorent le sol en produisant de l'humus, en ombrageant les jeunes pousses en été, et en favorisant plus tard les semis. Le manque de ténacité de ces sortes de terrains rend facile leur préparation mécanique; on les cultive à peu de frais sur de grandes surfaces, ce qui compense, jusqu'à un certain point, leur pauvreté.

Le terrain de la craie, quand il n'est pas entièrement stérile, est très-peu productif, ainsi qu'on l'observe, en France, dans une partie des Ardennes, de la Seine-Inférieure, de l'Aube, de la Marne et de la Haute-Marne. Ces trois derniers départements comprennent la *Champagne pouilleuse*, pays presque entièrement composé de craie blanche et très-propre à donner une idée de son agriculture.

La Champagne pouilleuse.

On appelait autrefois *Champagne pouilleuse*, la partie de cette ancienne province comprise entre Sezanne, Châlons-sur-Marne, Vitry et Troyes. Sa superficie est d'environ 20 myriamètres carrés, appartenant aujourd'hui, presque en totalité, au nord du département de l'Aube. L'altitude du sol varie, en général, de 100 à 200 mètres. La quantité d'eau tombée est annuellement de $0^m,674$ à Troyes (moyenne de huit années d'observations), et seulement de $0^m,475$ à Châlons-sur-Marne. Aux environs de Troyes, le nombre des jours de pluie est de 87; les vents dominants sont ceux du nord, du sud et du sud-ouest; la température moyenne est évaluée à $11°,25$.

L'aspect général de la Champagne pouilleuse est celui d'une vaste plaine, parfaitement unie ou légèrement ondulée. Les arbres y sont rares; quelquefois, ils semblent former des bouquets que l'on aperçoit dans le lointain, mais alors ils bordent des cours d'eau. Assez souvent, un arbre seul se détache à l'horizon et frappe par son isolement. La terre est légère, pulvérulente et d'une couleur blanchâtre; elle est mêlée de petits cailloux de silex anguleux, dont les plus gros ne dépassent guères le volume d'une noix; il y en a beaucoup de plus petits. Après les pluies, en hiver, on aperçoit ça et là des mares d'eau, ce qui indique un sous-sol imperméable. L'uniformité de la plaine, couverte de pâturages, de prairies artificielles ou de champs de céréales, est interrompue par de petits vallons, espèces de tranchées dont la largeur est proportionnelle à l'importance des cours d'eau qui les parcourent. Ils sont nombreux : sans sortir du département de l'Aube, on remarque ceux où coulent la Seine, l'Aube, l'Auzon, le Ravel, le Meldançon, la Lhuitrelle, la Barbuisse, etc. Ces vallons sont très-verdoyants et remplis de plantations, principalement de peupliers, de saules, d'aunes, de frênes et d'autres arbres qui aiment un sol frais. Les prairies naturelles y sont nombreuses. C'est là que se trouvent aussi les villages et la plupart des fermes; car, faute d'eau, les habitations manquent dans la plaine. Il y a un grand contraste entre l'aspect agricole de ces vallons et celui des plateaux environnants, autant qu'il y en a, sous le rapport minéralogique, entre un sol d'alluvion et un sol de craie.

Un échantillon de terre pris à Mesgrigny, à l'extrémité ouest du plateau crayeux, nous a offert la composition suivante :

Gravier et gros sable siliceux	6,00
Sable ordinaire siliceux	2,30
Carbonate de chaux en partie a l'état de sable	80,00
Argile, oxyde de fer, humus	11,70
	100,00

Une autre terre, qui paraissait plus fertile, près d'Arcis, était formée des mêmes éléments, mais en proportions différentes ; elle renfermait :

Gravier et gros sable siliceux	9,60
Sable ordinaire, siliceux.	10,58
Carbonate de chaux dont un tiers à l'état de sable.	62,00
Argile, oxyde de fer, humus	17,82
	100,00

Ainsi que cela se comprend facilement, la craie blanche est d'autant plus cultivable qu'elle est plus impure.

Il y a, en Champagne, une certaine étendue de terres qui, à raison de leur pauvreté excessive, du manque d'engrais, de leur éloignement des habitations, et aussi quelquefois, par suite de l'incurie des propriétaires, sont traitées, encore aujourd'hui, comme il y a cinquante ans ; elles sont connues sous le nom de *triaux* ou de *savarts*. On en tire une seule récolte de seigle, d'avoine ou d'orge, tous les quatre, cinq ou six ans ; elles sont laissées ensuite en friche pour le parcours des troupeaux. Il y en a qui ne reçoivent du fumier que tous les dix ou vingt ans ; quelques-unes n'ont pas été fumées de mémoire d'homme. Depuis quelques années, on utilise ces terrains d'une manière avantageuse, en y faisant de nombreuses plantations qui consistent sutout en pins sylvestres, épicéas, mélèzes, pins weymouth, pins laricio et pins noirs d'Autriche (variété du laricio). Afin de mieux assurer leur réussite, on commence par faire croître sur le sol, en même temps que l'on fait les semis, des aunes, des bouleaux ou des saules, que l'on exploite tous les sept ans; ils ont pour objet principal de créer des abris, d'empêcher que la terre ne se dessèche, et de favoriser ainsi la croissance des essences résineuses. Au bout de vingt-cinq ans, ces dernières prennent le dessus et étouffent les autres espèces. On estime à plus de 50,000, le nombre d'hectares de terrain qui ont été ainsi boisés et sont aujourd'hui très-productifs.

Les triaux ou savarts tendent tous les jours à disparaître, et à faire place soit à des bois, soit aux terres régulièrement cultivées. Celles-ci se rencontrent autour des centres de population et des fermes; on en retire principalement des céréales, des récoltes sarclées et des fourrages artificiels. Les céréales cultivées sont le blé, le seigle, le méteil, l'orge, l'avoine et le sarrasin. Cette dernière plante convient surtout aux sols très-pauvres. Les récoltes sarclées consistent en pommes de terre, betteraves, turneps, choux-raves, navets et carottes. Les plantes fourragères, formant les prairies artificielles, comprennent le sainfoin, la luzerne, le trèfle, la lupuline, la jarosse ou petite gesse et la pimprenelle, quand le terrain est très-crayeux. Il n'y a pas encore de rotation généralement adoptée dans le pays pour ces diverses cultures. Il faudra encore du temps pour qu'il s'en établisse une jugée meilleure que toutes les autres. Un assolement essayé avec succès par quelques propriétaires, est celui-ci : 1° jachère, 2° blé, 3° avoine et trèfle. Les assolements, quels qu'ils soient, sont toujours interrompus par la culture de la luzerne ou du sainfoin, dont la durée est de 3 à 10 ans, et même plus pour la luzerne; cela dépend de la nature du sol. Il n'y a pas de prairies naturelles dans le pays, sauf au fond des vallons, sur le bord des cours d'eau.

L'engrais le plus généralement en usage est le fumier de ferme. Celui qui provient des vaches et des chevaux est conduit sur les terres, le plus souvent en avril et en mai, à la veille de la semaille. Le fumier de mouton est toujours employé au sortir même de la bergerie. La quantité par hectare varie de vingt à trente mille kilogrammes; cette dernière dose est rarement dépassée. On consomme aussi, mais en petite quantité, de la poudrette, du noir animal, des engrais liquides, des déjections humaines et du guano. Les engrais que produisent les récoltes enfouies en vert sont très-usités. C'est surtout avec le sarrasin que l'on fume de cette manière. Les amendements terreux, comme la marne, l'argile, le limon, sont peu connus; et on doit le regretter, car on ferait avec eux d'excellents composts, qui modifieraient d'une manière avantageuse la constitution défectueuse de la terre.

La question des engrais est capitale pour la Champagne; avec eux, il n'est pas de culture qui ne puisse prospérer dans ce pays et y donner, en même temps, des bénéfices considérables, à cause de la facilité avec laquelle le sol est cultivé. L'importance des engrais

ressort de la valeur vénale des terrains, qui est presque
toujours proportionnelle à leur degré de fumure. Une
terre où l'on a mis successivement beaucoup de fumier,
est dite *rateinte*, et, tout étant égal d'ailleurs, elle se
vend dix fois plus cher que celle qui n'a pas reçu
d'engrais depuis longtemps. Il est vrai que l'azote
disparaît assez promptement du fumier enfoui dans la
craie, mais le carbone reste pour former du terreau,
qui est une source précieuse de fertilité.

La principale industrie des propriétaires champenois,
en ce qui concerne les animaux domestiques, consiste
dans l'élevage des bêtes ovines, qui ont de la réputation à cause de leur santé et de la finesse de leur
laine; on en conduit jusqu'à 200,000 têtes dans les
grands marchés. Les moutons originaires de la Champagne sont petits, robustes, et ont un lainage assez
commun; mais on les a améliorés considérablement,
en les croisant à plusieurs reprises avec les mérinos.

Nous avons dit qu'une partie des terres incultes
avaient été couvertes de plantations d'arbres verts.
Indépendamment de ces bois, on observe dans le pays
des arbres isolés, ou en ligne le long des grandes
routes. Ceux que nous avons rencontrés consistaient
principalement en ormes, tilleuls, érables et quelques
noyers. Ils avaient en général un aspect chétif qui
décelait la pauvreté du sol.

La culture des terres est simple et peu coûteuse.
Une charrue, une herse, un rouleau, une charrette à
deux roues et un tombereau pour les transports, constituent tout le matériel d'une exploitation agricole de

15 à 25 hectares. Un homme et un cheval suffisent ordinairement pour un domaine de cette étendue ; suivant l'importance des troupeaux, on emploie un ou deux bergers.

On serait dans l'erreur si l'on croyait que la partie de la Champagne que nous venons de décrire, a conservé l'aspect misérable qui lui a fait donner autrefois le nom de *pouilleuse*. Les progrès de l'agriculture, et de toutes choses, en ont changé la face. L'aisance y est devenue générale, ce qui est dû principalement à ce que l'industrie cotonnière s'est propagée dans le pays depuis un certain nombre d'années. Elle a été très-avantageuse aux habitants, en leur permettant d'utiliser les loisirs que leur laissaient les travaux d'une agriculture facile.

TERRAINS AGRICOLES
$\begin{cases} N^\circ\ 22. \begin{cases} \text{Sous-sol de calcaire solide} \\ \text{Sol fragmentaire.} \end{cases} \\ N^\circ\ 23. \begin{cases} \text{Sous-sol de calcaire solide.} \\ \text{Sol argilo-fragmentaire.} \end{cases} \end{cases}$

Généralités. — Nous réunissons dans un même article les terrains n° **22** et n° **23**, parce que, presque toujours, l'un accompagne l'autre dans les pays de montagnes, et qu'ils sont liés entre eux par des transitions insensibles. Nous entendons par *calcaires solides*, tous ceux qui, à raison de leur dureté, sont susceptibles de servir aux constructions. Nous les divisons en *calcaires compactes* et en *calcaires marneux*.

Les *calcaires compactes* sont durs et à texture serrée ; ils peuvent prendre du poli ; plongés dans l'eau, ils

n'augmentent pas de poids d'une manière appréciable;
leur décomposition par les agents atmosphériques est
insensible, ou ne s'opère qu'avec une extrême lenteur;
lorsqu'on les traite par un acide, ils ne laissent qu'un
faible résidu, sauf dans quelques cas exceptionnels (1) :
tels sont les divers marbres. Les *calcaires marneux* sont
moins durs que les précédents; leur cassure est terreuse
et une goutte d'eau, déposée à leur surface, est promptement absorbée; exposés aux influences météoriques,
ils s'altèrent et se délitent plus ou moins promptement:
ils constituent ce qu'on appelle les pierres gélives;
si on les dissout dans un acide, ils donnent presque
toujours un résidu considérable, argileux ou argilo-
sableux.

Voici les analyses de deux échantillons de calcaire,
l'un compacte et l'autre marneux (2) :

	Nº 1, compacte.	Nº 2, marneux.
Carbonate de chaux	96,50	63,00
Carbonate de magnésie	2,00	4,00
Argile.	1,50	27,00
Eau.	»	6,00
	100,00	100,00

Le calcaire nº 1, de Saint-Jacques (Jura), est jaunâtre et un peu saccharoïde; il forme la base des montagnes de cette partie du Jura.

Le calcaire nº 2 est d'Argenteuil, près de Paris; il
est tendre, très-léger, d'un blanc jaunâtre; sa texture

(1 Parmi les calcaires que nous nommons compactes, il en est de
siliceux, qui renferment beaucoup de quartz à l'état de sable.

(2) Berthier, *Traité des essais par la voie sèche*, t. I, pages 614 et 617.

est très-lâche, ce qui lui donne la faculté d'absorber beaucoup d'eau.

Les calcaires compactes offrent ordinairement un sol essentiellement fragmentaire, composé de débris anguleux de diverses grosseurs, qui sont produits par une désagrégation mécanique de la roche. L'argile y est en très-petite quantité et provient des fissures du terrain. Dans les pays de montagnes, les calcaires de cette espèce forment tantôt des plateaux à peu près horizontaux, tantôt des escarpements plus ou moins inclinés. Les plateaux, quand ils ne sont pas recouverts par la terre argilo-ferrugineuse dont il a été parlé précédemment, sont très-arides ; leur grande perméabilité en est la cause. Quand les masses calcaires sont très-inclinées et montrent à découvert les tranches de leurs couches, leur surface est plus accessible à la végétation que celle des plateaux. Les lits minces de marne ou d'argile, qui séparent leurs bancs, offrent, en effet, un point d'appui à beaucoup de plantes, qui peuvent vivre sur les rochers en y insérant leurs racines. D'un autre côté, les eaux qui découlent de la partie supérieure du terrain, en arrosent la partie inférieure et y entretiennent de la fraîcheur. Aussi n'est-il pas rare de voir, dans les Alpes, de hauts escarpements calcaires en partie couverts de bois.

Les calcaires marneux sont, en général, bien plus favorables à la végétation que ceux qui sont compactes, parce qu'ils produisent une terre argilo-fragmentaire, quelquefois très-abondante. L'argile de cette terre provient de la décomposition de la roche marneuse ; les fragments sont formés de sable siliceux mis en liberté, et de petites portions de calcaire non décomposé. Les calcaires de cette nature sont, comme nous l'avons dit, poreux et absorbants en petit, et, en outre, toujours plus ou moins perméables en grand.

Les terrains à base de calcaire solide, soit compacte, soit marneux, ont une physionomie agricole assez variable, suivant le climat, l'altitude des lieux et, surtout, suivant la proportion d'argile que renferme la terre végétale. Cependant, ils offrent certains traits caractéristiques que les conditions locales extérieures n'effacent jamais complètement. Étant très-perméables, ils sont naturellement très-secs. Si un climat chaud vient encore aggraver les effets de leur perméabilité, ils deviennent alors tellement arides, que la végétation les abandonne : c'est ce que l'on remarque en Provence, où les versants des montagnes calcaires offrent souvent des surfaces complètement nues. Plus au nord, dans les Alpes du Dauphiné et de la Savoie, et en Bourgogne, les mêmes terrains sont plus productifs; mais ici encore, leur tendance à la sècheresse se décèle par l'étendue des terres qui y restent incultes, par l'absence des plantes qui recherchent l'humidité et par la présence, au contraire, de celles qui n'en ont pas besoin. Leur sol étant ordinairement pierreux et peu riche en argile, ne convient pas au blé ; il y vient plutôt du seigle, de l'orge et surtout de l'avoine. Parmi les plantes fourragères, le sainfoin s'y plaît particulièrement, mieux que le trèfle et la luzerne qui n'y donnent que de faibles coupes. Les prairies naturelles

y sont inconnues, si ce n'est sur le bord des cours
d'eau; elles sont, dans ce cas, d'excellente qualité.
L'herbe qui croît naturellement dans leurs parties
incultes, est courte, peu abondante, mais succulente
et aromatique. Les troupeaux de bêtes à laine qui s'en
nourrissent, jouissent d'une santé parfaite et donnent
des produits estimés.

La vigne est, de toutes les cultures arborescentes,
celle qui convient le mieux aux terrains dont nous
parlons. On a remarqué qu'en Bourgogne les vins les
plus recherchés pour leur finesse et leur bouquet, proviennent de crûs situés sur les sols de calcaire solide,
tandis que les terres à sous-sol de marne et, par conséquent, riches en argile, donnent des récoltes plutôt
abondantes que de qualité supérieure.

Parmi les arbres qui croissent spontanément sur ces
terrains, le buis est un des plus caractéristiques; on
est sûr de l'y rencontrer, dans les Alpes et le Jura,
pourvu que l'on ne s'élève pas au-dessus de 600 à
700 mètres. On y voit aussi la plupart des espèces qui
s'accommodent des mauvais terrains, comme le chêne,
le charme, le bouleau, le robinier, le saule marsault,
le prunier mahaleb, auxquels on doit ajouter le pin
sylvestre et d'autres essences résineuses. On a remarqué que les arbres croissaient lentement sur les calcaires compactes, mais que leur bois était plus dur et
d'un tissu plus serré que sur les autres sols.

Sur les montagnes très-élevées, la fraîcheur du climat
compense la sécheresse naturelle des sols de cette nature, qui se couvrent alors de hêtres, de sapins et d'épi-

céas; on y voit aussi de beaux pâturages, pour peu que
la terre végétale renferme de l'argile ; enfin, lorsque
l'altitude des lieux n'est pas très-considérable, on y
cultive des céréales, des racines et des légumes. Nous
allons citer quelques exemples de terrains pris dans ces
diverses conditions.

Le Haut-Jura.

La chaîne du Jura présente un grand développement
de calcaires compactes et marneux; ils constituent
principalement les couches dites oolithiques, coralliennes, portlandiennes et néocomiennes. Le groupe
oolithique est formé de calcaires roux ou bruns, en
général marneux quoique solides, quelquefois faciles
à désagréger; on y voit des terres cultivées. Les couches coralliennes et portlandiennes sont composées de
calcaires blancs compactes, qui forment partout les
stations les plus sèches et les plus élevées de la chaîne.
Leur sol est purement fragmentaire et produit, à cause
de sa couleur, une réverbération de chaleur nuisible à
beaucoup de végétaux. Aussi ces roches offrent-elles
souvent des surfaces nues et désolées ; il n'y croît que
quelques buis et d'autres espèces propres aux sols
arides. Le néocomien inférieur, dont les couches sont
marneuses, jaunâtres, joue le même rôle que la formation oolithique ; sa partie supérieure, quand elle
existe, étant entièrement composée de calcaires blancs
compactes, se comporte vis-à-vis de la végétation,
comme le portlandien et le coral-rag.

Lorsque les calcaires compactes et marneux du Jura

dépassent l'altitude de 1,300 mètres, ils ne sont plus susceptibles de culture; leur surface est occupée par des bois mêlés de pâturages; puis, exclusivement par des pâturages, lorsqu'on a atteint les sommités les plus élevées de la chaîne. Les bois sont composés principalement de hêtres, de sapins et d'épicéas, qui disparaissent successivement, à mesure que l'on s'élève, en commençant par les hêtres.

Dans une région plus basse, vers 1,100 à 1,200 mètres, on commence à voir quelques cultures, qui s'étendent ensuite sans discontinuité jusque dans la plaine. Les couches calcaires, lorsqu'elles ne sont pas recouvertes de matières de transport, fournissent une terre extrêmement pierreuse, plus ou moins épaisse, dont la couleur est ordinairement rougeâtre. L'avoine, l'orge, la pomme de terre, le lin sont les seules récoltes que le climat permet de retirer de cette terre, lorsque son altitude approche de 1,200 mètres; mais, dans les lieux plus bas ou bien abrités, on y cultive aussi le froment, le seigle et les plantes légumineuses, telles que le pois, la lentille et la vesce. Dans les régions élevées, l'assolement suivant est le plus usité. Après un écobuage, qui suit immédiatement la fonte des neiges, on sème d'abord de l'avoine; l'année suivante, c'est de l'orge, après toutefois que l'on a fumé abondamment; la troisième année, on ne fume pas, et l'on met en terre de l'*orgée*, c'est-à-dire un mélange d'orge et d'avoine. Après cette récolte, on laisse le champ en jachère pendant quatre, cinq ou six ans; il se couvre d'herbes fourragères que l'on fauche dès la première

31

année, à la fin de juillet ou au commencement du mois d'août. Quand ce pâturage est épuisé, on recommence la rotation (1). La fabrication du fromage, l'élevage des bestiaux et diverses professions mécaniques complètent les faibles ressources que les habitants du Haut-Jura retirent de la culture de leurs terres.

La Grande-Chartreuse.

Au nord de la ligne qui joint Grenoble à Voreppe, les montagnes calcaires de l'Isère se partagent en deux chaînes distinctes : l'une, dont font partie le Mont-Rachet, le Mont-Saint-Eynard, le Petit-Som et le Granier, borde le flanc droit de la vallée du Graisivaudan, jusqu'aux frontières de la Savoie; l'autre domine, à l'est, la petite vallée longitudinale de la Placette, qui conduit de Voreppe à Entre-Deux-Guiers. Ces deux chaînes comprennent entre elles un vaste espace, hérissé de hautes sommités et entièrement occupé par des rochers, des bois et des pâturages : c'est là que se trouve le célèbre couvent de la *Grande-Chartreuse*. Il est situé, loin des lieux habités, dans un vallon entouré d'épaisses forêts et fermé de tous côtés par des rochers escarpés. Cette enceinte, nommée l'*Enclos* ou le *Désert*, a une superficie d'environ 4,340 hectares. On ne peut y pénétrer que par deux passages extrêmement resserrés, ouverts par la main de l'homme : l'un à Fourvoirie, commune de Saint-Lau-

_____

(1) Guyétant, *Essai sur l'état actuel de l'agriculture dans le Jura*, p. 99 à 100.

rent-du-Pont, et l'autre près du village de Saint-Pierre-
de-Chartreuse. L'entrée par Fourvoirie est la plus fré-
quentée. On y suit, sur une longueur de près de six
kilomètres, une gorge ombragée et sinueuse, dont le
fond est entièrement occupé par le torrent du Guiers,
qui bondit, de rocher en rocher, dans la fente étroite
où il est obligé de couler. Ce torrent est bordé d'un
chemin qui était autrefois très-scabreux, mais que,
depuis plus de vingt ans, on a rendu accessible aux
voitures. Le passage par Saint-Pierre-de-Chartreuse,
quoique très-pittoresque, est cependant moins remarquable que le précédent. Il fait communiquer le Désert
avec un vallon qui s'étend, dans la direction du sud
au nord, depuis le col de Portes, près du Sappey,
jusqu'à celui du Mollard, au-dessus d'Entremont-le-
Vieux. Le premier de ces cols conduit à Grenoble et
le second à Chambéry. La route de la Grande-Chartreuse à Grenoble, par Saint-Pierre et le Sappey, vient
d'être adoucie et élargie, en sorte que, maintenant, on
peut visiter le couvent très-commodément, en entrant
dans le Désert par Saint-Laurent-du-Pont et en revenant
par le Sappey.

Nous allons indiquer les altitudes des principales
sommités comprises dans les limites indiquées plus
haut :

	Mètres.
LA SURE, à l'est-nord-est de la Placette	1,926
LE GRAND-SOM, au-dessus du Couvent.	2,033
LE CHARMANT-SOM, à l'extrémité nord du vallon de Provésieux	1,871
LE ROCHER-DE-L'AIGUILLE, au nord de Quaix.	1,148
LE MONT-NÉRON, au-dessus de la Buisserate	1,305
LE MONT-RACHET, au-dessus de Grenoble	1,053

	Mètres.
Le Mont-Saint-Eynard, au-dessus de Corenc .	1,339
Chame-Chaude, près du col de Portes	2,089
Le Petit-Som, dominant le Villard-Saint-Pancrace	2,068
Le Granier, à l'ouest de Chapareillan	1,941
La Grande-Chartreuse (sommet de la tour de l'horloge)	996

Les montagnes de la Grande-Chartreuse sont le prolongement direct de celles du Haut-Jura; elles sont composées, comme celles-ci, de puissantes assises de calcaire blanc compacte, plus ou moins inclinées, alternant avec des couches de calcaire marneux. Mais ici, les altitudes sont plus considérables, les pentes plus abruptes, les gorges plus étroites et plus profondes; aussi les cultures ont-elles, à peu près, complètement disparu. Il ne reste de la végétation du Jura que des pâturages et de magnifiques forêts d'arbres résineux, qui enveloppent les rochers de la base au sommet, et les transforment en un immense amas de verdure. L'étendue totale de ces forêts, en y comprenant les pâturages, les prairies, les bâtiments et leurs dépendances, est de 9,019 hectares, dont les deux tiers environ, savoir 6,619, appartiennent aujourd'hui à l'État et le reste à des communes environnantes. Celles-ci, au nombre de huit, sont : Voreppe. Pommiers, Saint-Joseph-de-Rivière, Saint-Laurent-du-Pont, Entre-Deux-Guiers, Saint-Christophe, Saint-Pierre-d'Entremont et Saint-Pierre-de-Chartreuse.

Les principales essences qui peuplent ces forêts, sont l'épicéa, le sapin peigne et le hêtre; on rencontre peu de pins sylvestres, sauf du côté du Charmant-

Som; il y a, au fond des gorges, des frênes, des ormes et des érables; enfin, le chêne se montre au quartier de Rochary, commune d'Entre-Deux-Guiers. D'après les observations de M. Charles Martins, les hêtres deviennent rabougris et cessent vers 1,465 mètres d'altitude, sur le flanc des montagnes qui entourent le couvent; les sapins disparaissent à 1,631 mètres; les érables, déjà chétifs à ce niveau, peuvent s'élever encore de 50 mètres; enfin, l'épicéa parvient, à l'état de buisson, jusqu'au-dessus de l'escarpement du Grand-Som, à 1,900 mètres, mais il n'atteint pas le sommet de la montagne; sur les points les plus élevés, il n'y a que de l'herbe. Les prairies et les meilleurs pâturages occupent les lieux bas; les bois sont en grande partie sur les pentes. La croissance de ces bois est lente, parce que la couche de terre végétale où ils étendent leurs racines, est souvent très-mince. On les traite en futaie et leur révolution moyenne est de cent vingt à cent cinquante ans; ils fournissent des sapins d'une grosseur extraordinaire et d'excellente qualité.

Les principaux pâturages sont ceux de la Grande-Vache, du Charmant-Som, de Belfond et de Près-Bénis; beaucoup d'autres sont importants. Les pâturages du seul canton de Saint-Laurent-du-Pont ont une étendue de 2,492 hectares, et nourrissent, pendant la belle saison, 6,630 bêtes à laine, 695 bêtes à cornes, 110 chèvres et 60 porcs. On estime que 25 ares de terrain suffisent, moyennement, pour alimenter un mouton.

$$\text{TERRAINS AGRICOLES} \begin{cases} N^{\circ}\ 24. & \begin{cases} \text{Sous-sol de marne} \\ \text{Sol argileux.} \end{cases} \\ N^{\circ}\ 25. & \begin{cases} \text{Sous-sol de marne} \\ \text{Sol argilo-fragmentaire} \end{cases} \end{cases}$$

Généralités. — La marne en grande masse, servant de base aux terres autochthones dont nous parlerons dans cet article, est presque exclusivement propre aux pays montagneux, surtout à ceux qui sont de formation secondaire. Sous le rapport de la nature minéralogique, cette marne ne diffère pas de celle que l'on rencontre dans les formations récentes des plaines, et jusque dans le sein des dépôts de transport; elle est seulement, en général, plus pierreuse et mêlée de substances étrangères plus variées; elle est presque toujours stratifiée et peut, à elle seule, constituer des terrains puissants.

La marne est, comme nous l'avons déjà dit, un composé d'argile et de carbonate de chaux, unis intimement l'un à l'autre en proportions non définies. Lorsqu'on la traite par un acide, elle produit toujours une vive effervescence. On en distingue ordinairement deux espèces, appelées l'une calcaire et l'autre argileuse (1).

La marne calcaire diffère du calcaire marneux, dont il a été question précédemment, par une dureté beaucoup moindre, un aspect plus terne et une teneur

(1) Quand une marne renferme beaucoup de sable, elle est dite *sableuse;* mais elle rentre alors dans la classe des roches arénacées calcarifères dont il sera question plus tard

plus considérable en argile et en sable. La proportion du carbonate de chaux y est extrêmement variable et peut s'élever depuis 20 jusqu'à 80 pour 100. Les matières qui s'y trouvent accidentellement mêlées, sont le sable, des nodules de chaux carbonatée solide, l'oxyde de fer, divers silicates, le bitume, les pyrites et le sulfate de chaux. Mise en contact avec de l'eau, elle peut en absorber jusqu'à 15 pour 100 de son poids et finit par se déliter plus ou moins complètement ; elle se confond alors avec la marne agricole, dont nous avons fait connaître les propriétés en parlant du marnage. La plupart des marnes qui font partie des montagnes, ont une structure schisteuse, sont demi-dures et ne se réduisent pas en bouillie dans l'eau ; cependant, exposées à l'air, elles s'altèrent facilement. Leur couleur ordinaire est le brun foncé, le gris ou le jaunâtre.

La marne argileuse, si on l'humecte, est onctueuse au toucher ; elle est en général plus tendre que le marne calcaire. Délayée dans l'eau, elle forme, le plus souvent, une pâte courte. Sa teneur en argile est toujours considérable et varie depuis 50 jusqu'à 75 et même 80 pour 100, le reste étant du carbonate de chaux avec du sable et d'autres matières accidentelles. Dans les montagnes, elle est ordinairement impure et laisse, par le lavage, une proportion variable de menus débris de roches et de sable grossier. Elle absorbe au moins autant d'eau que la marne calcaire et, comme celle-ci, elle affecte souvent une structure schisteuse.

Depuis la marne argileuse propre à la fabrication des poteries, jusqu'au calcaire marneux, il y a une série de transitions ménagées, qui s'opposent à ce que l'on fasse, dans la classification de ces sortes de roches, des sections à caractères bien tranchés. On les rencontre à presque tous les niveaux géologiques. Les formations où elles sont principalement développées sont : le trias, le lias, l'oxford-clay, le kimmeridge-clay et la craie inférieure, dans les terrains secondaires ; la mollasse, les marnes subapennines et les assises gypseuses d'eau douce, dans les terrains tertiaires.

Voici les analyses, par M. Berthier (1), de deux marnes calcaires, prises l'une à Vitry (Marne), l'autre à Péronne (Somme) :

	Vitry.	Péronne.
Carbonate de chaux . . .	46,50	41,00
Carbonate de magnésie .	3,50	1,60
Argile	28,50	46,50
Oxyde de fer	3,00	»
Sable	14,50	»
Eau	4,00	10,90
	100,00	100,00

La marne de Vitry est d'un gris clair et se trouve à 25 mètres de profondeur dans la craie ; on l'emploie pour l'amendement des terres. La marne de Péronne sert à la fabrication du ciment.

Deux autres marnes appartenant à la classe de celles qui sont dites argileuses, et provenant, l'une de Bayes,

---

(1) *Traité des essais par la voie sèche*, tome I, p. 52.

dans la Nièvre et l'autre de Billom, département du Puy-de-Dôme, ont offert la composition suivante :

	Bayes.	Billom.
Silice.	39,40	30,00
Alumine	20,20	20,00
Oxyde de fer.	5,00	2,00
Carbonate de chaux . . .	26,20	46,00
Carbonate de magnésie. .	4,20	»
Eau	5,00	2,00
	100,00	100,00

La marne de Bayes a été analysée par M. Berthier ; elle est rougeâtre, douce au toucher, fait pâte avec l'eau, et renferme quelques petits fragments de quartz ; on la trouve entre des bancs de calcaire jurassique. La marne de Billom est grise, compacte, et sert à la fabrication des poteries communes ; son analyse est due à M. Lecoq.

La marne soit calcaire, soit argileuse, et surtout cette dernière, constitue des sous-sols imperméables en grand. Quant à la terre végétale qui en est originaire, elle est tantôt composée presque entièrement d'argile, et tantôt argilo-fragmentaire. Le premier cas se réalise lorsque la marne est à peu près pure, et le second, quand elle est mêlée de sable et de fragments de diverses roches difficilement décomposables. En général, les terres auxquelles la marne donne naissance appartiennent à la classe de celles que l'on nomme fortes ; elles en ont les aptitudes, les avantages et les inconvénients. Toutefois, nous ferons observer que les inconvénients sont le plus souvent corrigés ou atténués par l'inclinaison de la surface du sol, qui favorise l'écoulement des eaux pluviales. Il a été reconnu que les terres dont nous parlons étaient spécialement propres à la culture du froment; leur aptitude sous ce rapport a été presque universellement constatée. Elles conviennent également aux prairies naturelles, qui y trouvent la fraîcheur et l'humidité dont elles ont besoin. Les bois de toute espèce y poussent avec vigueur. La vigne même y est cultivée avec succès, pourvu que le terrain soit incliné et que son exposition soit bonne. Les vins que l'on y récolte sont généralement foncés en couleur et très-capiteux, tandis que ceux qui proviennent des calcaires compactes sont très-légers. Ce fait est analogue à ce qui a été observé pour le pommier à cidre en Normandie, où les arbres de cette espèce, plantés sur les sols de nature argileuse, donnent des cidres bien plus alcooliques et plus forts que ceux qui croissent sur les terrains calcaires.

En résumé, les terres argileuses qui proviennent de la décomposition des marnes, sont presque partout fertiles; on pourra en juger par les localités que nous allons citer.

Localités diverses.

La partie marneuse du lias dans l'arrondissement d'Avallon (Yonne) se divise, d'après M. Belgrand (1), en deux étages : le plus bas, dont l'épaisseur totale

(1) *Notice sur la carte agronomique et géologique de l'arrondissement d'Avallon.* Auxerre, 1851.

est de 25 à 30 mètres, est composé de lits minces de calcaire marneux, noyés dans de puissantes masses de marne argileuse ; le plus élevé consiste presque uniquement en argiles calcarifères de 60 à 80 mètres de puissance, divisées en deux parties presque égales par des bancs de calcaire ferrugineux. On voit que cette formation est éminemment riche en marne argileuse ; elle contraste beaucoup par ses formes ondulées, ses cultures variées, ses champs de céréales et ses vignes, avec le terrain de granite et celui de calcaire compacte, qui l'avoisinent.

Les terres végétales qui recouvrent cette formation, sont quelquefois très-fortes ; elles sont généralement désignées sous le nom d'*aubues*. Leur principal produit consiste en céréales. On peut citer des communes appartenant aux marnes liasiques, où un hectolitre de blé en rapporte ordinairement 20, tandis que la moyenne n'est que de 14 pour le reste du département. L'assolement triennal est le plus suivi ; il comprend : 1° une année de jachère ; 2° une récolte de blé ; 3° une d'avoine. La jachère est quelquefois productive ; les cultivateurs ont pris l'habitude de la remplacer, une année sur deux, par du trèfle semé dans les avoines ; ils l'utilisent aussi par une récolte de pommes de terre. La nature du sol convient bien au trèfle et aussi à la luzerne, qui, indépendamment de son produit en fourrage, a l'avantage de s'opposer par ses longues racines, au ravinement des terres. Le sainfoin vient mal dans les aubues, qui sont au contraire favorables aux prairies naturelles. Celles-ci se voient non-

seulement au fond des vallées et sur le bord des cours
d'eau, mais aussi sur le flanc des montagnes argileuses jusqu'à leur sommet. Il y a peu de forêts sur les
marnes du lias, parce que les terres étant fertiles, il
y a avantage à les cultiver. Quand on y plante des
arbres, ils végètent avec beaucoup de vigueur. Les
vignes y sont assez répandues et donnent de bons
produits.

Le tableau suivant montre quelle est, pour l'arrondissement d'Avallon, l'étendue relative des diverses
espèces de culture, sur 1,000 hectares de terres argileuses à sous-sol de marne :

Terres labourables	680
Prairies	190
Bois	35
Vignes	73
Terrains non productifs	22
	1000

La grande étendue relative des terres labourables
de ce terrain indique assez que sa principale aptitude
est pour les céréales.

Dans le département du *Cher*, on observe les diverses assises du terrain jurassique, savoir le lias, l'oolithe inférieure, l'étage oxfordien et l'étage supérieur
oolithique ; ces assises sont formées à leur base de
marnes et de calcaires marneux, qui donnent naissance à des terres, tantôt argilo-fragmentaires avec
beaucoup de débris calcaires, tantôt presque entièrement argileuses. Les premières sont les plus sèches ; la
culture de la vigne y est très-répandue. Les secondes,
étant très-compactes, se prêtent moins que les précé-

dentes à des cultures variées; on y trouve principalement des prairies et des terres à froment.

Le terrain du trias existe également dans le Cher où il offre généralement des marnes, qui sont les unes argileuses, les autres argilo-sableuses. Les marnes argileuses produisent un sol extrêmement compacte, qui est plus propre aux prairies qu'à toute autre culture. Les céréales réussissent surtout dans les terres argilo-sableuses, qui sont plus meubles et souvent, en outre, ferrugineuses, ce qui est un avantage, pourvu que la proportion d'oxyde de fer ne soit pas trop considérable. Les bois viennent très-bien aussi sur ce terrain (1).

Dans les *Ardennes*, les marnes du lias sont, en général, couvertes de terres très-fortes, et par conséquent, peu fertiles; mais lorsque la formation affleure dans les vallées, sa surface est souvent modifiée par des débris de roches calcaires du voisinage; elle présente alors des terres productives et favorables à la culture du blé. Le chêne domine dans les forêts qui sont situées sur ce terrain; les saules et le bouleau y viennent également très-bien.

La formation oxfordienne, composée de marnes et de calcaires marneux, est couverte d'épaisses forêts; on y voit parfois aussi des terres assez productives. Sur plusieurs points, on y a planté des arbres fruitiers et surtout des pommiers qui donnent du cidre de bonne qualité (2).

(1) Boulanger et Bertera, *Texte explicatif de la carte géologique du Cher.* Paris, 1850, pages 30 à 36.

(2) Sauvage et Buvignier, *Géologie du département des Ardennes.* Mézières, 1842, pages 88-89.

Dans les Alpes centrales de la *Savoie* et du *Dauphiné*, les plus hautes montagnes sont formées en partie de roches granitiques, en partie de marnes schisteuses noires, très-feuilletées, que l'on appelle *schistes argilo-calcaires*. Il y a un grand contraste, sous le rapport agricole, entre ces deux espèces de roches qui, les unes et les autres, atteignent des puissances énormes. Le terrain granitique, d'une décomposition difficile, produit une terre extrêmement maigre, sableuse, le plus souvent rebelle à la culture; d'un autre côté, ses pentes abruptes, ses formes moutonnées, ses sommités hérissées de pics et d'aiguilles, ne sont guères favorables à la végétation. Au contraire, les schistes argilo-calcaires, à pentes adoucies et à surface ondulée, donnent naissance à une terre en général argilo-fragmentaire et presque toujours fertile. Elle convient parfaitement aux plantes des prairies naturelles. Aussi forme-t-elle la base d'immenses et excellents pâturages, qui se déroulent sur les hauts plateaux et les montagnes dites pastorales, aussi loin que la vue peut s'étendre. Ces pâturages, principale richesse des communes, nourrissent pendant l'été des milliers de bêtes ovines, venues principalement de la Provence. Parmi les villages de cette partie des Alpes, les plus élevés, souvent compris entre 1,400 et 2,000 mètres au-dessus du niveau de la mer, sont presque tous bâtis sur le terrain de schiste argilo-calcaire ou dans son voisinage. Malgré son altitude extrême, ce terrain donne de belles récoltes de seigle ou d'orge, que l'on fait alterner avec la jachère. Lorsqu'on peut disposer d'une quantité suffisante de fumier, la jachère est remplacée par des pommes de terre, des racines, des pois ou des fèves. Ces produits, joints à ceux que fournissent les troupeaux, forment toutes les ressources alimentaires des habitants de ces hautes régions (1). Sans les schistes argilo-calcaires, le canton de l'Oisans, le plus étendu et le plus montagneux du département de l'Isère, ne serait qu'un vaste désert.

TERRAINS AGRICOLES
N° 26. { Sous-sol de grès calcarifère. / Sol fragmentaire.
N° 27. { Sous-sol de grès calcarifère. / Sol argilo-fragmentaire.

Généralités. — Considérés au point de vue de la géologie agronomique, les grès calcarifères forment deux classes : les grès compactes et les grès marneux. Cette division est analogue à celle que nous avons adoptée pour les calcaires et se fonde sur les mêmes caractères.

Les grès compactes calcarifères ont un ciment solide, riche en carbonate de chaux, qui empâte des grains de diverse nature, souvent siliceux. Leur tissu est serré; ils n'absorbent pas l'eau. Leur décomposition à l'air est très-difficile; quand elle s'opère à la longue, elle a pour résultat de mettre en liberté les grains

(1) Il y a, dans les Alpes, des communes très-élevées, où le seigle passe onze mois en terre. On le sème dès la fin de juillet ou dans la première quinzaine d'août, et on le récolte dans le courant du mois de septembre de l'année suivante.

empâtés. Les grès de cette nature produisent une terre essentiellement fragmentaire. Dans la plupart des cas, ils sont divisés par des fissures, ce qui les rend alors très-perméables (1).

Les grès qui sont marneux peuvent l'être doublement par leur ciment et la nature des matières empâtées, ou bien seulement par leur ciment. Leur désagrégation est ordinairement facile et donne lieu à une terre abondante, qui est presque toujours argilo-fragmentaire, par suite du mélange des éléments non altérables avec ceux qui se décomposent facilement. Ces sortes de grès sont, en général, imperméables en grand et perméables en petit.

Le sol végétal des grès calcarifères compactes, étant essentiellement fragmentaire et reposant souvent sur un sous-sol perméable, est très-aride et tout à fait comparable à celui des calcaires compactes. Cependant, il est quelquefois moins infertile, à cause de la variabilité des caractères des roches arénacées. Quand on suit un grès compacte sur un espace un peu considérable, il arrive souvent que le ciment devient moins dur et plus facilement décomposable, ou bien qu'il est en proportion moindre. Dans ces deux cas, la destruction de la roche est plus facile et le sol devient sableux. On voit alors paraître les végétaux qui s'accommodent d'un pareil terrain et qui aiment les stations sèches.

---

(1) Les grès perméables en grand ne comprennent guère que ceux qui sont à ciment de calcaire compacte, et que l'on pourrait appeler calcaires compactes arénacés, ou bien encore les grès tellement peu cimentés, qu'ils se réduisent en grande partie à l'état de sable.

Quant aux grès marneux, ils donnent naissance à une terre qui est ordinairement abondante, et plutôt sablonneuse qu'argileuse. Le sous-sol étant à la fois imperméable et hygroscopique, communique de la fraîcheur à la terre végétale, quoiqu'elle soit légère, condition très-favorable à certaines plantes.

En résumé, il y a cette différence entre les grès calcarifères compacts et ceux qui sont marneux, que les premiers ne produisent que des fragments plus ou moins nombreux, sans argile, et que les seconds fournissent une terre en général profonde, où l'argile est d'autant plus abondante que l'élément marneux domine davantage dans la roche.

Localités diverses.

Il existe dans les *Alpes françaises* et dans la *Suisse*, une formation arénacée, connue des géologues sous le nom de *mollasse*, qui offre une grande variété de roches, parmi lesquelles on rencontre souvent les deux types de grès calcarifères que nous venons de distinguer. Nous avons observé fréquemment, mais sur des espaces peu étendus, la mollasse compacte, dure, calcaire et pénétrée de grains de quartz; elle n'est pas rare dans les départements de la *Drôme*, de *Vaucluse* et des *Basses-Alpes*. Partout, sa surface nous a paru complètement nue. La mollasse marneuse, grise, sableuse (mollasse dite *macigno*), occupe des étendues plus considérables que la précédente. Elle est ordinairement friable et souvent associée à des bancs de marne argileuse; sa fertilité est assez grande; elle est

32

imperméable en grand. Les végétaux qui recherchent les sols frais et sablonneux, le châtaignier et le pin sylvestre par exemple, affectionnent spécialement cette roche. La vigne s'y plaît également, lorsque le sol est assez incliné pour n'être pas trop humide. On y voit fréquemment aussi des prairies naturelles.

Les sables que produit la formation du grès-vert dans les Alpes, rappellent assez bien par leur constitution minéralogique ceux de la mollasse grise; ils ont les mêmes aptitudes agricoles.

Certains grès, à gros grains de quartz à peine cimentés, appartenant soit à la mollasse, soit au grès-vert, que l'on rencontre dans les départements de *Vaucluse* et des *Basses-Alpes*, constituent un sol purement fragmentaire, qui est très-improductif; il est nu ou couvert de bois.

On observe dans les *Ardennes* un calcaire sableux, qui a été décrit par MM. Sauvage et Buvignier (1), comme formant le deuxième étage du lias; il a souvent l'aspect d'un grès et se montre au milieu de calcaires argileux, de sables micacés et de marnes grises. Deux assises de ce calcaire sont toujours séparées par un banc de sable ou de marne. Ce terrain arénacé était autrefois presque entièrement inculte; on y semait du seigle ou de l'avoine, tous les huit ou dix ans, et on le laissait ensuite en friche. Mais, depuis un certain nombre d'années, l'agriculture y a fait de grands progrès; aujourd'hui, sa surface, partout où elle n'est pas boisée,

---

(1) Ouvrage déjà cité.

est régulièrement cultivée et soumise à l'assolement triennal.

§ 3ᵐᵉ. TERRAINS A SOUS-SOL DE ROCHES DE SÉDIMENT NON CALCARIFÈRES.

TERRAINS AGRICOLES
- Nº 28. { Sous-sol de schiste argileux. / Sol argileux.
- Nº 29. { Sous-sol de schiste argileux. / Sol argilo-fragmentaire.

Généralités. — On appelle *schiste argileux* une roche non calcarifère, à cassure terne et terreuse, susceptible de se diviser en feuillets minces; l'ardoise d'Angers en est une variété. Cette roche est quelquefois micacée et comme satinée; elle est alors appelée *phyllade* par les géologues. Le nom qu'elle porte indique que ses éléments sont à peu près les mêmes que ceux de l'argile; mais elle n'en a point les propriétés, avant d'avoir été altérée par son exposition à l'air; elle ne se délaye nullement dans l'eau et ne fait point pâte, comme les matières argileuses ordinaires. On y trouve, mêlés accidentellement, du quartz, du feldspath et d'autres minéraux; elle est, dans certains cas, noire et bitumineuse, le plus souvent de couleur grise, et d'autres fois verdâtre, jaunâtre ou violette. On la rencontre dans les terrains anciens, où elle forme des masses extrêmement puissantes.

En général, dans les roches de cette nature, la silice varie de 48 à 79 pour 100; l'alumine de 10 à 23; l'oxyde de fer de 6 à 12; la chaux de 0,16 à 2,20, et la potasse de 1,20 à 4,70.

Un schiste argileux des environs de Prague, analysé par M. Preischel (1), a offert la composition suivante :

Potasse.	1,23
Soude	2,11
Strontiane	0,30
Chaux	2,24
Magnésie	3,67
Alumine	15,89
Oxyde de fer.	5,85
Oxyde de magnésie.	0,08
Silice	67,50
Acides fluorique et phosphorique	1,13
	100,00

Ce schiste était de couleur grisâtre, à feuillets minces, à pâte homogène, et contenait seulement quelques paillettes de mica.

Lorsqu'un schiste reste longtemps exposé à l'air et à l'action des agents météoriques, il se décompose comme la plupart des silicates, et se réduit en une terre qui a les propriétés de l'argile ordinaire. Presque toujours, cette terre renferme de petites portions de la roche qui ont résisté à la décomposition, ou bien elle est mêlée de matières étrangères, surtout de fragments de quartz et de sable siliceux; elle est alors de nature argilo-fragmentaire. Dans tous les cas, le sous-sol qui lui a donné naissance et qui est formé de schiste non altéré, présente une grande imperméabilité.

L'observation prouve que les terrains à base de schiste argileux sont en général très-peu fertiles et, même quelquefois, presque stériles; ce que l'on doit attribuer au peu de variété de leurs éléments, à une

(1) *Annales des Mines*, 4ᵉ série, tome V, 1844, page 606.

trop forte proportion d'argile dans la terre végétale, et à l'existence d'un sous-sol imperméable. Ils sont naturellement froids et humides, et l'absence de l'élément calcaire les dispose à l'acidité. L'addition de la chaux et de la marne produit sur eux les plus heureux effets; ils deviennent alors propres à la culture du froment, du trèfle et des autres légumineuses. Privés de ces amendements, ils ne conviennent guères qu'à la culture du seigle, de l'avoine et des pommes de terre. Les prairies naturelles y sont assez prospères et la plupart des arbres y viennent bien. On y voit quelquefois d'épaisses forêts.

Les aptitudes de ces terrains, leurs défauts et l'agriculture qui leur convient le mieux, ressortent des descriptions locales qui vont suivre.

La Bretagne.

La Bretagne est une province de l'ancienne France, en forme de presqu'île, que l'Océan baigne de tous côtés, sauf au levant où elle a pour limites géographiques la Normandie, la Touraine, l'Anjou et le Poitou. Elle forme aujourd'hui cinq départements, qui sont le Finistère, les Côtes-du-Nord, le Morbihan, Ille-et-Vilaine et la Loire-Inférieure. Si l'on a égard à la constitution géologique et agronomique du sol, elle s'étend encore plus à l'est, et embrasse une partie de la Mayenne, de la Sarthe et de Maine-et-Loire. Observé dans son ensemble, ce pays paraît inégal, montueux, divisé en collines et en plateaux peu étendus, que séparent des vallons d'une profondeur médiocre; sa

surface est très-verte et bien boisée ; toutes les propriétés y sont bordées d'arbres et de haies. Ses plus
hautes sommités, connues sous le nom de *montagnes
d'Arrée*, sont situées entre Morlaix et Châteauneuf-du-
Faon ; elles ne s'élèvent guère à plus de 370 mètres
au-dessus du niveau de la mer. Pour le reste de la contrée, les altitudes varient ordinairement, de 150 à
250 mètres sur les plateaux et les collines, et de 50
à 100 mètres au fond des vallées.

Le voisinage de la mer rend le climat de la Bretagne brumeux et pluvieux ; le ciel souvent obscurci par
les nuages, comme en Angleterre et en Irlande, est
gris et triste. Les froids ne sont pas rigoureux en hiver
et la chaleur n'est pas très-forte en été ; il est rare, en
effet, que le thermomètre s'abaisse jusqu'à 1 degré au-
dessous de zéro, et s'élève jusqu'à 25 ou 26 degrés au-
dessus. Les vents dominants viennent de l'ouest et du
sud-ouest. Les pluies sont fréquentes et tombent par
grains, principalement en avril, octobre et novembre.
La température moyenne est, à peu près, de 12 degrés
dans Maine-et-Loire, de 10°,8 dans la Mayenne, et
de 11°,1 à Cherbourg.

On distingue dans la Bretagne deux régions bien
distinctes par leurs caractères minéralogiques et agronomiques. La première, littorale, comprend, sur une
largeur de 30 à 40 kilomètres, toute la partie du pays
qui est baignée par la mer ; elle est composée principalement de roches granitiques. La seconde, centrale,
où dominent le schiste argileux et les grès siluriens avec
quelques dépôts de transport, a une largeur moyenne

qui peut être évaluée à 60 kilomètres ; son axe, dirigé
de l'ouest-nord-ouest à l'est-sud-est, s'étend depuis les
environs de Brest jusqu'à Sablé (Sarthe). Entre ces
deux régions, il en existe une troisième servant à les
lier, qui est très-étroite et formée de roches quartzeuses micacées, entremêlées de granite et de schiste
argileux. La région littorale est la plus productive et
la plus peuplée, tant à cause de la fertilité relative de
son sol, que par suite des avantages que lui procurent
la pêche et le commerce maritime. La région centrale est celle qui possède la plus grande étendue de
prairies et où les troupeaux sont les plus nombreux.
Quant à la zone intermédiaire, où les roches quartzeuses sont très-développées, elle est occupée en
grande partie par des landes et des forêts. Ce que
nous allons dire maintenant du sol à base de schiste,
s'appliquera principalement à la région centrale que
ce terrain constitue presque entièrement.

Le schiste argileux de la Bretagne présente les
couleurs habituelles à cette espèce de roche ; il est
assez souvent micacé ou talqueux, par l'effet du méta-
morphisme ; souvent aussi, il renferme entre ses feuillets
des nodules de quartz blanc, ou bien il est traversé
par de nombreux filons de cette substance, qui sont
exploités pour l'entretien des routes. Quelquefois, il
devient dur, très-fissile et passe à la variété utilisée
dans les constructions sous le nom d'ardoise ; on en
connaît plusieurs carrières, principalement dans le
département de Maine-et-Loire. Le schiste argileux
produit, en se décomposant, une terre qui a toutes les

propriétés de l'argile. Cette terre, lorsqu'elle est pure ou presque pure, est extrêmement tenace, compacte, difficile à s'échauffer, et donne des produits plus abondants que savoureux ; par suite de l'imperméabilité du sous-sol, elle conserve longtemps son humidité, même quand elle a très-peu d'épaisseur. Dans beaucoup de lieux, elle se trouve naturellement mêlée de fragments de quartz, de débris de la roche non décomposée, ou de sable siliceux ; sa fertilité en est toujours augmentée.

L'analyse mécanique d'une terre près de Rennes, qui paraissait de bonne qualité, nous a donné :

Gravier, gros sable, fibres végétales	15,00
Sable ordinaire.	13,30
Sable fin	19,70
Matières ténues (argile, oxyde de fer, etc.). . . .	52,00
	100,00

Cette terre était d'un gris jaunâtre ; les matières fragmentaires qu'elle contenait consistaient en débris de schiste non décomposés et en cailloux anguleux de quartz. Le sable fin offrait une couleur jaunâtre identique avec celle de la terre ; ce qui paraissait dû à une proportion considérable de schiste à l'état pulvérulent.

On a remarqué que le schiste, récemment décomposé et encore vierge de culture, était susceptible de devenir très-fécond. Pour cette raison, on a l'habitude, dans certaines localités de Maine-et-Loire, d'amender les vignes et, en général, les terrains où croissent les végétaux ligneux, en faisant usage de la roche même qui forme le sous-sol. Cette roche est un schiste rouge ou violacé, désigné sous le nom de *roc*. Tantôt, on le détache au pic partout où il se montre à nu, sur le bord des chemins ou sur la pente des collines; tantôt, on l'extrait du terrain même que l'on veut fertiliser. Les fragments de ce schiste sont ensuite répandus en quantité très-variable, mais toujours considérable, entre les ceps et incorporés dans le sol par les façons qu'on lui donne. Suivant que la matière est plus ou moins dure, et, par conséquent, plus ou moins décomposable, on l'applique à des terres de nature différente. Le schiste dur convient aux terres compactes, qui ont du fonds; ses effets y sont très-durables. Le schiste tendre, d'une décomposition facile, est préféré pour les terrains qui ont peu de profondeur; il augmente, en peu de temps, l'épaisseur de la couche arable. Cet amendement paraît avoir, en général, une action à la fois chimique et physique : en se décomposant en partie, il fournit une terre non épuisée, où il y a de la potasse et d'autres substances fertilisantes; en résistant en partie à l'altération et en restant solide, il divise le sol, le rend plus perméable, plus poreux et, par suite, moins humide (1).

D'un côté, un climat humide et brumeux, de l'autre, l'hygroscopicité naturelle du sol à base de schiste argileux, ont imprimé à l'agriculture de la région centrale de la Bretagne, la physionomie qui la distingue encore aujourd'hui. Depuis longtemps, on y a fait

(1) Leclerc-Thoüin, *Agriculture de l'ouest de la France*, etc., page 200.

une grande part aux prairies, aux pâturages et à l'élevage des troupeaux ; le reste paraît accessoire. Il y a une cinquantaine d'années que cet accessoire était très-peu de choses. Les terres pauvres, autres que les prairies, restaient alors incultes pendant une longue suite d'années. Lorsqu'on les défrichait, on en retirait une ou deux récoltes de froment ; puis, on les abandonnait de nouveau aux genêts qui les avaient bientôt envahies. Aujourd'hui, la plupart des terres arables sont soumises à un assolement régulier, qui est biennal ou triennal, suivant la quantité de fumier dont on dispose. L'assolement biennal consiste en une année de froment et une de jachère. Dans l'assolement triennal, la première année est remplie par une céréale d'automne fumée, ordinairement du blé ; la seconde, par une céréale de printemps, savoir l'avoine et quelquefois le sarrasin ; enfin, la troisième par la jachère. Presque toujours, celle-ci est occupée, en partie ou en totalité, par des plantes fourragères, telles que le trèfle mêlé de vesce. Mais, avant d'aller plus loin, nous devons dire comment, à l'aide de la chaux et d'autres matières fertilisantes, on est parvenu à mettre en usage ces assolements et d'autres encore plus perfectionnés, qui ont métamorphosé l'agriculture du pays.

L'usage de répandre la chaux sur les terres en Bretagne et dans les contrées environnantes, a commencé vers la fin du siècle dernier. Cet amendement a doublé et souvent même triplé la production du froment sur les sols schisteux et granitiques ; aussi, sa consommation est-elle devenue énorme. Dans le seul département de la Mayenne, on exploite, pour sa cuisson, près d'un million d'hectolitres de charbon employé exclusivement à cet usage; 200 fours en fournissent annuellement à l'agriculture environ quatre millions d'hectolitres, valant chacun moyennement 1 fr. 25 à 1 fr. 50. La chaux est mise sur le sol à la dose de 24 à 48 hectolitres par hectare, tous les trois ans, ou bien de 60 à 80 hectolitres, tous les huit à dix ans; souvent, on la fait entrer dans les composts. Les proportions en usage, variables suivant la nature des cultures, sont surtout très-fortes pour le froment. La chaux, répandue sur les terres dans la partie occidentale de la Sarthe, est aussi extrêmement considérable; elle est égale aux cinq sixièmes de la production totale. Dans la partie basse de la Loire-Inférieure, entre Chalonnes et Ancenis, la quantité du même amendement consommé par l'agriculture, ne s'élève pas à moins de 1,300,000 hectolitres. Tout le combustible minéral exploité dans ces contrées est employé à sa fabrication. Dans les arrondissements de Segré et de Beaupreau (Maine-et-Loire), on fait aussi un grand usage de la chaux, qui est cuite, suivant les lieux, au bois ou à l'aide de l'anthracite. La première est préférée et passe pour être plus énergique. Les chaux grasses, qui foisonnent beaucoup, sont considérées aussi comme meilleures que celles qui sont maigres. Il y a beaucoup de lieux, en Bretagne, où l'on ne met pas de la chaux sur les terres, par l'unique raison qu'elle reviendrait à un prix trop élevé, à cause des transports. Quelques couches calcaires découvertes dans ces localités, seraient, pour le propriétaire du sol, l'équivalent d'une mine d'or.

Le long de la région littorale de la Bretagne, où la chaux manque généralement, on y supplée par l'emploi de certains sables du bord de la mer, nommés *tangues*, qui consistent en un mélange à proportions variables, de matières argileuses, de détritus granitiques avec quartz et mica, de débris de coquilles, de restes de crustacés, d'os de poisson, etc. La richesse de ces sables en carbonate de chaux est ordinairement comprise entre 20 et 80 pour 100. On y trouve aussi une très-petite quantité de phosphate de chaux, de chlorure de sodium et d'autres sels solubles provenant de l'eau de la mer; ils contribuent à activer la végétation.

Dans les régions qui avoisinent les calcaires secondaires ou tertiaires, ces roches sont quelquefois employées comme amendements, sans calcination préalable, après avoir été seulement concassées ou écrasées; elles portent, dans ce cas, le nom de *marne*, de *sablon* ou de *castine*. Leur action fertilisante est plus lente que celle de la chaux, mais elle se manifeste pendant une durée de temps bien plus considérable, égale à une douzaine d'années environ.

Indépendamment des amendements calcaires, on fait usage en Bretagne d'un assez grand nombre d'engrais, qui ont aussi puissamment contribué aux progrès de l'agriculture. Le plus connu est toujours le fumier de ferme; après, viennent le noir de raffinerie, les cendres de bois lessivées, le guano, enfin les fu-

mures vertes, obtenues ordinairement par l'enfouisse-
ment du sarrasin. Parmi ces engrais, on doit distinguer le noir de raffinerie, dont la consommation est
devenue extrêmement considérable dans le pays, et qui
y a produit les plus heureux effets; on doit lui attribuer
en partie la suppression des longues jachères. On
sait que le noir convient spécialement aux terres à
base de schiste ou de granite, à celles qui sont argileuses et humides; qu'il agit comme stimulant sur les
défrichements et les rend très-fertiles; enfin, qu'il
s'applique au sarrasin avec un très-grand succès. Il est
vrai qu'on a reconnu qu'il ne fallait pas abuser de
ce puissant engrais et que, trop fréquemment employé, il ruinait complètement les terres.

Les principales plantes cultivées sur le sol de schiste
argileux sont le *froment*, le *seigle*, l'*avoine*, l'*orge* et le
sarrasin pour les céréales; la *pomme de terre*, la *betterave*, le *navet* et les *choux* parmi les racines et les
légumes; enfin, le *chanvre*, comme plante industrielle.

Le sol schisteux, surtout lorsqu'il a été amendé par
la chaux et les engrais, convient au *froment*, qui est au
nombre des productions les plus importantes du pays;
sa place dans l'assolement est souvent sur jachère
morte, là où cette jachère est encore en usage par
défaut de fumier. D'autres fois, le froment succède au
sarrasin, qui lui-même a été précédé de navets, ou
bien encore aux fèves, au chanvre, au trèfle enfoui,
à la pomme de terre ou à la betterave.

Le *seigle* joue le même rôle que le froment, et le
remplace sur les terres pauvres et caillouteuses.

L'*avoine* remplace aussi le froment ou lui succède ; elle est généralement semée sur un défrichement. On emploie les deux variétés appelées la *blanche* et la *noire ;* celle-ci est préférée comme avoine d'hiver.

L'*orge* est semée pour l'engraissement de la volaille et des bestiaux, plutôt que pour tout autre usage. Elle succède aux choux, aux navets, à la pomme de terre et accidentellement au blé.

La culture du *sarrasin* est extrêmement répandue, surtout dans les lieux où l'on ne peut faire usage de la chaux à cause de son prix élevé. Cette céréale occupe la jachère et prépare le blé. On a reconnu que, de tous les engrais, c'était le noir de raffinerie qui lui convenait le mieux.

La *pomme de terre* est une récolte qui a de l'importance en Bretagne. On la retire après les choux et les navets, ou bien, avant et après le blé. Dans ce dernier cas, on a la rotation suivante : 1° pommes de terre non fumées ; 2° froment fumé ; 3° pommes de terre ; 4° froment sans fumure.

La *betterave* sert à la nourriture des bestiaux, comme les navets et les choux dont nous allons parler, et les remplace dans les lieux où ils ne sont pas cultivés.

Les *navets* caractérisent l'agriculture bretonne ; ils sont semés sur tous les points où l'on engraisse les bestiaux. Leur place est au début d'une rotation, ou sur un défrichement, pourvu que le sol ait été profondément remué et bien ameubli.

La culture du *choux* est très-ancienne en Bretagne, où elle a pris de l'extension en même temps que le nombre des bestiaux augmentait; elle leur procure, en effet, le meilleur fourrage vert que l'on puisse donner pendant la mauvaise saison. Les choux sont ordinairement mis sur les terres qui viennent de porter du froment, surtout si elles commencent à s'épuiser; ils précèdent presque toujours, soit une céréale de mars, soit des racines sans fumure.

On cultive le *chanvre* dans presque toutes les fermes, mais seulement pour les besoins des propriétaires et des fermiers; il ne donne lieu à aucun commerce important.

La vigne ne s'accommode pas, en général, du sol à base de schiste argileux, ni du climat breton; pour cette raison, on ne la rencontre que dans quelques localités favorisées et exceptionnelles. On peut citer le département de Maine-et-Loire, où il y a des vignobles situés sur les argiles compactes que produit la décomposition des schistes rouges. Le vin y est le plus souvent de médiocre qualité, sauf celui du lieu nommé la *Coulée de Serrans*, qui passe pour un des meilleurs du département (1).

La cherté du vin en Bretagne a développé dans ce pays la culture du pommier à cidre, qui y donne de bons produits, le climat et le sol lui étant favorables.

Les arbres, qui sont épars sur le terrain schisteux, consistent principalement en chênes, châtaigniers, charmes, bouleaux et trembles; ils sont remplacés par des ormes, des érables et des noyers lorsqu'on passe sur

(1) Leclerc-Thouin, *Agriculture de l'ouest*, etc., page 362.

les terrains calcaires. Quant aux forêts, leurs essences dominantes sont le chêne et le hêtre; puis, en moins grande quantité, le tremble, le châtaignier, le coudrier, le houx, la bourdaine, et, dans les parties basses, les saules et l'aune.

Nous avons dit qu'une partie essentielle de l'agriculture de la Bretagne consistait dans l'élevage des bestiaux. Partout dans ce pays, leur nourriture est l'objet de soins prévoyants. Indépendamment des matières alimentaires que fournissent pour cet usage diverses récoltes, on retire dans chaque ferme des fourrages provenant de prairies naturelles et de pâturages permanents. L'étendue des prés, relativement à celle des terres arables, varie ordinairement depuis 1/5ᵉ jusqu'à 1/3; quelquefois elle approche de l'égalité; il y a même des communes où elle la surpasse. Les jachères-pâtures ajoutent encore à ces ressources; dans le département des Côtes-du-Nord, où elles sont connues sous le nom de *veillons*, elles succèdent à une ou plusieurs rotations de céréales (blé noir, froment, seigle, avoine) et durent depuis six jusqu'à neuf ans. Il y a enfin les landes et les pâtis, qui sont très-utiles; on en tire la litière nécessaire aux animaux, et une partie de leur nourriture, évaluée à 1/6ᵉ. Les troupeaux de la Bretagne se composent de bêtes chevalines, de bêtes à cornes et de moutons.

Le nombre des chevaux que l'on élève dans le pays est considérable, et ne paraît pas être au-dessous de 300,000 têtes. Ces animaux, dont les espèces et les variétés sont ici bien caractérisées, se partagent en deux grande classes : les chevaux de trait et les chevaux de selle: Les premiers se subdivisent en chevaux de gros trait et chevaux de trait légers. Les chevaux de gros trait occupent tout le littoral nord de la Bretagne ; ils paraissent originaires des arrondissements de Brest et de Morlaix, et c'est encore là qu'est le foyer principal de leur reproduction. On les reconnaît à leur tête lourde, forte et plate ; à leurs joues grosses et charnues ; à leur encolure épaisse, chargée d'une double crinière. Leurs membres sont puissants ; tout indique en eux une grande force musculaire et une énergie capable de résister aux plus rudes épreuves. Le cheval de trait léger n'est pas lourd et massif comme celui de gros trait ; il n'a pas non plus les formes élancées du cheval de selle qui vit sur les hauteurs, dans l'intérieur du pays : il est intermédiaire. On le rencontre, en grand nombre, dans le Finistère, aux environs de Saint-Renan et du Conquet. Ses qualités sont celles des espèces carrossières fortes et puissantes. Le cheval de selle, ou cheval léger, est une race indigène améliorée par des croisements ; sa robe est baie, alezane ou grise. Il porte un cachet très-prononcé de cheval anglais ou de cheval arabe, suivant qu'il procède de l'un ou de l'autre. Il se recommande par une grande énergie, un degré de vitesse satisfaisant, une grande résistance au travail et une douceur remarquable. Cette race est particulièrement répandue dans les départements des Côtes-du-Nord et d'Ille-et-Vilaine.

On évalue à 1,400,000 le nombre des bêtes à

33

cornes de diverses espèces, répandues en Bretagne. Nous ne parlerons que de la race bretonne ou indigène, qui est bien caractérisée. Cette race se distingue par sa petite taille et son corps un peu long, mais bien proportionné; par une tête fine et des cornes d'un beau noir, luisantes à leur extrémité. Elle est sobre et vit dans des landes où toute autre espèce dépérirait; transportée dans de bons pâturages, elle s'engraisse promptement. Le nombre des bœufs adultes est beaucoup moindre que celui des vaches. Cela tient à ce que les veaux sont livrés de bonne heure à la consommation et qu'il en est de même des bœufs, qui, presque tous, sont engraissés en Normandie avant d'être vendus au boucher. Les vaches, qui en général sont très-bonnes laitières, sont gardées pour produire du lait et, par suite, du beurre. Au bout de douze à quinze ans, elles sont aussi engraissées et livrées à la boucherie. Ainsi, ce n'est point par son travail que la race bovine bretonne est principalement utile, mais en servant à l'alimentation de l'homme par son lait, son beurre et sa viande.

Les bêtes à laine du même pays n'offrent rien de remarquable; elles sont en général maigres, de taille exiguë et sans qualités, probablement parce que l'humidité du sol et celle du climat leur sont peu favorables. Dans le département des Côtes-du-Nord et ailleurs, on distingue les gros moutons et les petits : les premiers habitent le littoral et vivent avec les vaches à la pâture et dans les étables; les seconds, dont l'aspect est très-chétif, vont paître dans les landes de

l'intérieur. Les gros moutons rendent 20 à 30 kilogrammes de viande et environ 2 de laine lavée; les
autres, 10 à 12 kilogrammes de viande et seulement 400 grammes de laine.

Nous terminerons ces détails sur les troupeaux de
la Bretagne, en faisant remarquer que, malgré l'étendue et la beauté des pâturages qui couvrent le terrain
schisteux, les moutons et les bêtes à cornes y restent
chétifs, de petite taille, et ne peuvent y acquérir de
l'embonpoint. Nous avons dit qu'avant d'être livrés à
la boucherie, les bœufs bretons avaient besoin d'être
engraissés dans les pâturages du Calvados. Le climat
étant à peu près le même, on ne peut attribuer la
supériorité des herbages de ce dernier pays qu'à la
nature du sol, qui est calcarifère. L'importance du
carbonate de chaux, comme élément agrologique,
devient évidente ici, comme en Suisse, lorsqu'on compare dans cette partie des Alpes, le sol calcaire au sol
granitique. Nous aurons bientôt l'occasion de confirmer ce fait par d'autres exemples.

Localités diverses.

Nous venons de voir que le terrain de schiste argileux de la Bretagne, quoique naturellement peu fertile,
était cependant productif. Dans d'autres pays, il l'est
beaucoup moins; ce qui doit être attribué soit au
défaut d'amendements calcaires, soit à la qualité du
schiste qui est plus ou moins apte aux cultures, suivant
son degré d'homogénéité et la facilité avec laquelle
s'opère sa décomposition.

On appelle *Ardenne* un vaste plateau, de forme irrégulière, dont le contour est un peu concave vers le nord-ouest, et qui s'étend depuis les environs d'Aix-la-Chapelle jusque près de Rocroy. Sa plus grande longueur, dirigée du nord-est au sud-ouest, est d'environ 20 myriamètres. Sa plus grande largeur ne dépasse pas 5 myriamètres. Une très-petite portion de son étendue se trouve en deçà des limites de la France actuelle et a donné son nom au département des Ardennes. Cette région naturelle est caractérisée par sa constitution géologique et par d'épaisses forêts; elle faisait partie autrefois de la *Silva Arduenna* des Romains. Son sol est uniformément composé de schiste argileux, appartenant à une formation primaire nommée en Belgique terrain ardoisier. La terre végétale, qui résulte de sa décomposition et de sa désagrégation, est extrêmement maigre et n'est favorable à aucune culture. M. d'Omalius d'Halloy, en parlant de ses caractères agronomiques, s'exprime ainsi : « On y « trouve des forêts d'une étendue immense, mais la « majeure partie du sol ne présente que des landes, « qui forment ou de vastes plateaux absolument « incultes, connus dans le pays sous le nom de « *fagnes*, ou de mauvaises pâtures qu'on ne peut « livrer à la culture qu'après un intervalle de quinze « à vingt ans, et par un procédé particulier nommé « *essartage* (1). A peine y a-t-il quelques vallées qui

(1) L'essartage consiste à faire alterner la culture du seigle ou d'une autre céréale, avec des bois qui sont coupés et brûlés sur place et qui repoussent ensuite par les racines. (*Note de l'auteur.*)

« offrent de véritables prairies et des terres régulière-
« ment cultivées (1). » Les cultures, quand elles
existent, se bornent au seigle, à l'avoine et aux pommes
de terre; on y voit rarement du blé. Les landes sont
couvertes de bruyères, de fougères et de genêts. Les
essences qui composent les forêts sont principalement : le chêne, le hêtre, le charme, le bouleau, le
tremble, le coudrier. On n'y voit pas de pins, de
sapins, ni d'autres arbres résineux; leur absence mérite
d'être remarquée.

Dans le *département des Ardennes*, qui renferme le
prolongement du terrain ardoisier, la terre végétale
qui recouvre sa surface, est souvent très-peu épaisse,
disent MM. Sauvage et Buvignier (2); sur beaucoup
de points, les arbres ont poussé dans les débris du
schiste simplement altéré à sa surface. Le chêne est
l'essence dominante dans ce terrain ; on y rencontre
aussi quelques charmes, des bois tendres, comme le
bouleau ou le tremble, et, dans les endroits humides,
l'aune et le frêne. Les parties non boisées renferment
souvent des prairies marécageuses. On y voit peu de
terres cultivées d'une manière constante ; la plupart
sont ensemencées en seigle ou en avoine, à des intervalles de plusieurs années. Tout ce qui n'est pas soumis à une culture continue ou à des irrigations, est
promptement envahi par les genêts, les bruyères et
les fougères. Dans les terrains marécageux, ces plantes

(1) *Journal des Mines*, tome XXIV, page 354.
(2) *Géologie du département des Ardennes*, page 87.

sont remplacées par des mousses, au nombre desquelles se trouvent beaucoup de sphaignes, dont la décomposition produit de la tourbe.

M. Daubrée (1) a remarqué de son côté que, sur le schiste de transition du *Bas-Rhin*, la terre végétale était de médiocre qualité et ne convenait guères qu'à la culture du seigle et de la pomme de terre. Ainsi, le groupe montagneux du Honil, dans le val de Villé, est habituellement inculte et couvert de genêts; tous les dix ans seulement, on y fait une récolte de seigle. Toutefois, dans les plis du terrain d'où il sort des sources, l'eau a donné naissance à des prairies, autour desquelles s'étendent quelques champs, qui forment de petits centres de culture.

TERRAINS AGRICOLES
$\begin{cases} \text{N}^{\circ}\ 30. \begin{cases} \text{Sous-sol de grès siliceux.} \\ \text{Sol fragmentaire.} \end{cases} \\ \text{N}^{\circ}\ 31. \begin{cases} \text{Sous-sol de grès siliceux.} \\ \text{Sol argilo-fragmentaire.} \end{cases} \end{cases}$

Généralités. — Les grès siliceux, envisagés au point de vue agrologique, forment deux divisions semblables à celles que nous avons établies, soit pour les calcaires, soit pour les grès calcarifères. La première division comprend les grès siliceux, très-durs, à tissu serré, non susceptibles d'absorber l'eau, et d'une décomposition difficile. Nous les appellerons *compactes*, à cause de leur analogie, quant aux propriétés, avec

_____

(1) *Description géologique et minéralogique du département du Bas-Rhin*, page 271.

les calcaires qui portent ce nom. Dans la deuxième
division, se trouvent les grès qui ont des caractères
opposés, c'est-à-dire qui sont tendres, plus ou moins
argileux, à texture lâche, et qui se désagrégent facilement sous l'influence de l'atmosphère : on peut leur
donner le nom de grès *friables*.

Les grès compactes, auxquels appartiennent la plupart des grauwackes et des grès quartzeux fortement
cimentés, se trouvent souvent dans les terrains anciens. Ils donnent naissance à un sol végétal, peu
épais et essentiellement fragmentaire, qui est en général impropre aux cultures et ne peut nourrir que des
bois.

Les grès friables se rencontrent dans toutes les formations, mais surtout dans les terrains secondaires et
tertiaires. La terre qu'ils produisent est ordinairement
abondante, tantôt purement sableuse, tantôt argilo-
sableuse : cela dépend de la quantité d'argile contenue
dans la roche. Souvent, on voit des grès, plus ou
moins durs, alterner avec des lits peu épais de schiste
argileux. Il en résulte alors une terre argilo-fragmentaire, entièrement comparable à celle que produirait un sous-sol composé de grès contenant beaucoup
d'argile. Un grand nombre de terrains houillers se
trouvent dans ce cas.

Parmi les terres végétales à sous-sol de grès siliceux,
il n'y a guères que les argilo-sableuses qui soient
douées de quelque fertilité. Les autres sont ordinairement couvertes de forêts. Lorsqu'on veut les cultiver, il est toujours extrêmement utile de les amender

avec de la chaux, de la marne et, en général, avec des substances qui renferment l'élément calcaire.

Le sous-sol est souvent imperméable; c'est une circonstance défavorable, à laquelle on ne peut remédier que par l'assainissement des lieux.

Localités diverses.

On doit ranger parmi les grès siliceux compactes le grès des *Vosges*, qui donne un sol léger et sableux, peu propre aux cultures. Aussi est-il presque entièrement couvert de forêts qui, en général, ne s'étendent pas sur les terrains voisins, en sorte que la limite du sol boisé coïncide, sur beaucoup de points, avec celle du grès des Vosges lui-même. Parmi les essences qui végètent sur ce terrain, le hêtre est celle qui domine. Le sapin s'y mêle, surtout sur les versants exposés au nord, tandis qu'on trouve particulièrement le chêne dans les expositions méridionales.

Le grès bigarré de l'Alsace, beaucoup plus argileux que le grès des Vosges, donne une terre ordinairement froide, dont la végétation est cependant vigoureuse et assez variée.

Parmi les étages tertiaires du bassin de Paris, il y en a plusieurs qui sont formés de grès siliceux. M. Brongniart (1) a fait observer que presque tous les bois, qui avoisinent la capitale, avaient pour base ces terrains arénacés. On peut citer à l'appui de cette remarque les forêts de Marly, de Clamart, de Verrières, de Meu-

(1) *Description géologique des environs de Paris*, 1834, page 466.

don, de Villiers-Adam, de Chantilly, de Hallate, de
Montmorency, de Villers-Cotterets et de Fontainebleau. Les grès boisés de cette dernière localité étant
les plus connus, nous allons en donner une courte
description.

La *forêt de Fontainebleau* présente une surface de
forme irrégulière, qui se rapproche de celle d'un triangle isoscèle ayant pour base le cours moyen de la
Seine, entre Melun et les Sablons, au sud de Thomery,
et, pour sommet le petit village nommé Achères, situé
à 10 kilomètres environ sud-ouest de Fontainebleau.
Son étendue est de 16,900 hectares, et son pourtour
a 80 kilomètres. On ne voit dans cette forêt que du
sable et des grès siliceux, qui alternent ensemble et
appartiennent évidemment à la même formation géologique. Le sable est composé de très-petits grains de
quartz blanc, hyalins, non roulés. Les grès constituent
une roche dure, homogène, formée de ce même
sable agglutiné par un ciment siliceux et non calcarifère, comme on l'a prétendu ; en effet, très-peu d'entre eux font effervescence avec les acides. Les cristaux
de chaux carbonatée quartzifère, trouvés dans quelques endroits, ne paraissent être que des accidents
postérieurs au dépôt du terrain et dus à des causes
locales. Le sable quartzeux forme, à peu près exclusivement, le sol végétal ; il est mêlé de 4 à 5 pour 100
de matières végétales fibreuses, non décomposées, et
quelquefois d'un peu d'oxyde de fer. En le tamisant,
après avoir séparé les matières végétales, nous avons
trouvé que 19 parties sur 100 étaient restées sur le

tamis de soie ordinaire, et que 81 l'avaient traversé. Le sable de Fontainebleau est donc très-fin, ce qui n'est pas un fait indifférent au point de vue de la végétation.

Sous le rapport de la configuration du sol et de son aspect physique, la forêt se divise en deux parties distinctes : l'une basse, unie et d'un parcours facile ; l'autre plus élevée et accidentée. La première région est traversée par de belles routes, et l'on y voit de superbes futaies. Les espèces végétales qui les composent, sont principalement le chêne, le hêtre, le charme et le bouleau. On y rencontre aussi des pins, le houx et le genévrier. Le chêne, qui est l'arbre le plus commun, atteint sur certains points des dimensions considérables ; on en rencontre qui ont jusqu'à 7 mètres de circonférence. Quelques-uns de ces vieux arbres sont devenus presque célèbres, et on les visite comme des curiosités. Le sol est partout purement sableux et présente une grande profondeur. La seconde région, qui comprend plusieurs quartiers séparés, offre de longues chaînes de collines et des plateaux qui s'élèvent jusqu'à 140 mètres au-dessus du niveau de la Seine ; ils sont coupés par des vallons presque toujours parallèles entre eux et dirigés à peu près de l'O.-N.-O. à l'E.-S.-E. Le terrain est formé de grès siliceux qui, en se désagrégeant, ont donné naissance à une couche, souvent peu épaisse, de sables superficiels. Quelquefois, de gros blocs ont roulé des escarpements et ont produit des accidents très-pittoresques. On remarque que les arbres ne sont pas à beaucoup près d'une aussi belle venue sur ces grès que dans la région de la plaine ; ce qu'il faut évidemment attribuer au peu de profondeur de la terre végétale. Autrefois, ces surfaces accidentées étaient même presque entièrement nues. On est parvenu à les boiser en y faisant des semis de pins sylvestres, espèces d'arbres qui paraissent s'y plaire particulièrement. Leurs racines, ordinairement courtes et menues, y prennent une grande extension et une grosseur considérable. On les voit serpenter autour des blocs de grès et s'insérer dans leurs fissures. L'introduction du pin dans cette partie de la forêt remonte au XVIIᵉ siècle. On avait d'abord essayé d'y faire croître le pin maritime ; on espérait que cette essence qui vient si bien dans les Landes, réussirait également dans les sables de Fontainebleau ; mais le grand hiver de 1709 la fit périr sur presque tous les points. Une autre tentative, sous le règne de Louis XVI, ne fut pas plus heureuse. Enfin, un botaniste distingué, M. Lemonnier, médecin de Marie-Antoinette, pensa que le pin du nord, ou pin sylvestre, résisterait mieux aux fortes gelées, et il en fit un essai qui fut couronné de succès. Depuis, on a continué les semis de cette espèce de pin.

Il résulte de ce qui précède, que la forêt de Fontainebleau renferme deux terrains agricoles distincts. Le plus étendu et le mieux boisé offre une profondeur de sable presque indéfinie ; il appartient au n° 9, précédemment décrit. L'autre, dont la superficie est évaluée à 4,000 hectares, est un exemple du n° 30 dont nous nous occupons dans cet article. Ce terrain, moins favorable que le premier à la croissance des beaux arbres, a trouvé dans le pin sylvestre l'essence résineuse qui lui convenait le mieux.

Il nous reste à citer, comme exemple du n° 31, le sol des hauteurs qui avoisinent Rive-de-Gier (Loire). Il a pour base un grès houiller à gros grains, d'une dureté médiocre, dont le ciment argilo-siliceux empâte des fragments de quartz, de schiste et de roches granitiques. La terre est noirâtre, argilo-fragmentaire et de la classe de celles qu'on nomme légères ; elle provient de la désagrégation du grès.

Un échantillon, pris au nord de la ville, nous a offert la composition suivante :

Très-gros sable à fragments anguleux. .	46,15
Sable ordinaire.	18,75
Sable fin.	14,30
Argile, humus, etc.	20,80
	100,00

Sur le plateau, au nord, la terre manque en général de fonds ; ce qui, joint au défaut d'abris contre les vents impétueux, est cause qu'il y a peu d'arbres. On y rencontre, cependant, quelques châtaigniers, des pommiers et des cerisiers. Les principales productions agricoles sont le blé, qui est de qualité estimée, la luzerne, le foin des prairies naturelles, et le vin, que l'on consomme dans le pays. Les prairies et les luzernières paraissent occuper une grande superficie. On est dans l'habitude de faire alterner le froment avec le trèfle, les pommes de terre ou les racines. Quand on dispose d'une grande quantité de fumier, on retire plusieurs récoltes de froment de suite. En général, ce terrain n'est productif qu'à la condition de recevoir beaucoup d'engrais. Ceux-ci consistent en fumier de ferme ou d'écurie, et en vidanges; on met aussi un peu de poudre d'os sur les prairies. Il est à remarquer que l'usage de la marne et de la chaux est inconnu aux environs de Rive-de-Gier, quoique la contrée soit traversée par un chemin de fer qui doit faciliter les transports. La difficulté de charrier ces amendements jusque sur les hauteurs, est peut-être la raison qui s'oppose à leur emploi; ce qui est fâcheux, car il est probable qu'ils produiraient d'excellents effets. Le sous-sol est imperméable; mais il en résulte peu d'inconvénients, à cause des ondulations du plateau ; d'un autre côté, les puits et les galeries dont l'intérieur du sol est criblé, par suite de l'exploitation de la houille, facilitent l'écoulement des eaux.

§ 4me. TERRAINS A SOUS-SOL DE ROCHES A ÉLÉMENTS CRISTALLISÉS.

TERRAINS AGRICOLES
{
N° 32. { Sous-sol de roches granitiques (1).
        { Sol fragmentaire.
N° 33. { Sous-sol de roches granitiques.
        { Sol argilo-fragmentaire.
}

Généralités. — Le granite est une roche dont les éléments principaux sont le feldspath, le quartz et le

(1) Nous comprenons dans les roches granitiques, non-seulement le granite et le gneiss, mais aussi la syénite et le diorite, qui n'en diffèrent que par la substitution de l'amphibole au mica.

mica. Le feldspath est blanc, gris, vert ou rose; il appartient à l'espèce nommée *orthose*, mais ordinairement, on y trouve mêlées, en petite quantité, deux autres espèces, l'*oligoclase* et l'*albite*. Le quartz y est en grains vitreux, transparents et incolores, et le mica en petites lamelles blanches, noires, grises ou verdâtres. Ces divers éléments sont en proportions très-variables.

La composition moyenne des granites paraît être la suivante :

Silice	72,30
Alumine	15,30
Alcalis	7,40
Chaux, magnésie, oxyde de fer . . .	3,30
Eau, acide fluorique, etc	1,70
	100,00

L'élément feldspathique des granites, surtout lorsqu'il est dominant, éprouve ordinairement une décomposition analogue à celle de la plupart des autres silicates. Sous l'influence prolongée de l'eau chargée d'acide carbonique, les alcalis sont entraînés presque en totalité; une partie de la silice elle-même disparaît; il ne reste qu'une matière argileuse, nommée *kaolin*, composée presque entièrement de silice, d'alumine et d'eau. Les kaolins ont des compositions variables. Celui de Limoges, employé à la fabrication de la porcelaine, renferme les éléments suivants :

Silice libre	10,98
Silice combinée	31,09
Alumine	34,65
Chaux, magnésie, potasse . . .	1,33
Eau	12,17
Résidu non argileux	9,76
	99,98

Si un granite est susceptible de se décomposer seulement en partie, ainsi que cela arrive ordinairement, la terre végétale à laquelle il donne naissance, est un kaolin, mêlé dans une certaine proportion à des grains de quartz et à des fragments granitiques non altérés : elle est, dans ce cas, argilo-fragmentaire. Lorsque la décomposition du granite est difficile ou même nulle, ce que l'on observe quelquefois, la roche n'éprouve qu'une simple désagrégation par l'effet des agents météoriques, tels que le gel et le dégel, qui agissent mécaniquement : le sol est alors essentiellement fragmentaire. Les terres qui se produisent dans les deux cas que nous venons de distinguer, passent, les unes aux autres, par des transitions insensibles, et se rencontrent souvent dans l'étendue du même canton. Elles ne sont point cependant de valeur égale : le sol argilo-fragmentaire, étant le plus hygroscopique et le plus apte à conserver les engrais, est toujours, pour cette raison, le meilleur pour l'agriculture.

Le granite, considéré comme sous-sol, est une roche massive, très-imperméable. Son imperméabilité constante, jointe au peu d'épaisseur que présente habituellement la terre végétale qui lui est superposée, imprime à l'ensemble du terrain des propriétés agricoles assez tranchées, le plus souvent désavantageuses. Pour remédier à l'absence de l'élément calcaire dans son sein, il faudrait y transporter de la marne ou de la chaux, ce qui n'est pas toujours réalisable. Par compensation, sa terre renferme habituellement une proportion notable de silicates alcalins qui, en se

décomposant, sont favorables à certaines cultures,
particulièrement aux prairies et aux arbres (1). Lorsque
cette terre est épaisse, suffisamment argileuse, et assez
inclinée pour que les eaux y aient un écoulement
facile, elle peut jouir d'une véritable fertilité. En outre,
dans les lieux chauds et bien exposés, elle sert quelquefois de base à des vignobles où l'on récolte des
vins extrêmement estimés. En dehors de ces cas exceptionnels, on a reconnu, en étudiant le terrain granitique sur de grandes surfaces, qu'en général il était
peu productif, et que surtout le froment y venait mal ;
cela ressort des descriptions agronomiques qui vont
suivre.

Le plateau granitique central de la France.

Ce plateau comprend, en totalité ou en grande
partie, la Creuse, la Haute-Vienne, la Corrèze, le
Cantal, la Lozère et quelques cantons des départements environnants. Sa hauteur moyenne au-dessus
du niveau de la mer est de 700 à 800 mètres ; il est
découpé par une multitude de vallées étroites et à
bords escarpés, qui ont de 300 à 400 mètres de profondeur. On observe, à sa surface, plusieurs chaînes de
1,600 à 1,700 mètres d'altitude, également de nature
granitique : telles sont les montagnes de la Lozère,
les Cévennes, etc. Le climat de cette haute région est

---

(1) Parmi les espèces qui prospèrent sur les sols granitiques, on peut
citer les résineux, le chêne, le hêtre, et surtout le châtaignier, qui est,
par excellence, l'arbre de ces sortes de terrains.

froid, humide et très-inégal. Les étés sont chauds et
courts, et les hivers longs et rigoureux. Souvent, il
gèle dès le mois d'octobre, et il n'est pas rare de voir
tomber de la neige jusqu'à la fin d'avril. Dans le mois
de mai, les gelées tardives sont fort à craindre. Les
vents soufflent avec violence sur les hauteurs, et les
tourmentes y sont fréquentes; plus d'une fois, des
maisons y ont été complètement ensevelies sous de
grandes masses de neige. Un pareil climat a nécessairement imprimé un caractère particulier à la culture
du sol; on ne voit dans le pays que des plantes rustiques, peu sensibles aux gelées printanières. La rigueur
du froid en hiver et le peu d'importance des travaux
de la campagne pendant cette saison, ont fait naître,
dans beaucoup de cantons, l'habitude des émigrations,
qui ont pour résultat de fournir à toute la France des
colporteurs, des étameurs, des terrassiers, etc.; un
grand nombre d'entre eux se fixent à Paris.

La vaste région dont nous venons de donner une
idée, est entièrement formée de roches granitiques,
avec toutes leurs nuances d'aspect et de composition.
Elles y présentent leurs caractères agronomiques les
plus habituels, que les auteurs de la Carte géologique de France ont décrits en ces termes :

« Le feldspath du granite produit, en se décompo-
« sant, une terre argileuse; et, suivant la proportion
« de cette terre et des grains quartzeux, le sol, pres-
« que toujours de qualité inférieure, est cependant
« susceptible de quelque produit.

« Dans la Corrèze et dans les Cévennes, l'abon-

34

« dance du quartz communique une grande stérilité
« au pays. Le roc dur ne fournit point de terre argi-
« leuse ; il ressort, presque partout, à travers une
« mince couche de sable impropre à la végétation.
« Là, tout est solitude ; on fait souvent plusieurs kilo-
« mètres sans trouver une habitation, et l'on ne ren-
« contre que de loin en loin des châtaigniers impro-
« ductifs.

« Dans quelques cantons privilégiés, comme au
« nord de Pompadour, le granite, presque entièrement
« felspathique, donne une couche de terre végétale
« de plus d'un pied d'épaisseur, d'une admirable fer-
« tilité. Aussi, la végétation y déploie toute sa
« splendeur ; les châtaigniers et les chênes y acquiè-
« rent des dimensions généralement inconnues à ce
« pays, et les magnifiques prairies de Pompadour
« nourrissent les plus beaux bœufs du Limousin.

« La terre formée par la destruction du granite, en
« général très-légère, est connue sous le nom de
« terre de bruyère. On ne peut la fertiliser qu'en lui
« donnant beaucoup d'engrais ; il faut même le re-
« nouveler toutes les fois qu'on la destine à produire
« des récoltes. On ne cultive les mêmes terres que
« tous les dix ans, après avoir essayé de les féconder,
« en faisant brûler les fougères, les ajoncs épineux et
« les genêts qui y croissent rapidement. Légère et
« friable, le froid soulève cette terre et déracine les
« plantes qu'on y sème ; la fertilité des terres felds-
« pathiques est en rapport avec la ténuité de leurs
« éléments, pourvu toutefois qu'elles renferment assez

« de gros grains pour peser sur les racines des plantes
« et les retenir dans la terre quand le vent les agite
« ou que la gelée les soulève. Si tous les éléments
« sont trop divisés, ils ne fournissent que des terres
« presque stériles.

« Le seigle, le blé sarrasin, les pois, les pommes
« de terre sont les seules plantes, utiles à l'homme, qui
« puissent y réussir dans l'état actuel de la culture. On
« y voit cependant çà et là quelques champs de blé
« et d'avoine; mais la paille est grêle, et les épis clair-
« semés ne portent que des grains rares et fort petits.

« Les chênes et les hêtres y deviennent vigoureux.
« Le châtaignier y prospère presque partout, mais
« principalement sur les pentes des coteaux; car les
« sommets sont en général nus et stériles. Le châtai-
« gnier, véritable arbre à pain de cette partie de la
« France, fournit la principale nourriture du pauvre,
« sert en partie à celle des bestiaux et donne le revenu
« le plus solide, parce que, même sans culture, les
« produits en sont quelquefois très-abondants.

« Le sol granitique présente fréquemment des ma-
« récages, ordinairement improductifs, et qu'il serait
« presque toujours facile de rendre à la culture; mais
« l'art des desséchements, comme celui des irrigations,
« est peu connu dans ces contrées. Souvent même,
« on ne sait pas donner aux terres labourables la
« pente nécessaire pour l'écoulement des eaux. Quel-
« ques-uns de ces marécages pourraient donner lieu
« à des exploitations avantageuses de tourbe, mais
« l'abondance des châtaigneraies vient encore fournir

« à l'un des plus pressants besoins de l'homme dans
« ces contrées souvent froides et humides.

« Les vallons de ces contrées, recouverts des par-
« ties les plus ténues des terres formées sur les mon-
« tagnes environnantes et des matières végétales et
« animales qui s'y trouvent décomposées, sont géné-
« ralement fertiles. Le chanvre y réussit, le seigle y
« produit d'abondantes récoltes, lorsqu'il n'est pas
« atteint par les brouillards.

« Les prairies y donnent un foin abondant et de
« qualité supérieure (1). »

Pour achever de faire connaître les aptitudes du
terrain granitique sur le plateau central de la France,
nous prendrons pour exemple l'arrondissement d'Ussel
(Corrèze) (2), dont le sol est formé, à peu près exclusivement, de roches cristallisées.

Sur 177,152 hectares qui composent le territoire de
cet arrondissement, le domaine cultivé en comprend
seulement 75,072, ainsi divisés :

	Hectares.
Céréales	38,970
Pommes de terre.	2,286
Prairies naturelles, pâturages .	18,697
Prairies artificielles	529
Jachères mortes	14,590
	75,072

(1) *Explication de la Carte géologique de France*, tome I, page 112.

Après avoir transcrit ce passage dans son *Cours d'agriculture*, tome I,
page 205, M. de Gasparin fait observer que l'on ne doit pas attacher à
l'expression *terre de bruyère*, l'idée d'un terrain formé exclusivement de
débris granitiques ; il ne pense pas non plus que, lorsque les terrains
granitiques, à éléments très-ténus, manquent de fertilité, cela tienne
au défaut de gros grains pouvant peser sur les racines des plantes.

(2) L'altitude du sol de l'église d'Ussel est de 640 mètres.

Parmi les céréales, le froment occupe 2,053 hectares; le seigle, 25,574; l'avoine, 5,257; l'orge, 528; le sarrasin, 5,558. La principale culture est donc le seigle. On n'y récolte ni méteil, ni maïs, ni lin, ni graines oléagineuses, ni betteraves. L'étendue considérable de la jachère morte indique assez qu'elle est une partie essentielle des assolements. Nous ajouterons qu'il y a 372 hectares de châtaigneraies.

L'arrondissement d'Ussel possède environ 27,957 bêtes à cornes, parmi lesquelles figurent 15,021 vaches et 8,000 élèves, qui sont nourris à la fois à l'étable et au pâturage. Le nombre des bêtes à laine est de 161,825 têtes. On élève en outre 8,000 porcs et 2,000 chèvres ou boucs (1).

Le Morvan.

Le Morvan est une région naturelle d'une étendue médiocre (environ 60 myriamètres carrés), qui appartenait autrefois à la Bourgogne et au Nivernais, et qui comprend aujourd'hui une petite portion des départements de l'Yonne, de la Côte-d'Or, de Saône-et-Loire et de la Nièvre. Son sol, entièrement formé de roches granitiques, contraste avec celui des régions environnantes, qui est de nature calcaire. Son point culminant est le sommet de la forêt de Lapeirouse, commune de Quarré, dont l'altitude est de 609 mètres; à partir de là, sa surface va en s'abaissant de tous côtés vers

(2) *Encyclopédie pratique de l'agriculture*, tome V, page 758.

les terrains secondaires. Le granite de ce pays est associé à des roches de porphyre sur des espaces très-étendus ; tantôt il est recouvert de terres argileuses rouges ; tantôt, ce qui est le cas le plus fréquent, il donne naissance, en se désagrégeant, à des sables sans consistance, connus sur les lieux sous le nom de *crans ;* il s'y mêle souvent de gros blocs qui paraissent libres à la surface du sol. Les terres sont généralement peu fertiles ; le seigle, l'avoine et le sarrasin sont presque les seules céréales cultivées. Le froment ne l'est que sur quelques points, là où il y a de l'argile. Il n'est pas douteux que la chaux et la marne ne fussent de puissants moyens d'amélioration pour cette culture, mais on les néglige. La pomme de terre est au nombre des récoltes les plus habituelles ; parmi les plantes fourragères, il n'y a que le trèfle qui soit un peu connu. Les prairies naturelles sont souvent marécageuses et de mauvaise qualité ; on les voit s'élever sur le flanc des coteaux et parvenir jusque sur leur sommet, sans qu'elles aient besoin d'autre irrigation que celle des eaux pluviales. Le climat froid et humide du pays n'est pas favorable à la vigne ; elle est remplacée par les arbres à cidre. Sur les hauteurs, les deux tiers de la surface du sol sont occupés par des forêts de chênes, de hêtres, de charmes et de bouleaux, dont la végétation est vigoureuse, excepté cependant sur les pentes, lorsqu'elles sont très-fortes. Les essences résineuses y viennent aussi très-bien. Comme dans tous les lieux qui sont dépourvus de l'élément calcaire, la bruyère, le genêt, la digitale envahissent promptement les terres en friche et leur donnent une physionomie spéciale (1).

La partie du Morvan comprise dans le département de l'Yonne, s'étend jusqu'aux environs d'Avallon; elle a été étudiée par M. Belgrand (2), qui a donné sur son agriculture beaucoup de renseignements, dont voici un extrait.

1,000 hectares du sol granitique offrent, à peu près, les divisions suivantes :

	Hectares.
Terres labourables.	477
Prairies	98
Vignes	1
Bois	376
Terrains improductifs . . .	48
	1,000

Comme le sous-sol des terres labourables est imperméable, que leur couche végétale est, en général, peu épaisse et que les eaux pluviales y séjournent pendant la plus grande partie de l'hiver, les blés froments y viennent mal; ils sont exposés à être déchaussés; d'un autre côté, ils souffrent de l'absence de l'élément calcaire et de celle de l'argile. Le seigle, l'avoine et le sarrasin, étant moins sensibles à ces défauts de la terre, réussissent beaucoup mieux; pour cette raison, ils sont la base de la culture. L'assolement triennal a été adopté sur les granites, comme sur les terrains calcaires du

(1) Leymerie et Raulin, *Statistique géologique du département de l'Yonne*, 1858, pages 81 et 217.

(2) Voyez la *Notice sur la carte agronomique et géologique de l'arrondissement d'Avallon*, précédemment citée.

voisinage; il comprend deux récoltes de grains de printemps (le sarrasin et l'avoine), entre lesquelles on en intercale une de céréale d'hiver, qui est ordinairement le seigle. L'ordre de cet assolement est fréquemment interrompu par des jachères de plusieurs années. Les champs que l'on abandonne se couvrent promptement de genêts, sous lesquels pousse une herbe fine qui sert de pâture au bétail.

Les prairies du terrain granitique remontent jusqu'au sommet des montagnes, à cause de l'imperméabilité du sous-sol qui leur procure une fraîcheur suffisante, et même, en général, elles sont trop humides; il s'y développe beaucoup de plantes marécageuses qui nuisent à la qualité des foins. Pour cette raison, ceux-ci ont peu de valeur dans le commerce, et l'on est obligé de les consommer sur place; ils conviennent mieux aux bêtes à cornes qu'aux chevaux.

Il y a quelques vignes dans la partie du Morvan qui touche à Avallon; mais, en général, le pays est trop élevé et entrecoupé de gorges trop froides et trop profondes, pour que cette culture ait pu s'y propager.

La végétation des bois est active et vigoureuse sur le granite, ce qui est dû, soit à l'humidité presque continuelle du sol, soit aux sels alcalins que renferment ses détritus. Les essences forestières qu'on y place ordinairement, sont le chêne, le hêtre, le charme, le châtaignier et le bouleau. Lorsque le sol est extrêmement pierreux ou présente des pentes abruptes, on doit donner la préférence aux résineux, particulièrement au pin sylvestre, qui pousse avec une vigueur étonnante au milieu des débris granitiques les plus pauvres.

Nous dirons, en terminant, que dans la partie du Morvan, qui appartient au département de l'Yonne, comme dans ses autres parties, l'usage de marner et de chauler les terres paraît être resté jusqu'à présent inconnu. On doit admettre cependant, d'après l'expérience acquise dans presque toutes les contrées à roches cristallisées, que cette pratique aurait ici la plus heureuse influence sur l'agriculture.

Les deux Bocages.

On a donné le nom commun de *Bocage* à deux petits pays de l'ancienne France, dont le granite forme la base et qui se ressemblent beaucoup par leur aspect physique. Ils sont couverts, l'un et l'autre, de nombreux bois taillis; de là, le nom par lequel on les désigne. Le premier, appelé *Bocage vendéen*, est situé près de la Loire, sur les limites des départements de la Vendée, de la Loire-Inférieure et de Maine-et-Loire. Le second, ou le *Bocage normand*, appartenait autrefois à la Normandie; aujourd'hui, il s'étend sur les départements du Calvados, de la Manche et de l'Orne.

Le massif granitique du *Bocage vendéen* est flanqué, au nord et au sud, de deux bandes parallèles de roches cristallisées, composées principalement de schiste micacé qui, du côté du sud, alterne avec du gneiss. Le feldspath du granite a de la tendance à se décomposer, et prend quelquefois un aspect terreux. Considéré au point de vue de la topographie ce pays offre une multitude de collines peu élevées, presque toujours arrondies à leur sommet, et séparées par de petits vallons qui courent dans toutes les directions. On y voit beaucoup d'enclos formés par des haies de coudrier et d'aubépine, auxquels se joignent des chênes et des châtaigniers exploités en têtards. Les terres ne donnent que de médiocres récoltes ; elles sont successivement ensemencées en froment, en sarrasin et en avoine ; puis, pendant plusieurs années, on les laisse en jachère, en les abandonnant à la végétation spontanée. Les plantes dont elles se couvrent alors, sont en partie broutées par le bétail, en partie employées comme combustible, ou bien entassées sur une aire et converties en engrais par la fermentation. Pour défricher les jachères, on les laboure un grand nombre de fois ; souvent, on les soumet à l'écobuage. Indépendamment des céréales ci-dessus nommées, on cultive en petite quantité les choux, les navets, le millet et le lin. La contrée n'est pas entièrement dépourvue de vignes ; mais, à cause du climat, elles produisent du vin acide. Les bois taillis sont composés, presque en totalité, de chênes dont les glands servent à élever un grand nombre de porcs.

Le *Bocage normand* offre, comme le Bocage vendéen, un centre montagneux granitique, courant à peu près de l'est à l'ouest, et borné au nord et au sud par des roches de transition. La facilité plus ou moins grande avec laquelle le granite se décompose, apporte ici des inégalités sensibles dans la fertilité du sol. A côté de plateaux verdoyants et couverts d'une grande épaisseur de terre végétale, on en voit d'autres qui sont sableux, arides et jonchés de blocs de rochers. En général, on récolte dans le pays du seigle, de l'avoine, du sarrasin et, depuis que l'on emploie des amendements calcaires, une certaine quantité de froment. Les vallées renferment des prairies de médiocre valeur, et les coteaux sont plantés en bois taillis. Le hêtre et le chêne composent ces bois en grande partie, et y acquièrent quelquefois de grandes dimensions; l'orme y est plus rare. Parmi les arbres à fruits, on remarque le pommier, mais le cidre qu'il produit n'est pas aussi fort que celui du sol argileux. Le châtaignier est l'arbre que l'on rencontre le plus souvent sur le sol granitique; il paraît l'affectionner spécialement.

Le Bocage normand étant peu éloigné du Bessin, du pays d'Auge et d'autres régions calcaires du Calvados, on a pu facilement observer combien les contrées riches en carbonate de chaux l'emportaient, sous le rapport agricole, sur celles qui en sont dépourvues. Cette supériorité ne résulte pas seulement d'une plus grande variété et de qualités meilleures dans les productions végétales; elle devient aussi manifeste quand on compare les races d'animaux. Les vaches, les moutons, les chevaux sont dans le Bocage d'une petitesse qui contraste avec les grandes et belles formes des mêmes animaux, lorsqu'ils vivent sur les pâturages calcaires de la Normandie. Ces différences s'étendent même à quelques espèces sauvages. La perdrix, le lièvre, le lapin sont chétifs, à côté de ceux de la plaine. Les poules du pays d'Auge, de la plus belle race, transportées sur le sol granitique, y pondent moins et finissent par dégénérer.

L'espèce humaine elle-même ne peut pas échapper à l'influence de la nature du sol. Les hommes ont, dans la plaine de Caen, une taille de 1^m,70; ils sont bien faits, vigoureux et rappellent par leur stature les premiers Normands. Dans le Bocage, leur taille descend à 1^m,65; leurs cheveux sont longs et droits, et leur teint est d'une pâleur grisâtre. Par compensation, ils ont le regard vif et perçant et, comme tous les habitants des bois, une ouïe excellente. Le sarrasin, qui renferme peu de matière nutritive, est la base de leur nourriture et, ce qui est remarquable, ils n'en veulent pas d'autre. Ils sont d'ailleurs attachés à leur pays et y reviennent toujours (1).

Vallée du Rhône (entre Lyon et Valence).

Aucune des contrées décrites plus haut ne nous a montré les aptitudes du sol granitique pour la culture de la vigne. Pour en trouver des exemples, nous allons nous transporter sur les bords du Rhône, entre Lyon et Valence.

La vallée, comprise entre ces deux points, a environ 100 kilomètres de longueur. Son climat est doux et même chaud; car on y trouve plusieurs plantes qui ne croissent habituellement qu'en Provence. A Vienne, situé à 32 kilomètres sud de Lyon, la température

---

(1) Notes de M. Trouvé médecin, dans les *Mémoires de la Société linnéenne de Normandie*, tome IV, 1829.

moyenne annuelle est de 12°,9, ainsi répartie : semestre d'hiver, 3°,8 ; semestre d'été, 22°,1. Le nombre des jours de pluie est de 114. Les vents dominants sont ceux du nord, du nord-ouest et du sud. Ce dernier amène ordinairement la pluie.

Le terrain granitique borde le côté droit de la vallée sur presque toute sa longueur, tandis qu'on ne le rencontre que par intervalles, et assez rarement, sur le côté opposé, où il est caché sous de grandes masses de cailloux roulés.

La rive droite du Rhône offre, en général, les trois parties suivantes :

1° Une plaine basse, située presque au niveau du fleuve; sa largeur moyenne n'excède pas 200 à 300 mètres; son altitude est de 160 mètres près de Lyon et seulement de 106 à Valence ; elle est entièrement formée de matières alluviennes ;

2° Un versant dominant la plaine, offrant vers le levant une inclinaison de 10 à 30 degrés et plus, couvert de vignes ou de bois, rarement de champs cultivés ; il est composé de roches de granite, de gneiss et de micaschiste ;

3° Une terrasse qui termine le plan incliné précédent, et s'élève moyennement à 300 mètres au-dessus du niveau de la mer ou, à peu près, à 150 mètres au-dessus du niveau du Rhône ; elle est formée de roches granitiques recouvertes ordinairement d'une couche plus ou moins épaisse de matières de transport; on y voit la plupart des villages qui bordent ce côté de la vallée, tels que Irigny, Charly, Millery, dans le département du Rhône; Saint-Michel, dans la Loire; Charnas, Bogy, Talencieux, Ozon, etc., dans l'Ardèche.

Le premier plan est occupé par des prairies et des terres arables, dont la fertilité, quand on peut les arroser, est extrêmement grande : le territoire d'Ampuis en est un exemple. La seconde région convient spécialement aux vignes; c'est là que l'on trouve les crûs les plus renommés des départements du Rhône, de la Loire et de l'Ardèche. Le plateau supérieur offre des terres labourables; on y voit aussi des vignes, mais elles n'ont pas la même réputation que celles de la seconde région.

La rive du Rhône, opposée à celle que nous venons de décrire, offre à peu près la même configuration physique avec une constitution géologique différente. Ici, la plupart des collines sont composées, de la base au sommet, de sable et de cailloux roulés appartenant à une puissante formation quaternaire qui, de là, s'étend dans tout le Bas-Dauphiné. Comme nous l'avons déjà dit, le granite est le plus souvent caché sous les cailloux roulés, et, lorsqu'il est à découvert, on ne peut le suivre que sur des étendues peu considérables. Il se montre sur deux points assez distants l'un de l'autre, savoir aux environs de Vienne (Isère) et, dans la Drôme, au nord de Tain. Les collines de cailloux roulés, et le granite, lorsqu'il est visible, présentent, à leur surface, des vignobles, la plupart estimés; mais qui cependant, si l'on excepte le crû de l'Ermitage, sont loin d'avoir autant de valeur que

ceux du côté opposé de la vallée. Cela s'explique
facilement; car, en général, le sol n'est pas le même
et les expositions ne sont pas aussi bonnes.

Nous allons indiquer les localités, composées en
totalité ou en partie de roches granitiques, qui sont
les plus connues par leurs vins sur les deux rives du
Rhône. Sur la rive droite, on rencontre successivement, en descendant : *Vérinay*, entre Sainte-Colombe
et Ampuis; *Côte-Rôtie*, sur la commune d'Ampuis
(Rhône); *Condrieu*, dans le même département;
Château-Grillet, au-dessous de Saint-Michel (Loire);
puis, *Limony Sarras*, *Vion*, *Mauve*, *Cornas* et *Saint-
Péray*, dans l'Ardèche. Sur la rive gauche, nous avons
Seyssuel et *la Porte-de-Lyon*, près de Vienne; *la Ravette*, sur la commune de Reventin; *les Roches*, en
face de Condrieu; enfin, *l'Ermitage*, près de Tain.
Voici des renseignements sur quelques-unes de ces
localités.

Le crû le plus renommé de la rive droite est celui
de *Côte-Rôtie*, situé à cinq kilomètres nord-est de
Condrieu, non loin du Rhône et à quelques minutes
seulement du village d'Ampuis. Son exposition est
vers le sud-est. La pente de sa surface atteint, sur
quelques points, jusqu'à 30 degrés; à cause de cette
grande inclinaison, le terrain est disposé, le plus souvent, en terrasses, à l'aide de murs de soutènement.
Le coteau, dont la surface vitifère n'est évaluée qu'à
une trentaine d'hectares, comprend deux quartiers
nommés, l'un *Côte-Blonde* et l'autre *Côte-Brune*.

Le granite qui sert de base au sol de Côte-Blonde,

est un peu schisteux, jaune-clair, légèrement talqueux et quelquefois presque compacte ; il passe alors à la roche nommée *eurite*. Il produit, en se décomposant, une terre blonde, abondante, dont l'épaisseur, lorsque les pentes ne sont pas trop fortes, approche de $0^m,50$.

Un échantillon de cette terre nous a donné par l'analyse mécanique :

Gravier granitique, gros sable	50,85
Sable granitique ordinaire.	11,05
Sable fin.	12,30
Argile, oxyde de fer, etc.	25,80
	100,00

Le quartier de Côte-Brune n'est séparé du précédent que par un ravin. Le sol est de même nature, sauf que le granite est associé ici à une roche schisteuse de couleur brune, qui communique cette teinte à la terre végétale. Celle-ci offre, à très-peu près, la même composition qu'à Côte-Blonde. Un échantillon nous a donné :

Gravier granitique, gros sable.	47,00
Sable granitique ordinaire	12,00
Sable fin	14,65
Argile, oxyde de fer, etc.	26,35
	100,00

Malgré les similitudes d'exposition, de terrain et de pente qu'offrent les deux quartiers de Côte-Rôtie, il y a entre les qualités de leurs vins une différence appréciable, qui ne peut être attribuée qu'à la teinte inégalement claire des terres végétales. Le vin de Côte-Brune est plus alcoolique, plus coloré que celui de Côte-Blonde ; ce dernier est plus délicat.

Le vignoble de Côte-Rôtie est caractérisé par des conditions physiques que l'on trouve rarement réunies ailleurs; ce sont : 1° une terre végétale, à la fois légère et hygroscopique, reposant sur un sous-sol imperméable, très-incliné ; 2° une exposition tellement brûlante que, pendant l'été, on y éprouve une chaleur réellement insupportable. De là, sans doute, dérivent en grande partie les traits distinctifs du vin que produit cette localité : il est très-capiteux et a beaucoup de feu, en même temps qu'il possède une grande finesse et un bouquet agréable. Les seuls cépages admis dans ce vignoble sont la serine noire et le vionnier blanc, qui ont aussi leur part d'influence sur la qualité du vin : le premier fonce sa couleur et lui donne du corps; le second le rend léger et délicat.

Si d'Ampuis on se dirige vers le nord-est, du côté de Sainte-Colombe, on rencontre une suite non interrompue de vignobles, dont ceux de *Vérinay* font partie. Le sol a pour base un granite qui ressemble beaucoup à celui de Côte-Rôtie; les cépages cultivés sont exactement les mêmes; il n'y a que les expositions qui varient un peu. On constate les mêmes faits, en marchant d'Ampuis vers le sud-ouest jusqu'à Condrieu, et en parcourant les environs de ce bourg. Aussi, tous les vins que l'on récolte sur cette ligne, et qui sont connus sous le nom de *Vins des côtes du Rhône*, ont-ils à peu près les mêmes qualités; ils ne diffèrent que par des nuances, et, à l'exception de ceux d'Ampuis, ils sont confondus dans le commerce.

Si l'on dépasse, au sud-ouest de Condrieu, le hameau

35

de la Maladière, on observe un granite à petits grains, à mica gris, qui est moins feldspathique et d'une décomposition plus difficile que celui d'Ampuis; il paraît constituer le sol de *Château-Grillet* (Loire). Cette localité produit un vin blanc de seconde classe, qui est sec, vif, très-spiritueux et d'un goût très-agréable; il est considéré comme un des meilleurs de son espèce. Des vins blancs de qualité analogue se récoltent sur le territoire de Condrieu.

En passant sur la rive opposée du Rhône, on rencontre d'abord la commune de *Seyssuel*, située sur les bords du fleuve, entre Chasse et Vienne. La vigne y croît sur des collines sèches et arides, dont le sol consiste en débris de schiste micacé et de gneiss. Le même fait s'observe sur les coteaux en amphithéâtre de la *Porte-de-Lyon*, qui se trouvent placés à l'extrémité nord de la ville de Vienne. Les vignobles de ces deux localités ont leur exposition tantôt à l'ouest, tantôt au sud-ouest. Il y a une grande différence entre le terrain qui leur sert de base et celui de Côte-Rôtie. Ce dernier est couvert d'une terre argileuse où la vigne végète avec vigueur; elle n'y craint pas la sécheresse et y donne du vin en abondance, quelque grandes que soient les chaleurs. Il n'en est pas de même sur les coteaux situés au nord de Vienne, où le sol est essentiellement fragmentaire et, pour cette raison, beaucoup moins productif. Le vin y est aussi de qualité différente : il a pour caractère d'être clair, léger et très-coulant, tout en étant parfumé et spiritueux. Les produits de la Porte-de-Lyon passent pour avoir plus de corps et se conserver mieux que ceux de Seyssuel. Les uns et les autres sont considérés comme des vins de seconde classe.

La *Ravette* est un vignoble de la commune de Reventin, que l'on rencontre à quelques kilomètres sud de Vienne; il a aussi pour base un sol granitique fragmentaire. On y recueille un vin fort rapproché, par le goût, par le corps et par la faculté de se conserver, de celui de la Porte-de-Lyon; mais il lui est inférieur.

Le célèbre coteau de l'*Ermitage* est situé sur la commune de Tain, à 28 kilomètres nord de Valence (Drôme); il renferme 140 hectares de vignes, répartis dans trois quartiers principaux, dont deux sont très-distincts du troisième sous le rapport de la nature du sol. Ces deux quartiers nommés, l'un *mas du Méal* et l'autre *mas de Greffieux*, sont entièrement composés de marne, de sable et de cailloux roulés, appartenant à la formation quaternaire marno-caillouteuse du Bas-Dauphiné; nous en avons déjà parlé en décrivant le terrain agricole n° 7. Le troisième quartier, connu sous le nom de *mas de Bessas*, a pour sous-sol un granite à mica gris et à grains moyens de quartz et de feldspath, qui a une grande tendance à se décomposer. La terre végétale, qui le recouvre, est entièrement formée de débris granitiques, mêlés à 10 ou 15 pour 100 d'argile environ. Son épaisseur ne dépasse pas 0^m,30 à 0^m,40, et souvent elle est moindre. Cette partie du coteau a une exposition qui varie du sud au sud-ouest; elle est parfaitement garantie contre le vent du nord. Sa surface étant très-inclinée, on y retient la terre à

l'aide de murs de soutènement, qui forment des terrasses échelonnées.

Le cépage nommé la *Petite-Sirrah* forme aujourd'hui
la base du vignoble de l'Ermitage, pour le vin rouge.
Deux autres cépages, nommés la *Marsanne* et la *Rous-
sanne*, servent exclusivement à la fabrication du vin
blanc. On ne vendange que lorsque les raisins sont
complètement mûrs, ce qui arrive vers le milieu de
septembre.

Le quartier de Bessas produit un vin qui a moins de
finesse et de parfum que celui du Méal et de Greffieux,
mais il rachète cette imperfection par une couleur
plus foncée, recherchée pour les mélanges.

Le vin de l'Ermitage rivalise avec celui des meilleurs
crus du Bordelais et de la Haute-Bourgogne, en présentant cependant des qualités différentes. Il est, dit
M. Jullien (1), à la fois corsé, moelleux, fin et délicat ;
il a une très-belle couleur, beaucoup de spiritueux,
avec une sève et un bouquet aromatique très-pro-
noncés et des plus agréables.

TERRAINS AGRICOLES
- N° 34. { Sous-sol de schiste micacé et quartzeux. / Sol fragmentaire.
- N° 35. { Sous-sol de schiste micacé et quartzeux. / Sol argilo-fragmentaire.

Généralités. — La roche que nous appelons schiste
micacé et quartzeux, pour indiquer ses deux éléments
essentiels, et que l'on nomme aussi *micaschite*, est abon-

_____

(1) *Topographie de tous les vignobles connus*, page 190.

dante dans la nature; il est rare cependant, que seule
elle occupe de très-grandes surfaces. Elle appartient,
en général, aux terrains dits cristallisés, et accompagne
souvent le granite et surtout le gneiss. Son altération
à l'air est plus ou moins prompte et plus ou moins
complète, suivant la prédominance de l'un ou de l'autre
des deux minéraux qui la constituent.

Quelquefois, le mica est très-abondant et le quartz
presque nul. Dans ce cas, la roche se décompose facilement et donne naissance à une terre abondante,
douce, onctueuse, qui, mêlée de fragments restés
solides, est essentiellement argilo-fragmentaire; convenablement amendée à l'aide de substances calcaires, elle peut être très-productive.

D'autres fois, le quartz domine dans le micaschiste,
lui donne beaucoup de dureté et le rend presque inal-
térable; c'est à peine s'il est susceptible de se désagréger. Son sol végétal est alors purement fragmentaire
et d'une grande aridité.

Si, en laissant de côté ces deux cas extrêmes, entre
lesquels il y en a beaucoup d'intermédiaires, on ne
considère que ce qui arrive le plus souvent, on peut
dire que, presque partout, les terres végétales à base de
schiste micacé et quartzeux, sont légères, pauvres,
propres seulement à la culture du seigle, de l'avoine,
du sarrasin et de la pomme de terre. Leurs qualités
paraissent, à peu près, les mêmes que celles du sol granitique fragmentaire, ou mieux encore, que celles des
grès siliceux privés d'argile. Les bons effets du chaulage
et du marnage y sont quelquefois extraordinaires.

Les sous-sols formés de micaschiste sont généralement imperméables.

Localités diverses.

D'après les observations de MM. Boulanger et Bertera (1), la partie méridionale du département du Cher
est formée de roches cristallisées, qui consistent, le plus
souvent, en un micaschiste dur, d'une décomposition
difficile, dont la surface n'est guère couverte que de
fragments détachés. Cependant, lorsque la roche est
riche en mica, celui-ci, par sa décomposition, donne
naissance à une terre argileuse qui, en se mêlant aux
fragments, est susceptible de donner quelques produits. Un grand obstacle à la fertilité de ce terrain est
son inclinaison considérable. Ses pentes sont presque
entièrement dénudées, parce que la terre végétale est
entraînée par les eaux pluviales jusqu'au fond des
vallées. On observe aussi, contrairement à ce qui a
lieu presque partout, que le micaschiste du Cher est
perméable, à cause des nombreuses fissures qui le traversent dans tous les sens. Cette circonstance aggrave
beaucoup le défaut d'hygroscopicité de sa surface et
la rend très-aride. La culture du froment y est à peu
près nulle; les seules céréales qui paraissent y réussir,
sont le seigle et le sarrasin. Les essences forestières y
viennent bien, surtout le châtaignier; cet arbre est
commun sur ce terrain, partout où il y a une épaisseur
suffisante de débris.

(1) *Texte explicatif de la carte géologique du département du Cher*,
Paris, 1850, pages 26 et 57.

A une autre extrémité de la France, dans le département du Var, il existe une région nommée les *Mau-
res*, dont le sol est formé, en grande partie, de schiste
micacé et quartzeux, associé quelquefois à des grès
siliceux qui ont les mêmes caractères agrologiques. La
végétation de cette contrée, très-curieuse à observer,
porte à un haut degré le cachet des climats méridionaux; on n'a pas cependant de la peine à y démêler
l'influence du sol fragmentaire siliceux. Elle est composée de pins maritimes, de chênes-lièges, d'arbousiers,
de bruyères et de fougères. Le lentisque, le myrte,
le cytise en font partie et, dans quelques lieux, le
châtaignier est d'un produit considérable. Ces végétaux contrastent fortement avec ceux des montagnes
calcaires. Ces dernières offrent, dans leurs parties basses,
le pin d'Alep et le chêne vert, mêlés de thym et de
romarin, et, dans leurs parties élevées, le chêne blanc,
le hêtre, le sapin et le pin sylvestre.

TERRAINS AGRICOLES
- N° 36. { Sous-sol de roches volcaniques / Sol argileux.
- N° 37. { Sous-sol de roches volcaniques / Sol fragmentaire.
- N° 38. { Sous-sol de roches volcaniques / Sol argilo-fragmentaire.

Généralités. — Les roches volcaniques sont nombreuses et d'aspect varié. Parmi celles que l'on rencontre le plus communément dans la nature et qui
constituent assez souvent des terrains agricoles, nous
mentionnerons :

1° Les *basaltes*, qui sont composés principalement de pyroxène et de labrador, et accidentellement, de beaucoup d'autres minéraux. Ce sont des roches noires, compactes, à structure cellulaire, qui se sont épanchées autrefois à la surface de la terre, en sortant par des orifices de forme inconnue.

2° Les *laves*; on nomme ainsi les matières qui ont été vomies à l'état liquide par les volcans à cratères, anciens ou modernes; elles ont une composition analogue à celle des basaltes, mais elles offrent beaucoup plus de variété sous le rapport de la couleur et de la texture. La *pierre ponce* doit être considérée comme une espèce de lave.

3° Les *vackes*, qui ont un aspect terreux et une composition mal définie. Elles sont probablement le résultat de la décomposition des basaltes, auxquels elles sont souvent associées.

4° Les *scories*, espèces de lave qui ressemblent extérieurement à nos scories de forge; elles sont poreuses, boursouflées et criblées de nombreuses cellules.

5° Les *lapilli*; on a donné ce nom à de petits fragments de lave, ayant quelques millimètres de diamètre, qui sont lancés par les volcans et peuvent former des amas considérables.

6° Les *cendres*, nommées aussi *pouzzolanes*; ce sont des matières de même nature que les lapilli, mais beaucoup plus ténues. Elles sont également vomies par les volcans, au moment des éruptions, et retombent ensuite sous forme de pluie, sur des espaces quelquefois très-étendus.

Le sol des contrées volcaniques est souvent composé de débris de ponce, plus ou moins pulvérulents, qui ont été entraînés par les eaux et déposés dans leur sein. On les appelle *tufs ponceux;* ils sont de couleur rougeâtre ou grisâtre.

Ces diverses matières diffèrent beaucoup sous le rapport de l'aspect extérieur ; mais, au fond, leur composition est à peu près la même. Les analyses suivantes suffiront pour donner une idée de leurs principes constituants.

Analyse d'un tuf ponceux.

Silice combinée	26,50
Alumine	10,00
Magnésie	traces.
Potasse	2,10
Soude	2,30
Oxyde de fer	10,00
Eau	8,80
Carbonate de chaux	9,00
Argile et mica	26,50
	95,20

Analyse d'une lave du Cantal.

Silice	64,40
Alumine	15,64
Potasse	5,40
Chaux	1,20
Magnésie	1,20
Oxyde de fer	4,30
Eau	7,10
	99,24

Le tuf ponceux, objet de la première analyse, est celui sous lequel est ensevelie la ville d'Herculanum : c'est une espèce de pouzzolane compacte, tendre, terreuse, légèrement colorée en vert par du mica. Sa composition a été déterminée approximativement par M. Berthier (1).

La lave du Cantal a été analysée par le même chimiste (2); elle était vitreuse et de couleur verte.

La plupart des matières volcaniques se décomposent avec facilité; elles laissent un résidu argileux, formé d'alumine combinée avec une certaine quantité d'eau et de silice. Les autres bases, comme la potasse, la soude, la magnésie, la chaux, les protoxydes de fer et de manganèse, sont peu à peu entraînées avec une grande partie de la silice. Ces diverses substances, mises en liberté et à l'état naissant, sont dans un état très-favorable à leur absorption par les végétaux; de là, la grande fertilité des terrains volcaniques. Cette fertilité est encore augmentée par la présence des sels ammoniacaux, dans le voisinage des volcans. Il y a cependant des laves scoriformes, des lapilli et certains basaltes, qui résistent longtemps à la décomposition, et qui, pour cette raison, donnent naissance à des sols fragmentaires, très-secs et très-perméables, sur lesquels la végétation a de la peine à se fixer, à moins qu'on ne puisse les arroser. D'un autre côté, il n'est pas rare que des débris de lave ou de basalte, qui restent solides, soient mêlés à d'autres substances de même nature, devenues terreuses par l'effet de leur altération. Ces dernières peuvent aussi renfermer des

(1) *Annales des Mines*, 3ᵐᵉ série, tome XI, page 465.
(2) *Traité de Minéralogie*, par M. Beudant, tome II, page 113.

matières étrangères, à l'état de sable ou de gravier. On voit, par conséquent, que les roches volcaniques produisent les trois espèces de terres qui caractérisent les terrains agricoles autochthones.

Les terres volcaniques légères conviennent spécialement à la vigne ; elle y végète avec beaucoup de vigueur et, si le climat est favorable, elle y donne des vins exquis. La plupart des autres arbres y prospèrent également ; on a souvent cité les châtaigniers monstrueux de l'Etna. Lorsque les terres volcaniques sont argileuses ou argilo-fragmentaires, elles produisent beaucoup de blé ; les légumes, les plantes économiques et les fourrages y sont d'une beauté remarquable. En général, ces terres sont sans rivales sous le rapport de la fécondité, lorsqu'on peut y aider la végétation par le moyen de l'arrosage.

Localités diverses.

En *Auvergne*, les terres végétales provenant de la décomposition des laves de couleur foncée, prennent une teinte, rouge ou jaune, si intense, qu'on les distingue de loin. On les nomme *terres fromentales*, à cause de leur aptitude à la production du blé. On sait que la fertilité très-connue de la Limagne doit être attribuée, au moins en partie, au mélange de sa terre marno-sableuse avec des débris de lave, qui proviennent des montagnes situées à l'ouest.

Dans le *Cantal*, la terre volcanique pure est souvent accumulée au fond des vallées, et, quelquefois, elle forme de vastes plaines. Elle est noire ou d'un brun foncé, légère, absorbant facilement l'humidité, douce au toucher; ses parties adhèrent entre elles. Cette terre, dit M. Devèze de Chabriol (1), est, sans contredit, celle qui est la plus propre à la nutrition des plantes; elle est toujours couverte d'une végétation abondante et très-vigoureuse, qui parvient promptement à son entier développement.

Le mont *Vésuve* mérite d'être cité pour l'excellence de ses vins. La partie de cette montagne la plus voisine de la mer, est couverte de vignes qui produisent trois espèces de vins précieux. Celui que l'on nomme *Lacryma Christi* est le meilleur; il s'en fait très-peu et il est fort rare dans le commerce. Ce vin liquoreux et fin réunit à une belle couleur rouge un goût exquis et un parfum des plus suaves. La seconde espèce de vin est le *muscat*, dont la couleur est ambrée. La troisième est le *vin grec*, ainsi nommé parce que le plan qui le produit a été tiré de la Grèce.

Les collines des environs du *lac Averne*, également formées de matières volcaniques, sont couvertes de vignobles entre Pouzzole et Baïa; on y récolte d'excellents vins liqueurs, blancs ou rouges, qui ont en partie les qualités de ceux du Vésuve, et se vendent souvent sous leur nom (2).

Les îles *Lipari*, dont le sol est entièrement volcanique, forment un groupe très-étendu, situé au nord

(1) *Essai sur la nature des terres cultivées dans l'arrondissement de Saint-Flour* (Cantal), dans les Mémoires de la Société centrale d'agriculture, 1819.

(2) Jullien, *Topographie*, etc., page 389.

de la Sicile, près des côtes de la Calabre, sous le 38e degré de latitude. Lipari, la plus grande de ces îles, contient beaucoup de vignes, dont les produits sont toute la richesse du pays. Stromboli, qui fait partie du même groupe, n'a également d'autre revenu que celui de ses vins; c'est là que l'on cultive le *malvoisie*, cépage venu de Morée, qui a donné son nom à un vin extrêmement estimé. Les vignes que nous venons de citer, sont toutes plantées dans des matières volcaniques incohérentes. Sur les points élevés, on les entoure de fortes palissades, pour les défendre contre les vents (1).

M. de Gasparin (2) a donné, sur les cultures des environs de l'*Etna*, quelques renseignements que nous allons résumer. Les terres, qui entourent cette montagne, consistent en débris de roches volcaniques, dont les dimensions varient depuis la grosseur du sable très-fin jusqu'à celle du gravier; elles sont toujours sans cohésion, quand il ne s'y est pas mêlé de l'argile transportée par les eaux pluviales. Ces terres sont faciles à cultiver, mais leur sécheresse et leur perméabilité sont extrêmes. Au-dessus de Nicolosi, dans une situation où les pluies sont plus fréquentes que sur le côte, on a planté dans des cendres volcaniques, privées de tout arrosement, des vignes, des figuiers, des amandiers qui ont assez peu réussi; mais le *Genista juncea* y est devenu un véritable arbre. La couche incohérente

(1) Jullien, ouvrage déjà cité.
(2) *Coup d'œil sur l'agriculture de la Sicile*, dans les Mémoires de la Société centrale d'agriculture, 1839, page 299.

est si épaisse, que l'on ne se fait pas une idée de la
profondeur à laquelle les racines ont dû descendre,
pour trouver l'humidité qui leur est nécessaire. De
Nicolosi à Catane, la terre présente de magnifiques
jardins, toutes les fois que l'on a pu profiter de quelque filet d'eau. Toutes les roches volcaniques, à la
surface desquelles il s'est formé un peu de terre,
sont couvertes de cactus. Plus les laves sont anciennes
et leurs débris atténués, plus elles deviennent fertiles;
elles le sont, surtout, lorsqu'elles ont été remaniées par
les eaux; qu'elles offrent différents lits de pouzzolane,
de tuf et de gravier, et qu'elles ne consistent pas seulement en sables pyroxéniques.

SECONDE PARTIE

GÉOLOGIE AGRONOMIQUE APPLIQUÉE

TABLEAU PAR ORDRE ALPHABÉTIQUE

DE QUELQUES VÉGÉTAUX CULTIVÉS EN FRANCE

avec l'indication

de la nature du sol, du climat, de l'exposition et des autres conditions physiques qui leur conviennent le mieux (1).

AVOINE COMMUNE; *Avena sativa*, Linn. — Le genre avoine comprend aujourd'hui près de 130 espèces, disséminées dans les deux mondes. Parmi elles, on place au premier rang, sous le rapport de l'utilité,

(1) Ne pouvant, sans grossir démesurément notre volume, rendre ce tableau complet, nous nous sommes décidé à lui donner très-peu d'étendue, en n'y comprenant que quelques espèces végétales, choisies parmi celles qui sont le plus habituellement cultivées. Ce travail aurait été meilleur si, au lieu de nous borner à des généralités, plus ou moins étendues, sur la nature du sol et le climat spécialement favorables aux végétaux mentionnés, nous avions cité des faits, c'est-à-dire si nous avions donné des renseignements précis, agrologiques et climatériques, sur les lieux où ces végétaux sont nombreux et où ils présentent toute la vigueur et tout le développement qu'ils sont susceptibles d'acquérir. Malheureusement, cette partie de l'agronomie est encore à créer.

Afin de rendre notre tableau plus instructif, nous avons ajouté à l'indication des conditions physiques qui conviennent le mieux aux plantes, une courte mention de leur origine, du nombre de leurs espèces, de leurs caractères botaniques et de leurs usages.

l'avoine ordinaire, qui offre une grande importance à cause de son grain. Elle paraît originaire du nord ou du centre de l'Europe, où on la trouve souvent, loin des habitations, croissant spontanément ou peut-être simplement naturalisée. Elle n'était pas cultivée chez les Hébreux, les Egyptiens, les anciens Grecs et les Romains. Les peuples germains l'on connue au contraire, dès la plus haute antiquité, et l'ont sans doute communiquée aux autres nations.

Cette plante, de la famille des graminées, s'élève à la hauteur de $0^m,70$ à $1^m,00$; sa tige est garnie de feuilles larges, planes, un peu rudes; ses fleurs forment une panicule lâche, étalée, quelquefois unilatérale, composée d'épillets pendants sur leur pédoncule; les semences, de forme allongée-pointue, restent, en général, adhérentes à la balle florale, et sont, dans quelques cas, de couleur brune.

L'avoine cultivée offre un grand nombre de variétés (1) et de sous-variétés, parmi lesquelles on distingue principalement:

1° L'avoine *ordinaire*, à panicules confuses, qui est la variété le plus souvent semée; on la divise en avoine d'hiver, qui est très-rustique, et en avoine de printemps, plus tardive et plus délicate;

2° L'avoine de Hongrie, *Avena orientalis*, nommée aussi *unilatérale*, parce que les épillets sont tous inclinés du même côté; elle offre deux sous-variétés, la *blanche* et la *noire*, ainsi appelées à cause de la cou-

(1) Quelques botanistes considèrent plusieurs de ces variétés comme étant des espèces distinctes.

leur de leur grain ; on doit la semer de préférence dans les terrains riches et substantiels ;

3° L'avoine *courte, Avena brevis,* également unilatérale et à petit grain ; elle est très-précoce et convient aux terrains médiocres et aux montagnes élevées ;

4° L'avoine *nue,* ou de Tartarie, *Avena nuda,* à grain non attaché à la balle ; elle est peu productive et cependant préférée, dans quelques pays, pour faire du gruau.

L'avoine, surtout la variété ordinaire, passe avec raison pour être peu difficile sur la nature du sol ; elle donne des produits passables dans les sables siliceux, les sables calcaires, les graviers mêlés d'un peu d'humus, les terres crayeuses, les tourbes, les argiles compactes, les glaises froides, et, généralement, dans la plupart des terrains pauvres, aussi bien dans ceux qui sont exposés à la sécheresse que dans les fonds habituellement humides. Mais on se tromperait beaucoup si l'on croyait que cette plante affectionne spécialement de pareils terrains. Tout au contraire, elle ne donne de très-belles récoltes que dans les terres argilosableuses, calcarifères, riches en humus, propres, en un mot, au froment et aux autres plantes qui demandent un bon fonds. Il résulte de ce fait que l'on a adopté pour l'avoine deux méthodes de culture qui ont, l'une et l'autre, leurs avantages et leurs inconvénients. Dans certaines contrées, on ne sème cette céréale que dans des terrains naturellement fertiles, et préparés mécaniquement avec beaucoup de soin. On en retire alors beaucoup de grains, pesants, bien rem-

plis et farineux; la paille est excellente ; le produit est
abondant, même après les sécheresses. Mais, dans ce
cas, le sol aurait pu être occupé par une récolte plus
précieuse et qui, peut-être, aurait donné plus de bénéfice. Dans d'autres pays, on réserve pour l'avoine les
plus mauvais terrains, qui ne sont préparés que par
un seul labour. La récolte est alors peu abondante et
de qualité médiocre; elle est cependant avantageuse,
si l'on a égard à la pauvreté du sol, que le plus souvent on n'aurait pu utiliser d'une autre manière.

Parmi les terrains infertiles sur lesquels l'avoine
réussit bien, on doit mentionner particulièrement
ceux que l'on appelle *neufs*. Ces espèces de sols renferment ordinairement, soit un excès de matières
végétales, soit de la terre non fécondée par la culture
et l'action de l'air: tels sont, par exemple, ceux qui
résultent du défrichement récent d'une prairie naturelle ou artificielle, d'une tourbière, d'un marais, d'un
étang desséché, d'une lande écobuée ; ou bien encore,
les terrains qui ont été profondément défoncés, et à
la surface desquels on a amené une quantité considérable de matières arrachées au sous-sol. Dans ces divers cas, l'avoine est la plante qui convient le mieux,
pendant une ou plusieurs années; non-seulement elle
donne de bons produits, mais elle prépare la terre à
d'autres récoltes, qui, après elle, réussissent très-bien.
Cette propriété de l'avoine d'être un bon précédent,
que l'on doit attribuer à la facilité avec laquelle elle
s'assimile des éléments qui ne conviendraient pas à la
nutrition d'autres végétaux, la rend extrêmement pré-

cieuse : aussi, les cultivateurs éclairés en font-ils un usage fréquent dans leurs assolements. Comme elle favorise l'envahissement des mauvaises herbes, on doit la placer avant ou après une récolte sarclée.

Les diverses variétés de l'avoine ne s'accommodent pas toutes exactement des mêmes terrains. Ainsi, l'avoine de Hongrie est inférieure à l'avoine ordinaire dans les terrains pauvres. Cela est vrai surtout pour la sous-variété noire, qui ne produit presque rien dans les mauvais sols, et dont la récolte en grain et en paille est, au contraire, extrêmement abondante dans ceux qui sont bons. Certaines conditions climatériques conviennent particulièrement à quelques avoines. Celles que l'on sème à la fin de février réussissent mal dans les localités à printemps sec. Les variétés dites d'hiver, que l'on met en terre en septembre ou au commencement d'octobre, souffrent des froids très-rigoureux, surtout des alternatives de gel et de dégel. Il leur faut des hivers doux et pluvieux, comme ceux de la Bretagne et de toute la côte ouest de la France.

L'avoine, qui peut venir à peu près dans tous les terrains, n'est pas difficile non plus sur le climat : on la cultive également dans le midi, le centre et le nord de l'Europe, dans la plaine et sur les hautes montagnes où elle atteint le niveau du seigle et de l'orge. On doit cependant la regarder comme une plante des pays septentrionaux. En la suivant vers le nord, à l'ouest de l'Europe, on la rencontre jusqu'aux environs du 65me degré de latitude ; elle dépasse un peu la limite des arbres fruitiers, tels que le poirier et le pommier, mais elle s'arrête bien avant celle du seigle et de l'orge.

Quoique l'avoine soit mise au nombre des céréales, elle n'augmente que très-faiblement les ressources alimentaires de l'homme. Sous ce rapport, elle vient après le froment, le seigle, l'orge, le maïs et même le sarrasin. Sa principale importance résulte de son emploi pour la nourriture du cheval; elle lui est indispensable quand il travaille. Son action excitante, très-favorable à cet animal dans les pays froids et humides, devient cependant dangereuse dans les climats méridionaux; on lui substitue alors avec avantage l'orge ou le maïs.

La paille d'avoine est une des meilleures que l'on connaisse pour la nourriture du bétail, surtout des moutons et des vaches.

CHANVRE CULTIVÉ; *Cannabis sativa*, Linn. — Le chanvre est une plante dioïque, de la famille des urticées. On en connaît deux espèces : le chanvre cultivé et le chanvre des Indes, *Cannabis indica*, Lam. L'espèce cultivée, dont on connaît plusieurs variétés, est également originaire des régions tempérées de l'Asie, où elle croît spontanément; de là, elle s'est répandue en Sibérie et dans le nord de l'Europe.

Cette plante est annuelle; sa tige est droite, simple, haute de 1^m,50 à 2 mètres, un peu quadrangulaire et légèrement velue. Les feuilles sont opposées, pétiolées et découpées en 5 folioles lancéolées, dentées en scie. Les fleurs, dans les individus mâles, sont disposées

dans les aisselles des feuilles supérieures en petites
grappes lâches, d'une couleur herbacée. Les individus
femelles ont également des fleurs axillaires, mais presque sessiles et peu apparentes. Les pieds mâles sont
en général trois fois moins nombreux que les pieds
femelles, et sont dépassés par ceux-ci en hauteur après
la floraison (1).

La rapidité de la croissance du chanvre fait que sa
culture est possible sous des climats très-divers. Dans
les Alpes et le Jura, elle s'élève depuis les régions les
plus basses jusqu'à 600 et 700 mètres au-dessus du
niveau de la mer.

Si l'on ne veut cultiver le chanvre que pour ses
besoins personnels, ainsi que le font beaucoup de petits propriétaires, il n'est guère de sols où, à l'aide
du fumier, on ne puisse le faire croître. Mais il n'en
est plus de même, lorsqu'on se propose de faire du
chanvre une culture industrielle et, par suite, d'obtenir
des produits abondants et de belle qualité : le choix
des terrains est alors extrêmement limité. La principale
condition à laquelle ils doivent satisfaire est d'être riches
en principes nutritifs et d'avoir en même temps de la
légèreté et de la fraîcheur. La plupart des sols d'alluvion, un peu sableux, possèdent ces qualités. On peut
citer ceux des environs d'Angers, de la vallée de l'Isère
près de Grenoble, et de la Lombardie. Ces contrées
sont, en effet, renommées pour la production du chan-

(1) Par une bizarrerie difficile à expliquer, la plupart des cultivateurs
appellent mâles les individus femelles et réciproquement.

vre. On comprend que cette plante doive avoir besoin d'une terre contenant beaucoup de principes nutritifs, à cause du grand accroissement qu'elle acquiert en peu de temps. Il faut aussi que le sol où elle se trouve soit meuble, pour qu'aucun obstacle ne s'oppose à l'extension des racines, qui ont beaucoup de sucs à absorber en peu de temps. Enfin, l'expérience a prouvé que la condition d'une station fraîche n'était pas moins importante que les autres.

Les terrains trop argileux ou trop sablonneux ne conviennent pas au chanvre, dont les tiges sont alors grêles. Les vents violents et arides lui sont aussi contraires, et c'est une des raisons pour lesquelles il vient mal dans les plaines de la Provence et du Languedoc. On a remarqué qu'il réussissait très-bien sur les défrichements des prés et surtout des forêts, sans doute à cause de la profondeur à laquelle le sol a été défoncé et de sa richesse en humus

Le chanvre est une plante très-épuisante; elle enlève au sol beaucoup de potasse, de chaux et d'acide phosphorique, ainsi que le prouve la composition suivante des cendres du chenevis :

Potasse	21,67
Soude	0,66
Chaux	26,63
Magnésie	1,00
Peroxyde de fer	0,77
Acide phosphorique	34,96
Sulfate de chaux	0,18
Chlorure de sodium	0,09
Silice	14,04
	100,00

Cette analyse a été confirmée par d'autres.

La filasse du chanvre, après avoir subi diverses préparations, sert à la fabrication des cordages et des toiles de toute espèce. On retire de la graine une huile douce, propre à l'éclairage, à la peinture et à d'autres usages. Le tourteau est très-estimé pour la nourriture des animaux.

COLZA ; *Brassica campestris oleifera*, de Cand. — Le genre chou, *Brassica*, de la famille des crucifères, comprend une trentaine d'espèces, originaires pour la plupart de l'ancien monde. Parmi ces espèces, une des plus importantes est le chou champêtre, dont le *colza* n'est, d'après M. de Candolle, qu'une simple variété, venue des pays situés entre la mer Baltique et le Caucase. Sa culture, pour la fabrication de l'huile, a pris naturellement naissance dans l'Europe tempérée, où manquent l'olivier, le pavot, le césame et même le noyer.

Le colza présente, comme tous les choux de son espèce, une racine pivotante, du collet de laquelle s'élève une véritable tige rameuse, droite, charnue et cylindrique, qui est feuillée et haute de quelques décimètres. Les feuilles radicales sont pétiolées, légèrement découpées ou même ailées à leur base; celles de la tige sont sessiles et en cœur. Les fleurs sont jaunes ou blanches.

Cette plante peut venir presque partout en France : elle préfère cependant un climat doux, humide et même brumeux ; pour cette raison, elle est surtout cultivée dans nos départements de l'ouest et du nord.

On connaît deux variétés de colza : l'une d'hiver et l'autre d'été; la première, dont les fleurs sont ordinairement jaunes, occupe le sol depuis le commencement de juin, époque où elle est mise en terre, jusqu'au milieu de l'été suivant; la seconde, beaucoup moins productive, est aussi beaucoup plus précoce, puisqu'on la sème au printemps et qu'on récolte sa graine dans le courant de l'été de la même année. La distinction de ces deux variétés est importante, parce qu'on emploie l'une et l'autre, suivant les qualités du terrain. Le colza d'hiver ne réussit pas dans les terres argileuses, mal égouttées; il craint alors les grands froids et court le risque d'être détruit par une forte gelée ; on choisit, dans ce cas, la variété d'été, qui ne passe pas la mauvaise saison en terre. Quand le sol est sec et léger, on préfère le colza d'hiver, qui est plus productif et qui, se trouvant à l'abri d'un excès d'humidité, peut supporter sans inconvénient, jusqu'à 10 ou 12 degrés au-dessous de zéro.

Le colza aime, avant tout, une terre argilo-sableuse, calcarifère et meuble, comme par exemple une alluvion limoneuse, riche en carbonate de chaux ; cependant il peut donner de bons produits dans des circonstances moins favorables et sur des sols assez variés. Ainsi, on cultive cette plante dans la Bresse, pays où l'argile domine et qui manque de chaux. Dans tous les cas, le terrain doit être bien fumé.

Pendant longtemps, la culture du colza, en France, est restée confinée en Flandre; ce n'est qu'à partir de la fin du XVIIIe siècle qu'elle s'est propagée sur d'autres points du territoire. Aujourd'hui, elle occupe une superficie de plus de 200,000 hectares. La graine récoltée fournit une huile très-estimée pour l'éclairage. Son usage est tellement répandu, que la production indigène est loin de suffire à la consommation. Les tourteaux ou résidus des graines, après l'extraction de l'huile, servent à la nourriture des bêtes à cornes; ils sont aussi un excellent engrais. Enfin, les tiges sèches de la plante sont utilisées comme litière.

FROMENT CULTIVÉ; *Triticum sativum*, Linn. — Cette graminée est la première des céréales. Sa culture remonte à l'origine même de l'agriculture, c'est-à-dire à plus de cinq mille ans; elle paraît avoir pris naissance entre les montagnes de l'Asie centrale et les bords de la Méditerranée. La plante elle-même se montre encore aujourd'hui, à l'état sauvage, dans cette vaste étendue de pays.

On connaît maintenant une trentaine d'espèces de froment, qui sont toutes originaires de l'ancien monde. On les partage en deux groupes, suivant qu'elles sont annuelles ou vivaces.

Le froment cultivé appartient au premier groupe. Sa tige, haute de 1 mètre à 1^m,30, est garnie de quatre à cinq feuilles et terminée par un épi long de huit à dix centimètres environ, composé de 15 à 24 épillets sessiles, imbriqués, glabres ou velus. Leur calice ou glume renferme trois à cinq fleurs, dont une ou deux sont ordinairement stériles. Le grain qui succède à chaque fleur fertile est muni d'une enveloppe, nommée balle, avec ou sans barbes, suivant les variétés;

il est convexe d'un côté et creusé de l'autre d'un sillon longitudinal. La matière blanche qui le remplit, et dont on fait le pain, est composée de fécule et d'une certaine proportion de gluten.

Le froment présente de nombreuses variétés, qui paraissent dues au climat et à la culture; elles se divisent en deux sections, en ayant égard à la nature du grain, qui peut être tendre ou dur.

Les variétés à grain tendre forment trois groupes : 1° les *touzelles*, à épis sans barbes et à paille creuse ; 2° les *saissettes*, à épis barbus et également à paille creuse ; 3° les *poulards*, ou gros blé, à épis carrés, barbus et à paille pleine vers le sommet; les grains sont oblongs, bossus et irréguliers.

Les variétés à grain dur comprennent : 1° les *aubaines*, à épis très-barbus et à grain long et glacé; 2° le *blé de Pologne*, à épis allongés et à grain demi-transparent.

Au point de vue de la culture, les froments sont divisés en blés d'automne et en blés de printemps ou *trémois*.

Il y a peu de contrées en Europe où le froment ne soit pas cultivé; mais il s'en faut de beaucoup qu'il réussisse également bien partout. Le sol et le climat ont, en effet, sur sa production, une influence sensible.

La qualité essentielle des terres à blé, dit M. de Gasparin, est que, pendant tout l'été, elles possèdent une juste proportion d'eau. Si le terrain est trop sec, les principes nutritifs ne sont pas dissous en quantité suffisante; l'évaporation par les feuilles s'arrête et la plante sèche. Si l'humidité est en excès, il y a une sève aqueuse trop abondante; les principes nutritifs ne sont pas assez concentrés et il se développe une végétation herbacée, aux dépens de la fructification. Les terres qui, dans nos climats, échappent le mieux à ces deux inconvénients opposés sont celles qui, étant argileuses ou argilo-sableuses, reposent sur un sous-sol perméable. On peut citer, comme exemples, les terrains agricoles que nous avons décrits dans la première partie de cet ouvrage, sous les n°s 8 et 19. L'observation prouve, en effet, que ce sont eux qui produisent les meilleurs blés.

Dans les régions pluvieuses, les glaises et les argiles profondes ne sont pas propres à la culture du froment. Dans les pays secs et chauds, ce sont, au contraire, les terres de cette nature qui lui conviennent le mieux, tandis qu'il ne réussit pas dans les sables, à moins qu'ils ne puissent être arrosés. En Angleterre, qui est un pays humide, le blé peut très-bien venir dans les terrains sablonneux. Lorsque le terrain est intermédiaire entre ceux dont on vient de parler, on a reconnu que les terres les meilleures pour cette culture étaient celles qui avaient une consistance moyenne.

On voit, par ces observations, qu'une bonne terre à blé, dans nos climats, doit être argileuse dans une certaine mesure; autrement, elle serait exposée à souffrir de la sécheresse pendant l'été. La présence de l'argile réalise un autre avantage. Le froment, ainsi qu'on le verra bientôt, renferme une proportion notable d'azote, et c'est pour cette raison qu'il fournit à l'homme un aliment nourrissant. Il faut donc que la terre, qui le produit, contienne elle-même cet élément; par conséquent, elle doit être apte à se combiner avec les engrais azotés, et aussi, à condenser les vapeurs fertilisantes de l'atmosphère, toujours plus ou moins riches en sels ammoniacaux : or, l'on sait que l'argile possède ces deux précieuses qualités. Pour ces diverses raisons, la propriété des terrains argileux de convenir à la culture du froment n'est pas douteuse ; elle a été tellement constatée par l'expérience que, dans la plupart de nos départements, ces sortes de sols portent le nom de *terres à blé*, tandis qu'on appelle *terres à seigle* ceux qui sont légers et siliceux.

Indépendamment de l'argile, une bonne terre à blé doit renfermer quelques principes qui, à un autre point de vue, ne sont pas moins essentiels.

M. Boussingault, ayant analysé des blés pris à Hagueneau, savoir 100 parties de grain et 200 de paille (proportions de grain et de paille assez ordinaires), leur a trouvé la composition suivante :

	Grain.	Paille.	Total.
Carbone	46,10	96,96	143,06
Hydrogène	5,80	10,68	16,48
Oxygène	43,40	76,58	119,98
Azote.	2,29	0,70	2,99
Acide sulfurique . . .	0,02	0,14	0,16
Acide phosphorique . .	1,14	0,44	1,58
Chlore	traces.	0,08	0,08
Chaux	0,07	1,18	1,25
Magnésie	0,39	0,68	1,07
Potasse	0,72	1,28	2,00
Soude.	traces.	0,04	0,04
Silice	0,03	9,42	9,45
Fer et alumine	·	0,14	0,14
Perte			1,72
			300,00

En comparant cette analyse et d'autres, qui ont donné des résultats à peu près semblables, avec celles des terres végétales, on a reconnu que, parmi les éléments constants du blé, il y en avait au moins quatre, savoir l'azote, l'acide phosphorique, la chaux et les alcalis (potasse ou soude) qui pouvaient s'épuiser dans le sol, c'est-à-dire cesser d'y être en quantité suffisante à l'état assimilable. Lorsque cela arrive, il y a évidemment impossibilité d'obtenir de bonnes récoltes. L'agriculteur doit donc faire en sorte que ces éléments ne manquent jamais; il y parviendra en introduisant dans ses terres des engrais de qualité convenable. L'acide phosphorique est surtout un principe important; car, combiné avec les alcalis, et notamment avec la magnésie, il est une portion intégrante, essentielle, du pain. La chaux est également très-utile, soit comme élément nutritif, soit à cause de sa propriété d'améliorer les qualités des terres. Beaucoup de sols siliceux ne deviennent propres à la production du blé qu'après avoir été chaulés ou marnés.

Les conditions météorologiques n'influent pas moins que la nature du sol, sur la récolte du froment, ainsi que le prouvent les faits suivants, souvent observés.

Les blés souffrent beaucoup, en général, lorsque le thermomètre descend à plus de 12 degrés au-dessous de zéro, à moins qu'ils ne soient protégés par une couche épaisse de neige. Les dommages occasionnés par le froid sont surtout sensibles, lorsqu'il y a des variations brusques de température. Si, par exemple, un dégel succède, sans transition, à une forte gelée, ou si la glace

vient durcir tout à coup un terrain imprégné de beaucoup d'eau. Ces accidents sont assez fréquents dans le
midi, où le ciel est habituellement serein en hiver; ils
sont beaucoup plus rares dans les départements du
nord et de l'ouest, dont le climat est brumeux et qui
ont ordinairement un hiver doux et humide.

Une grande sécheresse, quand elle a lieu au commencement du printemps, empêche le froment de
monter. Si c'est à l'approche de l'été, la tige et les
épis ne font plus de progrès; la maturité s'accélère
trop; le grain, en se formant, reste petit, devient ridé
et ne contient que peu de farine.

Des pluies abondantes et continuelles ont des effets
encore plus fâcheux. Leur fréquence, à mesure que le
grain grossit et que l'épi devient plus pesant, est la
principale cause de la verse des blés dans les sols
riches. Leur continuité est surtout funeste à l'époque
de la maturation du grain, et immédiatement après.
Alors le blé ne mûrit qu'imparfaitement; les javelles
s'imprègnent d'eau, pourrissent ou moisissent : telle fut
la cause de la fameuse disette de 1816.

Des pluies trop abondantes, pendant la floraison,
dissipent la poussière fécondante qui doit convertir
les germes en grains.

Une année qui, dans son ensemble, est trop sèche
ou trop pluvieuse, est également défavorable. Dans
le premier cas, il y a peu de grains, parce que la
plante a manqué de nourriture; dans le second, le blé
mûrit mal, ou bien les feuilles et la tige se développent
aux dépens de la fructification. L'effet est à peu près

le même, que si la semence avait été placée dans une terre naturellement trop sèche ou trop humide.

Si le blé est pressé par une trop grande chaleur, le grain se développe mal, quand même il ne souffre pas de la sécheresse.

Une évaporation excessive, si elle survient à une époque voisine de la maturité, déssèche le grain au point de le faire jaunir ou blanchir, comme s'il avait mûri tout à coup.

On ne s'étonnera pas, après cette longue énumération des risques que court la récolte du blé, si, presque toujours, elle laisse quelque chose à désirer, sous un rapport ou sous un autre.

Nous avons fait connaître plus haut la division, en groupes, des diverses variétés du froment cultivé. Nous compléterons ces notions générales, en indiquant les convenances de climat et de terrain qui sont particulières à chacun d'eux.

Les blés nommés *touzelles* sont les plus répandus en France et dans une grande partie de l'Europe. Ce sont les plus estimés sous le rapport de la qualité du grain; pour cette raison, on les appelle *blés fins*, par opposition aux poulards, qui sont généralement désignés sous le nom de *gros blés*. Leur paille est également mise au premier rang pour la nourriture du bétail. Mais ces blés redoutent, plus que les autres, l'excès de fertilité ou l'humidité du sol; ils sont aussi plus sensibles aux diverses intempéries que nous avons énumérées. Parmi les touzelles, le blé dit d'Odessa résiste assez bien à la sécheresse et se contente d'une terre à seigle; pour

cette raison, il convient au midi de la France; il craint
d'ailleurs les grands froids. Une autre variété excellente, nommée *touzelle blanche*, convient aussi spécialement aux départements méridionaux; dans le nord
et le centre de la France, les hivers la détruisent souvent.

Les *saissettes* passent pour donner un rendement
moins élevé que les touzelles; leur grain est aussi
moins farineux et leur paille moins propre à la nourriture des bestiaux. Leur prix est, par conséquent,
moins élevé dans le commerce. Cependant on les
cultive parce que, comparées aux variétés précédentes, elles sont plus rustiques, moins exposées aux
diverses maladies qui attaquent les blés et que leur
paille étant plus rigide, les empêche de verser aussi
facilement. La saissette, dite de Provence, est une
plante précieuse pour ce pays, parce qu'elle résiste
bien aux vents; elle réussit d'ailleurs dans le midi sur
les terres fortes et fertiles, qui lui conviendraient moins
dans le nord.

Les *poulards* ont pour qualité distinctive d'être
rustiques et vigoureux, et surtout très-productifs;
d'avoir la paille haute et résistante, ce qui les rend
moins susceptibles de verser. Ils sont propres à être
semés sur des défrichements nouveaux, dans les terrains bas et humides, et dans ceux qui sont trop
riches en humus pour que les blés fins puissent y venir
avec succès. Leur grain est inférieur en qualité à celui
des froments ordinaires; ils donnent beaucoup de
son à la mouture et une farine médiocre. Leur paille

est peu estimée à raison de sa dureté, qui est cause que souvent les bestiaux la refusent tout à fait.

Les *aubaines* comprennent des variétés appartenant toutes à des régions chaudes, où elles ont un climat qui leur convient spécialement. Cela est tellement vrai, que les blés à grain tendre, cultivés longtemps dans ces pays, finissent par dégénérer et par produire du grain dur. Les aubaines réussissent bien dans les terrains secs et riches, où d'autres variétés verseraient. Leur propriété de résister à la sécheresse du sol, ou à celle de l'année, les rend précieux pour les contrées méridionales. Leur paille, remplie de moelle vers le haut, est très-ferme. Leur grain est, comme nous l'avons dit, dur et glacé; il fournit une farine riche en gluten et en amidon, qui sert à la fabrication de presque toutes les pâtes d'Italie.

Le *blé de Pologne*, malgré son nom, paraît être originaire d'Afrique; il est cultivé dans l'Ukraine et dans la Valachie. C'est une variété remarquable par ses grands et longs épis, par ses balles d'une dimension extraordinaire et par son grain très-allongé, tellement glacé qu'il semble transparent. Ce blé exige, pour ne pas dégénérer, un terrain fertile; il est presque inconnu en France, dont le climat ne lui est pas favorable; on le cultive seulement un peu dans le midi, pour être employé en gruau.

Le blé, considéré en général, peut croître sous les latitudes les plus diverses; il accompagne l'homme presque partout. Cependant l'expérience prouve que c'est la partie moyenne de la zone tempérée qui lui convient le mieux. Vers le nord, les hivers qui deviennent de plus en plus rigoureux, et la diminution de la température moyenne, ne lui permettent pas d'atteindre la même limite que le seigle, l'avoine et l'orge. Vers le midi, la sécheresse du climat est le principal obstacle à ce qu'il s'avance beaucoup de ce côté.

La limite de la culture du froment vers le nord est une ligne irrégulière qui, dans la partie occidentale de l'Europe, coïncide à peu près avec le 63me degré de latitude et passe, par conséquent, par le sud de la Suède et de la Norvège; mais qui, plus à l'est, du côté de la Sibérie, ne s'étend pas au-delà du 61me degré. Il y a cependant des exceptions, dont la plus remarquable s'observe à Lyngen, près du cap Nord, à 20 degrés environ du pôle. Il y croît du blé, quoique la neige ne disparaisse dans ce pays qu'au mois de juin; mais le ciel y est d'une grande sérénité, et pendant près d'un mois, le soleil ne quitte pas l'horizon. La récolte se fait en septembre.

En marchant vers les régions tropicales, on ne rencontre plus de blé, parce que le climat devient trop sec à l'époque de la formation du grain. C'est pour cette raison qu'aux environs de Xalapa, près de la Vera-Cruz, le froment n'est cultivé que comme fourrage. Des pluies abondantes, jointes à une grande chaleur, déterminent aussi chez les céréales une végétation uniquement herbacée.

La plus grande altitude des lieux où l'on peut cultiver le froment, varie suivant la latitude; elle dépend beaucoup aussi de l'exposition, des abris et de la hauteur du sol servant de base aux montagnes. Dans les Alpes et le Jura, cette altitude ne dépasse pas 800 à 900 mètres, et il faut que l'exposition soit favorable. Sous l'équateur, la culture du blé s'élève jusqu'à 2,000 mètres, et au-delà.

Les anciens Égyptiens et les Grecs avaient attribué à la divinité l'art de faire venir le froment. Cette céréale est, en effet, la base de la nourriture de l'homme dans la plus grande partie du monde. Elle est cultivée presque partout en Europe, dans les régions tempérées de l'Asie, dans toute la Chine, sur les côtes septentrionales de l'Afrique, au cap de Bonne-Espérance, où elle a bien réussi; elle a pris aussi une grande extension dans les États-Unis d'Amérique.

Le blé est remplacé par le riz chez les nations indiennes, par le maïs dans l'Amérique méridionale, par le millet chez les peuples noirs de l'Afrique, enfin par le seigle et l'orge dans les contrées les plus septentrionales de l'Europe, où le froment ne peut croître à cause du froid.

Les tiges du froment servent de fourrage et de litière; on les emploie aussi quelquefois à des usages industriels.

LUZERNE; *Medicago*, Linn. — Le genre luzerne, de la famille des légumineuses, comprend plus de 80 espèces, dont un grand nombre croissent spontanément ou sont naturalisées en France. Parmi ces dernières, deux surtout intéressent l'agriculture : la luzerne cultivée, *Medicago sativa, L.*, et la lupuline, *Medicago lupulina*, *L.* La luzerne cultivée est originaire de l'Asie tempérée. Les Romains croyaient qu'elle avait été apportée de Médie ; de là le nom de *Medicago* qu'elle porte en latin. La lupuline, nommée souvent *minette*, est indigène ; on la rencontre fréquemment dans les prés et le long des chemins.

La luzerne cultivée est une plante vivace, herbacée, à longue racine pivotante, à tige droite, glabre, peu rameuse ; les feuilles sont composées de 3 folioles mucronées, dentées en scie au sommet, ovales-oblongues dans les feuilles inférieures et linéaires en coin dans les supérieures ; les fleurs, violettes ou bleuâtres, sont réunies en grappes axillaires ; le fruit consiste en une gousse contournée en spirale.

Les qualités caractéristiques du sol qui convient le mieux à cette plante, sont d'être profond, meuble, ni trop sec, ni trop humide. La profondeur et l'ameublissement sont nécessaires pour que la racine du végétal, qui est longue et pivotante, puisse s'enfoncer librement. Il faut, d'un autre côté, que le sol ne soit pas habituellement sec. L'expérience a prouvé, en effet, que la luzerne languissait et ne subsistait pas longtemps dans les sables et les graviers arides, dépourvus d'argile, parce qu'elle n'y trouvait pas la proportion d'eau et de sucs nourriciers dont elle a constamment besoin. Elle ne réussit pas mieux dans le sein des terres froides, très-argileuses, où il y a un excès d'humidité qui la tue. L'élément calcaire lui est favorable, et quand il manque dans le sol, on doit l'y ajouter sous forme d'amendements.

Les dépôts alluviens, les terres calcarifères argilo-sableuses, argilo-fragmentaires, ou même argileuses, si elles reposent sur un sous-sol perméable, satisfont, en général, aux conditions que nous venons d'énumérer.

En ce qui concerne le climat, la luzerne en demande un qui soit intermédiaire entre ceux du sainfoin et du trèfle : elle ne pourrait pas, comme le sainfoin, prospérer dans les pays chauds, où le printemps et l'été sont habituellement secs ; d'un autre côté, pour donner de nombreuses coupes, elle a besoin de plus de chaleur que le trèfle. Lorsque le climat est tempéré, elle préfère une exposition au midi et bien aérée, à toute autre ; les ombrages touffus lui sont contraires.

En résumé, il faut à la luzerne un terrain meuble, profond, substantiel sans excès d'humidité, qui jouisse d'une exposition méridionale et à découvert. Ajoutons que les engrais sont très-utiles à cette plante.

La luzerne est une plante essentiellement améliorante. Par suite de sa disposition à pivoter, elle n'emprunte presque rien à la surface de la terre, et va chercher sa nourriture dans les profondeurs du sol, dont elle fertilise ensuite la partie supérieure par les débris de ses feuilles caduques qu'elle y accumule. Il peut arriver de cette manière qu'après une période de quatre ou cinq ans, la surface d'un terrain occupé par une luzernière présente une masse de principes nutritifs, presque égale à celle que l'on aurait obtenue en y déposant des engrais.

La luzerne est un des meilleurs fourrages que l'on

puisse donner aux bestiaux; distribuée en quantité modérée aux vaches et aux brebis, elle les rend bonnes laitières.

La lupuline se distingue de la luzerne ordinaire par ses tiges nombreuses, plus ou moins pubescentes, la centrale dressée et les latérales étalées; par ses folioles peu mucronées au sommet et de forme obovale; enfin, par ses petites fleurs jaunes en épis, suivies de gousses comprimées, réniformes et pubescentes.

Cette plante vient très-bien sur tous les sols calcaires argileux, sablonneux ou crayeux, pourvu qu'ils ne soient pas trop humides. Elle se contente de terrains peu fertiles, trop secs pour la luzerne ordinaire. Elle ne produit qu'une seule coupe, mais elle repousse assez rapidement sous la dent des bestiaux. On le livre souvent en pâturage aux moutons et, quelquefois, aux bêtes à cornes.

MAÏS CULTIVÉ; *Zea maïs*, Linn. — D'après M. de Candolle, cette plante nous vient de l'Amérique; le nom de *blé de Turquie*, qui lui a été donné, serait, par conséquent, tout à fait impropre et le résultat d'une erreur populaire. D'autres auteurs sont d'une opinion contraire et admettent que le maïs est originaire des deux mondes. Quoi qu'il en soit, cette graminée a été une acquisition très-importante pour l'agriculture de l'Europe méridionale.

Le maïs est une plante monoïque, dont on ne connaît que trois espèces, toutes trois exotiques. L'espèce cultivée est à tige articulée, droite, de hauteur variable, suivant les variétés; elle est garnie de feuilles engaî-

nantes, pointues, longues de 0ᵐ,50 environ sur 0ᵐ,04
à 0ᵐ,06 de large. Les fleurs mâles, dont l'apparition
précède de plusieurs jours celle des fleurs femelles,
forment un bouquet en panicule au sommet de la tige.
Les fleurs femelles sont placées au-dessous de la panicule, à l'aisselle des feuilles de la plante.

Les variétés du blé de Turquie sont extrêmement
nombreuses. On peut les grouper commodément en
trois classes, suivant que leur grain est blanc, jaune
ou rougeâtre. On les divise plus utilement encore,
sous le rapport pratique, en variétés tardives et en variétés précoces. Les premières, appelées *maïs d'automne*, ne sont récoltées que dans l'arrière-saison; les
secondes, beaucoup plus hâtives, portent le nom de
quarantains, parce que l'on suppose qu'elles peuvent
accomplir toutes les phases de leur végétation en quarante jours; mais il en faut environ quatre-vingts.

Les sols d'alluvion argilo-sableux, les terres riches en
humus, surtout lorsqu'il s'y trouve du calcaire, sont
les plus convenables pour le maïs; toutefois, cette
plante est du nombre de celles qui, indépendamment
du terrain qui leur est spécialement favorable, s'accommodent de beaucoup d'autres. Ainsi un sol, de
quelque nature minéralogique qu'il soit, s'il est bien
ameubli et convenablement fumé, suffit au maïs. Les
conditions climatériques sont plus importantes et plus
difficiles à remplir; car il faut, pour le succès de cette
culture, beaucoup de chaleur jointe à de l'humidité.
Pour cette raison, les qualités physiques de la terre
doivent varier suivant la latitude et l'exposition. Dans

le midi, la chaleur est suffisante, c'est plutôt l'humidité qui fait défaut : il faut donc des terres hygroscopiques. C'est tout le contraire au centre de la France, dont le climat est ordinairement humide et où il est important que le sol puisse s'échauffer. Sous le 45e degré de latitude, les plus belles récoltes s'obtiennent encore dans les terres argilo-sableuses un peu fortes, naturellement humides, et s'échauffant peu au soleil. Plus au nord, sous le 46e degré, les terres légères, faciles à s'échauffer, conviennent mieux; enfin, sous le 47e, le maïs mûrit mal, s'il n'est pas cultivé dans un sol de sable ou de gravier. Ces faits souffrent cependant des exceptions. Il y a des pays chauds, comme les Landes et le pied des Pyrénées, où l'on cultive avec succès le maïs dans les terres légères, graveleuses, et jusque dans les détritus des roches granitiques; d'un autre côté, cette culture prospère également dans des terres hygroscopiques situées au-delà du 45e degré de latitude, par exemple en Bresse. Un choix de semences parfaitement appropriées au sol, et des circonstances climatériques locales expliquent ces anomalies.

Le maïs est le plus abondant des grains dans les terres médiocres, et c'est surtout le moins casuel. Sa culture est devenue une nécessité dans les pays du midi, où le blé est peu abondant; il y a doublé les moyens de subsistance. Dans ces contrées, on le sème généralement du 20 avril au 20 mai, et on le récolte en octobre. On le sème aussi, dans quelques localités, au commencement de l'été, soit après une récolte hâtive du printemps, soit pour compenser une récolte perdue. Dans les départements du centre, l'époque des semailles est la fin de mai, et l'on emploie des variétés très-précoces.

Cette céréale épuise beaucoup le sol et ne doit pas revenir trop souvent, à moins que le terrain ne présente un grand fond de fertilité et que le cultivateur n'ait les moyens de l'entretenir. Ainsi, dans la vallée de la Garonne, où un climat propice, une terre meuble et des irrigations faciles offrent les conditions les plus heureuses, on fait alterner, sans interruption, le maïs et le froment. Le même assolement règne surtout au pied des Pyrénées où il y a beaucoup d'engrais; enfin, ce système est suivi dans quelques localités de la Bresse et dans les parties les plus fertiles de la Hongrie.

Vers la fin du siècle dernier, Arthur Young faisait partir la limite septentrionale du maïs de l'embouchure de la Gironde, et la dirigeait de là sur Bourges et Strasbourg. Maintenant, les progrès de l'agriculture ont fait reculer cette limite, parallèlement à elle-même, d'environ 14 myriamètres plus au nord. On peut la fixer, sur les bords de l'Océan, au 47ᵉ degré; elle passe de là entre la Flèche et le Mans; puis, aux environs de Paris, d'où elle remonte vers le nord, dans le pays de Nassau. Cette céréale est, en effet, cultivée entre Heidelberg et Francfort et aux environs de cette dernière ville. De ce point, situé sous le 50ᵉ degré, elle passe dans l'empire autrichien et parvient jusque dans la Russie méridionale, en se maintenant entre le 49ᵉ et le 50ᵐᵉ.

Du côté du sud, il n'y a pas de limite pour le maïs, ce qui indique que la chaleur est pour lui la condition la plus essentielle. Il prospère en Espagne, en Italie et spécialement en Lombardie, ainsi que sur tout le littoral de la Méditerranée. Les régions les plus chaudes de la zone tropicale en fournissent abondamment. On le cultive jusqu'en Patagonie et, dans les mers du sud, à Java et dans les Philippines.

Dans les Alpes françaises et en Suisse, il ne s'élève guère au-dessus de la région des vignes, sauf dans quelques cas rares; on peut fixer, par conséquent, sa limite supérieure à 650 ou 700 mètres.

L'homme consomme les graines de maïs, tantôt simplement grillées ou bouillies, avant leur complète maturité, tantôt en farine et sous la forme d'une pâte à laquelle, suivant le mode de préparation et les localités, on donne le nom de *polenta*, de *gaude*, de *milias*, de *cruchade*, de *mique*, etc. D'autres fois, on en fait du pain, avec ou sans addition de froment, de seigle, de sarrasin ou de fécule de pomme de terre. Le grain de cette céréale est aussi une excellente nourriture pour les animaux. Les chevaux, les bêtes à cornes et les porcs le mangent avec plaisir ; tous les oiseaux de basse-cour en sont très-avides et on s'en sert pour les engraisser. La paille, qui est très-spongieuse, est une des meilleures pour la litière. Les spathes qui enveloppent l'épi, sont utilement employées pour servir de nourriture aux bestiaux, et à d'autres usages.

ORGE ; *Hordeum*, Linn. — On connaît aujourd'hui une vingtaine d'espèces d'orge, dont quelques-unes sont indigènes et les autres, pour la plupart, d'origine asiatique. C'est à ces dernières qu'appartient l'orge cultivée que l'on compte au nombre des céréales les plus importantes. Elle est une des premières qui aient servi à la nourriture de l'homme. Torréfiée et réduite en farine, elle formait, avec l'eau, le lait, le vin, l'huile ou le miel, la pâte de gâteaux souvent cités par les anciens auteurs. La région de l'Asie d'où elle est sortie est restée douteuse; on a indiqué successivement la Palestine, la Géorgie, la Babylonie, la Phrygie et l'Inde. Il paraît certain qu'elle croît spontanément au midi du Caucase, du côté de la mer Caspienne et aussi en Perse. C'est sans doute de ces pays qu'elle est originaire.

L'épi de l'orge se distingue facilement par sa structure de celui des autres céréales. Son axe porte des dents alternes sur chacune desquelles se trouvent implantés trois épillets distincts, ayant chacun une fleur, tandis que pour le froment et le seigle il n'y a qu'un seul épillet, composé de plusieurs fleurs.

Toutes les espèces et variétés de l'orge cultivée se rapportent à trois types, qui sont :

1° L'orge ordinaire, *Hordeum vulgare*, nommée aussi *orge carrée, grosse orge, orge escourgeon;* ses fleurs, munies de longues arêtes, sont toutes hermaphrodites, rapprochées autour de l'épi et imbriquées sur six rangs, dont deux plus proéminents; la tige, haute de $0^m,50$ à $0^m,70$, est garnie de feuilles linéaires lancéolées, glabres.

2° L'orge à six rangs, *Hordeum hexastichum*, appelée

orge d'hiver, soucrion, etc.; elle ne diffère de l'espèce précédente que par son épi plus court, plus renflé, dont les six rangs sont égaux et disposés régulièrement.

3° L'orge à deux rangs ou distique, *Hordeum distichum.* Cette espèce se distingue facilement des précédentes par son épi comprimé, formé seulement de deux rangs de fleurs hermaphrodites, proéminentes, terminées par des arêtes; deux fleurs mâles, sans barbes, sont placées de chaque côté de l'hermaphrodite.

Sous le rapport de l'époque de l'ensemencement, les variétés de l'orge, comme celles du froment, forment deux divisions : les unes sont dites d'automne et les autres de printemps.

L'observation prouve que l'orge, en général, donne ses plus beaux produits dans les sols argilo-sableux ou argilo-calcaires, intermédiaires sous le rapport de la consistance, entre les terres à blé et les terres à seigle; mais il s'en faut de beaucoup qu'on ne puisse la cultiver que dans de pareils terrains. L'essentiel est que cette céréale ne soit pas exposée à une grande humidité, ni à des sécheresses prolongées. On y parvient, suivant la nature des terres, par un bon choix des variétés et en tenant compte du climat pour l'époque de l'ensemencement. Ainsi, les orges de printemps seront semés dès le mois de février dans les terrains légers, sous un climat chaud, afin qu'elles ne soient pas atteintes par les sécheresses de l'été; dans les mêmes terrains, mais sous un climat plus froid, on sème en avril; enfin, si le sol est compacte ou jouit de l'irrigation naturelle, on pourra attendre jusqu'en mai. Dans les pays qui ont des étés pluvieux, l'orge réussit très-bien dans les sols où le sable prédomine, surtout s'ils ne sont pas privés d'humus.

L'orge d'automne peut demeurer longtemps sous la neige, sans en souffrir; par un temps sec, elle supporte les plus fortes gelées. Des pluies continuelles ou une sécheresse trop forte, au printemps, sont les seuls accidents qui peuvent lui être nuisibles. Dans le premier cas, elle pousse trop en feuilles et produit un grain assez gros, mais peu abondant, qui ne peut pas se conserver; dans le second, elle ne s'élève pas; les épis avortent, et le peu de grain que l'on recueille est très-petit.

Dans les parties méridionales de l'Europe, en Espagne, en Sicile, on sème presque toujours l'orge avant l'hiver, et alors on a deux récoltes dans le courant de la même année : une première de la semence d'automne, dont on retire le produit au mois de mai suivant; une seconde, du grain mis en terre en mai, et que l'on moissonne en automne.

Toutes les orges printanières aiment à être enterrées un peu profondément, au moins à 8 ou 10 centimètres; c'est même une condition essentielle de leur succès dans les sols légers. Il leur faut, dans tous les cas, une terre bien ameublie, car leurs racines sont très-développées et poussent rapidement.

L'orge est la céréale dont la culture s'avance le plus, soit au nord, soit au midi, à cause de la rapidité de sa végétation qui lui permet, dans les climats chauds,

d'en parcourir toutes les phases avant les sécheresses
de l'été, et, dans les climats froids, de mûrir avant les
premières gelées de l'automne. On voit, en effet, cette
plante prospérer, d'un côté, en Egypte et en Arabie,
et, de l'autre, en Laponie, près du 70e degré de latitude; on la rencontre surtout fréquemment en Norvége, le long des côtes occidentales. En Sibérie, elle
s'avance moins vers le nord et ne paraît pas dépasser
le 66e degré. Dans ces régions glacées, on sème l'orge
dès que la terre est libre, c'est-à-dire vers la fin de
mai, et on la récolte en juillet; il ne lui faut que deux
mois pour mûrir, ce qui s'explique par la longueur des
jours en été.

Sur les hautes montagnes, cette plante accompagne
ordinairement le seigle et les pommes de terre; en
sorte que sa limite supérieure est celle des derniers
champs cultivés. Elle peut atteindre 1,900 à 2,000
mètres dans les Alpes, et même 2,200, ainsi qu'on le
voit à Allos, dans le département des Basses-Alpes.
Au Pérou, elle s'arrête moyennement à 3,250 mètres
et s'élève jusqu'à 4,550 sur le plateau du Thibet, en
Asie.

La farine d'orge, plus courte que celle du froment
et même du seigle, produit un pain de qualité inférieure, qui est cependant sain et nourrissant; on l'améliore beaucoup en y mêlant de la farine de froment.
On mange aussi l'orge à l'état de gruau ou d'orge
mondée. Son grain est considéré en médecine comme
refraîchissant. On en emploie une énorme quantité à
la fabrication de la bière; c'est là son principal usage.

Les opinions sont partagées sur les qualités nutritives de la paille d'orge; mais, consommée en vert, cette graminée est un excellent fourrage. Son grain, grossièrement concassé, sert à la nourriture des bêtes à cornes, à l'engraissement de la volaille et des porcs; dans le midi, il est souvent substitué à l'avoine pour la nourriture du cheval.

POMME DE TERRE; *Solanum tuberosum*, Linn. — Le genre *morelle*, qui a donné son nom à la famille des solanées, est un des plus nombreux du règne végétal; il renferme aujourd'hui plus de 300 espèces, dont la plus importante, sans contredit, est le *Solanum tuberosum*, nommé vulgairement *pomme de terre*.

Cette plante, dont les caractères généraux sont connus de tout le monde, était cultivée, à l'époque de la découverte de l'Amérique, dans toutes les régions tempérées de ce vaste pays. Des faits nombreux établissent qu'aujourd'hui même elle croît spontanément dans les contrées qui s'étendent du Chili à la Nouvelle-Grenade; elle en est donc très-probablement originaire. Du nouveau monde, la pomme de terre a été transportée en Espagne, en Italie, puis en Angleterre où elle était connue dès la fin du XVIe siècle. De là, elle s'est propagée peu à peu dans le reste de l'Europe. Sa culture en France, longtemps retardée par des préjugés, n'a commencé à faire des progrès sérieux que vers le milieu du XVIIIe siècle. On sait que Parmentier est le savant qui a le plus contribué à son extension.

Les variétés de la pomme de terre obtenues par la

culture sont très-nombreuses. On les partage en trois groupes, savoir : *les patraques, les parmentières* et *les vitelottes*. Les tubercules sont sphériques dans le premier groupe, allongés et aplatis dans le second, allongés et cylindriques dans le troisième.

Pour qu'un sol convienne à la culture de la pomme de terre, peu importe sa nature minéralogique ; il faut seulement qu'il satisfasse aux deux conditions suivantes : 1° d'être meuble ; 2° de jouir d'une humidité modérée pendant toute la durée de la végétation. Lorsque la première condition n'est pas satisfaite, les racines de la plante étant comprimées ne peuvent prendre tout leur développement et le produit est peu considérable. Si l'humidité fait défaut par suite d'une sécheresse, le grossissement des tubercules s'arrête, et ils restent petits quand même les pluies viennent ensuite. C'est surtout pour cette raison qu'ils sont si souvent chétifs dans le midi, à moins qu'on ne puisse les arroser. Indépendamment des deux conditions précédentes, il est nécessaire pour que la récolte soit abondante, que la terre soit riche en humus ou qu'elle ait été bien fumée.

Les tourbières, les prairies et les bois nouvellement défrichés sont favorables à la pomme de terre ; elle vient également bien sur les sols de détritus granitiques, de sable siliceux, de sable calcaire, de limon sableux, de gravier mêlé de limon, etc. ; il n'y a que les terres très-argileuses qui ne lui conviennent pas, à cause de leur compacité et de leur trop grande humidité. Dans de pareils terrains, les tubercules sont pâ-

teux, peu nutritifs et tellement aqueux qu'ils deviennent un aliment malsain. Dans les lieux secs et même
arides, le produit est peu abondant, mais d'excellente
qualité.

En résumé, il faut à la pomme de terre un sol
léger, si le climat est humide, et de consistance
moyenne, s'il est sec. Les sables d'alluvion qui ont de
la fraîcheur, les terres argilo-sableuses ou argilo-calcaires légères, lui conviennent en général beaucoup.
On estime que la terre à o^m,30 de profondeur doit
conserver, pendant la durée de la végétation, de 15
à 18 pour 100 d'eau. Cette proportion peut sans
inconvénient augmenter dans les climats chauds et
diminuer dans ceux qui sont naturellement frais.

La croissance rapide de la pomme de terre permet
de la cultiver partout où l'on récolte des céréales, et
même au-delà de leur limite, si l'on a la précaution
de choisir des variétés hâtives. Il suffit d'un été fort
court pour l'amener à la maturité. On observe des
champs de cette plante en Islande, dans le voisinage
du cercle polaire, et à de très-grandes hauteurs sur le
flanc des montagnes de l'Europe. Dans les Alpes, elle
accompagne le seigle, l'orge, les légumes, et parvient,
par conséquent, jusqu'aux dernières limites de la culture. On la trouve dans les Andes, entre 3,000 et
4,000 mètres d'altitude, où elle jouit d'un climat tempéré. En Europe, on a remarqué que la hauteur des
lieux, loin de lui être défavorable, améliorait sa qualité.

La pomme de terre est un produit agricole qui

38

rend les plus grands services comme substance alimentaire. Son introduction en Europe a été une des
causes de l'augmentation de la population. Ses usages industriels sont aussi nombreux : on convertit sa
fécule en gomme, en sucre, en esprit-de-vin, et on
en fait des pâtes de toute espèce.

SAINFOIN ; *Hedysarum onobrychis*, Linn. — Le genre
sainfoin, de la famille des légumineuses, renferme un
très-grand nombre d'espèces ; on en compte 128 à
130, disséminées dans les parties tempérées, plutôt
froides que chaudes, de l'hémisphère boréal. La plus
importante de ces espèces, sous le rapport agricole,
est l'*Hedysarum onobrychis*, nommé vulgairement *espar-
cette* ou, plus souvent, *sainfoin ;* elle est, comme le
trèfle, originaire de l'Europe centrale. On la cultive en
France depuis plus de trois siècles.

Cette plante est vivace, à tige pivotante ; sa tige
droite, haute de plus de $0^m,60$, porte des feuilles alternes, ailées avec impaire, dont les folioles sont
ovales, oblongues en coin et presque glabres ; les
fleurs sont purpurines, en épis portés sur de longs pé-
doncules ; le fruit est une gousse monosperme.

Le terrain de prédilection du sainfoin est celui qui
est profond, assez fortement calcaire et un peu sec.
Cette plante n'a pas besoin d'autant de fraîcheur que
le trèfle et la luzerne. Par sa racine, dont la longueur
dépasse quelquefois deux mètres, elle peut aller chercher bien loin, dans les profondeurs de la terre, l'humidité qu'elle ne trouve pas à la surface. Par suite de
cette faculté, elle peut résister aux chaleurs intenses,

aux sécheresses prolongées, et réussit dans des terrains arides, dont l'exposition est au midi. C'est donc la plante fourragère qui convient le mieux aux contrées méridionales ; elle leur rend les plus grands services. Avec son secours, on peut utiliser partout, d'une manière avantageuse, des sols calcaires, secs, sableux ou caillouteux, qui naturellement ne produiraient qu'une herbe courte et rare, insuffisante pour le bétail. Pour obtenir de belles coupes, il faut que la terre soit meuble ; par conséquent, si elle n'est pas sableuse, on doit la labourer profondément.

Les engrais et amendements qui conviennent le mieux au sainfoin, sont les cendres, la suie et le plâtre. Cette dernière substance produit surtout d'excellents effets. La durée de la plante varie depuis quatre jusqu'à sept ou huit ans, suivant les conditions locales.

On connaît deux variétés de ce fourrage : le *petit sainfoin* ou sainfoin des montagnes, et le sainfoin à deux coupes ou *sainfoin chaud*, provenant des cultures soignées, faites dans les meilleurs terrains du midi. Ce dernier est le plus productif et le plus estimé.

Le sainfoin s'accommode de climats variés ; il croît naturellement en Sibérie, en Angleterre et dans les pays méridionaux. Cependant un climat chaud paraît être celui qui lui convient le mieux ; il ne s'élève pas, dans les Alpes, au-dessus de 1,300 à 1,500 mètres d'altitude.

Cette plante est au nombre de celles que l'on cultive avec le plus d'avantage. Elle est essentiellement améliorante, car elle n'épuise pas la surface du sol.

Son fourrage est considéré comme étant le meilleur et le plus sain de tous; il peut être consommé en vert sans inconvénients. Seulement, son produit, qui n'est pas estimé à plus de 4,500 kilogrammes par hectare, dans un bon fonds, est moins abondant que celui du trèfle et de la luzerne.

SARRASIN ; *Polygonum fagopyrum*, Linn. (1).— Cette plante, nommée aussi *blé noir*, appartient au genre renouée, *Polygonum*, qui est composé d'une centaine d'espèces, répandues sur les deux continents. Elle était inconnue aux Grecs et aux Romains et n'a été introduite en Europe que vers la fin du moyen-âge. On la croit originaire des pays situés au nord de l'Asie, probablement de la Tartarie ou de la Sibérie asiatique.

Elle est annuelle et de la famille des polygonées. Sa tige est droite, rameuse, lisse, charnue, rougeâtre, et haute d'environ 0^m,60. Ses feuilles sont alternes, en cœur, les inférieures pétiolées, les supérieures sessiles. Les fleurs, d'un blanc rougeâtre, naissent à l'aisselle des feuilles, et sont réunies en bouquet aux extrémités supérieures des rameaux. Les grains sont noirs ou bruns, et de forme triangulaire.

On connaît deux variétés principales de sarrasin : l'une à petits grains convexes, de qualité estimée, servant à la nourriture de l'homme; l'autre, à grains plus gros et plats à leur surface, à feuillage épais, cultivée surtout pour engrais vert. Depuis quelque temps, on

---

(1) Le nom de *sarrasin* paraît dérivé des mots persans *had-rasin*, qui signifient *blé rouge*.

a introduit en France une autre race de cette plante, nommée *sarrasin de Tartarie*. Ses fleurs sont verdâtres ; ses grains, petits et durs, sont d'une amertume très-prononcée. Elle a l'avantage d'être plus rustique, plus vigoureuse et plus précoce que les autres variétés. On la préfère, quand on a pour but d'obtenir un engrais végétal.

Le sarrasin offre la qualité rare de réussir non-seulement dans les terres maigres, sablonneuses, mais aussi dans celles qui sont argileuses et fortes. Il n'y a que les terres très-humides qui lui soient contraires. Dans un sol fertile ou trop riche en engrais, il pousse vigoureusement, mais la récolte en grains est peu abondante. Cette plante, par suite de ses qualités, est au nombre des cultures principales dans la plupart des pays pauvres ; elle rend les plus grands services aux contrées à base de granite, de schiste cristallin, de sable siliceux, et à celles dont le sol argileux est trop compacte pour le blé et le seigle. On la sème aussi dans des terrains de craie, presque stériles. Quoiqu'elle n'ait pas besoin d'un sol de nature calcaire, cependant la chaux et les cendres lessivées lui sont favorables comme amendements ; les engrais minéraux alcalins, les débris feldspathiques et surtout le noir de raffinerie, lui conviennent également. On trouve habituellement dans ses cendres une forte proportion de magnésie ; ce qui explique pourquoi elle se plaît sur les terrains talqueux, qui renferment tous cette base à l'état de silicate.

En résumé, le sarrasin est une des plantes les plus

précieuses que l'on connaisse pour les assolements dans les terres sèches, compactes, granitiques, sableuses, cailouteuses et crétacées. Ses avantages dans les terrains pauvres sont toutefois diminués par son extrême sensibilité aux influences météorologiques. La sécheresse de l'atmosphère, les vents froids, les gelées blanches, l'excès de chaleur sont autant de circonstances qui peuvent compromettre sa récolte. La douceur de la température, une année humide, l'absence des gelées tardives, les alternatives de pluie et de soleil à l'époque de la floraison, lui sont, au contraire, très-favorables. Il résulte de là que son rendement peut varier dans le rapport de 1 à 5, et même entre des limites plus étendues. En Bretagne, où cette plante jouit d'un climat qui lui convient, son produit moyen est de 20 hectolitres par hectare.

Comme le sarrasin est sensible à la moindre gelée, on ne le sème jamais en automne. Sa végétation est extrêmement rapide; mis en terre au milieu de mai ou en juin, on peut le récolter trois mois après, en septembre. Pour cette raison, il est très-propre à utiliser le sol comme seconde récolte, ou à remplacer, en été, les céréales qui n'auraient pas réussi. On comprend aussi qu'il puisse mûrir et donner des produits dans les pays où les étés sont les plus courts. Aussi les Russes le cultivent-ils jusqu'aux environs d'Arkhangel, au-delà du 64e degré de latitude. En France, il peut venir sur les hautes montagnes, dont le climat se rapproche de celui du nord de la Russie; il est très-peu répandu dans le midi, à cause de l'absence des pluies en été.

Le sarrasin est utilisé comme céréale; avec sa farine on fait, non pas du pain, mais des bouillies, des gâteaux, des crèpes excellentes, qui sont la principale nourriture des habitants de quelques cantons pauvres en France, en Allemagne et en Russie.

Le grain concassé engraisse très-bien les bestiaux, surtout les animaux de basse-cour, tels que les poules, les poulets, etc.; c'est pour cette raison que l'industrie de l'engrais des volailles s'est développée dans la plupart des pays qui produisent beaucoup de sarrasin, par exemple dans le Maine et la Bresse.

Les tiges et les feuilles de cette céréale forment un assez bon fourrage; elles sont surtout employées pour litière. Ses fleurs offrent une riche pâture aux abeilles, qui en sont très-avides. Enfin, cette plante tirant sa principale nourriture de l'atmosphère, est un excellent engrais vert; elle rend au sol beaucoup plus qu'elle ne lui a pris.

SEIGLE; *Secale cereale*, Linn. — Cette graminée est cultivée depuis une époque beaucoup moins reculée que le froment; c'est à peine si elle était connue du temps des Romains. Tout indique qu'elle est originaire des lieux situés entre la chaîne des Alpes et la mer Noire, spécialement de la Hongrie, de la Dalmatie et de la Transylvanie. Dans ces pays, cette plante se trouve souvent hors des champs, sur le bord des routes et même dans les prairies.

Le genre *seigle* compte très-peu d'espèces. Beaucoup de botanistes n'en admettent même qu'une seule, qui est le seigle commun. La tige de cette céréale, un peu plus haute que celle du froment, atteint jusqu'à 1^m,75; elle est articulée, garnie de feuilles linéaires, et terminée par un épi simple, comprimé, long de 11 à 13 centimètres, dont les épillets sont appuyés contre l'axe par une de leur face. Chaque épillet, muni de barbes assez longues, renferme deux fleurs, et accidentellement une troisième qui est presque toujours stérile. Son grain est très-allongé et pointu à son extrémité supérieure.

On distingue dans nos pays, comme variétés principales, le seigle d'automne et le seigle de printemps ou *trémois*, qui tirent leur nom de la saison où on les sème. Le seigle dit de la *Saint-Jean* ou du nord, n'est qu'une sous-variété du seigle d'automne; il en diffère par la longueur de sa paille et de ses épis, par son grain plus menu, et surtout parce qu'il est plus tardif et qu'il talle davantage.

Le seigle parvenant à sa maturité avant le froment, n'a pas besoin, comme celui-ci, d'une terre qui conserve son humidité pendant tout l'été; comme il a, d'un autre côté, une tige plus grêle, un grain moins pesant et moins azoté, il peut mieux s'accommoder d'un sol peu fertile. Cela explique pourquoi le seigle réussit bien dans les terres légères, siliceuses, qui ne possèdent qu'une faible proportion d'argile; il semble même qu'à raison de son tempérament, et du tort que lui fait une humidité surabondante, il se plaise mieux dans les terres de cette nature que dans les autres. Pour cette raison, on le considère comme étant la céréale spéciale des terrains maigres, sablonneux, caillouteux ou fragmentaires; par exemple, de ceux qui sont à base de craie, de calcaire compacte ou marneux, de granite, de schiste micacé, de grès siliceux, etc. Il y a donc une opposition asssez grande entre les qualités des terrains où le froment peut prospérer et les qualités de ceux qui conviennent au seigle. Ce fait est connu depuis longtemps, et, presque partout, le sol destiné aux céréales forme deux grandes divisions comprenant, l'une les terres à froment, et l'autre les terres à seigle. Dans beaucoup de pays, ces deux espèces de terres sont même désignées par des noms particuliers.

Il ne faudrait pas cependant conclure de là, que du seigle, semé dans une terre à froment, ne pourrait y réussir ; il y vient toujours assez bien pour payer, par son produit, le fumier et les autres dépenses de sa culture; mais, en général, du froment mis à sa place aurait donné un plus grand bénéfice. Il vaut donc mieux réserver à chacune de ces céréales le sol qui lui convient spécialement. Nous ajouterons qu'elles occupent la même place dans les assolements, et qu'elles jouent le même rôle, l'une dans les terres légères et l'autre dans les terres argileuses.

Le seigle renferme constamment, comme le froment, une notable proportion de phosphates à base de chaux et de magnésie, et doit, par conséquent, trouver ces éléments dans le sol où il est cultivé. On a remarqué que, dans les terrains siliceux, le marnage ou le chaulage lui étaient favorables. Un excès d'humidité lui est très-nuisible et, même, le fait périr pendant l'hiver; c'est la raison pour laquelle il ne réussit pas dans les argiles compactes.

Cette plante n'exigeant pas, à beaucoup près, pour mûrir, une somme de chaleur aussi forte que le froment, et résistant mieux aux fortes gelées, peut être cultivée à des hauteurs bien plus considérables. C'est elle qui, jointe à l'orge, à la pomme de terre et aux légumes, nourrit les habitants des plus hautes montagnes. Dans les Pyrénées, elle s'élève jusqu'à 1,640 mètres ; on la cultive dans le département de l'Isère jusqu'à une hauteur moyenne de 1,400 à 1,500 mètres. Mais, sur quelques points des Alpes, elle atteint des altitudes encore supérieures : il y a des champs de seigle à 1,845 mètres, aux environs du Villard-d'Arène en Oisans ; à 1,745, sur le versant nord du col de Vachères (Hautes-Alpes), et à 2,110 du côté du sud ; à 1,960, sur le versant nord-ouest du col de l'Argentière (Piémont) ; à 1,950, aux environs de la Bérarde, commune de Saint-Christophe (Oisans) ; enfin, à 2045, près de Saint-Véran, dans le Queyras (Hautes-Alpes). La diversité de ces limites supérieures s'explique par les circonstances locales, et par la hauteur plus ou moins grande de la base des massifs montagneux.

Le seigle s'avance vers le pôle, en Norvége, jusqu'au 67e degré de latitude ; il n'y a que l'orge et la pomme de terre qui aillent plus loin. Vers l'équateur, il est limité par la même cause qui, de ce côté, s'oppose à la culture du froment, savoir une trop grande sécheresse. Sur les pentes de la chaîne des Andes, dans l'Amérique du Sud, où on a pu introduire la plupart des plantes européennes, le seigle se trouve entre 2,000 et 3,000 mètres.

On attache une grande valeur agricole au seigle, à cause de sa propriété de pouvoir remplacer le froment dans la nourriture de l'homme, et de croître dans des lieux où la culture de celui-ci est impossible. Son grain donne, à la vérité, une farine moins blanche et moins nourrissante, mais avec laquelle on fait cependant un pain de bonne qualité, fort agréable au goût et qui, encore aujourd'hui, est consommé dans une grande partie de l'Europe.

La paille de seigle est tellement utile, que parfois on en préfère la récolte à celle du grain lui-même. On l'emploie généralement comme litière et pour la nourriture des bestiaux ; elle sert aussi à faire des liens d'un excellent usage ; à fabriquer des paillassons, des nattes, des corbeilles et des chapeaux communs.

TRÈFLE ; *Trifolium,* Linn. — Cette plante est de la famille des légumineuses. On en connaît environ 140 espèces, parmi lesquelles une cinquantaine croissent naturellement en Europe. Les autres, pour la plupart, sont disséminées sur divers points de l'Asie et de l'Afrique ; une douzaine seulement appartiennent au nouveau continent. Nous ne mentionnerons ici que deux espèces indigènes, qui intéressent particulièrement l'agriculture : le trèfle commun ou des prés, *Trifolium pratense,* et le trèfle incarnat ou farouche, *Trifolium incarnatum.*

La première espèce est vivace ; à tige multiple, dressée, peu rameuse, garnie de feuilles à folioles ovales, entières ou à peine dentées. Ses fleurs sont purpurines, rarement blanches.

Le trèfle incarnat est annuel; sa tige est droite, simple, velue, garnie de feuilles écartées, à folioles ovales ou en cœur renversé, dentelées au sommet. Ses fleurs sont d'un rouge incarnat, plus ou moins vif.

Le plus ordinairement, le trèfle commun est semé au printemps, avec les avoines et les orges, ou bien sur le blé en herbe; sa récolte est fort peu de chose la première année; il est même préférable de ne pas en profiter. La seconde et la troisième année, si on le laisse subsister jusque là, on en retire deux à trois coupes, et même quatre à cinq, suivant la fertilité du sol et les conditions locales.

Le trèfle incarnat, étant annuel, ne peut donner qu'une seule coupe, qui est ordinairement abondante. Son mérite principal est d'être très-précoce et de n'exiger aucuns soins particuliers de culture. On le sème au printemps, quand on veut le récolter en été, et en automne, pour le couper au milieu du printemps. Tous les bestiaux aiment cette espèce de trèfle autant que celle des prés.

Le trèfle ordinaire demande un sol qui soit à la fois léger et très-frais, condition qui ne peut être remplie que sous un climat du nord. Pour cette raison, cette plante est devenue la base de l'agriculture des pays septentrionaux et humides, tandis que la luzerne, et surtout le sainfoin, conviennent plus spécialement à ceux qui sont chauds et secs. La culture du trèfle n'est avantageuse dans le midi, que sur les terrains susceptibles d'irrigation. Quand le climat n'est pas humide, il faut que la terre ait de la consistance et soit propre au froment, c'est-à-dire de nature à conserver long-temps sa fraîcheur. Dans tous les cas, elle doit être profonde, car la racine du trèfle est pivotante. Lorsque cette terre est très-argileuse, il est nécessaire qu'elle soit bien ameublie et convenablement amendée. Les amendements que l'on emploie sont la marne, la chaux et surtout le plâtre. Leurs bons effets, quand le sol est siliceux, sont toujours extrêmement sensibles.

Le trèfle incarnat diffère du trèfle ordinaire, en ce qu'il réussit bien dans les terrains naturellement secs, qui sont cependant assez humides pour que la sortie des germes ait lieu facilement au printemps ou à la fin de l'été. Une fois que cette plante est sortie de terre, son succès est assuré, parce qu'étant très-précoce, elle fleurit avant les sécheresses. Elle n'aime pas les sols tenaces et argileux, où les eaux séjournent ; son produit est faible sur ceux qui manquent de fertilité.

Le trèfle rend de nombreux services à l'agriculture, dans toute l'Europe tempérée. Un de ses principaux avantages est de puiser dans l'atmosphère la plus grande partie de ses principes constituants, et d'abandonner dans le sol, après la récolte, de nombreuses racines et une grande quantité de débris de feuilles et de tiges ; en sorte que sa culture, au lieu d'épuiser la terre, l'enrichit. En outre, son fourrage, soit vert, soit sec, est une excellente nourriture pour les bestiaux, principalement pour les bêtes laitières ou à l'engrais.

VIGNE CULTIVÉE ; *Vitis vinifera*, Linn. — Le genre vigne comprend une vingtaine d'espèces, appartenant, en nombre à peu près égal, à l'ancien continent et au nouveau. La vigne cultivée ou vinifère, la seule de ces espèces qui ait de l'importance, présente des caractères botaniques connus de tout le monde. Elle se divise en un nombre prodigieux de variétés que l'on distingue par les feuilles, la couleur du sarment, l'espacement des nœuds, la forme et la couleur du raisin, etc. Une description complète de toutes ces variétés est un travail tellement considérable, que peut-être il ne sera jamais fait.

La connaissance de la vigne et l'art de faire le vin remontent aux premiers âges du monde. Il est hors de doute que l'Europe est redevable de cette plante à l'Asie, d'où lui sont venues tant d'autres végétaux utiles. Les Phéniciens, qui voyagèrent de bonne heure sur les côtes de la Méditerranée, introduisirent sa culture dans les îles de l'Archipel de la Grèce; puis, en Italie, en Sicile, en Espagne et dans les Gaules. Dans ce dernier pays, le territoire de Marseille fut, sans doute, un des premiers qui en fut doté.

On multiplie la vigne par le moyen de boutures, qui portent ordinairement un fragment du vieux bois et que l'on nomme *crossettes*. On fait aussi des marcottes désignées par le nom particulier de *provins*. On pourrait également avoir recours aux semis; mais cette méthode n'est pas usitée, parce qu'elle est beaucoup moins expéditive que les autres, et qu'en l'employant, on n'aurait aucune certitude d'obtenir de bons plants.

La vigne est susceptible de vivre très-longtemps. Si, dans la plupart des localités, elle ne subsiste pas

au-delà de vingt à trente ans, cela tient à la culture.
Placée dans un sol convenable et abandonnée à elle-
même, elle peut durer plusieurs centaines d'années;
on cite des ceps dont le tronc est devenu énorme.

Aucun arbre fruitier n'offre autant de variétés que
celui-ci. Elles ont été produites par la culture, par la
diversité des climats et, surtout, par les plants venus
de semis. Déjà, au temps de Virgile et de Pline, on
regardait comme impossible de les connaître toutes et
d'en dire les noms. Dans les temps modernes, au
commencement de ce siècle, Bosc a été chargé de les
décrire, mais il a bientôt reculé devant l'immensité
d'un pareil travail. On estime que leur nombre atteint
plusieurs milliers et il est probable que, loin de diminuer, il tend à s'accroître.

Il est peu de plantes qui dépendent, autant que la
vigne, des conditions au milieu desquelles elle est placée. Le moindre changement dans les propriétés physiques du sol, dans le climat et l'exposition, en entraîne
de très-sensibles dans la quantité et la qualité des
produits, et il est ordinairement très-difficile d'apprécier d'une manière exacte les causes d'une pareille
variation. Quand on parcourt des vignobles, il n'est
pas très-rare d'en rencontrer qui sont contigus, placés sur des sols de même nature (au moins en apparence), composés des mêmes plants et cultivés de la
même manière; et desquels, cependant, l'on retire
des vins très-inégalement estimés.

Les conditions agrologiques et climatériques, qui
influent sur la vigne, peuvent être classées de la ma-

nière suivante : 1° *nature minéralogique des roches;* 2° *qualités physiques du sol;* 3° *exposition;* 4° *situation topographique;* 5° *climat.* Nous allons les examiner successivement.

1° *Nature minéralogique des roches.* — L'influence due exclusivement à la nature minéralogique des roches ou, en d'autres termes, à la composition chimique du sol, est peu connue. Il n'est pas facile, en effet, de la démêler au milieu des autres causes très-variées et probablement plus énergiques, qui décident de la qualité des vins. Un fait qui semble confirmer la prépondérance des influences indépendantes de la nature chimique du sol, c'est que l'on récolte de l'excellent vin sur presque tous les terrains, même sur ceux qui contrastent le plus entre eux sous le rapport de leurs éléments minéralogiques. Nous citerons les suivants, en y ajoutant l'indication de quelques-unes des localités où se trouvent les vignobles :

1° Terrain de sable siliceux, renfermant du gravier et des cailloux non calcaires. — *Les bords du Rhin, du Rhône et de la Garonne; le Médoc près de Bordeaux; les environs de Saint-Gilles dans le Gard.*

2° Terrain de sable en partie calcaire et en partie quartzeux, mêlé de beaucoup de cailloux des deux espèces. — *Les environs de Tain dans la Drôme; le Bas-Dauphiné.*

3° Sol de calcaire solide, plus ou moins marneux. — *La Champagne, une partie de la Bourgogne.*

4° Sol de marne. — *La Bourgogne, le Languedoc.*

5° Sol de schiste argileux — *L'Anjou.*

6° Terrain granitique. — *L'Ermitage, Condrieu, Côte-Rôtie.*

7° Sols volcaniques. — *Le Vésuve, l'Etna, les bords du Rhin.*

8° Terrain d'alluvion. — *Les Palus de Bordeaux.*

On pourrait étendre beaucoup cette énumération.

Doit-on en conclure que la nature des roches n'a
aucune influence sur la croissance de la vigne et la
qualité de ses produits? Il est bien difficile de le croire,
lorsqu'on considère combien cette plante est sensible
à la moindre des conditions extérieures auxquelles elle
est soumise. Les substances minérales que renferment
ses cendres confirment ces doutes. M. Berthier (1)
ayant analysé une souche entière, bois, feuilles et
raisin, y a trouvé de 4 à 6 pour 100 de cendres, composées de la manière suivante :

	Bois et feuilles.		Raisin.	
Sulfate de potasse.	4,40		5,00	
Chlorure de potassium . .	2,20	23	2,70	52
Carbonates alcalins	16,40		44,40	
Carbonate de chaux. . . .	49,82		10,50	
Carbonate de magnésie . .	3,85		12,50	
Phosphate de chaux. . . .	15,70		23,50	
Phosphate de fer	1,83		»	
Silice	5,80		1,40	
	100,00		100,00	

On remarquera sans peine l'énorme quantité de
substances alcalines que renferme le sarment, et surtout le raisin. On ne saurait admettre, d'après cela, que
la vigne soit indifférente à la proportion plus ou moins
forte et à l'état de combinaison de ces matières dans
le sein de la terre. Il est donc vraisemblable qu'il existe
une liaison entre les produits d'un vignoble et la nature
chimique du sol qui en forme la base. Seulement, ainsi
que nous l'avons déjà dit, cette liaison est peu sensible, à cause de la prépondérance et de la complica-

(1) *Analyses comparatives des cendres*, etc., page 24.

tion des autres causes qui modifient la composition
du raisin.

2° *Qualités physiques du sol.* — Ces qualités sont
celles dont l'action sur la vigne se manifeste avec le
plus d'évidence. Cela est vrai surtout pour l'*hygroscopicité*, qui est la propriété que possède une terre d'absorber et de retenir une certaine quantité d'eau. On
observe, presque constamment, que les vignobles qui
ont pour base un terrain hygroscopique, parce qu'il
est argileux, riche en humus, à sous-sol imperméable,
ou pour toute autre raison, fournissent des récoltes
abondantes, surtout lorsque les autres circonstances
locales, comme le climat, l'exposition, etc., sont favorables ; mais, dans ce cas, les produits ne sont point
remarquables par leur finesse et leur bouquet. La végétation de la vigne est ordinairement vigoureuse sur de
pareils sols ; le vin qu'elle y donne est coloré, corsé, le
plus souvent très-alcoolique, quand la température a
été élevée ; il n'y a que son goût qui laisse à désirer (1).
Au contraire, lorsqu'un terrain est léger, sec, très-
perméable, ne possédant que l'humidité juste nécessaire pour l'entretien de la vie végétale, le vin récolté
est en très-petite quantité ; ce qui est compensé, si la
chaleur ne lui a pas fait défaut, par une suavité de
goût et un parfum qui lui donnent une grande valeur.
Ainsi, pour la vigne, le sol doit être hygroscopique,

(1) Il arrive quelquefois que l'influence de l'hygroscopicité d'un terrain est en partie détruite par une exposition très-chaude. C'est ce que
l'on observe à Côte-Rôtie, sur les bords du Rhône, dont le vin est de
première classe, quoique la terre soit argileuse.

c'est-à-dire fertile, quand on veut avoir des produits abondants; il faut qu'il soit aride, si l'on tient à la qualité.

Pour expliquer cette influence décisive de l'hygroscopicité d'un terrain sur le vin qu'il produit, M. de Gasparin a fait remarquer que de l'accélération plus ou moins grande de la végétation et de la quantité d'eau absorbée par la vigne, dépendent la rapidité ou la lenteur des transformations successives que le moût éprouve et, par suite, les proportions relatives de ses principes constituants. On sait que le vin des années humides est sans saveur, et qu'il n'est jamais meilleur que lorsque l'été a été très-sec.

Quand la terre d'un vignoble est de couleur foncée, elle s'échauffe beaucoup au soleil et rayonne en raison de sa température. Les raisins mûrissent alors mieux et plus tôt. C'est pour cette raison que l'on place quelquefois des ardoises noires au pied des ceps. On peut aussi y apporter des cailloux; Rozier croyait tellement à leur efficacité, qu'il avait fait paver ses vignes.

Comme les raisins noirs ont besoin de plus de chaleur que les blancs, c'est à eux que conviennent plus spécialement les sols colorés et les cailloux (1).

3° *Exposition.* — On a beaucoup discuté sur la question de la meilleure exposition pour la vigne. Si l'on a égard au plus grand nombre des observations, on peut dire qu'en France, ce sont les expositions du midi,

(1) En ce qui concerne l'influence de la coloration du sol sur les vignes à raisins noirs et à raisins blancs, voyez ce qui a été dit plus haut, page 57 de cet ouvrage.

de l'est et du sud-est qui doivent être préférées. Il y a
cependant des exceptions qu'il est bon de connaître.

L'exposition du midi n'est pas toujours la meilleure
dans les contrées très-chaudes, parce que la vigne y
souffre souvent de la sécheresse. On peut, dans ce cas,
planter au nord sans inconvénient, pourvu que la pente
du sol ne soit pas trop forte. On cite aussi des localités
à climat très-tempéré, où l'on récolte de bons vins sur
des versants tournés au nord. Ainsi, dans la vallée du
Rhin jusqu'à Bonn, et de la Meuse jusqu'à Liége, il
y a des vignobles estimés, dont l'exposition est septentrionale. On a fait la même remarque aux environs
de Reims. Pour apprécier la valeur de ces exceptions,
il faudrait savoir si, en face des vignes qui regardent
le nord, il n'y a pas des coteaux dont la réverbération
est susceptible de compenser les effets de l'exposition.
Cette considération a toujours été négligée.

L'exposition du levant a sur celle du couchant une
supériorité qui paraît incontestable. On a remarqué
qu'en Bourgogne, les terrains oolithiques du versant
méditerranéen, tournés par conséquent vers l'est, produisaient des vins plus estimés que ceux du versant
opposé. La même observation a été faite dans la vallée
du Rhône, entre Lyon et Valence : c'est sur le côté
droit de la vallée, dont l'exposition générale est orientale, que se trouvent les meilleurs crus. Déjà, du temps
de Virgile, l'exposition au couchant était réputée mauvaise (1). Cette opinion est tellement répandue en

----

(1) *Neve tibi ad solem vergant vineta cadentem.*

(Géorg., livre II, vers 298.)

Champagne, qu'il y a un accroissement de valeur d'un tiers en faveur d'une vigne tournée au levant, sur une autre inclinée en sens contraire.

En résumé, la règle générale pour l'emplacement des vignes, est de les abriter contre les vents froids et humides, qui soufflent presque toujours de l'ouest et du nord-ouest. Dans l'immense majorité des cas, l'exposition au midi est excellente.

4° *Situation topographique.* — Un vignoble peut être situé au fond d'une vallée, dans une plaine basse, sur un plateau, ou enfin sur le penchant d'un coteau. Ces diverses positions ne sont pas également bonnes.

Le fond d'une vallée, si elle est étroite, est peu favorable. En effet, l'humidité atmosphérique y est trop abondante; elle nuit à la maturation et à la qualité du raisin; les ceps y sont plus exposés qu'ailleurs aux gelées printanières.

Les plaines basses, découvertes, donnent souvent de l'excellent vin, surtout dans les contrées méridionales. On peut citer les environs de Saint-Gilles et de Montpellier, le Médoc, dans le Bordelais, la plaine de Bourgueil (Indre-et-Loire).

Sur les plateaux ou au sommet des hautes collines, même dans les pays chauds, l'air est trop vif, trop agité et, en général, trop froid. La peau du raisin se durcit, et le vin ne renferme qu'une faible proportion de matière sucrée.

La situation sur le penchant d'un coteau est la meilleure et presque toujours adoptée. La vigne y est abritée; le sol s'y échauffe, quand l'exposition est

bonne ; enfin, et c'est là un des principaux avantages, les eaux pluviales y ont un écoulement facile.
Les terrains trop en pente offrent cependant cet inconvénient, que la terre végétale tend sans cesse à descendre, et que souvent on est obligé de la remonter à
dos d'homme. La vendange y est aussi plus difficile.

5° *Climat*. — Le principe sucré, nécessaire pour que
la fermentation alcoolique s'établisse dans le jus du
raisin, ne se forme en quantité suffisante que sous
l'influence d'un degré de chaleur correspondant, en
général, à une température moyenne de 9 à 10 de
grés. Au-delà du 50ᵉ degré de latitude, en France,
cette condition n'est plus remplie ; pour cette raison,
le vin, si l'on en récoltait, serait âpre, acide et sans
valeur. Une température trop élevée est aussi préju-
diciable à la vigne qu'une chaleur insuffisante. Le
principe sucré se développe alors si abondamment,
que les raisins ne donnent plus qu'une liqueur épaisse,
très-riche en alcool, mais de médiocre qualité. C'est
ce qui arrive pour les vignes situées dans les parties
très-chaudes de l'Algérie. Si l'on se rapproche encore
plus de l'équateur, on rencontre un autre inconvénient :
la végétation de la plante devient continue, et l'on
trouve sur le même cep, des fleurs, des fruits verts et
des fruits mûrs. Cette inégalité de maturité existe
même dans les diverses parties d'une grappe, en sorte
que la vinification est impossible.

Les lieux les plus septentrionaux où le raisin peut
mûrir en Europe, paraissent être les environs de Berlin,
situés au-delà du 52ᵉ degré de latitude. On récolte du

vin, à la vérité acide, à Postdam ($52°,21'$); il y a aussi des vignes à Berlin même ($52°,31'$), mais seulement dans les jardins.

Du côté du sud, Schiras qui se trouve à l'extrémité méridionale de la Perse, sous le 35e degré, est un des points les plus rapprochés de l'équateur où la culture de la vigne est possible. Cette plante y est exposée à une chaleur tellement forte, qu'on est obligé de l'arroser.

Les points extrêmes que nous venons de citer sont des exceptions. En général, on ne peut cultiver la vigne avec succès qu'entre le 35e et le 50e degré. C'est en effet entre ces limites que se trouvent toutes les contrées à vignobles, dont les principales sont l'Espagne, le Portugal, l'Italie, l'Autriche, la Styrie, la Carinthie, et surtout la France, qui, à cause de sa position moyenne, se distingue par la variété et la qualité de ses vins.

La latitude n'est pas la seule cause qui détermine la chaleur des climats; l'altitude a aussi, sous ce rapport, une grande influence. La limite de la culture de la vigne varie dans le sens de la hauteur, suivant la température moyenne des lieux. Elle est évaluée à 300 mètres, en Hongrie; de 500 à 600 mètres, moyennement, dans les Alpes de la Suisse et du Dauphiné (1); à 960, sur le versant méridional des

(1) Sur quelques points des Alpes, la hauteur à laquelle on cultive la vigne, s'éloigne beaucoup de la moyenne que nous venons d'indiquer.

L'exception la plus remarquable est celle que présentent les vignes des environs de l'Argentière, à 12 kilomètres S.-S.-O. de Briançon (Hautes-

Apennins ; à 1,300 mètres, sur les flancs de l'Etna ;
enfin, à 1,364 en Andalousie. On voit que ces limites
de hauteur augmentent à mesure que l'on se rapproche
de l'équateur, ce qui est facile à comprendre

L'exposition, les abris, le voisinage de la mer modifient aussi les conditions des climats, sous le rapport
de la chaleur, et influent par conséquent sur la position
des lieux qui produisent du vin. Certaines vallées
profondes, abritées contre les vents froids, sont favorables à la culture de la vigne, quoiqu'elles soient
situées au-delà du degré de latitude où cette culture

Alpes[1]. Elles sont situées en partie sur les bords de la Durance, en partie
sur la rive gauche de l'un de ses affluents, nommé la Gyronde. On peut
les suivre d'une manière continue le long de ce dernier torrent, sur une
longueur de plus de cinq kilomètres, depuis les environs de la Bessée,
village de la vallée de la Durance, jusqu'au Parcher, hameau de Vallouise. Comme la hauteur moyenne du fond de la vallée au-dessus du
niveau de la mer, est au moins de 1,000 mètres et que les vignes s'élèvent encore à 250 mètres plus haut, sur le flanc des coteaux, leur altitude maximum peut être fixée à *douze cent cinquante mètres*. Quoique
leur superficie soit peu considérable et évaluée seulement à 176 hectares,
elles s'étendent sur le territoire de quatre communes, qui sont Saint-Mar-
tin-de-Queyrières, les Vigneaux, l'Argentière et Vallouise.

Ces vignes ont pour base une marne calcaire très-schisteuse ; leur
exposition est le plus souvent en plein midi ; elles sont garanties contre les
vents du nord par une haute montagne calcaire, appelée les Tenailles,
qui s'élève à 1,800 mètres environ, au-dessus du niveau de la Gyronde.
Les cépages cultivés sont à raisin blanc, et composés des variétés nommées
dans le pays, muscat et aubaine. Il y a quelques plants à raisin noir ; mais
comme ils ne mûrissent jamais et qu'ils ne servent qu'à acidifier le vin, on
devrait les détruire. On vendange vers le milieu d'octobre ; le produit
moyen est de 12 hectolitres et 1/3 de vin blanc par hectare. Ce vin est
âpre, très-léger et manque d'alcool ; on ne peut pas le conserver longtemps. D'après la tradition, l'introduction de la vigne dans le pays remon-
terait à l'année 1250.

s'arrête ordinairement. D'autres, placées en deçà de cette limite, mais dont le ciel est brumeux et humide, à cause du voisinage de la mer, ne jouissent pas, en été, d'un degré suffisant de lumière et de chaleur pour que le raisin parvienne à sa maturité. C'est ce qui explique pourquoi les gorges profondes et abritées de la Moselle et du Rhin donnent de l'excellent vin, malgré leur situation sous le 51ᵉ degré de latitude, tandis qu'on n'en récolte point en Normandie et dans la plus grande partie de la Bretagne, dont la position est plus au midi.

Le climat a une telle influence sur la vigne que des plants naturalisés dans une contrée, dégénèrent promptement, lorsqu'on les transporte dans des pays plus froids ou plus chauds.

Résumé. — Nous allons résumer en peu de mots ce que nous venons de dire des conditions agrologiques et climatériques dont la vigne dépend.

L'influence particulière qu'exerce sur cette plante la nature minéralogique des roches est peu connue, parce qu'il est difficile de la démêler, au milieu de beaucoup d'autres influences variées, qui paraissent prépondérantes.

Lorsqu'une vigne, qui jouit d'un climat et d'une exposition favorables, est placée dans une terre hygroscopique, fertile, riche en humus, comme le sont la plupart des fonds argileux, elle donne des produits en vin qui sont abondants, colorés, alcooliques, dont la saveur est toutefois peu délicate, et qui ont en général ce que l'on appelle un goût de terroir. Si le sol est, au

contraire, léger, perméable, peu apte à absorber et à
retenir l'humidité, ainsi que cela arrive presque toujours lorsqu'il est composé de cailloux roulés, de sable
ou de fragments cailouteux incohérents, on récolte
peu de vin, mais il est remarquable par son moelleux,
sa finesse et son bouquet; ses autres qualités sont
d'être clair, léger et peu coloré.

L'aptitude du sol d'une vigne à s'échauffer est une
qualité précieuse, parce qu'elle favorise la maturation
du raisin.

Il faut choisir pour un vignoble les expositions du
sud, du sud-est et de l'est; celle du couchant doit être
évitée.

La situation sur le penchant d'un coteau est préférable à toute autre.

Une certaine quantité de chaleur est nécessaire pour
mûrir le raisin et y développer la matière sucrée. Si
cette chaleur fait défaut, soit parce que la latitude est
trop septentrionale ou que les lieux sont trop élevés,
le vin est âpre et dépourvu d'alcool. En général, il est
d'autant plus alcoolique que la température des lieux
où il a crû a été plus chaude. Ce n'est pas seulement
la température moyenne d'une localité qui décide de
la possibilité d'y cultiver la vigne, mais aussi la transparence de l'atmosphère et le maximum de chaleur en
été.

Nous terminerons ce résumé rapide en faisant
observer que la qualité du vin ne dépend pas seulement des conditions agrologiques et climatériques
auxquelles la vigne est soumise, mais beaucoup aussi

du choix des cépages. Les procédés de vinification ont également de l'influence. On doit en tirer cette conséquence, que l'art de la viticulture est très-vaste et très-compliqué, et qu'on ne saurait y apporter trop de soins et d'études.

Nous ajouterons qu'après les céréales, le vin est la récolte qui a, en France, le plus d'importance. Sa production annuelle est évaluée à 44 ou 45 millions d'hectolitres, dont 42 millions environ sont consommés à l'intérieur. Cette consommation s'accroîtrait certainement dans une forte proportion, si la production augmentait elle-même, et si, en même temps, les transports devenaient moins onéreux et les droits d'octroi plus modérés. On sait qu'il existe dans beaucoup de nos départements, des contrés entières où l'usage du vin est presque inconnu. La viticulture a donc devant elle un bel avenir; elle doit fixer l'attention des propriétaires, surtout dans le midi, où il existe encore tant de terrains, presque sans valeur, où la vigne pourrait être plantée avec avantage.

ADDITIONS

I. — *Loi du 27 juillet 1867, relative à la répression des fraudes dans la vente des engrais.*

ARTICLE PREMIER. — Seront punis d'un emprisonnement de trois mois à un an et d'une amende de 50 francs à 2,000 francs :

1° Ceux qui, en vendant ou mettant en vente des engrais ou amendements, auront trompé ou tenté de tromper l'acheteur, soit sur leur nature, leur composition ou le dosage des éléments qu'ils contiennent, soit sur leur provenance, soit en les désignant sous un nom qui, d'après l'usage, est donné à d'autres matières fertilisantes ;

2° Ceux qui, sans en avoir prévenu l'acheteur, auront vendu ou tenté de vendre des engrais ou amendements qu'ils sauront être falsifiés, altérés ou avariés.

Le tout sans préjudice de l'application de l'article 1er, § 3, de la loi du 27 mars 1851, en cas de tromperie sur la quantité de la marchandise.

ART. 2. — En cas de récidive commise dans les cinq ans qui ont suivi la condamnation, la peine pourra être élevée jusqu'au double du maximum des peines édictées par l'art. 1er de la présente loi.

ART. 3. — Les tribunaux pourront ordonner que les jugements de condamnation soient, par extraits ou intégralement, aux frais des condamnés, affichés dans les lieux et publiés dans les journaux qu'ils détermineront.

ART. 4. — L'article 463 du Code pénal est applicable aux délits prévus par la présente loi

II. — *Loi du 19 juin 1857, relative à l'assainissement et à la mise en culture des Landes en Gascogne.*

ARTICLE PREMIER. — Dans les départements des Landes et de la Gironde, les terrains communaux actuellement soumis au parcours du bétail, seront assainis, et ensemencés ou plantés en bois, aux frais des communes qui en sont propriétaires.

ART. 2. — En cas d'impossibilité ou de refus de la part des communes de procéder à ces travaux, il y sera pourvu aux frais de l'Etat, qui se remboursera de ses avances, en principal et en intérêts, sur le produit des coupes et exploitations.

Le découvert provenant de ces avances ne pourra excéder six millions de francs.

ART. 3. — Les ensemencements ou plantations ne pourront être faits annuellement, dans chaque commune, que sur le douzième au plus en superficie de ses terrains, à moins qu'une délibération du Conseil municipal, n'autorise les travaux sur une étendue plus considérable.

ART. 4. — Les parcelles de terrains communaux qui seront susceptibles d'être mises en culture, seront, après avoir été assainies, vendues ou affermées par la commune.

Les avances qui auraient été effectuées par l'Etat, seront prélevées sur le prix.

ART. 5. — Les travaux prescrits par les articles précédents ne pourront être entrepris qu'en vertu d'un décret impérial, rendu en conseil d'Etat, qui en réglera l'exécution.

Ce décret sera précédé d'une enquête et d'une délibération du Conseil municipal intéressé.

ART. 6. — Des routes agricoles destinées à desservir les terrains qui font l'objet de la présente loi, seront exécutées aux frais du trésor public. Le réseau de ces routes sera déterminé par décrets rendus au Conseil d'Etat.

ART. 7. — Les terrains nécessaires à l'établissement de ces routes seront fournis par les communes intéressées. Si elles n'en sont pas propriétaires, ils seront acquis par elles dans les formes déterminées par la loi du 21 mai 1836 pour les chemins vicinaux.

ART. 8. — L'entretien de ces routes restera à la charge de l'Etat pendant cinq ans, à partir de leur exécution, et ultérieurement à la charge soit du département, soit des communes, suivant le classement qui en aura été fait en routes départementales ou en chemins vicinaux de grande communication.

ART. 9. — Un règlement d'administration publique déterminera :

1° Les règles à observer pour l'exécution et la conservation des travaux ;

2° Le mode de constatation des avances qui seront faites par l'Etat et les mesures propres à assurer leur remboursement en principal et en intérêts ;

3° Les formalités préalables à la mise en vente ou en location des terrains assainis et destinés à la culture, conformément à l'art. 4 :

4° Enfin, toutes les autres dispositions propres à assurer l'exécution de la présente loi.

ART. 10. — La loi du 10 juin 1854, relative au libre écoulement des eaux provenant du drainage, est applicable aux travaux qui seront exécutés en vertu de la présente loi.

III. — Loi du 29 juin 1852, qui ouvre un crédit pour travaux d'amélioration de la Sologne.

ARTICLE PREMIER. — Il est ouvert au Ministre des travaux publics sur l'exercice 1852, en augmentation du chapitre XVII de la première section du budget, un crédit de trois cent soixante mille francs, applicable aux travaux d'amélioration de la portion des départements du Loiret, de Loir-et-Cher et du Cher, désignée sous le nom de Sologne, savoir:

1° Trois cent mille francs pour la continuation du canal de la Sauldre. entre Blancafort et la Motte-Beuvron, canal entrepris en vertu du décret du 10 juin 1848;

2° Quarante mille francs, pour concourir aux travaux d'amélioration et de redressement qui devront être exécutés sur divers cours d'eau de la Sologne et qui se rattachent au projet général d'assainissement de cette contrée;

3° Vingt mille francs applicables à la continuation de sondages, ou au forage de puits à marne, entrepris à titre d'essai.

ARE. 2. — Il sera pourvu aux dépenses ci-dessus autorisées, au moyen des ressources de l'exercice 1852.

IV. — Convention administrative ayant pour objet le dessèchement des étangs de la Dombes.

Il existe entre l'administration et la Compagnie du chemin de fer de Sathonay à Bourg, une convention importante, relative au dessèchement des étangs de la Dombes. D'après l'art. 3 de cette convention, datée du 1er avril 1863 et approuvée par le décret de concession du 25 juillet 1864, la Compagnie doit, dans un délai de dix années, dessécher et mettre en valeur au moins 6,000 hectares d'étangs.

Voici le texte de cette disposition :

« ART. 3. — Les sieurs Arlès-Dufour, Germain et Sellier s'engagent à dessécher et à mettre en valeur dans un délai de dix ans, à partir du 15 juillet 1864, 6,000 hectares au moins d'étangs, dont la suppression aura été préalablement approuvée par l'administration, soit en acquérant lesdits étangs pour les transformer en prairies, bois ou terres arables, soit en provoquant leur dessèchement et leur mise en valeur au moyen de primes payées aux propriétaires, en numéraire, en travaux agricoles, en constructions, en engrais ou de toute autre manière. Seront comptés dans ce chiffre de 6,000 hectares, les étangs qui auront été supprimés par le passage du chemin de fer, dans une zone de deux kilomètres de chaque côté de la voie. »

Pour aider la Compagnie à remplir l'engagement ci-dessus énoncé, on lui a accordé une subvention de 1,500,000 francs, payables au fur et à mesure de l'avancement des travaux, en vingt termes semestriels égaux, à partir du 15 janvier 1865.

ERRATA

Page 26, ligne 22 . . . . du de l'ammoniaque,
lisez : et de l'ammoniaque.

— 28, — 22 . . . de carbonate d'ammoniaque,
lisez : d'acide carbonique.

— 36, — 23 . . . de phosphate de magnésie,
lisez : d'acide phosphorique.

— 69, — 12 . . . du sol, *lisez :* du sous-sol.

— 385, — 20 . . . Arcajon, *lisez :* Arcachon.

— 459, — 6 . . . TERRAIN AGRICOLE N° 6,
lisez : TERRAIN AGRICOLE N° 20.

TABLE DES MATIÈRES

40

SECONDE PARTIE

GÉOLOGIE AGRONOMIQUE APPLIQUÉE

FIN.

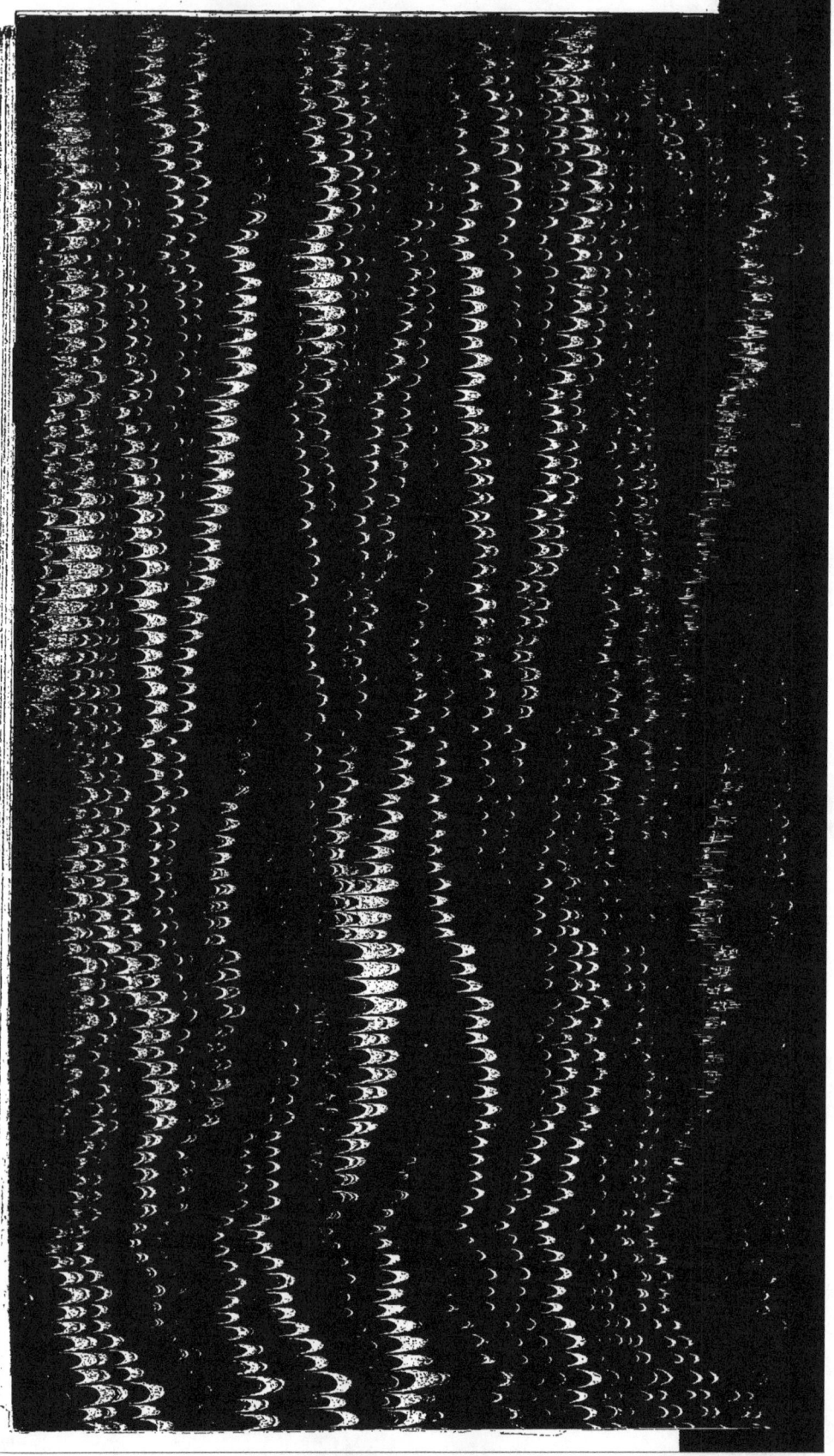

www.ingramcontent.com/pod-product-compliance
Lightning Source LLC
Chambersburg PA
CBHW060820220326
41599CB00017B/2239